21世纪高等职业教育创新型精品规划教材

实用高等数学

主　编　李敨培　石德刚

副主编　田　敏　秦丽枝

　　　　齐彦伶　傅　伟

参　编　董春芳　周　静

内容简介

本书依据教育部制定的《高职高专教育高等数学课程教学基本要求》编写而成，基于为专业课服务的理念，突出知识的实用性．内容包括一元函数微积分、多元函数微积分、级数和常微分方程、概率与统计、线性规划模型、数学软件 MATLAB 等十章．

本书适用于高职高专工科类与经济类各专业．

图书在版编目（CIP）数据

实用高等数学/李敞培，石德刚主编．—天津：天津大学出版社，2011.9（2021.8 重印）

21 世纪高等职业教育创新型精品规划教材

ISBN 978-7-5618-4136-5

Ⅰ．①实…　Ⅱ．①李…②石…　Ⅲ．①高等数学－高等职业教育－教材　Ⅳ．①O13

中国版本图书馆 CIP 数据核字（2011）第 182984 号

出版发行　天津大学出版社

地　　址　天津市卫津路 92 号天津大学内（邮编：300072）

电　　话　发行部：022-27403647

网　　址　publish. tju. edu. cn

印　　刷　天津泰宇印务有限公司

经　　销　全国各地新华书店

开　　本　185mm × 260mm

印　　张　19.25

字　　数　480 千

版　　次　2011 年 9 月第 1 版

印　　次　2021 年 8 月第 3 次

定　　价　42.00 元

前　言

高等数学课程是高等职业教育必修的一门公共基础课. 高等数学的学习为高职学生学习高等职业教育职业技术领域课程知识、掌握高等职业教育技能提供必需的数学基础知识，同时对提高高职学生分析问题、解决问题的能力也起着至关重要的作用.

根据“课程教学目标服务于专业培养目标”的要求，针对职业技术领域课程学习的实际需要，以保证实现高等数学课程为职业技术领域课程服务功能为出发点，以立足于解决实际问题为目的，依据教育部制定的《高职高专教育高等数学课程教学基本要求》，在对比、剖析国内外多种同类教材的基础上，吸收其中成功的改革举措，集各家之长，并结合编者多年对高职学生学习高等数学认知规律的研究心得，改革高等数学课程传统的学习材料组织顺序，依据典型学习任务有机地整合学习内容，突出可操作性，使之呈现便于掌握的实用形态，编写了本书，其内容包括一元函数微积分、多元函数微积分、级数和常微分方程、概率与统计、线性规划模型、数学软件 MATLAB.

因高等职业教育开设高等数学课程的目的是为高职学生学习职业技术领域课程服务，所以本书在编写时，坚持贯彻“以应用为目的，以必需、够用为度”和反映现代教育思想、体现创新教学理念的原则. 在内容编排上，紧密衔接初等数学的内容，不仅注重从具体到抽象，而且十分注重理论联系实际. 引入数学概念时，在保证数学概念准确性的前提下，力求从实际问题出发，并尽量借助几何直观图形和物理意义来解释概念，以使抽象的概念形象化，从而缩短高职学生学习高等数学的适应过程. 此外，为了尽可能少地涉及其他学科知识，而在中学所学知识的基础上学习高等数学的概念，我们采用了很多传统的经典实例，这样更有利于高职学生集中精力理解新接触的高等数学概念.

本书在内容取舍上，不恪守理论上的系统性和完备性，而是力求在尊重高职学生现实数学的基础上，努力激发高职学生的学习兴趣，培养高职学生良好的数学素质. 为了体现内容的典型性，本书舍弃了微积分学在物理、经济以及其他学科方面的应用. 对这部分内容，我们建议授课教师根据所教授专业的具体情况，提供给学生相应的素材，指导学生用所学数学知识去解决问题，这样可培养学生运用数学思想、方法进行正确思维的数学应用意识，提高学生抽象概括问题和归结实际问题为数学问题的能力和综合运用所学知识分析问题及解决问题的创新意识和能力(可参见《大学数学应用题精讲》，龚成通，华东理工大学出版社). 另外，鉴于计算机的广泛应用和数学软件的便捷性，本书舍弃了微积分学中有关近似计算的内容.

本书对微积分教学中一些常见概念上的漏洞予以了弥补. 例如，连续函数的四则运算问题、复合函数的连续性问题、一元函数与二元函数的极值问题以及不定积分与广义积分的定义问题等.

本着学生易学，教师易教的宗旨，编者对高等数学课程的知识体系进行了解构和重构. 教材中，除将导数的应用与定积分的应用合并，并且将常微分方程分为两部分内容分别插入导数与微分、定积分与不定积分外，还将建立函数关系、数列极限、极限的局部性质、闭区间上连续函数的性质、n 阶导数的求法、泰勒公式、定积分的几何意义、定积分的不等式性质及积分中值定理、变上限积分、无穷区间上的广义积分等内容移到相关章节. 同时,对微积分中一系列难点问题的讲述进行了系统的改进:

(1)引入实数基本性质;

(2)用两类典型问题指出引入极限的必要性和重要性;

(3)导出了函数在有限点处极限的一个重要结论;

(4)完善了间断点的定义;

(5)对常用的等价无穷小给出了更一般化的推广形式;

(6)用函数增量公式导入微分的定义;

(7)用微分导出反函数的求导法则;

(8)由第一类换元积分公式导出常用凑微分公式;

(9)完善了微元法的阐述;

(10)采用绝对收敛和收敛为标准分类讨论级数的敛散性.

本书第 1 章、第 3 章由董春芳编写,第 2 章、第 10 章由周静编写,第 4 章由李啟培编写,第 5 章由石德刚编写,第 6 章由傅伟编写,第 7 章由齐彦伶编写,第 8 章由田敏编写,第 9 章由秦丽枝编写. 本书由石德刚设计总体框架,由李啟培统稿、定稿.

本书写作时得到了天津冶金职业技术学院主管教学副院长孔维军副教授和基础部部长杨会生副教授的大力支持和热情鼓励,在此表示诚挚的感谢. 天津大学出版社的编辑韩旭老师为本书的顺利出版付出了辛勤的劳动,在此对他表示衷心的感谢. 本书写作时参考了国内外高等数学相关的许多优秀著作,在此一并致谢.

经过五届高职学生的试用,表明本书结构严谨、逻辑清晰、叙述详细、语言流畅、深入浅出、难点分散、通俗易懂,可读性强,适应高职学生的数学现实与高等职业教育培养目标,有利于激发高职学生自主学习,有利于提高高职学生的综合素质和创新能力,适合当前教学需要. 但由于时间紧迫、水平有限,错误和疏漏在所难免,希望广大读者不吝指正.

编者
2011 年于天津

目　　录

第1章　集合与函数

对自然界的深刻研究是数学最富饶的源泉.

——傅里叶(法)

函数概念起源于对运动与变化的定量研究,它是现实世界中变量之间相互依存关系的一种抽象概括.微积分学所研究的基本对象正是函数.本章先介绍集合的概念,再以集合论观点给出函数的一般定义,然后讨论函数的特性、基本初等函数、复合函数、初等函数及其图像.

1.1　集合

1.1.1　集合的概念

1.集合

集合是指具有某个共同属性的一些对象的全体,是一个描述性的概念.构成集合的每个对象称为该集合的元素,通常用大写英文字母 $A,B,C,\cdots$ 表示集合.例如,习惯上用 $\mathbf{N}$ 表示自然数集合;$\mathbf{N}^+$ 表示正整数集合;$\mathbf{Z}$ 表示整数集合;$\mathbf{R}$ 表示实数集合等.用小写字母 $a,b,c,\cdots$ 表示集合中的元素.如果 a 是集合 A 中的元素,记做 $a\in A$(读做 a 属于 A),如果 b 不是集合 A 中的元素,记做 $b\notin A$(读做 b 不属于 A).对于给定的集合 A,元素 $x\in A$ 或 $x\notin A$,二者必取其一且仅取其一.

2.集合的表示法

集合的表示方法一般有两种.一种是列举法,即把集合中的元素按任意顺序列举出来,并用花括号{ }括起来.例如,小于10的正奇数所组成的集合可以表示为 $A=\{1,3,5,7,9\}$.另一种是描述法,即把集合中所有元素的共同属性描述出来,用$\{x|x$ 的共同属性$\}$表示.例如,上述集合 $A=\{1,3,5,7,9\}$ 也可表示为 $A=\{x|x$ 是小于10的正奇数$\}$.

1.1.2　实数集

微积分学中所研究的函数一般取值于实数,因此有必要了解实数的一些性质以及实数集的常见表示法.

1.实数的性质

实数是有理数和无理数的总称,它具有以下性质.

(1)实数对四则运算(即加、减、乘、除)是封闭的,即任意两个实数进行加、减、乘、除(除数不为零)运算后,其结果仍为实数.

(2)有序性,即任意两个实数都可以比较大小,满足且只满足下列关系之一:

$a<b,a=b,a>b.$

(3)稠密性,即任意两个实数之间还有实数存在.

思维拓展 1.1.1:任意两个实数之间有多少个实数?

(4)连续性,即实数可以与数轴上的点一一对应.

思维拓展 1.1.2:稠密性与连续性之间的关系是什么?

2. 实数的绝对值

对于任意一个实数 x,它的绝对值为 $|x| = \begin{cases} x, & x \geqslant 0, \\ -x, & x < 0. \end{cases}$

绝对值 $|x|$ 的几何意义:实数 x 的绝对值 $|x|$ 等于数轴上的点 x 到原点的距离.

3. 区间

区间作为一种常见的实数集合的表示方式,有以下 8 种(a,b 为任意实数,且 $a<b$):

(1)开区间:$(a,b)=\{x|a<x<b\}$ 表示满足不等式 $a<x<b$ 的全体实数 x 的集合;

(2)闭区间:$[a,b]=\{x|a\leqslant x\leqslant b\}$ 表示满足不等式 $a\leqslant x\leqslant b$ 的全体实数 x 的集合;

(3)半开半闭区间:$[a,b)=\{x|a\leqslant x<b\}$ 表示满足不等式 $a\leqslant x<b$ 的全体实数 x 的集合;同理 $(a,b]=\{x|a<x\leqslant b\}$ 表示满足不等式 $a<x\leqslant b$ 的全体实数 x 的集合;

(4)$(a,+\infty)=\{x|x>a\}$ 表示大于 a 的全体实数 x 的集合;

(5)$[a,+\infty)=\{x|x\geqslant a\}$ 表示大于或等于 a 的全体实数 x 的集合;

(6)$(-\infty,a)=\{x|x<a\}$ 表示小于 a 的全体实数 x 的集合;

(7)$(-\infty,a]=\{x|x\leqslant a\}$ 表示小于或等于 a 的全体实数 x 的集合;

(8)$(-\infty,+\infty)=\{x|-\infty<x<+\infty\}$ 表示全体实数,在几何上就表示整个数轴.

注意:“$+\infty$”(读做正无穷大)和“$-\infty$”(读做负无穷大)是引用的符号,不能看做数.

字母 I 通常用来泛指以上各种区间.

4. 邻域

以点 x_0 为中心,以 $2\delta(\delta>0)$ 为长度的开区间 $(x_0-\delta,x_0+\delta)$(图 1.1.1)称为点 x_0 的 δ 邻域(简称邻域),记做 $U(x_0,\delta)$(简记做 $U(x_0)$),即

$$U(x_0,\delta)=\{x\,|\,|x-x_0|<\delta\},$$

它表示到点 x_0 的距离小于 δ 的点 x 的全体.

在点 x_0 的 δ 邻域 $U(x_0,\delta)$ 中去掉点 x_0,所得的集合 $(x_0-\delta,x_0)\cup(x_0,x_0+\delta)$(图 1.1.2),称为点 x_0 的空心 δ 邻域(简称为空心邻域),记做 $U^{\circ}(x_0,\delta)$(简记做 $U^{\circ}(x_0)$),即

$$U^{\circ}(x_0,\delta)=\{x\,|\,0<|x-x_0|<\delta\}.$$

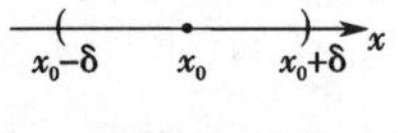

$x_0-\delta$　x_0　$x_0+\delta$　x

图 1.1.1

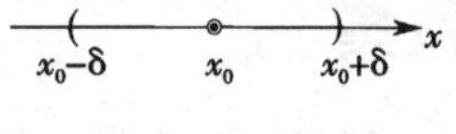

$x_0-\delta$　x_0　$x_0+\delta$　x

图 1.1.2

思维拓展 1.1.3:δ 的大小如何确定?

区间 $(x_0-\delta,x_0)$(或 $(x_0-\delta,x_0]$)称为点 x_0 的左邻域,区间 $(x_0,x_0+\delta)$(或 $[x_0,x_0+\delta)$)称为点 x_0 的右邻域.

$-\infty,+\infty,\infty$ 虽然不是数且在数轴上没有对应点,但为了叙述方便,通常分别把它们看做负无穷远点、正无穷远点、无穷远点.

现给出 $-\infty,+\infty,\infty$ 的邻域定义.

对于 $M>0$,称点集

$$U(-\infty)=\{x|x<-M\}$$

为 $-\infty$ 的邻域;称点集

$$U(+\infty)=\{x|x>M\}$$

为 $+\infty$ 的邻域;称点集

$$U(\infty)=\{x||x|>M\}=U(-\infty)\cup U(+\infty)$$

为 ∞ 的邻域.

1.1.3　思维拓展问题解答

思维拓展 1.1.1:不管实数 a,b 相差多么小,在 a,b 之间总可以找到无穷多个实数. 例如,$a+\frac{b-a}{2^n}(n\in\mathbf{N}^+)$ 就介于 a,b 之间.

思维拓展 1.1.2:满足连续性,则必然满足稠密性;满足稠密性,不一定满足连续性. 例如,由于任意两个有理数之间必然还有有理数存在,所以有理数集是具有稠密性的. 但由于任意两个有理数之间也必然会有无理数存在,所以有理数集并不具有连续性.

思维拓展 1.1.3:讨论问题时,一般不需要明确 δ(邻域半径)的大小,但总假定邻域的半径 δ 取很小的正数. 由实数的稠密性可知,不论某邻域的半径 δ 多么小,该邻域中仍有无穷多个实数. 因此,对于点 x_0 来说,理论上会有无穷多个邻域存在,其所有邻域的交集恰是单元素集 $\{x_0\}$.

邻域是建立微积分中极限、连续、导数等重要概念的基本工具.

1.1.4　知识拓展

集合中元素的特性

集合论的创立被德国伟大的数学家希尔伯特认为是“数学思想最惊人的产物”. 集合已成为近代数学中的一个最基本概念,数学的各个分支普遍地运用集合的方法和符号. 集合与点、线、面一样是数学中最原始的概念之一,不能用比它再简单的概念给它下定义,只能给予描述. 集合中的元素具有确定性、互异性和无序性.

1.1.5　习题 1.1

1. 设 $A=\{x|3<x<5\}$,$B=\{x|x>4\}$,

求:(1)$A\cup B$;(2)$A\cap B$.(结果用区间表示.)

2. 用区间表示满足下列不等式的所有 x 的集合:

(1)$2<x\leqslant 6$;(2)$|x-5|\leqslant 1$;(3)$x<-4$;(4)$|x+2|\geqslant 3$.

1.2　函数

1.2.1　函数的概念

1. 函数的定义

定义 1.2.1　设 x 和 y 是两个变量,D 是一个给定的非空数集,若对于每个 $x\in D$,按照

一定的对应法则,变量 y 总有唯一确定的数值和它对应,则称 y 是 x 的函数,记做

$$y=f(x).$$

其中,x 称为自变量,y 称为因变量. 数集 D 称为函数 $f(x)$ 的定义域,即 $D=D(f)$(简记做 D_f).

在实际问题中,函数定义域是根据问题的实际意义确定的. 例如,在圆的面积公式 $S(r)=\pi r^2$ 中,定义域是全体正实数.

在数学研究中,常抽去函数的实际意义,单纯讨论用算式表达的函数关系. 这时,在实数范围内可以规定函数的自然定义域(即使算式有意义的一切实数组成的数集). 例如,函数 $S(r)=\pi r^2$ 的自然定义域是 $(-\infty,+\infty)$,函数 $y=\sqrt{1-x^2}$ 的自然定义域为 $[-1,1]$.

例 1.2.1 函数 $y=|x|$ 的定义域为 $(-\infty,+\infty)$(图 1.2.1).

例 1.2.2 函数 $y=\dfrac{x^2-1}{x-1}$ 的定义域为 $(-\infty,1)\cup(1,+\infty)$(图 1.2.2).

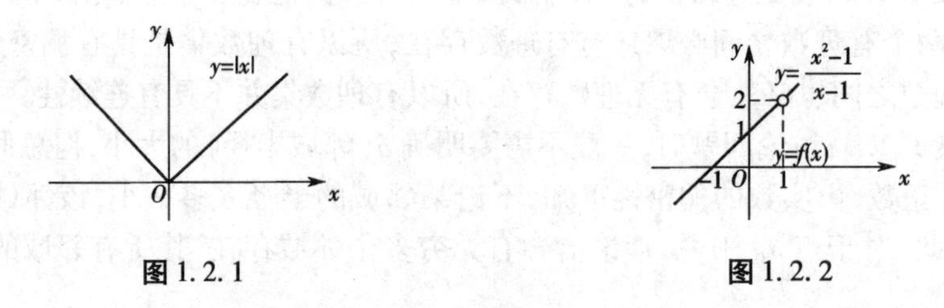

图 1.2.1　　图 1.2.2

思维拓展 1.2.1:函数的定义域一定可以用区间表示吗?

当 x 取数值 $x_0\in D_f$ 时,与 x_0 对应的 y 的数值称为函数 $f(x)$ 在点 x_0 处的函数值,记做 $f(x_0)$ 或 $y|_{x=x_0}$. 当 $f(x_0)$ 有意义时,则称函数 $f(x)$ 在点 x_0 处有定义. 当 x 取遍 D_f 内各个数值时,对应的函数值的全体组成的数集

$$R(f)=\{y\,|\,y=f(x),x\in D_f\}$$

称为函数 $f(x)$ 的值域,简记做 R_f.

由函数的定义可知,确定一个函数,起决定作用的是以下两个要素:

(1)对应法则 f(即因变量 y 对自变量 x 的依存关系);

(2)定义域 D_f(即自变量 x 的取值范围).

若两个函数的对应法则 f 和定义域 D_f 都相同,那么这两个函数就是相同的(或称相等的);否则就是不相同的. 至于自变量和因变量用什么字母表示则无关紧要. 因此,只要定义域相同,$y=f(x)$ 与 $u=f(v)$ 表示的就是同一个函数.

2. 函数的图像

借助于函数的图像能形象直观地研究函数的变化趋势,这对于理解微积分学中的有关概念、方法、结论是十分重要的.

设函数 $y=f(x)$ 的定义域为 D_f,取定一个 $x\in D_f$,得到一个函数值 $y=f(x)$,这时数组 (x,y) 在 xOy 面上确定一个点的坐标. 当 x 取遍 D_f 内每个值时,得到 xOy 面上的点集

$$G=\{(x,y)\,|\,y=f(x),x\in D_f\}.$$

点集 G 称为函数 $y=f(x)$ 的图形(也叫图像). 图形 G 在 x 轴上的垂直投影点集就是定义域 D_f,图形 G 在 y 轴上的垂直投影点集就是值域 R_f(图 1.2.3).

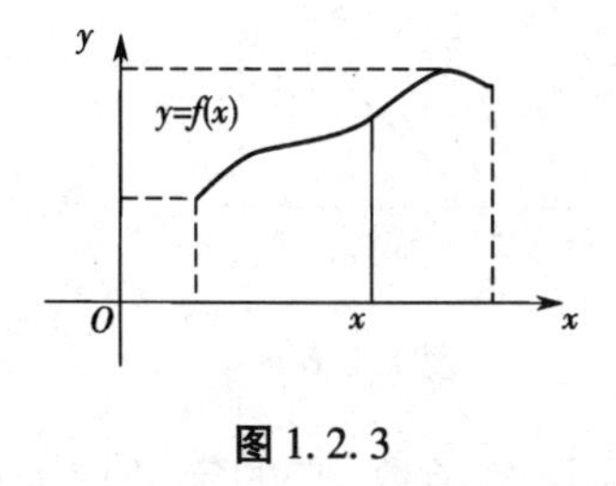

图1.2.3

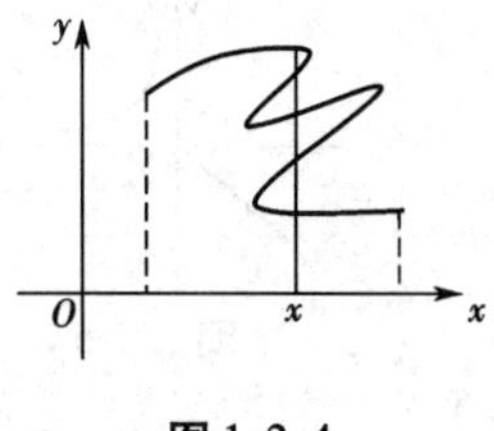

图1.2.4

一般地,函数图像是平面上的一条曲线,这条曲线具有一个特征:它与过 D_f 内的点的每一条平行于 y 轴的直线必相交而且只有一个交点. 由此可知,并不是所有平面曲线都对应一个函数. 例如图1.2.4中的曲线,因为平行于 y 轴的直线中有的与该曲线的交点不止一个,即对于某一个 x 有不止一个 y 与之对应,因而不符合函数的定义.

1.2.2　函数的表示法

1. 解析法

对自变量和常数通过加、减、乘、除四则运算,作乘幂、取对数、取指数、取三角函数、取反三角函数等函数运算所得到的式子称为解析表达式. 用解析表达式表示一个函数的方法称为解析法.

本节的上述各例题中的函数都是用解析法表示的函数. 微积分学中所讨论的函数大多是由解析法给出的,这是因为解析表达式便于进行各种数学运算和研究函数的性质.

一般地,给出一个函数具体表达式的同时应给出其定义域,否则即表示默认该函数定义域为其自然定义域.

思维拓展1.2.2:任意给出的一个解析表达式一定能表示一个函数吗?

需要指出的是,用解析法表示函数,不一定总是用一个解析式表示,也可以用几个解析式表示一个函数. 为叙述方便,习惯上称用多个解析式表示的函数为分段函数.

对于分段函数需注意以下几点:

(1)相应于自变量不同的取值范围,函数用不同的解析式来表示;

(2)分段函数的定义域是自变量不同取值范围的并集;

(3)求分段函数的函数值时,应根据自变量所在的取值范围,取该取值范围所对应的解析式求函数值.

例1.2.3　函数 $f(x)=\begin{cases}\dfrac{1}{x}, x>0\\ x,\ x\leqslant 0\end{cases}$ 的定义域为 $(-\infty,+\infty)$,其图形如图1.2.5所示.

$f(-1)=-1, f(2)=\dfrac{1}{2}, f(0)=0.$

例1.2.4　函数 $f(x)=\begin{cases}x+1, x\neq 1\\ 0,\quad x=1\end{cases}$ 的定义域为 $(-\infty,+\infty)$,其图形如图1.2.6所示.

$f(3)=4, f(1)=0, f(-1)=0.$

例1.2.5　取整函数:设 x 为任一实数,不超过 x 的最大整数称为 x 的整数部分,记做 $[x]$. 例如, $\left[\dfrac{3}{7}\right]=0$, $[\sqrt{3}]=1$, $[\pi]=3$, $[-3.8]=-4$. 把 x 看做变量,则函数 $y=[x]=n$

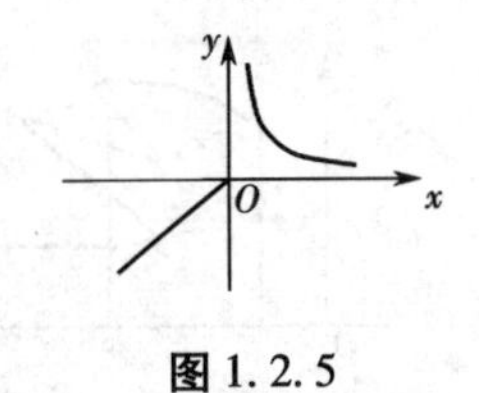

图 1.2.5

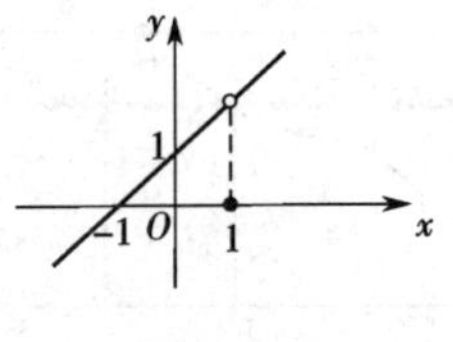

图 1.2.6

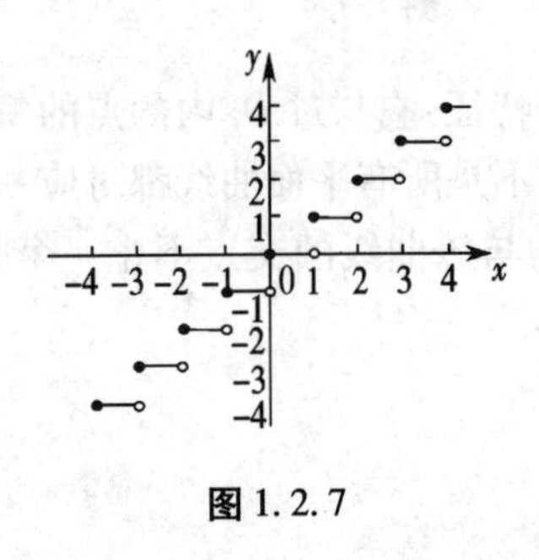

图 1.2.7

$(n \leqslant x < n+1, n \in \mathbf{Z})$ 称为取整函数. 它的定义域为 $(-\infty, +\infty)$,其图像如图 1.2.7 所示.

2. 表格法

在实际应用中,常把自变量所取的值和它对应的函数值列成表格,用以表示函数关系,函数的这种表示法称为表格法. 各种数学用表都是用表格法表示函数关系.

表格法的优点是简单明了,便于应用. 但也应看到它所给出的变量间的对应关系有时是不全面的.

3. 图像法

例 1.2.6 某气象站用自动温度记录仪记下一昼夜气温变化图(图 1.2.8). 由图可以看到一昼夜内每一时刻 t,都有唯一确定的温度 T 与之对应. 因此,图中曲线在闭区间 $[0,24]$ 上确定了一个函数,也就是用图像表示函数.

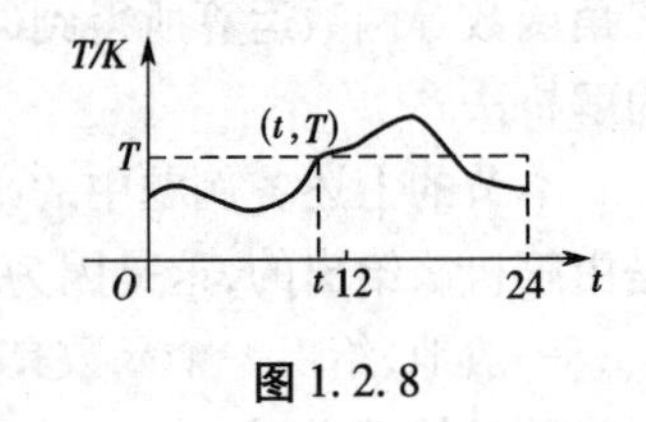

图 1.2.8

类似于例 1.2.6 这类问题,通常很难找到一个解析式准确地表示两个变量之间的对应关系,而用坐标系中某一条曲线(该曲线与任何一条平行于 y 轴的直线的交点不多于一个)来表示两个变量之间的对应关系,这种表示函数的方法称为图像法.

图像法的特点是直观性强,函数的变化一目了然,且便于研究函数的几何性质;缺点是不便于做理论研究. 今后研究函数时,经常先利用它的图像从直观上了解它的变化情况,然后再做理论研究.

1.2.3 反函数

在函数 $y=f(x)$ 中,x 是自变量,y 是因变量. 然而在同一变化过程中,存在着函数关系的两个变量究竟哪一个是自变量,哪一个是因变量,并不是绝对的,要视问题的具体要求而定. 选定其中一个为自变量,则另一个就是因变量(或函数).

例如,已知圆的半径 r 时,其面积为 $S=\pi r^2$,此时,S 是 r 的函数,r 是自变量. 若已知圆的面积 S,求它的半径 r. 就应把 S 作为自变量,而把 r 作为 S 的函数,并由 $S=\pi r^2$ 解出 r 关于 S 的关系式 $r=\sqrt{\dfrac{S}{\pi}}(r>0)$. 这时称函数 $r=\sqrt{\dfrac{S}{\pi}}$ 为函数 $S=\pi r^2$ 的反函数,而称函数 $S=\pi r^2$ 为函数 $r=\sqrt{\dfrac{s}{\pi}}$ 的像原函数.

定义 1.2.2 设函数 $y=f(x)$ 的定义域为 D_f,值域为 R_f,如果对任意一个 $y \in R_f$,在 D_f 内只有唯一确定的 x 与 y 对应,此 x 适合 $f(x)=y$,这时将 y 看做自变量,x 看做因变量,就得到

一个新的函数,称为函数 $y=f(x)$ 的反函数,记为

$$x=f^{-1}(y).$$

同时称函数 $y=f(x)$ 为函数 $x=f^{-1}(y)$ 的像原函数.

由定义 1.2.2 知,若函数 $y=f(x)$ 有反函数 $x=f^{-1}(y)$,则对每一个 $x\in D_f$,必有唯一确定的 $y\in R_f$ 与之对应;同样,对任意一个 $y\in R_f$,必有唯一确定的 $x\in D_f$ 与之对应. 因此,函数 $y=f(x)$ 存在反函数 $x=f^{-1}(y)$ 的充分必要条件是:x 与 y 的取值是一一对应的,即对于任何的 $x_1,x_2\in D_f$,当 $x_1\neq x_2$ 时,必有 $f(x_1)\neq f(x_2)$.

习惯上将函数 $y=f(x)$ 的反函数写为 $y=f^{-1}(x)$. 函数 $y=f(x)$ 的反函数 $y=f^{-1}(x)$ 的定义域记做 $D_{f^{-1}}$,值域记做 $R_{f^{-1}}$. 显然有 $D_{f^{-1}}=R_f$,$R_{f^{-1}}=D_f$,即反函数的定义域等于像原函数的值域,反函数的值域等于像原函数的定义域.

1.2.4　具有某种特性的函数

1. 单调函数

定义 1.2.3　设函数 $y=f(x)$ 在区间 $I\subset D_f$ 内有定义,若对区间 I 内任意两点 x_1,x_2,当 $x_1<x_2$ 时,总有

$$f(x_1)<f(x_2)\ (\text{或} f(x_1)\leqslant f(x_2)),$$

则称函数 $f(x)$ 是区间 I 内的严格单调增加函数(或单调增加函数)(图 1.2.9). 若对区间 I 内任意两点 x_1,x_2,当 $x_1<x_2$ 时,总有

$$f(x_1)>f(x_2)\ (\text{或} f(x_1)\geqslant f(x_2)),$$

则称函数 $f(x)$ 是区间 I 内的严格单调减少函数(或单调减少函数)(图 1.2.10).

图 1.2.9　　　　图 1.2.10

例 1.2.7　函数 $f(x)=x^2$ 在区间 $[0,+\infty)$ 内是严格单调增加函数;在区间 $(-\infty,0]$ 内是严格单调减少函数;在定义域 $(-\infty,+\infty)$ 内不是单调函数(图 1.2.11). 函数 $f(x)=x^3$ 在区间 $(-\infty,+\infty)$ 内是严格单调增加函数(图 1.2.12).

图 1.2.11　　　　图 1.2.12

2. 有界函数

定义 1.2.4　设函数 $y=f(x)$ 在区间 I 内有定义,若存在一个正数 M,使对于所有的 $x\in I$,对应的函数值 $f(x)$ 都满足不等式

$|f(x)|<M$,

则称函数$f(x)$为区间I内的有界函数. 若这样的M不存在,则称函数$f(x)$为区间I内的无界函数. 即,若对任意给定的正数M(无论它多么大),总有$x\in I$,使

$|f(x)|>M$,

则函数$f(x)$在I内无界.

例 1.2.8 函数$f(x)=\sin x$为区间$(-\infty,+\infty)$内的有界函数. 因为对于任意的$x\in(-\infty,+\infty)$,总有$|\sin x|\leqslant 1$.

例 1.2.9 函数$f(x)=x\sin x$为区间$(-\infty,+\infty)$内的无界函数. 因为对于任意给定的正数$M>0$,取$x_0=[M]\pi+\frac{\pi}{2}$,则

$$|f(x_0)|=\left|\left([M]\pi+\frac{\pi}{2}\right)\sin\left([M]\pi+\frac{\pi}{2}\right)\right|=\left|\left([M]\pi+\frac{\pi}{2}\right)(-1)^{[M]}\right|$$

$$=[M]\pi+\frac{\pi}{2}>M.$$

3. 奇函数与偶函数

定义 1.2.5 设函数$y=f(x)$的定义域D_f关于坐标原点对称,若对任意的$x\in D_f$,总有$f(-x)=f(x)$,则称函数$f(x)$为偶函数;若对任意的$x\in D_f$,总有$f(-x)=-f(x)$,则称函数$f(x)$为奇函数.

4. 周期函数

定义 1.2.6 设函数$y=f(x)$,若存在不为零的实数T,使对于每一个$x\in D_f$,总有$(x\pm T)\in D_f$,且

$f(x\pm T)=f(x)$,

则称$f(x)$是周期函数,并称T为函数$f(x)$的周期.

由定义1.2.6可知,若T是函数$y=f(x)$的周期,则kT($k\in\mathbf{Z}$且$k\neq 0$)也是函数$y=f(x)$的周期. 因此,周期函数有无穷多个周期. 对于周期函数,若在其所有周期中,存在一个最小的正数,则称这个最小的正数为周期函数的最小正周期.

通常所说周期函数的周期都是指其最小正周期.

周期为T的周期函数$y=f(x)$的图形沿x轴相隔一个长度为T的区间重复一次,如图1.2.13所示. 对于周期函数的性态,只要在长度等于周期T的任意一个区间上研究即可. 对于周期函数图形的描绘,也只要将长度等于T的任意一个区间上的一段曲线从该区间的两端延伸出去即可,自变量每增加或减少一个周期后图形就重复出现一次(图1.2.13).

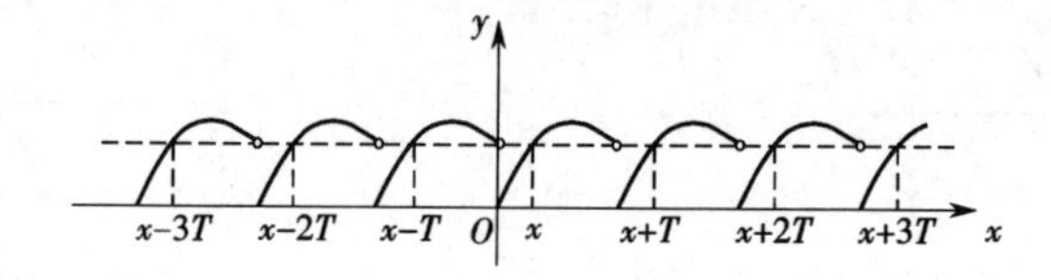

图 1.2.13

1.2.5 复合函数

在同一现象中,两个变量的联系有时不是直接的,而是通过另一变量间接联系起来的. 例如,考察具有同样高度 h 的圆柱体的体积 V,显然具有同样高度不同圆柱体的体积取决于它的底面积 S 的大小,即由公式 $V=Sh$(h 为常数)确定. 而底面积 S 由底面半径 r 确定,即 $S=\pi r^2$. 这里 V 是 S 的函数,S 是 r 的函数,V 与 r 之间通过 S 建立了函数关系 $V=Sh=\pi r^2 h$,它是由函数 $V=Sh$ 与 $S=\pi r^2$ 复合而成的.

定义 1.2.7　设函数 $y=f(u)$ 定义域为 D_f,函数 $u=g(x)$ 值域为 R_g,若 $R_g\cap D_f\neq\varnothing$,则称函数 $y=f[g(x)]$ 为由函数 $y=f(u)$ 与 $u=g(x)$ 复合而成的复合函数. 其中 u 称为中间变量,$f(u)$ 称为外函数,$g(x)$ 称为内函数. 复合函数 $f[g(x)]$ 的定义域记做 $D_{f\circ g}$,

$$D_{f\circ g}=\{x\mid x\in D_g,g(x)\in R_g\cap D_f\};$$

值域记做 $R_{f\circ g}$,

$$R_{f\circ g}=\{y\mid y=f(u),u\in R_g\cap D_f\}.$$

1.2.6 基本初等函数与初等函数

常数函数、幂函数、指数函数、对数函数、三角函数和反三角函数统称为基本初等函数.

基本初等函数不仅是微积分学研究问题的主要依据,而且是处理大多数问题的基础. 因此,熟练地掌握基本初等函数的表达式、定义域、值域、性质、图像是学习微积分学的重要基础. 下面逐一介绍各基本初等函数.

1. 常数函数

形如 $y=C$(C 为实常数)的函数称为常数函数,简称常函数.

常数函数 $y=C$ 的定义域为 $(-\infty,+\infty)$,值域为 $\{C\}$,它是有界的偶函数.

2. 幂函数

形如 $y=x^\alpha$(α 为实常数)的函数称为幂函数.

幂函数 $y=x^\alpha$ 的定义域随 α 而异. 例如:当 $\alpha=3$ 时,$y=x^3$ 的定义域为 $(-\infty,+\infty)$;当 $\alpha=\frac{1}{2}$ 时,$y=x^{\frac{1}{2}}=\sqrt{x}$ 的定义域是 $[0,+\infty)$;当 $\alpha=-\frac{1}{2}$ 时,$y=x^{-\frac{1}{2}}=\frac{1}{\sqrt{x}}$ 的定义域是 $(0,+\infty)$. 但不论 α 为何值,幂函数 $y=x^\alpha$ 在 $(0,+\infty)$ 内一定有定义,且其图形一定都经过点 $(1,1)$.

幂函数 $y=x^\alpha$ 中,$\alpha=1,2,3,\frac{1}{2},\frac{1}{3},-1$ 等是常见的幂函数,其图形分别如图 1.2.14 所示.

3. 指数函数

形如 $y=a^x$($a>0$ 且 $a\neq1$)的函数称为指数函数.

指数函数的定义域为 $(-\infty,+\infty)$,值域为 $(0,+\infty)$,其图形都经过点 $(0,1)$. 当 $a>1$ 时,指数函数为严格单调增加函数;当 $0<a<1$ 时,指数函数为严格单调减少函数(图 1.2.15).

4. 对数函数

形如 $y=\log_a x$($a>0$ 且 $a\neq1$)的函数称为对数函数.

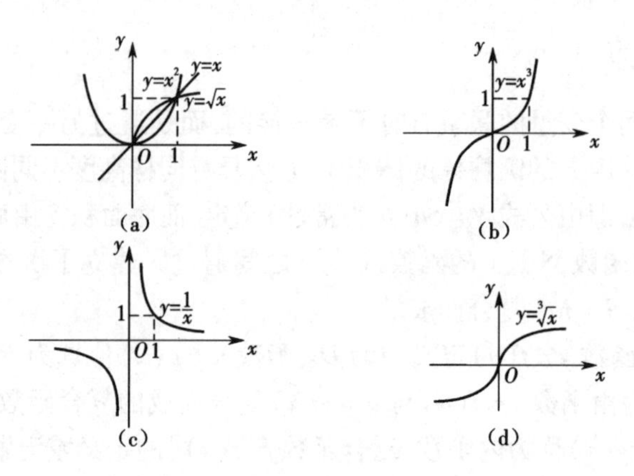

图 1.2.14

对数函数的定义域为$(0,+\infty)$，值域为$(-\infty,+\infty)$，其图形都经过点$(1,0)$. 当$a>1$时，对数函数为严格单调增加函数；当$0<a<1$时，对数函数为严格单调减少函数(图 1.2.16).

同底的对数函数与指数函数互为反函数.

图 1.2.15　　图 1.2.16

5. 三角函数

正弦函数、余弦函数、正切函数、余切函数、正割函数以及余割函数统称为三角函数.

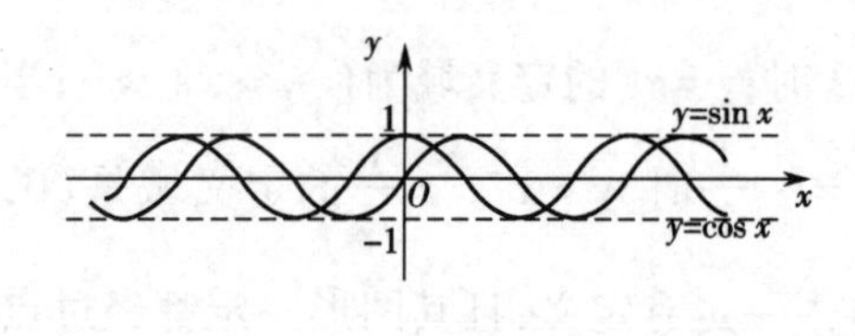

图 1.2.17

正弦函数$y=\sin x$与余弦函数$y=\cos x$的定义域均为$(-\infty,+\infty)$，且都是周期为2π的周期函数. 正弦函数$y=\sin x$是奇函数，余弦函数$y=\cos x$是偶函数. 因它们的值域均为$[-1,1]$，所以它们都是有界函数，它们的图形都介于两条平行直线$y=\pm 1$之间(图 1.2.17).

正切函数$y=\tan x$的定义域为$\left\{x \,\middle|\, x\neq k\pi+\frac{\pi}{2},k\in\mathbf{Z}\right\}$，值域为$(-\infty,+\infty)$. 它是周期为$\pi$的周期函数，且为奇函数(图 1.2.18).

余切函数$y=\cot x$的定义域为$\{x|x\neq k\pi,k\in\mathbf{Z}\}$，值域为$(-\infty,+\infty)$. 它是周期为$\pi$的周期函数，且为奇函数(图 1.2.19).

正割函数$y=\sec x=\frac{1}{\cos x}$的定义域为$\left\{x \,\middle|\, x\neq k\pi+\frac{\pi}{2},k=0,\pm1,\pm2,\cdots\right\}$，其值域为$(-\infty,-1]\cup[1,+\infty)$. 它是周期为$2\pi$的周期函数，且为偶函数.

余割函数$y=\csc x=\frac{1}{\sin x}$的定义域为$\{x|x\neq k\pi,k=0,\pm1,\pm2,\cdots\}$，值域为$(-\infty,-1]$

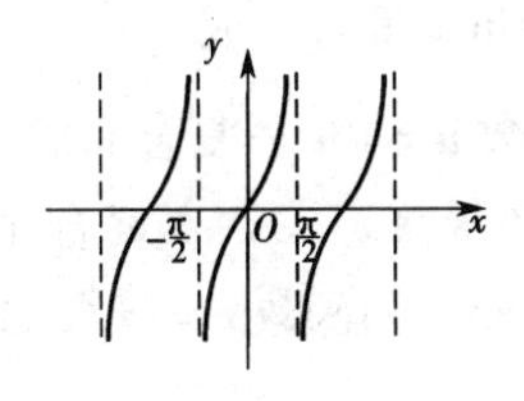

图 1.2.18

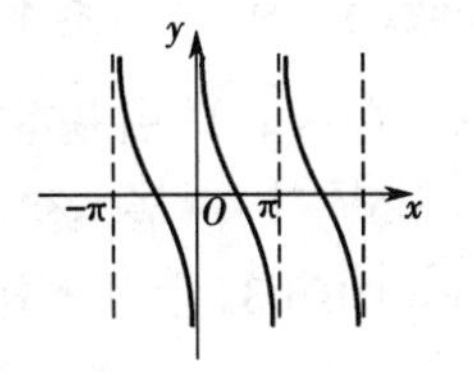

图 1.2.19

$\cup[1,+\infty)$. 它是周期为 2π 的周期函数,且为奇函数.

6. 反三角函数

函数 $y=\arcsin x$ 是正弦函数 $y=\sin x$ 在区间 $\left[-\frac{\pi}{2},\frac{\pi}{2}\right]$ 上的反函数,叫做反正弦函数,其定义域是 $[-1,1]$,值域是 $\left[-\frac{\pi}{2},\frac{\pi}{2}\right]$,在定义域上是严格单调增加函数,且为奇函数(图 1.2.20).

函数 $y=\arccos x$ 是余弦函数 $y=\cos x$ 在区间 $[0,\pi]$ 上的反函数,叫做反余弦函数,其定义域是 $[-1,1]$,值域是 $[0,\pi]$,在定义域上是严格单调减少函数(图 1.2.21).

函数 $y=\arctan x$ 是正切函数 $y=\tan x$ 在区间 $\left(-\frac{\pi}{2},\frac{\pi}{2}\right)$ 内的反函数,叫做反正切函数. 其定义域为 $(-\infty,+\infty)$,值域是 $\left(-\frac{\pi}{2},\frac{\pi}{2}\right)$,在定义域内是严格单调增加函数,且为奇函数(图 1.2.22).

函数 $y=\operatorname{arccot} x$ 是余切函数 $y=\cot x$ 在区间 $(0,\pi)$ 内的反函数,叫做反余切函数,其定义域为 $(-\infty,+\infty)$,值域是 $(0,\pi)$,在定义域内是严格单调减少函数(图 1.2.23).

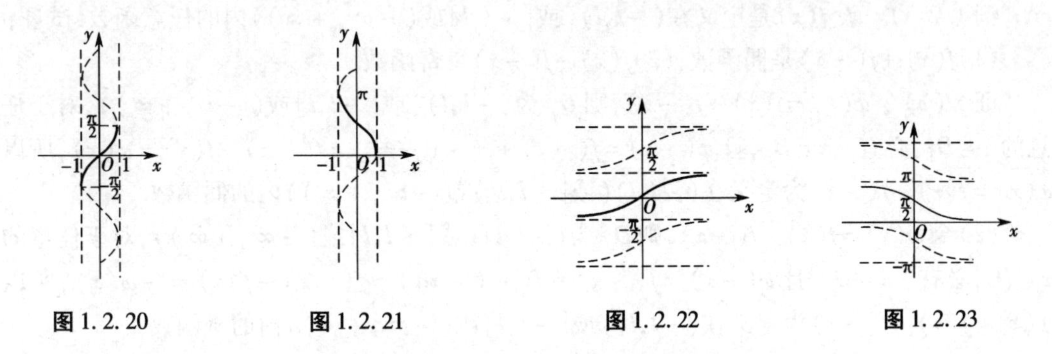

图 1.2.20　图 1.2.21　图 1.2.22　图 1.2.23

由基本初等函数经过有限次的四则运算和复合运算,并能用一个解析式表示的函数称为初等函数. 微积分学中讨论的函数绝大部分都是初等函数.

例如,函数 $y=\sin^2 x$, $y=\sqrt{1-x^2}$, $y=\sqrt{\cot\frac{x}{2}}$ 都是初等函数.

合理分解初等函数在微积分的计算中有着十分重要的意义,分解合理与否的准则是看分解后各层函数是否为基本初等函数或其四则运算.

例 1.2.10　指出下列各函数的复合结构:

(1) $y=\sin^2 x$; (2) $y=(1+x^2)^{\frac{3}{2}}$; (3) $y=5^{(2x-1)^3}$; (4) $y=\ln\tan 3x$.

解 (1)函数 $y=\sin^2 x$ 由基本初等函数 $y=u^2, u=\sin x$ 复合而成.

(2)函数 $y=(1+x^2)^{\frac{3}{2}}$ 由基本初等函数 $y=u^{\frac{3}{2}}$ 和函数 $u=1+x^2$ 复合而成.

(3)函数 $y=5^{(2x-1)^3}$ 由基本初等函数 $y=5^u, u=v^3$ 和函数 $v=2x-1$ 复合而成.

(4)函数 $y=\ln\tan 3x$ 由基本初等函数 $y=\ln u, u=\tan v$ 和函数 $v=3x$ 复合而成.

1.2.7 思维拓展问题解答

思维拓展 1.2.1:函数的定义域不一定总可以用区间表示. 例如,函数 $y=\sqrt{\sin x-1}$ 的定义域 $\left\{x \,\middle|\, x=\frac{\pi}{2}+2k\pi, k\in\mathbf{Z}\right\}$ 就是由无穷多个离散的点组成的集合.

思维拓展 1.2.2:不是所有的解析表达式都能表示一个函数. 例如,解析表达式 $\frac{1}{\sqrt{\sin x-1}}$ 就不能表示一个函数. 这是因为,x 取任何实数都不能使该解析表达式有意义,而这不符合函数定义域是非空数集的要求.

1.2.8 知识拓展

定义在对称区间(或$(-\infty,+\infty)$)上的函数与奇函数、偶函数的关系

若函数 $y=f(x)$ 的定义域 D_f 关于坐标原点对称,但当 $x\in D_f$ 时,$f(-x)=f(x)$ 与 $f(-x)=-f(x)$ 均不成立,则称函数 $f(x)$ 为非奇非偶函数. 虽然并不是任何函数都具有奇偶性,但下例的结果表明,在对称区间(或$(-\infty,+\infty)$)上定义的任意一个函数,一定可以表示为偶函数 $\frac{1}{2}[f(x)+f(-x)]$ 与奇函数 $\frac{1}{2}[f(x)-f(-x)]$ 之和.

例 1.2.11 设 $f(x)$ 是定义在 $(-l,l)$(或 $[-l,l]$ 或 $(-\infty,+\infty)$)内的任意函数,试证:(1)$f(x)+f(-x)$ 是偶函数;(2)$f(x)-f(-x)$ 是奇函数.

证 (1)令 $\varphi(x)=f(x)+f(-x)$,则 D_φ 为 $(-l,l)$(或 $[-l,l]$ 或 $(-\infty,+\infty)$),对于任意的 $x\in D_\varphi$,必有 $-x\in D_\varphi$,且 $\varphi(-x)=f(-x)+f(-(-x))=f(-x)+f(x)=\varphi(x)$,所以 $\varphi(x)=f(x)+f(-x)$ 为定义在 $(-l,l)$(或 $[-l,l]$ 或 $(-\infty,+\infty)$)内的偶函数.

(2)令 $\varphi(x)=f(x)-f(-x)$,则 D_φ 为 $(-l,l)$(或 $[-l,l]$ 或 $(-\infty,+\infty)$),对于任意的 $x\in D_\varphi$,必有 $-x\in D_\varphi$,且 $\varphi(-x)=f(-x)-f(-(-x))=f(-x)-f(x)=-\varphi(x)$,所以 $\varphi(x)=f(x)-f(-x)$ 为定义在 $(-l,l)$(或 $[-l,l]$ 或 $(-\infty,+\infty)$)内的奇函数.

1.2.9 习题1.2

1. 求下列函数的定义域(结果用区间表示):

(1)$y=\frac{1}{\sqrt{1-x^2}}$; (2)$y=\frac{1}{\ln(x-1)}$;

(3)$y=\sqrt{x^2-4}+\arcsin\frac{x}{4}$; (4)$y=\ln(x-1)+\frac{1}{\sqrt{x+1}}$.

2. 画出下列分段函数的图形,并求出定义域和函数值 $f(0)$,$f\left(\frac{1}{2}\right)$,$f(2)$,$f(-1)$.

(1) $f(x)=\begin{cases}1-x, & x<0,\\ \dfrac{1}{2}, & x=0,\\ x^2, & x>0;\end{cases}$　　(2) $f(x)=\begin{cases}x+2, & -2\leqslant x<0,\\ x^2, & 0\leqslant x<1,\\ 1 & x\geqslant 1.\end{cases}$

3. 分析下列函数的结构:

(1) $y=e^{x^2}$;　　(2) $y=\sin\dfrac{2x}{1+x^2}$;　　(3) $y=\tan\dfrac{1}{\sqrt{1+x^2}}$.

4. 选择题:

(1) 函数 $f(x)=\sin\dfrac{1}{x}$ 在其定义域内是(　　).

A. 周期函数　　B. 单调函数　　C. 有界函数　　D. 偶函数

(2) 若函数 $f(x)$ 是奇函数,且 $x>0$ 时,$f(x)$ 是增函数,则 $x<0$ 时,$f(x)$(　　).

A. 是增函数　　B. 可能是增函数,也可能是减函数

C. 是减函数　　D. 既不是增函数,也不是减函数

(3) 函数 $f(x)=\dfrac{x}{1+x^2}$ 在 $(-\infty,+\infty)$ 内是(　　).

A. 单调有界函数　　B. 有界奇函数　　C. 单调无界函数　　D. 无界偶函数

第 2 章　极限与连续

无限！再没有其他的问题如此深刻地打动过人类的心灵.

——希尔伯特(德国)

极限是微积分学中最基本的概念之一,用以描述变量在一定的变化过程中的终极状态. 借助这一方法,就会认识到稳定不变的事物是过程、运动的结果,这就是极限思想. 在本章中,将具体研究在函数的自变量按某种方式变化的过程中,相应的因变量随之而产生的变化趋势,从而引出极限概念.

2.1　两类典型问题

2.1.1　变化率问题

1. 平面曲线的切线

在中学数学中,圆的切线被定义为"与圆只有一个交点的直线". 但是对一般平面曲线,就不能用"与曲线只有一个交点的直线"作为曲线切线的定义. 例如,在图 2.1.1 中,可明显看到,直线 $y=1$ 与曲线 $y=\sin x$ 相切,但它们的交点不唯一;同时,直线 $y=x-\pi$ 与曲线 $y=\sin x$ 只有一个交点,但它们在此交点处不相切. 因此,有必要对一般曲线 $y=f(x)$ 在一点处的切线给出一个普遍适用的定义,并指明如何求切线.

在曲线 $y=f(x)$ 上固定点 $P_0(x_0,f(x_0))$,在该曲线上取与点 P_0 邻近的点 $P(x,f(x))$. 连接两点 P_0 与 P 作该曲线的一条割线(参见图 2.1.2),这条割线的倾角是 θ,其斜率为

$$\tan\theta=\frac{|QP|}{|P_0Q|}=\frac{f(x)-f(x_0)}{x-x_0}. \tag{2.1.1}$$

图 2.1.1　　　　图 2.1.2

其中点 Q 是过点 P_0 所作的平行于 x 轴的直线与过点 P 所作的平行于 y 轴的直线的交点. 当点 P 沿曲线 $y=f(x)$ 移动且无限趋近于点 P_0 时,割线 P_0P 不断地绕点 P_0 转动而无限趋向于直线 P_0T;且割线 P_0P 的倾角 θ(斜率 $\tan\theta$)无限趋向于直线 P_0T 的倾角 θ_0(斜率 $\tan\theta_0$).

因此,$\tan\theta_0$ 就是当点 x 无限趋近于点 x_0 时,比值 $\dfrac{f(x)-f(x_0)}{x-x_0}$ 所无限趋近的数. 把经过点 P_0

且以 $\tan\theta_0$ 为斜率的直线称为曲线 $y=f(x)$ 在点 P_0 处的切线.

2. 变速直线运动的速度

质点做匀速直线运动时,质点经过的路程与所用的时间成正比,且该比值为质点运动的速度. 但在实际问题中,往往是在运动的不同时间间隔内,比值

$$\frac{\text{质点经过的路程}}{\text{质点所用的时间}} \tag{2.1.2}$$

会有不同的值,这时称质点的运动是变速的(或非匀速的). 对于做变速直线运动的质点在某一时刻 t_0 的速度(瞬时速度)应如何理解,又怎样计算呢? 就是下面要研讨的问题.

做变速直线运动的质点,在时刻 t 时在直线上的位置 s 必为 t 的函数,记为 $s=s(t)$. 取时刻 t_0 到 t 为一时间间隔,在该时间间隔内,质点从位置 $s_0=s(t_0)$ 运动到 $s=s(t)$. 这时,由式(2.1.2)算得的比值

$$\frac{s-s_0}{t-t_0}=\frac{s(t)-s(t_0)}{t-t_0} \tag{2.1.3}$$

只能表示质点在该时间间隔内的平均速度. 若时间间隔取得较小,则比值(2.1.3)可以近似表示质点在 t_0 时刻的速度. 可以看出,随着时间间隔取得越小,比值(2.1.3)反映质点在 t_0 时刻速度的精确度也就越高. 因此,当 t 无限趋近于 t_0 时,比值(2.1.3)无限趋近于质点在 t_0 时刻的速度 $v(t_0)$. 故而,求 $v(t_0)$ 就是求当 t 无限趋近于 t_0 时,比值 $\frac{s(t)-s(t_0)}{t-t_0}$ 所无限趋近的数.

2.1.2　求积问题

1. 曲边梯形的面积

在几何问题中,常会遇到计算曲边梯形面积的问题. 在平面直角坐标系中,由连续曲线 $y=f(x)\,(f(x)\geqslant 0)$,$x$ 轴与直线 $x=a$,$x=b\,(a<b)$ 所围成的封闭图形(参见图 2.1.3)就是一个曲边梯形. 下面讨论如何求曲边梯形的面积.

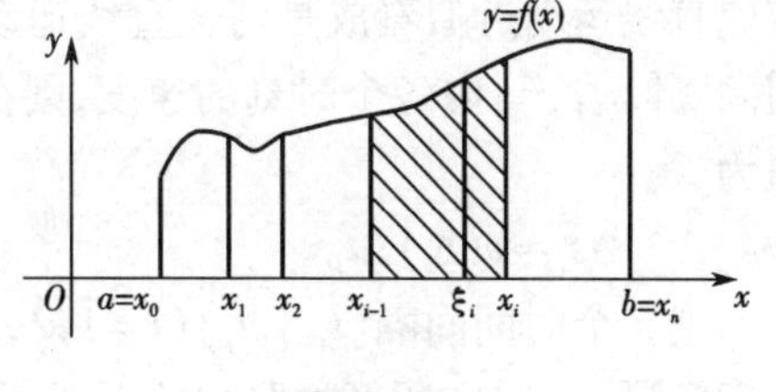

图 2.1.3

如果能够设法把曲边梯形的问题转化成直边图形的问题来研究,问题自然会变得简单. 但曲边究竟是曲边,不可能把曲边变直,而只能"以直代曲"得到曲边梯形面积的一个粗糙的近似. 可是为了求得曲边梯形的面积,还必须要做"以直代曲"这种近似,而且要能通过逐步加细的方法提高"以直代曲"这种近似的精度.

在开区间 (a,b) 内任意插入 $n-1$ 个分点

$$a=x_0<x_1<x_2<\cdots<x_{i-1}<x_i<\cdots<x_{n-1}<x_n=b,$$

从而将闭区间 $[a,b]$ 分成 n 个小闭区间 $[x_0,x_1],[x_1,x_2],\cdots,[x_{i-1},x_i],\cdots,[x_{n-1},x_n]$,将第 i 个小闭区间的长度记为 $\Delta x_i=x_i-x_{i-1}\,(i=1,2,3,\cdots,n)$. 再过各分点作垂直于 x 轴的直线 $x=x_i\,(i=1,2,\cdots,n-1)$,则原曲边梯形被分成 n 个以小闭区间 $[x_{i-1},x_i]\,(i=1,2,\cdots,n)$ 为底边的小曲边梯形,其面积记为 $\Delta S_i\,(i=1,2,\cdots,n)$.

在小闭区间 $[x_{i-1},x_i]\,(i=1,2,\cdots,n)$ 上任取一点 ξ_i,当 $[x_{i-1},x_i]$ 的长度 Δx_i 很小时,因

曲线 $y=f(x)$ 是连续变化的,故函数 $f(x)$ 的值在 $[x_{i-1},x_i]$ 上的变化也很小. 因而,可用以 $f(\xi_i)$ 为高,以 Δx_i 为宽的小矩形的面积近似代替以 $[x_{i-1},x_i]$ 为底的小曲边梯形的面积,从而得到第 i 个小曲边梯形面积 ΔS_i 的近似值

$$\Delta S_i \approx f(\xi_i)\Delta x_i (i=1,2,\cdots,n).$$

把 n 个小曲边梯形面积的近似值加起来,即可得到所求曲边梯形面积

$$S \approx f(\xi_1)\Delta x_1 + f(\xi_2)\Delta x_2 + \cdots + f(\xi_n)\Delta x_n = \sum_{i=1}^{n} f(\xi_i)\Delta x_i. \tag{2.1.4}$$

可以看出,随着小闭区间的长度 $\Delta x_i = x_i - x_{i-1} (i=1,2,3,\cdots,n)$ 取得越小,式(2.1.4)近似代替所求曲边梯形面积的近似程度就越高. 因此,当最大小区间的长度 $\lambda = \max\limits_{1\leq i\leq n}\{\Delta x_i\}$ 无限趋近于零时,式(2.1.4)将无限趋近于所求曲边梯形面积. 因此,所求曲边梯形面积,就是当 λ 无限趋近于零时,式(2.1.4)所无限趋近的数.

思维拓展 2.1.1:**能否使用让分点的个数无限增加的方法,以达到使最大小区间的长度无限趋近于零的目的?**

2. *变速直线运动的路程*

当质点做变速直线运动时,其速度 $v(t)$ 是随时间 t 连续变化的. 因速度 $v(t)$ 不是常数,故不能用速度乘时间计算质点从时刻 $t=a$ 到 $t=b(a<b)$ 这一时间间隔内所经过的路程. 但可以用类似于计算曲边梯形面积的方法与步骤来解决这个问题.

在时间间隔 $[a,b]$ 内任意插入 $n-1$ 个分点 $a=t_0<t_1<t_2<\cdots<t_{n-1}<t_n=b$,将闭区间 $[a,b]$ 分成 n 个小时间间隔 $[t_{i-1},t_i] (i=1,2,\cdots,n)$,第 i 个小时间间隔的长度为 $\Delta t_i = t_i - t_{i-1} (i=1,2,\cdots,n)$. 质点在时间间隔 $[t_{i-1},t_i]$ 内经过的路程记为 $\Delta s_i (i=1,2,\cdots,n)$.

当小时间间隔 $[t_{i-1},t_i] (i=1,2,\cdots,n)$ 很小时,可以把质点在小时间间隔 $[t_{i-1},t_i]$ 内的变速直线运动近似看成是匀速直线运动. 在 $[t_{i-1},t_i]$ 上任取一点 ξ_i,以 $v(\xi_i)$ 代替质点在时间间隔 $[t_{i-1},t_i]$ 内各个时刻的速度,则在小时间间隔 $[t_{i-1},t_i]$ 内质点经过的路程 Δs_i 的近似值为

$$\Delta s_i \approx v(\xi_i)\Delta t_i.$$

把 n 个时间间隔 $[t_{i-1},t_i] (i=1,2,\cdots,n)$ 内质点经过路程的近似值加起来,即得质点在时间间隔 $[a,b]$ 内所经过路程的近似值,即

$$s \approx \sum_{i=1}^{n} v(\xi_i)\Delta t_i. \tag{2.1.5}$$

可以看出,随着小时间间隔长度 $\Delta t_i = t_i - t_{i-1} (i=1,2,\cdots,n)$ 取得越小,式(2.1.5)近似代替所求路程的近似程度就越高. 因此,当最大小时间间隔长度 $\lambda = \max\limits_{1\leq i\leq n}\{\Delta t_i\}$ 无限趋近于零时,式(2.1.5)将无限趋近于所求路程. 因此,所求路程就是当 λ 无限趋近于零时,式(2.1.5)所无限趋近的数.

本节所介绍的两类典型问题,涉及了微积分学中的两大类问题:微分学和积分学. 这两类问题的解决都涉及"无限趋近"的问题,亦即极限理论的问题. 极限理论不仅是解决这些问题的工具,而且是微积分学的基石.

2.1.3 思维拓展问题解答

思维拓展 2.1.1:求曲边梯形面积时,不能只让分点的个数无限增加. 这是因为分点是

任意插入的,并不要求等分,故所分得的 n 个小区间的长度 $\Delta x_i(i=1,2,\cdots,n)$ 一般是彼此不相等的. 因此,即使分点的个数无限增加,也不一定能使每个小区间的长度都无限趋近于零. 但如果让最大的那个小区间的长度无限趋近于零的话,那么其他小区间的长度当然也随之无限趋近于零.

2.1.4　知识拓展

极限在微积分学中的地位

(1)极限思想是在一些实际问题的研究,尤其是在研究几何问题和物理问题的精确解时产生的. 极限方法是从有限认识无限、从近似认识精确、从已知认识未知、从量变认识质变的一种数学方法.

(2)极限是微积分学中最基本和最重要的概念,微积分学每一部分内容都与极限有关. 微积分学中其他一些重要概念,如连续、导数、定积分、广义积分、级数等,都需要用极限来表达,且它们的性质和运算法则也都需要用极限的性质和运算法则来论证.

2.1.5　习题 2.1

1. 求曲线 $y=x^3$ 在点(1,1)处的切线方程.

2. 求由曲线 $y=x^2$,x 轴和直线 $x=1$ 所围成的平面图形的面积(提示:将闭区间[0,1] n 等分,并将点 ξ_i 取在区间的左端点处).

2.2　函数在有限点处的极限与连续

2.2.1　当 $x \to x_0$ 时,函数 $f(x)$ 的极限及无穷大

自变量 x 无限接近于一个定点 x_0,记做 $x \to x_0$,读做"x 趋于 x_0". 经过观察研究发现,当 $x \to x_0$ 时,相应的函数 $f(x)$ 主要有以下三种变化趋势.

(1)函数 $f(x)$ 无限接近于某一个确定的常数.

例 2.2.1　当 $x \to 0$ 时,函数 $\cos x$ 的值无限接近于 1(参见图 1.2.17).

例 2.2.2　当 $x \to 1$ 时,函数 $\frac{x^2-1}{x-1}$ 的值无限接近于 2(参见图 1.2.2).

(2)函数 $f(x)$ 的绝对值无限增大.

例 2.2.3　当 $x \to 0$ 时,函数 $\frac{1}{x}$ 的绝对值无限增大(参见图 1.2.14(c)).

(3)函数 $f(x)$ 不无限接近于某一个确定的常数,且函数 $f(x)$ 的绝对值也不无限增大.

例 2.2.4　由图 2.2.1 可以看出,当 $x \to 0$ 时,函数 $\sin \frac{1}{x}$ 的值在 -1 和 1 之间振荡,且当 x 越接近于 0 时,振荡越频繁,不可能接近于任何定值.

称函数 $f(x)$ 的第一种变化趋势是函数 $f(x)$ 的极限存在;函数 $f(x)$ 的第二种变化趋势是函数 $f(x)$ 为无穷大量;函数 $f(x)$ 的第三种变化趋势是函数 $f(x)$ 为振荡. 函数 $f(x)$ 的第二种和第三种情况都称为函数 $f(x)$ 极限不存在.

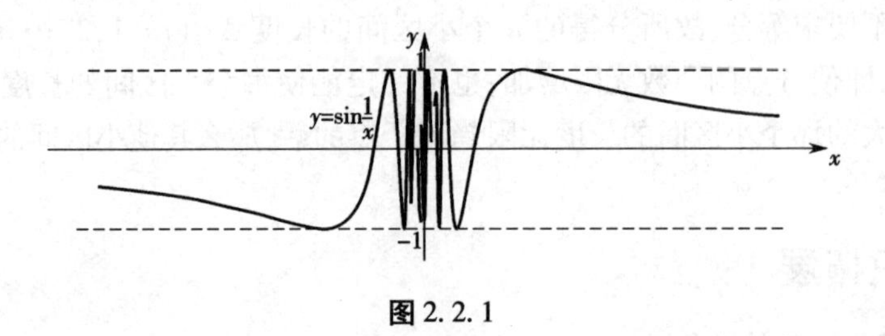

图 2.2.1

定义 2.2.1 设函数 $y=f(x)$ 在点 x_0 的某空心邻域 $U^{\circ}(x_0)$ 内有定义，若当 $x\to x_0$ 时，相应的函数值 $f(x)$ 无限接近于某一个确定的常数 A，即 $|f(x)-A|$ 无限减小，则称常数 A 为函数 $f(x)$ 当 $x\to x_0$ 时的极限，或称当 $x\to x_0$ 时，函数 $f(x)$ 以 A 为极限，记做

$$\lim_{x\to x_0} f(x)=A \text{ 或 } f(x)\to A(x\to x_0).$$

思维拓展 2.2.1：如何理解 $x\to x_0$ 时，函数 $f(x)$ 无限接近于某一个确定的常数 A？

由例 2.2.1、例 2.2.2 和定义 2.2.1 知，$\lim\limits_{x\to 0}\cos x=1$，$\lim\limits_{x\to 1}\dfrac{x^2-1}{x-1}=2$.

由例 2.2.4 知，极限 $\lim\limits_{x\to 0}\sin\dfrac{1}{x}$ 不存在.

无穷大量虽然是函数极限不存在的一种情况，但有明确的变化趋势. 为表示函数这一变化趋势，也说“函数的极限是无穷大”，并借用极限符号表示.

定义 2.2.2 设函数 $y=f(x)$ 在点 x_0 的某空心邻域 $U^{\circ}(x_0)$ 内有定义，若当 $x\to x_0$ 时，相应的函数值的绝对值 $|f(x)|$ 无限增大，则称函数 $f(x)$ 为 $x\to x_0$ 时的无穷大量（简称无穷大）或称当 $x\to x_0$ 时，函数 $f(x)$ 为无穷大量，记做

$$\lim_{x\to x_0} f(x)=\infty \text{ 或 } f(x)\to\infty\ (x\to x_0).$$

特别地，若当 $x\to x_0$ 时，函数 $f(x)$ 只取正值无限增大或只取负值无限减小，则称函数 $f(x)$ 为 $x\to x_0$ 时的正无穷大或负无穷大，记做

$$\lim_{x\to x_0} f(x)=+\infty \text{ 或 } \lim_{x\to x_0} f(x)=-\infty.$$

无穷大是指绝对值可以无限增大的函数，它的绝对值可以大于任何预先给定的正数（不论该正数多么大），切不可与绝对值很大的常数混为一谈.

由例 2.2.3 与定义 2.2.2 知，极限 $\lim\limits_{x\to 0}\dfrac{1}{x}=\infty$，$\lim\limits_{x\to 0}\dfrac{1}{|x|}=+\infty$，$\lim\limits_{x\to 0}\dfrac{-1}{|x|}=-\infty$.

2.2.2 一个重要结论

在定义 2.2.1 中要求函数 $f(x)$ 在点 x_0 的某空心邻域 $U^{\circ}(x_0)$ 内有定义，这意味着 $x\neq x_0$，表明函数 $f(x)$ 在点 x_0 处的极限值 $\lim\limits_{x\to x_0} f(x)$ 是在 $x\neq x_0$ 的条件下求得的，它与函数 $f(x)$ 在点 x_0 处是否有定义以及有什么样的定义值都毫无关系.

在定义 2.2.1 中，可看到函数 $f(x)$ 在点 x_0 处的极限值 $\lim\limits_{x\to x_0} f(x)$ 是由函数 $f(x)$ 在点 x_0 附近（左、右两侧）的函数值决定的. 因此函数 $f(x)$ 在点 x_0 处的极限，反映的是函数 $f(x)$ 在点 x_0 附近（不包括点 x_0）的局部性质.

综合以上两点，可得到一个计算函数在有限点处极限的重要结论：若两个函数在点 x_0

的某空心邻域内相同,且其中有一个在点 x_0 处有极限,则它们在点 x_0 处有相同的极限值.

上述结论表明:求一个函数(如分式函数)在点 x_0 处的极限,可转换成(分子、分母间消去趋于零的公因式)求另一函数在点 x_0 处的极限,充分条件是在点 x_0 的某空心邻域内这两个函数是相同的.

例 2.2.5　求函数极限 $\lim\limits_{x\to -2}\dfrac{x^2+2x}{3x^2+x-10}$ 的值.

解　$\lim\limits_{x\to -2}\dfrac{x^2+2x}{3x^2+x-10}=\lim\limits_{x\to -2}\dfrac{x(x+2)}{(3x-5)(x+2)}=\lim\limits_{x\to -2}\dfrac{x}{3x-5}=\dfrac{2}{11}.$

例 2.2.6　求函数极限 $\lim\limits_{x\to 2}\dfrac{\sqrt{x+7}-3}{x-2}$ 的值.

解
$$\lim_{x\to 2}\frac{\sqrt{x+7}-3}{x-2}=\lim_{x\to 2}\frac{(\sqrt{x+7}-3)(\sqrt{x+7}+3)}{(x-2)(\sqrt{x+7}+3)}$$
$$=\lim_{x\to 2}\frac{x+7-9}{(x-2)(\sqrt{x+7}+3)}=\lim_{x\to 2}\frac{1}{\sqrt{x+7}+3}=\frac{1}{6}.$$

2.2.3　单侧极限

上面给出了 $x\to x_0$ 时函数 $f(x)$ 的极限的定义. 在那里,x 是从点 x_0 的左、右两侧趋近于点 x_0 的. 但在有些问题中,往往只需考虑或只能考虑 x 从点 x_0 的一侧趋于点 x_0 时函数 $f(x)$ 的变化趋势. 例如,函数仅在其定义区间的端点处的一侧有定义;再如,在分段函数的分段点两侧,若表示函数对应法则的解析式不同,函数在这样点处的极限就只能从单侧进行研究. 因此,为了深入研究函数在一点处的极限问题,有必要引入单侧极限的概念.

当 x 从点 x_0 的左(右)侧趋于点 x_0 时,记做 $x\to x_0^-$ (x_0^+),读做 x 趋于 x_0 减(加). 将定义 2.2.1 中的"$x\to x_0$"改为"$x\to x_0^-$ (x_0^+)",且将"点 x_0 的某空心邻域 $U(x_0)$"改为"点 x_0 的左(右)邻域 $(x_0-\delta,x_0)$ $((x_0,x_0+\delta))$",即可得到函数 $f(x)$ 在点 x_0 处左(右)极限的定义,记为
$$\lim_{x\to x_0^-}f(x)\ (\lim_{x\to x_0^+}f(x))\text{或}f(x_0^-)\ (f(x_0^+))\text{或}f(x_0-0)\ (f(x_0+0)).$$

当 $x\to x_0^-$ 或 $x\to x_0^+$ 时,函数 $f(x)$ 为无穷大(正无穷大、负无穷大)的定义可类似给出.

由函数 $f(x)$ 在点 x_0 处的极限定义和 $f(x)$ 在点 x_0 处的左、右极限定义,可以发现函数极限与其左、右极限的关系.

定理 2.2.1　$\lim\limits_{x\to x_0}f(x)=A$ 的充分必要条件是 $\lim\limits_{x\to x_0^-}f(x)=\lim\limits_{x\to x_0^+}f(x)=A$.

因此,当 $\lim\limits_{x\to x_0^-}f(x)$ 与 $\lim\limits_{x\to x_0^+}f(x)$ 都存在但不相等或 $\lim\limits_{x\to x_0^-}f(x)$ 与 $\lim\limits_{x\to x_0^+}f(x)$ 中至少有一个不存在时,就可断定 $\lim\limits_{x\to x_0}f(x)$ 不存在.

例 2.2.7　确定函数 $f(x)=\begin{cases}x^2+1, x\geqslant 2\\ 2x+1, x<2\end{cases}$ 当 $x\to 2$ 时的极限.

解　$\lim\limits_{x\to 2^-}f(x)=\lim\limits_{x\to 2^-}(2x+1)=5,$

$\lim\limits_{x\to 2^+}f(x)=\lim\limits_{x\to 2^+}(x^2+1)=5.$

因为 $\lim\limits_{x\to 2^-}f(x)=\lim\limits_{x\to 2^+}f(x)=5,$

所以$\lim\limits_{x\to 2}f(x)=5$(参见图2.2.2).

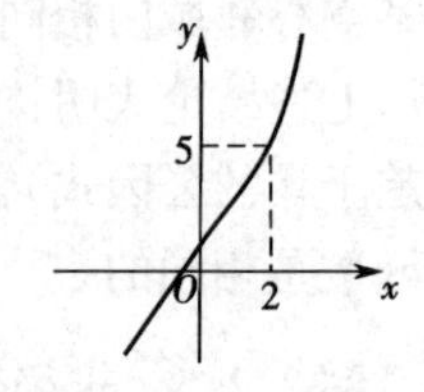

图2.2.2

例2.2.8 确定函数$f(x)=\begin{cases}-1-x, & -1\leqslant x<0,\\ 0, & x=0,\\ 1-x, & 0<x\leqslant 1\end{cases}$ 当$x\to 0$时的极限.

解 $\lim\limits_{x\to 0^-}f(x)=\lim\limits_{x\to 0^-}(-1-x)=-1$,

$\lim\limits_{x\to 0^+}f(x)=\lim\limits_{x\to 0^+}(1-x)=1$.

因为$\lim\limits_{x\to 0^-}f(x)\neq\lim\limits_{x\to 0^+}f(x)$,

所以$\lim\limits_{x\to 0}f(x)$不存在(参见图2.2.3).

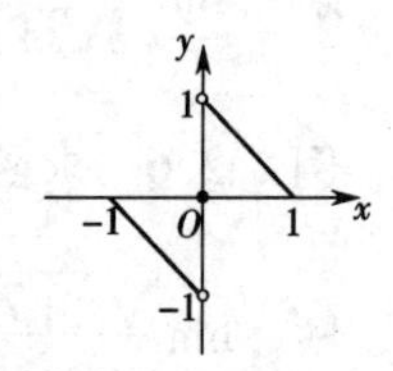

图2.2.3

例2.2.9 由图1.2.16可以看出,

$\lim\limits_{x\to 0^+}\log_a x=+\infty\ (0<a<1)$, $\lim\limits_{x\to 0^+}\log_a x=-\infty\ (a>1)$.

例2.2.10 由图1.2.18与图1.2.19可以看出,

$\lim\limits_{x\to\frac{\pi}{2}^-}\tan x=+\infty$, $\lim\limits_{x\to\frac{\pi}{2}^+}\tan x=-\infty$;

$\lim\limits_{x\to 0^-}\cot x=-\infty$, $\lim\limits_{x\to 0^+}\cot x=+\infty$.

2.2.4 函数的连续性

前面指出,函数$f(x)$在点$x=x_0$处的极限值$\lim\limits_{x\to x_0}f(x)$与函数$f(x)$在点$x=x_0$处的函数值$f(x_0)$是两个不同的概念,二者之间没有必然的联系,不能混为一谈.但从前面研究的例子中可以看出,只有当$\lim\limits_{x\to x_0}f(x)=f(x_0)$时,函数$f(x)$在点$x=x_0$处的图像才是连在一起的(参见例2.2.1与例2.2.7),而其他情形下函数$f(x)$在点$x=x_0$处的图像都是断开的.由此,可以得出函数$f(x)$在点$x=x_0$处连续的定义.

定义2.2.3 设函数$y=f(x)$在点x_0的某邻域$U(x_0)$内有定义,若

$\lim\limits_{x\to x_0}f(x)=f(x_0)$,

则称函数$f(x)$在点$x=x_0$处连续.

例2.2.11 确定函数$f(x)=\cos x$在点$x=0$处的连续性.

解 因$f(0)=1$,$\lim\limits_{x\to 0}f(x)=\lim\limits_{x\to 0}\cos x=1$(参见例2.2.1),故$\lim\limits_{x\to 0}f(x)=f(0)$,所以函数$f(x)$在点$x=0$处连续(参见图1.2.17).

例2.2.12 确定函数$f(x)=|x|$在点$x=0$处的连续性.

解 因$f(0)=0$,$\lim\limits_{x\to 0}f(x)=\lim\limits_{x\to 0}|x|=0$,故$\lim\limits_{x\to 0}f(x)=f(0)$,所以函数$f(x)$在点$x=0$处连续(参见图1.2.1).

例2.2.13 确定函数$f(x)=\begin{cases}x^2+1, x\geqslant 2,\\ 2x+1, x<2\end{cases}$在点$x=0$处的连续性.

解 因$f(2)=5$,$\lim\limits_{x\to 2}f(x)=5$(参见例2.2.7),故$f(2)=\lim\limits_{x\to 2}f(x)$,所以函数$f(x)$在点$x=2$处连续(参看图2.2.2).

若$\lim\limits_{x\to x_0^-}f(x)=f(x_0)$,则称函数$f(x)$在点$x=x_0$处左连续;若$\lim\limits_{x\to x_0^+}f(x)=f(x_0)$,则称函数$f(x)$在点$x=x_0$处右连续.

因为$\lim\limits_{x \to x_0} f(x)$存在的充要条件是$\lim\limits_{x \to x_0^-} f(x) = \lim\limits_{x \to x_0^+} f(x)$，所以函数$f(x)$在点$x = x_0$处连续的充要条件是函数$f(x)$在点$x_0$处既左连续又右连续.

例 2.2.14 设函数$f(x) = \begin{cases} e^x, & x \leqslant 0, \\ a + x, & x > 0 \end{cases}$在点$x = 0$处连续，求常数$a$的值.

解 因为函数$f(x)$在点$x = 0$处连续，所以函数$f(x)$在点$x = 0$处右连续，故

$$\lim_{x \to 0^+} f(x) = \lim_{x \to 0^+} (x + a) = a = f(0) = e^0 = 1.$$

2.2.5 间断点

定义 2.2.4 设函数$y = f(x)$在点x_0某空心邻域$\mathring{U}(x_0)$内有定义，若$\lim\limits_{x \to x_0} f(x) = f(x_0)$不成立，则称函数$f(x)$在点$x = x_0$处间断或不连续，并称点$x = x_0$为函数$f(x)$的间断点或不连续点.

例 2.2.15 确定函数$f(x) = \dfrac{x^2 - 1}{x - 1}$在点$x = 1$处的连续性.

解 由$f(1)$不存在知函数$f(x)$在点$x = 1$处间断(参看图1.2.2).

例 2.2.16 确定函数$f(x) = \begin{cases} x + 1, & x \neq 1, \\ 0, & x = 1 \end{cases}$在点$x = 1$处的连续性.

解 因$f(1) = 0$，$\lim\limits_{x \to 1} f(x) = \lim\limits_{x \to 1}(x + 1) = 2$，故$f(1) \neq \lim\limits_{x \to 1} f(x)$，所以函数$f(x)$在点$x = 1$处间断(参见图1.2.6).

例 2.2.17 确定函数$f(x) = \begin{cases} -1 - x, & -1 \leqslant x < 0, \\ 0, & x = 0, \\ 1 - x, & 0 < x \leqslant 1 \end{cases}$在点$x = 0$处的连续性.

解 因$f(0) = 0$，$\lim\limits_{x \to 0^-} f(x) = \lim\limits_{x \to 0^-}(-1 - x) = -1 \neq \lim\limits_{x \to 0^+} f(x) = \lim\limits_{x \to 0^+}(1 - x) = 1$，所以函数$f(x)$在点$x = 1$处间断(参见图2.2.3).

例 2.2.18 确定下列函数在点$x = 0$处的连续性：

(1)$f(x) = \dfrac{1}{x}$； (2)$f(x) = \begin{cases} x, & x \geqslant 0, \\ \dfrac{1}{x}, & x < 0. \end{cases}$

解 (1)由$f(0)$不存在知函数$f(x)$在点$x = 0$处间断.

(2)因$f(0) = 0$，由$\lim\limits_{x \to 0^-} f(x) = \lim\limits_{x \to 0^-} \dfrac{1}{x} = -\infty$和$\lim\limits_{x \to 0^+} f(x) = \lim\limits_{x \to 0^+} x = 0$知函数$f(x)$在点$x = 0$处间断.

例 2.2.19 确定下列函数在点$x = 0$的连续性：

(1)$f(x) = \sin \dfrac{1}{x}$； (2)$f(x) = \begin{cases} \sin \dfrac{1}{x}, & x > 0, \\ x, & x \leqslant 0. \end{cases}$

解 (1)由$f(0)$不存在知函数$f(x)$在点$x = 0$处间断；

(2)因$f(0) = 0$，由$\lim\limits_{x \to 0^+} f(x) = \lim\limits_{x \to 0^+} \sin \dfrac{1}{x}$不存在和$\lim\limits_{x \to 0^-} f(x) = \lim\limits_{x \to 0^-} x = 0$知函数$f(x)$在

点 $x=0$ 处间断.

例 2.2.20 确定函数 $f(x)=\begin{cases}\sin\dfrac{1}{x}, & x>0,\\ \dfrac{1}{x}, & x<0\end{cases}$ 在点 $x=0$ 处的连续性.

解 由 $f(0)$ 不存在知函数 $f(x)$ 在点 $x=0$ 处间断.

例 2.2.21 确定函数 $f(x)=\dfrac{x^2-1}{x^2-3x+2}$ 的间断点.

解 因为 $f(1)$,$f(2)$ 不存在,所以点 $x=1$,$x=2$ 是函数 $f(x)$ 的间断点.

2.2.6 思维拓展问题解答

思维拓展 2.2.1:因为当 $x\in U^{\circ}(x_0)$ 时,$x\neq x_0$. 由实数的稠密性知,在 x 和 x_0 之间有无穷多个实数. 所以 x 可以无限接近于 x_0,相应的函数 $f(x)$ 就处于无限运动之中. 所谓"函数 $f(x)$ 无限接近于某一个确定的常数 A"的意思是:函数 $f(x)$ 可以任意地接近 A,想要有多接近就能有多接近. 只要 x 充分地接近 x_0 但不等于 x_0,就可以使函数 $f(x)$ 与 A 接近到所希望的那样近,即可以使函数 $f(x)$ 与 A 接近到任何预先要求的程度. 也就是说,只要 $|x-x_0|$ 充分的小但不为0,就可以使 $|f(x)-A|$ 达到希望的那样小,即可以使 $|f(x)-A|$ 小于任何预先给定的正数(不论该正数多么小).

2.2.7 知识拓展

1. 垂直渐近线(铅直渐近线)

若 $\lim\limits_{x\to x_0}f(x)=\infty\ (\pm\infty)$ 或 $\lim\limits_{x\to x_0^-}f(x)=+\infty\ (-\infty)$ 或 $\lim\limits_{x\to x_0^+}f(x)=+\infty\ (-\infty)$,则称直线 $x=x_0$ 为曲线 $y=f(x)$ 的垂直渐近线(铅直渐近线).

对于某曲线 $y=f(x)$ 来说,它可能有无穷多条垂直渐近线.

例 2.2.22 直线 $x=0$ 是曲线 $y=\cot x$,$y=\dfrac{1}{x}$,$y=\dfrac{1}{|x|}$、$y=-\dfrac{1}{|x|}$ 和 $y=\log_a x\,(a>0$ 且 $a\neq1)$ 及 $y=\begin{cases}x, & x\geqslant0,\\ \dfrac{1}{x}, & x<0,\end{cases}$ $y=\begin{cases}x, & x\geqslant0,\\ -\dfrac{1}{x}, & x<0,\end{cases}$ $y=\begin{cases}\log_a x\,(0<a<1), & x>0,\\ \dfrac{1}{x}, & x<0,\end{cases}$ $y=\begin{cases}\log_a x\,(a>1), & x>0\\ -\dfrac{1}{x}, & x<0\end{cases}$ 的垂直渐近线.

直线 $x=\dfrac{\pi}{2}$ 是曲线 $y=\tan x$ 的垂直渐近线.

2. 间断点的分类

因 $\lim\limits_{x\to x_0}f(x)=f(x_0)$ 的充要条件是 $\lim\limits_{x\to x_0^-}f(x)=\lim\limits_{x\to x_0^+}f(x)=f(x_0)$,所以,若函数 $f(x)$ 在点 $x=x_0$ 处间断,则只可能有以下三种情形:

(1) $\lim\limits_{x\to x_0^-}f(x)=\lim\limits_{x\to x_0^+}f(x)\neq f(x_0)$(包括函数 $f(x)$ 在点 $x=x_0$ 处无定义的情形);

(2) $\lim\limits_{x\to x_0^-} f(x)$ 与 $\lim\limits_{x\to x_0^+} f(x)$ 都存在但不相等；

(3) $\lim\limits_{x\to x_0^-} f(x)$ 与 $\lim\limits_{x\to x_0^+} f(x)$ 中至少有一个不存在.

因此，对函数 $f(x)$ 的间断点可以如下分类：

1) 可去间断点

若点 $x=x_0$ 为函数 $f(x)$ 的间断点，且满足

$$\lim_{x\to x_0^-} f(x) = \lim_{x\to x_0^+} f(x) \neq f(x_0)$$

(包括函数 $f(x)$ 在点 $x=x_0$ 处无定义的情形)，则称点 $x=x_0$ 为函数 $f(x)$ 的可去间断点.

因 $\lim\limits_{x\to x_0} f(x)$ 存在，故不论是 $f(x_0)\neq\lim\limits_{x\to x_0} f(x)$，还是函数 $f(x)$ 在点 $x=x_0$ 处无定义，只需调整函数 $f(x)$ 在间断点 $x=x_0$ 处的函数值，即当 $f(x_0)\neq\lim\limits_{x\to x_0} f(x)$ 时，将 $f(x_0)$ 的值改为 $\lim\limits_{x\to x_0} f(x)$；而当函数 $f(x)$ 在点 $x=x_0$ 处无定义时，补充 $f(x_0)$ 的值为 $\lim\limits_{x\to x_0} f(x)$，则新函数 $f^*(x) = \begin{cases} f(x), & x\neq x_0 \\ \lim\limits_{x\to x_0} f(x), & x=x_0 \end{cases}$ 在点 $x=x_0$ 处连续.

例 2.2.23　确定函数 $f(x)=\dfrac{x^2-1}{x-1}$ 的间断点及其类型.

解　由 $f(1)$ 不存在知点 $x=1$ 为函数 $f(x)$ 的间断点(参见图 1.2.2).

由 $\lim\limits_{x\to 1} f(x)=\lim\limits_{x\to 1}\dfrac{x^2-1}{x-1}=2$ (参见例 2.2.2) 知点 $x=1$ 是函数 $f(x)$ 的可去间断点.

例 2.2.24　确定函数 $f(x)=\begin{cases} x+1, & x\neq 1, \\ 0, & x=1 \end{cases}$ 的间断点及其类型.

解　因 $f(1)=0$，$\lim\limits_{x\to 1} f(x)=\lim\limits_{x\to 1}(x+1)=2$，故 $f(1)\neq\lim\limits_{x\to 1} f(x)$，所以函数 $f(x)$ 在点 $x=1$ 处间断(参见图 1.2.6)，且点 $x=1$ 是函数 $f(x)=\begin{cases} x+1, & x\neq 1, \\ 0, & x=1 \end{cases}$ 的可去间断点.

2) 跳跃间断点

若点 $x=x_0$ 为函数 $f(x)$ 的间断点，且满足 $\lim\limits_{x\to x_0^-} f(x)$ 与 $\lim\limits_{x\to x_0^+} f(x)$ 都存在但不相等，则称点 $x=x_0$ 为函数 $f(x)$ 的跳跃间断点.

例 2.2.25　确定函数 $f(x)=\begin{cases} -1-x, & -1\leqslant x<0, \\ 0, & x=0, \\ 1-x, & 0<x\leqslant 1 \end{cases}$ 的间断点及其类型.

解　因 $f(0)=0$，$\lim\limits_{x\to 0^-} f(x)=\lim\limits_{x\to 0^-}(-1-x)=-1\neq\lim\limits_{x\to 0^+} f(x)=\lim\limits_{x\to 0^+}(1-x)=1$，所以点 $x=0$ 是函数 $f(x)=\begin{cases} -1-x, & -1\leqslant x<0, \\ 0, & x=0, \\ 1-x, & 0<x\leqslant 1 \end{cases}$ 的跳跃间断点.

可去间断点与跳跃间断点，是函数 $f(x)$ 在点 $x=x_0$ 处的左极限 $\lim\limits_{x\to x_0^-} f(x)$ 与右极限 $\lim\limits_{x\to x_0^+} f(x)$ 都存在的间断点，统称为第一类间断点.

3) 第二类间断点

函数$f(x)$所有不同于第一类间断点的其他形式的间断点,即左极限$\lim\limits_{x\to x_0^-}f(x)$与右极限$\lim\limits_{x\to x_0^+}f(x)$中至少有一个不存在的间断点,统称为第二类间断点.

(1)若函数$f(x)$满足以下条件中的一个,则称点$x=x_0$为函数$f(x)$的无穷间断点.

①$\lim\limits_{x\to x_0}f(x)=\infty$(或$-\infty$或$+\infty$);

②$\lim\limits_{x\to x_0^-}f(x)=\infty$(或$-\infty$或$+\infty$)且$\lim\limits_{x\to x_0^+}f(x)$存在;

③$\lim\limits_{x\to x_0^+}f(x)=\infty$(或$-\infty$或$+\infty$)且$\lim\limits_{x\to x_0^-}f(x)$存在.

(2)若函数$f(x)$满足以下条件中的一个,则称点$x=x_0$为函数$f(x)$的振荡间断点.

①$\lim\limits_{x\to x_0}f(x)$不存在且不为无穷大;

②$\lim\limits_{x\to x_0^-}f(x)$不存在且不为无穷大,但$\lim\limits_{x\to x_0^+}f(x)$存在;

③$\lim\limits_{x\to x_0^+}f(x)$不存在且不为无穷大,但$\lim\limits_{x\to x_0^-}f(x)$存在.

例 2.2.26 确定下列函数的间断点及其类型:

(1)$f(x)=\dfrac{1}{x}$; (2)$f(x)=\begin{cases}x, & x\geqslant 0,\\ \dfrac{1}{x}, & x<0.\end{cases}$

解 (1)由$f(0)$不存在知点$x=0$为函数$f(x)$的间断点;

由$\lim\limits_{x\to 0}f(x)=\lim\limits_{x\to 0}\dfrac{1}{x}=\infty$知点$x=0$为函数$f(x)$的无穷间断点.

(2)因$f(0)=0$,由$\lim\limits_{x\to 0^-}f(x)=\lim\limits_{x\to 0^-}\dfrac{1}{x}=-\infty$和$\lim\limits_{x\to 0^+}f(x)=\lim\limits_{x\to 0^+}x=0$,知点$x=0$为函数$f(x)$的无穷间断点.

例 2.2.27 确定下列函数的间断点及其类型:

(1)$f(x)=\sin\dfrac{1}{x}$; (2)$f(x)=\begin{cases}\sin\dfrac{1}{x}, & x>0,\\ x, & x\leqslant 0.\end{cases}$

解 (1)由$f(0)$不存在知点$x=0$为函数$f(x)$的间断点;

由$\lim\limits_{x\to 0}f(x)=\lim\limits_{x\to 0}\sin\dfrac{1}{x}$不存在知点$x=0$为函数$f(x)=\sin\dfrac{1}{x}$的振荡间断点.

(2)因$f(0)=0$,由$\lim\limits_{x\to 0^+}f(x)=\lim\limits_{x\to 0^+}\sin\dfrac{1}{x}$不存在和$\lim\limits_{x\to 0^-}f(x)=\lim\limits_{x\to 0^-}x=0$知点$x=0$为函数$f(x)=\begin{cases}\sin\dfrac{1}{x}, & x>0,\\ x, & x\leqslant 0\end{cases}$的振荡间断点.

例 2.2.28 确定函数$f(x)=\begin{cases}\sin\dfrac{1}{x}, & x>0,\\ \dfrac{1}{x}, & x<0\end{cases}$的间断点及其类型.

解 由$f(0)$不存在知点$x=0$为函数$f(x)$的间断点;

由$\lim\limits_{x\to 0^-}f(x)=\lim\limits_{x\to 0^-}\dfrac{1}{x}=-\infty$和$\lim\limits_{x\to 0^+}f(x)=\lim\limits_{x\to 0^+}\sin\dfrac{1}{x}$不存在,知点$x=0$为函数$f(x)$的

第二类间断点.

例 2.2.29　确定函数 $f(x)=\dfrac{x^2-1}{x^2-3x+2}$ 的间断点及其类型.

解　因为 $f(1),f(2)$ 不存在,所以点 $x=1,x=2$ 是函数 $f(x)$ 的间断点.

由 $\lim\limits_{x\to1}\dfrac{x^2-1}{x^2-3x+2}=\lim\limits_{x\to1}\dfrac{(x-1)(x+1)}{(x-1)(x-2)}=\lim\limits_{x\to1}\dfrac{x+1}{x-2}=-2$,

所以点 $x=1$ 是函数 $f(x)$ 的第一类可去间断点.

又由 $\lim\limits_{x\to2}\dfrac{x^2-1}{x^2-3x+2}=\lim\limits_{x\to2}\dfrac{(x-1)(x+1)}{(x-1)(x-2)}=\lim\limits_{x\to2}\dfrac{x+1}{x-2}=\infty$,

所以点 $x=2$ 是函数 $f(x)$ 的第二类无穷间断点.

2.2.8　习题 2.2

1. 求下列函数极限:

(1) $\lim\limits_{x\to-1}\dfrac{x^2+2x+1}{x^2-1}$;　(2) $\lim\limits_{x\to0}\dfrac{\sqrt{1+x^2}-1}{x}$;　(3) $\lim\limits_{x\to1}\dfrac{\sqrt{5x-4}-\sqrt{x}}{x-1}$;

(4) $\lim\limits_{x\to1}\dfrac{\sqrt{3-x}-\sqrt{1+x}}{x^2+x-2}$;　(5) $\lim\limits_{x\to4}\dfrac{2-\sqrt{x}}{3-\sqrt{2x+1}}$;　(6) $\lim\limits_{x\to1}\dfrac{x^2-\sqrt{x}}{\sqrt{x}-1}$.

2. 求下列各函数在指定点处的极限:

(1) $f(x)=\begin{cases}x-1, & -1\leqslant x<0\\ \sqrt{1-x^2}, & 0\leqslant x<1\end{cases}$ 在点 $x=0$ 处;(2) $f(x)=\begin{cases}\cos x, & x<1\\ 1+x^2, & x\geqslant1\end{cases}$ 在点 $x=1$ 处.

3. 确定下列函数的间断点及其类型:

(1) $f(x)=\dfrac{1+x}{1+x^3}$;(2) $f(x)=\dfrac{x^2-1}{x(x-1)}$.

4. 已知下列函数在指定点处连续,确定常数 a,b 的值.

(1) $f(x)=\begin{cases}a+\ln x, & x\geqslant1\\ 2ax-1, & x<1\end{cases}$ 在 $x=1$ 处;(2) $f(x)=\begin{cases}x+1, & x<0\\ a, & x=0\\ \mathrm{e}^{x+b}, & x>0\end{cases}$ 在 $x=0$ 处;

(3) $f(x)=\begin{cases}ax+2, & x<1\\ \sin\dfrac{\pi}{2}x, & x\geqslant1\\ A=1+2A\end{cases}$ 在 $x=1$ 处;(4) $f(x)=\begin{cases}\dfrac{2\cos x-1}{x+1}, & x\geqslant0\\ \dfrac{\sqrt{a}-\sqrt{a-x}}{x}, & x<0\end{cases}$ 在 $x=0$ 处.

5. 设函数 $f(x)=x^2+2x\lim\limits_{x\to1}f(x)$,其中极限 $\lim\limits_{x\to1}f(x)$ 存在,求函数 $f(x)$.

6. 要使函数 $f(x)=\dfrac{\sqrt{1+5x}-\sqrt{1-3x}}{x^2+2x}$ 在点 $x=0$ 处连续,需定义 $f(0)$ 的值为多少?

7. 选择题:

(1) 函数 $f(x)$ 在点 x_0 处有定义,是 $\lim\limits_{x\to x_0}f(x)$ 存在的(　　)条件.

A. 必要　　B. 充分　　C. 充要　　D. 无关

(2) $\lim\limits_{x\to x_0}f(x)$ 存在是函数 $f(x)$ 在点 x_0 处有定义的(　　)条件.

A. 必要　　B. 充分　　C. 充要　　D. 无关

(3)下列说法正确的是(　　).

A. 函数$f(x)$在点x_0处无定义,则在点x_0处必无极限

B. 若函数$f(x)$在点x_0处有定义且有极限,则极限值必为$f(x_0)$

C. 若函数$f(x)$在点x_0处有定义,则在点x_0处必有极限

D. 确定$f(x)$在点x_0处的极限不考虑函数$f(x)$在点x_0处是否有定义

(4)$f(x_0+0)$与$f(x_0-0)$都存在是函数$f(x)$在点x_0处有极限的(　　)条件.

A. 必要　　B. 充分　　C. 充要　　D. 无关

(5)函数$f(x)$在点x_0处有定义是函数$f(x)$在点x_0处连续的(　　)条件.

A. 必要　　B. 充分　　C. 充要　　D. 无关

(6)函数$f(x)$在点x_0处连续是函数$f(x)$在点x_0处有极限的(　　)条件.

A. 必要　　B. 充分　　C. 充要　　D. 无关

(7)若函数$f(x)$在点x_0处有定义,且$\lim\limits_{x\to x_0}f(x)$存在,则函数$f(x)$在点$x_0$处(　　).

A. 必连续　　B. 必不连续

C. 可能连续　　D. 间断且为可去间断

(8)下列结论正确的是(　　).

A. 若函数$f(x)$在点x_0处有定义,则函数$f(x)$在点x_0处连续

B. 若$\lim\limits_{x\to x_0}f(x)$存在,则函数$f(x)$在点$x_0$处连续

C. 若函数$f(x)$在点x_0处有定义且$\lim\limits_{x\to x_0}f(x)$存在,则函数$f(x)$在点$x_0$处连续

D. 若函数$f(x)$在点x_0处的函数值等于$\lim\limits_{x\to x_0}f(x)$,则函数$f(x)$在点$x_0$处连续

2.3 函数在无穷远处的极限

下面考察对于定义在无穷区间内的函数$f(x)$,当自变量x无限增大时,函数$f(x)$的变化趋势.

所谓x无限增大,实际上包括以下三种情形:

(1)x取正值无限增大,记做$x\to+\infty$,读做x趋于正无穷大;

(2)x取负值无限减小(此时$|x|$无限增大),记做$x\to-\infty$,读做x趋于负无穷大;

(3)$|x|$无限增大(此时x既可取正值无限增大,也可取负值无限减小),记做$x\to\infty$,读做x趋于无穷大.

2.3.1 当$x\to+\infty$时,函数$f(x)$的极限

与2.2中研讨过的情形相比,差异仅在于自变量x的趋向不同而已,而对应的函数$f(x)$的变化趋势也只有同样的三种.

(1)函数$f(x)$无限接近于某一个确定的常数.

例2.3.1　$x\to+\infty$时,函数$\frac{1}{x}$的值无限接近于0(参见图1.2.14(c)),函数$\arctan x$的值无限接近于$\frac{\pi}{2}$(参见图1.2.22);函数$a^x(0<a<1)$的值无限接近于0(参见图1.2.15).

(2)函数$f(x)$的绝对值无限增大.

例 2.3.2　$x\to+\infty$时,函数$a^x(a>1)$(参见图1.2.15)与函数$\log_a x(a>1)$(参见图1.2.16)都取正值无限增大,函数$\log_a x(0<a<1)$(参见图1.2.16)取负值无限减小.

(3)函数$f(x)$不无限接近于某一个确定的常数且函数$f(x)$的绝对值不无限增大.

例 2.3.3　当$x\to+\infty$时,函数$\sin x$的值在-1和1之间振荡(参见图1.2.17).

称函数$f(x)$的第一种变化趋势是函数$f(x)$的极限存在;函数$f(x)$的第二种变化趋势是函数$f(x)$为无穷大量;函数$f(x)$的第三种变化趋势是函数$f(x)$为振荡. 函数$f(x)$的第二种和第三种情况都称为函数$f(x)$极限不存在.

定义 2.3.1　设函数$y=f(x)$在$U(+\infty)$上有定义,若当$x\to+\infty$时,相应的函数值$f(x)$无限接近于某一个确定的常数A,即$|f(x)-A|$无限减小,则称常数A为函数$f(x)$当$x\to+\infty$时的极限,或称当$x\to+\infty$时,函数$f(x)$以A为极限,记做

$$\lim_{x\to+\infty}f(x)=A\text{ 或 }f(x)\to A(x\to+\infty).$$

例 2.3.4　由例2.3.1、例2.3.3与定义2.3.1知,$\lim\limits_{x\to+\infty}\dfrac{1}{x}=0$, $\lim\limits_{x\to+\infty}\arctan x=\dfrac{\pi}{2}$, $\lim\limits_{x\to+\infty}a^x=0(0<a<1)$, $\lim\limits_{x\to+\infty}\sin x$不存在.

2.3.2　当$x\to-\infty$时,函数$f(x)$的极限

与2.3.1中研讨过的情形相比,差异仅在于自变量x的趋向不同而已,而对应的函数$f(x)$的变化趋势也只有同样的三种.

例 2.3.5　当$x\to-\infty$时,函数$\dfrac{1}{x}$的值无限接近于0(参见图1.2.14(c)),函数$\arctan x$的值无限接近于$-\dfrac{\pi}{2}$(参见图1.2.22);函数$a^x(a>1)$的值无限接近于0(参见图1.2.15).

例 2.3.6　当$x\to-\infty$时,函数$a^x(0<a<1)$取正值无限增大(参见图1.2.15).

例 2.3.7　当$x\to-\infty$时,函数$\sin x$的值在-1和1之间振荡(参见图1.2.17).

定义 2.3.2　设函数$y=f(x)$在$U(-\infty)$上有定义,若当$x\to-\infty$时,相应的函数$f(x)$无限接近于某一个确定的常数A,即$|f(x)-A|$无限减小,则称常数A为函数$f(x)$当$x\to-\infty$时的极限,或称当$x\to-\infty$时,函数$f(x)$以A为极限,记做

$$\lim_{x\to-\infty}f(x)=A\text{ 或 }f(x)\to A(x\to-\infty).$$

例 2.3.8　由例2.3.5、例2.3.7与定义2.3.2知,$\lim\limits_{x\to-\infty}\dfrac{1}{x}=0$, $\lim\limits_{x\to-\infty}\arctan x=-\dfrac{\pi}{2}$, $\lim\limits_{x\to-\infty}a^x=0(a>1)$, $\lim\limits_{x\to-\infty}\sin x$不存在.

2.3.3　当$x\to\infty$时,函数$f(x)$的极限及无穷大

定义 2.3.3　设函数$y=f(x)$在$U(\infty)$上有定义,若当$x\to\infty$时,相应的函数值$f(x)$无限接近于某一个确定的常数A,即$|f(x)-A|$无限减小,则称常数A为函数$f(x)$当$x\to\infty$时的极限,或称当$x\to\infty$时,函数$f(x)$以A为极限,记做

$$\lim_{x\to\infty}f(x)=A\text{ 或 }f(x)\to A(x\to\infty).$$

定义 2.3.4　设函数$y=f(x)$在$U(\infty)$上有定义,若当$x\to\infty$时,相应的函数值的绝对值

$|f(x)|$无限增大,则称函数$f(x)$为$x\to\infty$时的无穷大量(简称无穷大),或称当$x\to\infty$时,函数$f(x)$为无穷大量,记做

$$\lim_{x\to\infty} f(x)=\infty \text{ 或 } f(x)\to\infty \ (x\to\infty).$$

特别地,若当$x\to\infty$时,函数$f(x)$只取正值无限增大或只取负值无限减小,则称函数$f(x)$为当$x\to\infty$时的正无穷大或负无穷大,记做

$$\lim_{x\to\infty} f(x)=+\infty \text{ 或 } \lim_{x\to\infty} f(x)=-\infty.$$

当$x\to+\infty$或$x\to-\infty$时,函数$f(x)$为无穷大(正无穷大、负无穷大)的定义可类似给出.

例 2.3.9 当$a>1$时,$\lim\limits_{x\to+\infty} a^x=+\infty$,$\lim\limits_{x\to+\infty}\log_a x=+\infty$;

当$0<a<1$时,$\lim\limits_{x\to-\infty} a^x=+\infty$,$\lim\limits_{x\to+\infty}\log_a x=-\infty$.

思维拓展 2.3.1:无穷大与无界函数的关系是什么?

定理 2.3.1 $\lim\limits_{x\to\infty} f(x)=A$的充分必要条件是$\lim\limits_{x\to+\infty} f(x)=\lim\limits_{x\to-\infty} f(x)=A$.

因此,当$\lim\limits_{x\to+\infty} f(x)$与$\lim\limits_{x\to-\infty} f(x)$都存在但不相等或$\lim\limits_{x\to+\infty} f(x)$与$\lim\limits_{x\to-\infty} f(x)$中至少有一个不存在时,就可断定$\lim\limits_{x\to\infty} f(x)$不存在.

例 2.3.10 由例 2.3.4、例 2.3.8 及例 2.3.9 知,$\lim\limits_{x\to\infty}\dfrac{1}{x}=0$,$\lim\limits_{x\to\infty}\arctan x$不存在,$\lim\limits_{x\to\infty} a^x$ ($a>0$且$a\neq1$)不存在,$\lim\limits_{x\to\infty}\sin x$不存在.

因函数在无穷远处与其在有限点处的极限的实质是一样的,所差的只不过是自变量的变化方式不同,且关于函数极限的结论对自变量的每种变化方式都是成立的.为简明起见,从下节起,在叙述定义或定理时,不再对自变量的每种变化方式进行重复的叙述.用极限号"lim"表示该定义或定理对自变量的六种变化方式($x\to x_0$,$x\to x_0^-$,$x\to x_0^+$,$x\to\infty$,$x\to+\infty$,$x\to-\infty$)中的任意一种均成立,且在同一个讨论中出现的 lim 代表自变量的同一种变化方式.

2.3.4 思维拓展问题解答

思维拓展 2.3.1:在自变量x的某种变化过程中,若函数$f(x)$是无穷大,则当自变量x变化到一定阶段后,函数值的绝对值$|f(x)|$就会大于任意给定的正数M(不论M多么大).这说明在自变量x的相应范围内,函数$f(x)$是无界的.反之不一定成立,即无界函数不一定是无穷大.例如,虽然在$(-\infty,+\infty)$内$x\sin x$是无界的,但当$x\to\infty$时,$x\sin x$不是无穷大.这是因为,当$x=k\pi(k\in\mathbf{Z})$时,$x\sin x$的值为0,不满足无穷大的定义.

2.3.5 知识拓展

水平渐近线

若$\lim\limits_{x\to\infty} f(x)=A$或$\lim\limits_{x\to+\infty} f(x)=A$或$\lim\limits_{x\to-\infty} f(x)=A$,则称直线$y=A$为曲线$y=f(x)$的水平渐近线.

若曲线$y=f(x)$有水平渐近线,则最多有两条水平渐近线.

例 2.3.11 直线$y=0$是曲线$y=\dfrac{1}{x}$和$y=a^x$($a>0$且$a\neq1$)的水平渐近线.

曲线 $y=\arctan x$ 有两条水平渐近线 $y=\frac{\pi}{2}$ 和 $y=-\frac{\pi}{2}$.

曲线 $y=\operatorname{arccot} x$ 有两条水平渐近线 $y=0$ 和 $y=\pi$.

2.3.6　习题 2.3

求下函数列极限：

(1) $\lim\limits_{x\to\infty}\left(\frac{1}{x^2}-1\right)$；　(2) $\lim\limits_{x\to\infty}\frac{x^2}{1+x^2}$；　(3) $\lim\limits_{x\to\infty} e^{\frac{1}{x}}$；　(4) $\lim\limits_{x\to\infty}\arctan\frac{1}{x}$；

(5) $\lim\limits_{x\to\infty}\cos x$；　(6) $\lim\limits_{x\to\infty}\operatorname{arccot} x$；　(7) $\lim\limits_{x\to 0} e^{\frac{1}{x}}$；　(8) $\lim\limits_{x\to 0}\arctan\frac{1}{x}$.

2.4　极限的运算法则与初等函数的连续性

利用极限定义及由其导出的相关知识，可以确定一些函数的极限，但这却并不能满足实际的需要. 因为，对于那些较复杂的函数来说，很难直接利用定义来确定其极限. 为此，我们将进一步研究极限的运算法则，以便由一些已知的简单函数的极限，求出另外一些复杂的函数的极限，从而扩大极限的讨论范围，提高计算极限的能力.

2.4.1　极限的四则运算法则

定理 2.4.1　若 $\lim f(x)=A$，$\lim g(x)=B$，则

(1) $\lim[f(x)\pm g(x)]=\lim f(x)\pm\lim g(x)=A\pm B$.

(2) $\lim[f(x)\cdot g(x)]=\lim f(x)\cdot\lim g(x)=A\cdot B$.

特别地，$\lim[C\cdot f(x)]=C\cdot\lim f(x)=CA$（$C$ 为常数）.

此外，在 A^{α}（$\alpha\in\mathbf{R}$）有意义的情况下，$\lim[f(x)]^{\alpha}=[\lim f(x)]^{\alpha}=A^{\alpha}$.

(3) 当 $\lim g(x)=B\neq 0$ 时，$\lim\frac{f(x)}{g(x)}=\frac{\lim f(x)}{\lim g(x)}=\frac{A}{B}$.

思维拓展 2.4.1：使用极限四则运算法则时应该注意什么？

将定理 2.4.1 中的(1)，(2)推广到有限个函数的运算中去依然成立.

由函数在一点处连续的定义与极限的四则运算法则，可以得到下面的定理.

定理 2.4.2　若函数 $f(x)$，$g(x)$ 在同一区间 I 上有定义，且均在点 $x_0\in I$ 处连续，则这两函数的代数和 $f(x)\pm g(x)$、乘积 $f(x)\cdot g(x)$、商 $\frac{f(x)}{g(x)}$（$g(x_0)\neq 0$）在点 x_0 处也连续.

2.4.2　极限的复合运算法则

定理 2.4.3　设函数 $y=f(u)$ 与 $u=g(x)$ 可以构成复合函数 $y=f[g(x)]$，且点 x_0 为复合函数 $y=f[g(x)]$ 定义区间内一点. 当 $\lim\limits_{x\to x_0} g(x)=a$ 且 $\lim\limits_{u\to a} f(u)=A$ 时，若下列条件中的一个成立，

(1) 当 $x\neq x_0$ 时，$g(x)\neq a$；

(2) $\lim\limits_{u\to a} f(u)=f(a)$.

则$\lim\limits_{x\to x_0} f[g(x)]=\lim\limits_{u\to a} f(u)=A$.

思维拓展 2.4.2：将 $x\to x_0$ 改为其他极限过程时定理 2.4.3 是否成立？

定理 2.4.4　设函数 $u=g(x)$ 在点 x_0 处连续，且 $u_0=g(x_0)$，而函数 $y=f(u)$ 在点 u_0 处连续，若点 x_0 为复合函数 $y=f[g(x)]$ 定义区间内一点，则复合函数 $y=f[g(x)]$ 在点 x_0 处连续，即$\lim\limits_{x\to x_0} f[g(x)]=f[g(x_0)]$.

2.4.3　区间上的连续函数与初等函数的连续性

若函数 $f(x)$ 在开区间 (a,b) 内每一点处都连续，则称函数 $f(x)$ 在开区间 (a,b) 内连续. 若函数 $f(x)$ 在开区间 (a,b) 内连续，且在左端点 a 处右连续并在右端点 b 处左连续，则称函数 $f(x)$ 在闭区间 $[a,b]$ 上连续. 在某区间连续的函数称为该区间的连续函数，该区间称为函数的连续区间.

函数在某区间连续时，在此区间内其图形是一条连续变化的没有缝隙的曲线.

例 2.4.1　确定函数 $f(x)=\begin{cases}x, & -1<x\leqslant 1\\ 1, & x=-1\end{cases}$ 在闭区间 $[-1,1]$ 上的连续性.

解　函数 $f(x)$ 在 $(-1,1]$ 连续，由 $\lim\limits_{x\to -1^+} f(x)=\lim\limits_{x\to -1^+} x=-1$ 及 $f(-1)=1$，知函数 $f(x)$ 在点 $x=-1$ 处不右连续，因此函数 $f(x)$ 在闭区间 $[-1,1]$ 上是不连续的（参见图 2.4.1）.

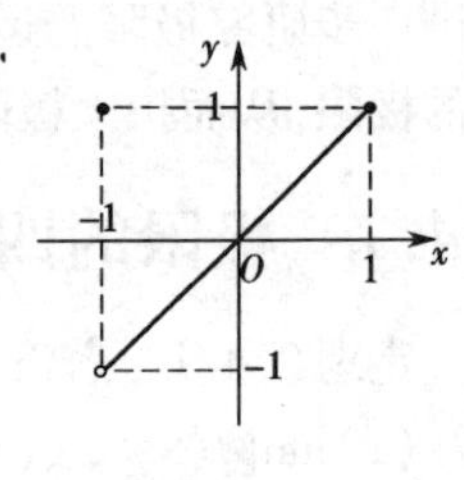

图 2.4.1

从基本初等函数的图像可以看出，基本初等函数在其各自定义区间（定义区间是包含在定义域内的区间）内的每一点的极限都存在，且都等于该点处的函数值. 因此由函数连续性定义可知，**基本初等函数在其各自的定义区间内都是连续的.**

根据初等函数定义，由基本初等函数连续性及连续函数的和、差、积、商的连续性和复合函数连续性得出一个重要结论：**一切初等函数在其定义区间内都是连续的.** 因此，初等函数的定义区间即是其连续区间.

根据这一重要结论，求初等函数在其定义区间内任一点的极限值，就等于求该初等函数在同一点处的函数值. 这使求函数极限问题的讨论得到很大的简化. 因为剩下的只还有两类求极限的问题有待考虑：一类是求初等函数在其无定义点处的极限，这其中比较重要且比较复杂的就是确定所谓不定式的极限；另一类是非初等函数的极限问题，其中比较常见的是，各段由初等函数构成的分段函数在其各段分界点处的极限问题.

思维拓展 2.4.3：能不能说"初等函数在其定义域内是连续的"？

2.4.4　无穷小

1. 无穷小

定义 2.4.1　极限为零的函数称为无穷小量，简称无穷小.

若$\lim\limits_{x\to x_0} f(x)=0$，则称函数 $f(x)$ 为 $x\to x_0$ 时的无穷小，或称当 $x\to x_0$ 时函数 $f(x)$ 为无穷小. 对于自变量 x 的其他变化方式，有类似的定义.

思维拓展 2.4.4：无穷小是比任何正数都小的数吗？

2. 无穷小与无穷大的关系

定理2.4.5 (1)当x在同一变化过程中,函数$f(x)$是无穷大,则函数$\frac{1}{f(x)}$是无穷小;

(2)当x在同一变化过程中,函数$f(x)$是无穷小,且$f(x)\neq 0$,则函数$\frac{1}{f(x)}$是无穷大.

定理2.4.5表明无穷大与无穷小(非零)互成倒数关系.因无穷大与无穷小之间有如此的密切关系,故有关无穷大的研究可以转化为相应的无穷小来研究.

3. 无穷小分出法

求分式的极限时,若分子、分母的极限都是无穷大,则称这种极限为$\frac{\infty}{\infty}$型不定式(之所以称其为"不定式",是因为关于它的存在性以及存在时其值等于什么,完全由不定式的具体结构决定,不存在一般性的结论).此时不能直接运用商的极限运算法则,通常利用无穷大与无穷小的倒数关系,将无穷大转化(分子、分母同除以某个相关的无穷大)为无穷小以求出极限,该方法称为无穷小分出法.

例2.4.2 求函数极限$\lim\limits_{x\to+\infty}\frac{e^x+e^{-x}}{e^x-e^{-x}}$的值.

解 $\lim\limits_{x\to+\infty}\frac{e^x+e^{-x}}{e^x-e^{-x}}=\lim\limits_{x\to+\infty}\frac{1+e^{-2x}}{1-e^{-2x}}=\frac{1+0}{1-0}=1.$

例2.4.3 求函数极限$\lim\limits_{x\to\infty}\frac{a_0x^k+a_1x^{k-1}+\cdots+a_{k-1}x+a_k}{b_0x^l+b_1x^{l-1}+\cdots+b_{l-1}x+b_l}$(其中$a_0\neq 0,b_0\neq 0,k,l$均为正整数)的值.

解 $\lim\limits_{x\to\infty}\frac{a_0x^k+a_1x^{k-1}+\cdots+a_{k-1}x+a_k}{b_0x^l+b_1x^{l-1}+\cdots+b_{l-1}x+b_l}$

$$=\lim_{x\to\infty}x^{k-l}\frac{a_0+a_1\frac{1}{x}+\cdots+a_{k-1}\frac{1}{x^{k-1}}+a_k\frac{1}{x^k}}{b_0+b_1\frac{1}{x}+\cdots+b_{l-1}\frac{1}{x^{l-1}}+b_l\frac{1}{x^l}}=\begin{cases}\frac{a_0}{b_0},k=l,\\0,\ k<l,\\\infty,k>l.\end{cases}$$

例2.4.4 求函数极限$\lim\limits_{x\to+\infty}\frac{\sqrt{x^2+3x+2}}{3x-2}$的值.

解 $\lim\limits_{x\to+\infty}\frac{\sqrt{x^2+3x+2}}{3x-2}=\lim\limits_{x\to\infty}\frac{\sqrt{1+\frac{3}{x}+\frac{2}{x^2}}}{3-\frac{2}{x}}=\frac{1}{3}.$

4. $\infty-\infty$型不定式

除两个无穷大的商被称为$\frac{\infty}{\infty}$型不定式外,两个无穷大的代数和也没有确定的结果,不一定是无穷大,通常称之为$\infty-\infty$型不定式.$\infty-\infty$型不定式一般通过通分或有理化的方法化为$\frac{0}{0}$型不定式或$\frac{\infty}{\infty}$型不定式来处理.

例2.4.5 求函数极限$\lim\limits_{x\to-\infty}(\sqrt{x^2+x}-\sqrt{x^2-x})$的值.

解 $\lim\limits_{x\to-\infty}(\sqrt{x^2+x}-\sqrt{x^2-x})=\lim\limits_{x\to-\infty}\dfrac{(\sqrt{x^2+x}-\sqrt{x^2-x})(\sqrt{x^2+x}+\sqrt{x^2-x})}{\sqrt{x^2+x}+\sqrt{x^2-x}}$

$$=\lim_{x\to-\infty}\frac{2x}{\sqrt{x^2+x}+\sqrt{x^2-x}}=\lim_{x\to-\infty}\frac{2}{-\sqrt{1+\frac{1}{x}}-\sqrt{1-\frac{1}{x}}}=-1.$$

例 2.4.6 求函数极限 $\lim\limits_{x\to-1}\left(\dfrac{1}{1+x}-\dfrac{3}{1+x^3}\right)$的值.

解 $\lim\limits_{x\to-1}\left(\dfrac{1}{1+x}-\dfrac{3}{1+x^3}\right)=\lim\limits_{x\to-1}\dfrac{x^2-x+1-3}{1+x^3}$

$$=\lim_{x\to-1}\frac{(x+1)(x-2)}{(x+1)(x^2-x+1)}=\lim_{x\to-1}\frac{x-2}{x^2-x+1}=-1.$$

2.4.5 思维拓展问题解答

思维拓展 2.4.1:极限四则运算法则是说在定理条件满足的情形下,极限运算与四则运算可以交换次序. 运用极限四则运算法则求极限时,必须特别注意使用条件,即参与运算的每个函数的极限都必须存在(在进行商的极限运算时,还要求分母的极限不为零),否则不能使用.

利用极限四则运算法则求极限时,所给函数往往不满足定理 2.4.1 的条件,这时不能直接运用极限四则运算法则求极限,必先对给定函数进行适当的变形,使其满足定理 2.4.1 的条件,然后再用极限四则运算法则求极限.

思维拓展 2.4.2:将定理 2.4.3 的文字做适当的修改,则定理 2.4.3 对极限过程 $x\to x_0^-$, $x\to x_0^+$, $x\to\infty$, $x\to+\infty$, $x\to-\infty$ 也是成立的. 此外,定理 2.4.3 的条件(1),a,A 也可以是∞或$+\infty$或$-\infty$. 特别地,当 a 为∞或$+\infty$或$-\infty$时,条件(1)自动满足,可以从定理 2.4.3 的条件中去掉.

思维拓展 2.4.3:不能说“初等函数在其定义域上是连续的”. 因为,函数 $f(x)$ 在点 x_0 处连续与否的前提是 $f(x)$ 在点 x_0 的某邻域或空心邻域内有定义,否则就没有连续与不连续的问题. 而初等函数的定义域可能是一些孤立点的集合. 例如,初等函数 $y=\sqrt{\sin x-1}$ 的定义域为$\left\{x\,\middle|\,x=\dfrac{\pi}{2}+2k\pi,k\in\mathbf{Z}\right\}$,而在点$\dfrac{\pi}{2}+2k\pi(k\in\mathbf{Z})$处的任一个小邻域内,除去点$\dfrac{\pi}{2}+2k\pi$ $(k\in\mathbf{Z})$外,该函数无定义. 因此,该函数在点$\dfrac{\pi}{2}+2k\pi(k\in\mathbf{Z})$处无是否连续的问题,既不说该函数在点$\dfrac{\pi}{2}+2k\pi(k\in\mathbf{Z})$连续,也不讲该函数在点$\dfrac{\pi}{2}+2k\pi(k\in\mathbf{Z})$不连续.

思维拓展 2.4.4:无穷小是指绝对值可无限地变小的函数,它的绝对值可以小于任何预先给定的正数(不论该正数多么小),切不可与绝对值很小的常数混为一谈.

此外,据定义 2.4.1 知,无穷小不是零,但零是无穷小. 这是因为在自变量任何一种变化过程中,常数零的极限都是零,所以零是可以作为无穷小的唯一常数. 再有,称一个函数是无穷小,须明确指出自变量的变化趋势,即必须指出它是哪种变化过程的无穷小. 因为同一个函数,在自变量不同的变化过程中,其变化趋势是不同的. 例如,函数 $f(x)=\sin x$ 当 $x\to0$ 时是无穷小;但当 $x\to\infty$ 时,它无极限,而是有界函数.

2.4.6　知识拓展

无穷大的运算性质

因无穷大是极限不存在的一种情形,故有关极限(无穷小)的运算性质不能随便套用到无穷大上.具体地讲,除两个无穷大的商被称为$\frac{\infty}{\infty}$型不定式和两个无穷大的代数和被称为$\infty-\infty$型不定式外,可肯定的是:两个正(负)无穷大的和是正(负)无穷大,一个正(负)无穷大与一个负(正)无穷大的差是正(负)无穷大;有界函数与无穷大的代数和是无穷大;两个无穷大的积是无穷大.

此外,须指出的是,有界函数与无穷大之积不一定是无穷大.例如,当$x\to0$时,函数$\frac{1}{x}$与$\frac{1}{x^2}$都是无穷大,而函数x与x^2都在点$x=0$的某邻域内有界.但是,$\lim\limits_{x\to0}\left(x\cdot\frac{1}{x}\right)=1$,$\lim\limits_{x\to0}\left(x^2\cdot\frac{1}{x}\right)=0$,$\lim\limits_{x\to0}\left(x\cdot\frac{1}{x^2}\right)=\infty$.

2.4.7　习题 2.4

1. 求下列函数极限:

(1)$\lim\limits_{x\to\infty}\frac{(x^2+3)(3x^3-x+5)}{2x^4-4x^2-1}$;　(2)$\lim\limits_{x\to\infty}\frac{2x^3-x+3}{(1-x)^3}$;

(3)$\lim\limits_{x\to+\infty}\frac{\sqrt{x^2-3}}{\sqrt[3]{x^3+1}}$;　(4)$\lim\limits_{x\to+\infty}\frac{\sqrt{9+2x}-5}{2-\sqrt[3]{x^2}}$.

2. 求下列函数极限:

(1)$\lim\limits_{x\to-2}\left(\frac{1}{x+2}+\frac{4}{x^2-4}\right)$;　(2)$\lim\limits_{x\to+\infty}\left(\sqrt{4x^2+3x-1}-\sqrt{4x^2-3x+2}\right)$;

(3)$\lim\limits_{x\to+\infty}x(\sqrt{x-1}-\sqrt{x+1})$;　(4)$\lim\limits_{x\to-\infty}x(x-\sqrt{1+x^2})$.

3. 选择题:

(1)若$\lim[f(x)+g(x)]$存在,则下列结论成立的是(　　).

A. $\lim f(x)$必存在　B. $\lim f(x)$与$\lim g(x)$均不一定存在

C. $\lim g(x)$必存在　D. $\lim f(x)$与$\lim g(x)$均必存在

(2)若$\lim f(x)=\infty$,$\lim g(x)=\infty$,则下列式子成立的是(　　).

A. $\lim[f(x)+g(x)]=\infty$　B. $\lim[f(x)-g(x)]=0$

C. $\lim\frac{1}{f(x)+g(x)}=0$　D. $\lim\frac{1}{f(x)}=0$

(3)若$\lim f(x)=\infty$,$\lim g(x)=0$,则$\lim f(x)g(x)$(　　).

A. 必为无穷小　B. 必为无穷大

C. 极限是不为零的常数　D. 极限值不能确定

(4)下列结论错误的是(　　).

A. 若$\lim f(x)$存在,$\lim g(x)$不存在,则$\lim[f(x)\pm g(x)]$不存在

B. 若 $\lim f(x)$, $\lim g(x)$ 都不存在,则 $\lim[f(x)\pm g(x)]$ 不一定不存在

C. 若 $\lim[f(x)g(x)]$ 存在,则 $\lim f(x)$, $\lim g(x)$ 都存在

D. 若 $\lim f(x)$, $\lim[f(x)g(x)]$ 都存在,则 $\lim g(x)$ 不一定存在

(5)下列结论正确的是(　　).

A. 无界函数一定是无穷大　　B. 两个无穷大的和是无穷大

C. 两个无穷大的积是无穷大　　D. 有界函数与无穷大的积是无穷大

2.5 无穷小的性质及比较

2.5.1 具有极限的函数与无穷小的关系

定理 2.5.1　在 x 的同一变化过程中,若函数 $f(x)$ 有极限 A,则函数 $\alpha(x)=f(x)-A$ 是无穷小;反之,在 x 的同一变化过程中,若函数 $\alpha(x)=f(x)-A$ 是无穷小,则函数 $f(x)$ 以 A 为极限.

据定理 2.5.1,函数 $f(x)$ 如果有极限 A,就可表达成极限 A 与某一无穷小 $\alpha(x)$ 之和,即

$$f(x)=A+\alpha(x)\ (\alpha(x)\to 0).$$

2.5.2 无穷小的代数性质

定理 2.5.2　在自变量的同一变化过程中

(1)有限个无穷小的代数和仍是无穷小;

(2)有限个无穷小的乘积仍是无穷小;

(3)有界函数与无穷小的乘积仍是无穷小.

例 2.5.1　证明函数极限 $\lim\limits_{x\to 0} x\sin\dfrac{1}{x}=0$.

证　因当 $x\to 0$ 时,函数 x 是无穷小,且函数 $\sin\dfrac{1}{x}$ 为有界函数 $\left(\left|\sin\dfrac{1}{x}\right|\leqslant 1\right)$,由有界函数与无穷小的积仍是无穷小知,当 $x\to 0$ 时,函数 $x\sin\dfrac{1}{x}$ 是无穷小,即 $\lim\limits_{x\to 0} x\sin\dfrac{1}{x}=0$.

例 2.5.2　求函数极限 $\lim\limits_{x\to\infty}\dfrac{x+2}{x^2+x}(3+\sin x)$ 的值.

解　因 $\lim\limits_{x\to\infty}(3+\sin x)$ 不存在,故不能用乘积的极限运算法则.

但当 $x\to\infty$ 时 $\dfrac{x+2}{x^2+x}\to 0$,且 $|3+\sin x|\leqslant 4$,由有界函数与无穷小的乘积仍是无穷小得

$$\lim_{x\to\infty}\frac{x+2}{x^2+x}(3+\sin x)=0.$$

例 2.5.3　求函数极限 $\lim\limits_{x\to\infty}\dfrac{x-\sin x}{x+\sin x}$ 的值.

解　$$\lim_{x\to\infty}\frac{x-\sin x}{x+\sin x}=\lim_{x\to\infty}\frac{1-\dfrac{1}{x}\sin x}{1+\dfrac{1}{x}\sin x}=\frac{1-0}{1+0}=1.$$

2.5.3　无穷小的比较

由定理2.5.2知,两个无穷小的和、差、积都是无穷小,但两个无穷小的商不一定是无穷小.在自变量同一变化过程中,两个无穷小商的极限可能为零、非零常数或无穷大,也可能不存在.比较两个无穷小在自变量同一变化过程中的商是有意义的,且能为处理不定式问题带来新方法.为此,引入无穷小阶的概念.

定义 2.5.1　设函数 $\alpha(\alpha\neq 0)$ 与函数 β 在 x 的同一变化过程中都是无穷小:

(1)若 $\lim\frac{\alpha}{\beta}=0$,则称函数 α 是比函数 β 高阶的无穷小,记做 $\alpha=o(\beta)$;

(2)若 $\lim\frac{\alpha}{\beta}=\infty$,则称函数 α 是比函数 β 低阶的无穷小;

(3)若 $\lim\frac{\alpha}{\beta}=C(C\neq 0)$,则称函数 α 与函数 β 为同阶无穷小.

特别地,若 $\lim\frac{\alpha}{\beta}=1$,则称函数 α 与函数 β 是等价无穷小,记做 $\alpha\sim\beta$.

等价无穷小是同阶无穷小的特殊情形,即 $C=1$ 的情形.等价无穷小具有对称性与传递性,即若 $\alpha\sim\beta$,则 $\beta\sim\alpha$;若 $\alpha\sim\beta,\beta\sim\gamma$,则 $\alpha\sim\gamma$.

因两个无穷小商的极限可能有多种不同情况,故通常称这种极限为 $\frac{0}{0}$ 型不定式.

思维拓展 2.5.1:是否任何两个无穷小都可以进行比较?

例 2.5.4　若函数极限 $\lim\limits_{x\to 2}\frac{x^2+ax+b}{x-2}=6$,求常数 a 与 b 的值.

解　由 $\lim\limits_{x\to 2}(x-2)=0$ 与 $\lim\limits_{x\to 2}\frac{x^2+ax+b}{x-2}=6$ 及定义2.5.1(3),得

$\lim\limits_{x\to 2}(x^2+ax+b)=4+2a+b=0\Rightarrow b=-4-2a$.

将 $b=-4-2a$ 代入 $\lim\limits_{x\to 2}\frac{x^2+ax+b}{x-2}=6$,得

$$\lim_{x\to 2}\frac{x^2+ax-4-2a}{x-2}=\lim_{x\to 2}\frac{(x-2)(x+a+2)}{x-2}=\lim_{x\to 2}(x+a+2)=4+a=6\Rightarrow\begin{cases}a=2,\\ b=-8.\end{cases}$$

2.5.4　思维拓展问题解答

思维拓展 2.5.1:两个无穷小可比较的前提是其商的极限存在或为无穷大,这表明并不是任何两个无穷小相互之间都可进行比较的.例如,当 $x\to 0$ 时,x 与 $x\sin\frac{1}{x}$ 都是无穷小,但

$\lim\limits_{x\to 0}\frac{x\sin\frac{1}{x}}{x}=\lim\limits_{x\to 0}\sin\frac{1}{x}$ 不存在,这两个无穷小的比较是无意义的.

2.5.5　知识拓展

斜渐近线

当 $a,b\in\mathbf{R}$ 且 $a\neq 0$ 时,若

$$\lim_{x\to\infty}[f(x)-(ax+b)]=0 \text{ 或 } \lim_{x\to-\infty}[f(x)-(ax+b)]=0 \text{ 或 } \lim_{x\to+\infty}[f(x)-(ax+b)]=0,$$

则称直线 $y=ax+b(a\neq0)$ 为曲线 $y=f(x)$ 的斜渐近线.

由 $\lim\limits_{x\to\infty}[f(x)-(ax+b)]=0$ 与定理 2.5.1 得 $f(x)-(ax+b)=0+\alpha$（其中 $\lim\limits_{x\to\infty}\alpha=0$）从而有 $f(x)-ax=b+\alpha$, $\dfrac{f(x)}{x}=a+b\dfrac{1}{x}+\alpha\dfrac{1}{x}$.

对上面两式取 $x\to\infty$ 时的极限，并用定理 2.4.1 与定理 2.5.2 得

$$a=\lim_{x\to\infty}\frac{f(x)}{x},b=\lim_{x\to\infty}[f(x)-ax].$$

例 2.5.5 求曲线 $y=x+\arctan x$ 的渐近线.

解 由函数 $y=x+\arctan x$ 在 $(-\infty,+\infty)$ 上连续知，曲线 $y=x+\arctan x$ 不存在垂直渐近线.

由 $\lim\limits_{x\to\infty}(x+\arctan x)=\infty$ 知，曲线 $y=x+\arctan x$ 不存在水平渐近线.

由 $\lim\limits_{x\to+\infty}\dfrac{x+\arctan x}{x}=1$ 和 $\lim\limits_{x\to+\infty}[(x+\arctan x)-x]=\dfrac{\pi}{2}$ 知，直线 $y=x+\dfrac{\pi}{2}$ 为曲线 $y=x+\arctan x$ 的斜渐近线. 由 $\lim\limits_{x\to-\infty}\dfrac{x+\arctan x}{x}=1$ 和 $\lim\limits_{x\to-\infty}[(x+\arctan x)-x]=-\dfrac{\pi}{2}$ 知，直线 $y=x-\dfrac{\pi}{2}$ 为曲线 $y=x+\arctan x$ 的斜渐近线.

2.5.6 习题 2.5

1. 求下列函数极限：

(1) $\lim\limits_{x\to\infty}\dfrac{\cos x}{e^{|x|}}$；(2) $\lim\limits_{x\to-\infty}(e^x\operatorname{arccot} x)$；(3) $\lim\limits_{x\to+\infty}\left(\operatorname{arccot} x\cos\dfrac{1}{x}\right)$；(4) $\lim\limits_{x\to0}\left(\tan x\sin\dfrac{1}{x}\right)$；

(5) $\lim\limits_{x\to0^+}\left(e^{-\frac{1}{x}}\arctan\dfrac{1}{x}\right)$；(6) $\lim\limits_{x\to0^-}\left(e^{\frac{1}{x}}\operatorname{arccot}\dfrac{1}{x}\right)$；(7) $\lim\limits_{x\to\infty}\dfrac{\sqrt[3]{x^2}\sin x}{x+1}$；(8) $\lim\limits_{x\to\infty}\dfrac{x-\arctan x}{x+\arctan x}$.

2. 比较下列各对无穷小的阶：

(1) $x\to1$ 时，$(x-1)^2$ 与 x^2-1；　(2) $x\to1$ 时，$\dfrac{1-x}{1+x}$ 与 $1-\sqrt{x}$；

(3) $x\to0$ 时，$\sqrt{1+x}-\sqrt{1-x}$ 与 $2x$；　(4) $x\to0$ 时，$\sqrt{1+x^3}-1$ 与 x^3.

3. 根据所给条件，确定常数 a,b 的值：

(1) $\lim\limits_{x\to2}\dfrac{x^2-x+a}{x-2}=3$；　(2) $\lim\limits_{x\to2}\dfrac{x^2+ax+b}{x^2-x-2}=2$；

(3) $\lim\limits_{x\to1}\dfrac{\sqrt{4x+5}-\sqrt{20x-a}}{x-1}=b$；　(4) $\lim\limits_{x\to1}\dfrac{\sqrt{x^2+3}-[a+b(x-1)]}{x-1}=0$.

4. 设函数 $f(x)=\dfrac{ax^3+bx^2+cx+d}{x^2+x-2}$，确定常数 a,b,c,d 的值，使 $\lim\limits_{x\to\infty}f(x)=1$ 且 $\lim\limits_{x\to1}f(x)=0$.

5. 选择题：

(1) 若 α,β 分别是 $x\to x_0$ 时的无穷小与无穷大，则 $\alpha+\beta$ 是 $x\to x_0$ 时的（　　）.

A. 无穷小量　B. 无穷大量　C. 无界变量　D. 有界变量

(2)下列命题正确的是(　　).

A. 无穷小是一个很小的数　B. 无穷大是一个很大的数

C. 无穷大的倒数是无穷小　D. 无界变量必是无穷大

(3)下列结论正确的是(　　).

A. 无穷小是零　B. 零是无穷小

C. 负无穷大是无穷小　D. 无穷小是最小的数

2.6　重要极限与等价无穷小替换法则

2.6.1　夹挤准则

定理 2.6.1(夹挤准则) 若当 $x \in U^\circ(x_0)$ $(x \in U(\infty))$ 时,有 $g(x) \leqslant f(x) \leqslant h(x)$,且 $\lim\limits_{\substack{x \to x_0 \\ (x \to \infty)}} g(x) = A$, $\lim\limits_{\substack{x \to x_0 \\ (x \to \infty)}} h(x) = A$,则 $\lim\limits_{\substack{x \to x_0 \\ (x \to \infty)}} f(x) = A$.

夹挤准则是一个判定准则,它不仅是证明极限存在的行之有效的工具,而且提供了一个求极限的方法. 夹挤准则在确定极限存在的同时也确定了它的极限值,能具体地求出极限值.

若将夹挤准则中的极限过程 $x \to x_0$ $(x \to \infty)$ 改为 $x \to x_0^-$, $x \to x_0^+$ $(x \to -\infty, x \to +\infty)$,并将其中的邻域 $U^\circ(x_0)$ $(U(\infty))$ 做相应的调整,其结论仍然成立.

2.6.2　第一个重要极限 $\lim\limits_{x \to 0} \frac{\sin x}{x} = 1$

利用 $\lim\limits_{x \to 0} \cos x = 1$ 与 $\lim\limits_{x \to 0} 1 = 1$ 和夹挤准则可以证明第一重要极限:

$$\lim_{x \to 0} \frac{\sin x}{x} = 1,$$

注意这里 x 以弧度为单位.

用第一重要极限 $\lim\limits_{x \to 0} \frac{\sin x}{x} = 1$ 和极限运算法则可以求得

$$\lim_{x \to 0} \frac{\tan x}{x} = 1; \lim_{x \to 0} \frac{\arcsin x}{x} = 1; \lim_{x \to 0} \frac{\arctan x}{x} = 1; \lim_{x \to 0} \frac{1 - \cos x}{\frac{1}{2}x^2} = 1.$$

由等价无穷小的定义和等价无穷小的对称性、传递性与上面结果,可得当 $x \to 0$ 时,

$$\sin x \sim \tan x \sim \arcsin x \sim \arctan x \sim x, 1 - \cos x \sim \frac{1}{2}x^2.$$

将上面结果一般化(假设所涉及的各复合函数均有意义),得:若在 x 的某种变化过程中,函数 $f(x) \to 0$,则在 x 的同一变化过程中,有

$$\sin f(x) \sim \tan f(x) \sim \arcsin f(x) \sim \arctan f(x) \sim f(x), 1 - \cos f(x) \sim \frac{1}{2}f^2(x).$$

2.6.3　等价无穷小替换法则

定理 2.6.2　设函数 $\alpha(\alpha \neq 0)$, $\beta(\beta \neq 0)$, $\gamma(\gamma \neq 0)$ 都是 x 的同一变化过程中的无穷小,

则在该变化过程中

(1)若 $\alpha \sim \gamma$,则$\lim \alpha\beta = \lim \gamma\beta$;

(2)若 $\alpha \sim \gamma$,且$\lim \dfrac{\gamma}{\beta}$存在,则$\lim \dfrac{\alpha}{\beta} = \lim \dfrac{\gamma}{\beta}$;

(3)若 $\alpha \sim \gamma$,且$\lim \dfrac{\beta}{\gamma}$存在,则$\lim \dfrac{\beta}{\alpha} = \lim \dfrac{\beta}{\gamma}$.

定理2.6.2表明,在含有函数乘除的极限运算中,极限中乘积的因子或分式的分子、分母可用其等价无穷小来替换,而不改变原极限值.作等价无穷小替换时,若分子或分母为几个因子的乘积,可以将其中的因子以其等价无穷小来替换.如果用来替换的等价无穷小选择得适当,可以使某些$\dfrac{0}{0}$型不定式的极限计算变得简单易解.

例2.6.1 求函数极限$\lim\limits_{x\to\infty} x\sin \dfrac{1}{x}$的值.

解 因当 $x\to\infty$ 时,$\dfrac{1}{x}\to 0$,所以当 $x\to\infty$ 时,$\sin \dfrac{1}{x} \sim \dfrac{1}{x}$.

所以$\lim\limits_{x\to\infty} x\sin \dfrac{1}{x} = \lim\limits_{x\to\infty} x\cdot\dfrac{1}{x} = 1$.

例2.6.2 求函数极限$\lim\limits_{x\to 3} \dfrac{\sin(x^2-9)}{x-3}$的值.

解 因当 $x\to 3$ 时,$x^2-9\to 0$,所以当 $x\to 3$ 时,$\sin(x^2-9) \sim x^2-9$,

所以$\lim\limits_{x\to 3} \dfrac{\sin(x^2-9)}{x-3} = \lim\limits_{x\to 3} \dfrac{x^2-9}{x-3} = \lim\limits_{x\to 3}(x+3) = 6$.

例2.6.3 求函数极限$\lim\limits_{x\to 0} \dfrac{1-\cos 3x}{x\arctan 7x}$的值.

解 因为当 $x\to 0$ 时,$3x\to 0$,$7x\to 0$,

所以当 $x\to 0$ 时,$1-\cos 3x \sim \dfrac{1}{2}(3x)^2$,$\arctan 7x \sim 7x$,

$$\lim_{x\to 0} \frac{1-\cos 3x}{x\arctan 7x} = \lim_{x\to 0} \frac{\frac{1}{2}(3x)^2}{x\cdot 7x} = \frac{9}{14}.$$

例2.6.4 求函数极限$\lim\limits_{x\to 0} \dfrac{\tan x - \sin x}{x^3}$的值.

解 由 $x\to 0$ 时,$\tan x \sim x$,$1-\cos x \sim \dfrac{1}{2}x^2$,所以

$$\lim_{x\to 0} \frac{\tan x - \sin x}{x^3} = \lim_{x\to 0} \frac{\tan x(1-\cos x)}{x^3} = \lim_{x\to 0} \frac{x\cdot\frac{1}{2}x^2}{x^3} = \frac{1}{2}.$$

思维拓展2.6.1:在含有函数加减的极限运算中,该如何使用等价无穷小替换法则?

2.6.4 第二个重要极限$\lim\limits_{x\to\infty}\left(1+\dfrac{1}{x}\right)^x = \mathrm{e}$

利用单调有界准则(定理6.1.4)可证明第二重要极限

$$\lim_{n\to\infty}\left(1+\frac{1}{n}\right)^n=\mathrm{e},$$

其中 e 是无理数,其值 e = 2.718 28….

利用夹挤准则和$\lim\limits_{n\to\infty}\left(1+\frac{1}{n}\right)^n=\mathrm{e}$可证明

$$\lim_{x\to\infty}\left(1+\frac{1}{x}\right)^x=\mathrm{e}.$$

令$t=\frac{1}{x}$,则当$x\to\infty$时,$t\to 0$,于是有$\lim\limits_{x\to\infty}\left(1+\frac{1}{x}\right)^x=\lim\limits_{t\to 0}(1+t)^{\frac{1}{t}}=\mathrm{e}$.

利用$\lim\limits_{x\to+\infty}\left(1+\frac{1}{x}\right)^x=\mathrm{e}$可以求得

$$\lim_{x\to 0}\frac{\ln(1+x)}{x}=1;\lim_{x\to 0}\frac{\mathrm{e}^x-1}{x}=1;\lim_{x\to 0}\frac{(1+x)^a-1}{ax}=1(a\in\mathbf{R}\text{ 且 }a\neq 0).$$

由等价无穷小的定义和等价无穷小的对称性、传递性与上面结果,可得如下结论.

当$x\to 0$时,$\ln(1+x)\sim\mathrm{e}^x-1\sim x,(1+x)^a-1\sim ax(a\in\mathbf{R}$ 且 $a\neq 0)$.

将上面结果一般化(假设所涉及的各复合函数均有意义),得下列结论.

若$\lim f(x)=0$,则在x的同一变化过程中

$\ln[1+f(x)]\sim\mathrm{e}^{f(x)}-1\sim f(x);[1+f(x)]^a-1\sim af(x)(a\in\mathbf{R}$ 且 $a\neq 0)$;

$a^{f(x)}-1\sim f(x)\ln a(a>0$ 且 $a\neq 1)$.

例 2.6.5　求函数极限$\lim\limits_{x\to 0}\frac{\sqrt[3]{1+x^4}-1}{1-\cos x^2}$的值.

解　因当$x\to 0$时,$x^4\to 0,x^2\to 0$,

所以当$x\to 0$时,$\sqrt[3]{1+x^4}-1\sim\frac{1}{3}x^4,1-\cos x^2\sim\frac{1}{2}x^4$,

于是
$$\lim_{x\to 0}\frac{\sqrt[3]{1+x^4}-1}{1-\cos x^2}=\lim_{x\to 0}\frac{\frac{1}{3}x^4}{\frac{1}{2}x^4}=\frac{2}{3}.$$

例 2.6.6　求函数极限$\lim\limits_{x\to 0}\frac{\ln(1-2x)}{\sqrt{1+x+x^2}-1}$的值.

解　因$x\to 0$时,$-2x\to 0,x+x^2\to 0$,

所以当$x\to 0$时,$\ln(1-2x)\sim -2x,\sqrt{1+x+x^2}-1\sim\frac{1}{2}(x+x^2)$,

于是
$$\lim_{x\to 0}\frac{\ln(1-2x)}{\sqrt{1+x+x^2}-1}=\lim_{x\to 0}\frac{-2x}{\frac{1}{2}(x+x^2)}=-4.$$

例 2.6.7　求函数极限$\lim\limits_{x\to\infty}x^2(\mathrm{e}^{-\cos\frac{1}{x}}-\mathrm{e}^{-1})$的值.

解
$$\lim_{x\to\infty}x^2(\mathrm{e}^{-\cos\frac{1}{x}}-\mathrm{e}^{-1})=\mathrm{e}^{-1}\lim_{x\to\infty}x^2(\mathrm{e}^{1-\cos\frac{1}{x}}-1)=\mathrm{e}^{-1}\lim_{x\to\infty}x^2\left(1-\cos\frac{1}{x}\right)$$
$$=\mathrm{e}^{-1}\lim_{x\to\infty}\left[x^2\frac{1}{2}\left(\frac{1}{x}\right)^2\right]=\frac{1}{2\mathrm{e}}.$$

2.6.5 1^∞型极限计算公式

在求幂指型函数$[f(x)]^{g(x)}$ $(f(x)>0$ 且 $f(x)\neq 1)$的极限时,若$\lim f(x)=1$,且$\lim g(x)=\infty$,则称这样的极限为1^∞型不定式.

因$[f(x)]^{g(x)}=e^{g(x)\ln f(x)}$,$\ln f(x)=\ln[1+f(x)-1]$,且$\lim(f(x)-1)=0$,故$\ln[1+f(x)-1]$与$[f(x)-1]$是等价无穷小,利用求复合函数极限定理(定理2.4.3)与指数函数的连续性,得到1^∞型不定式极限的计算公式:

$$\lim[f(x)]^{g(x)}=e^{\lim g(x)\ln f(x)}=e^{\lim g(x)[f(x)-1]}.$$

例2.6.8 求函数极限$\lim\limits_{x\to\infty}\left(\frac{1}{x}+e^{\frac{1}{x}}\right)^x$的值.

解 这是1^∞型不定式,利用1^∞型极限计算公式得

$$\lim_{x\to\infty}\left(\frac{1}{x}+e^{\frac{1}{x}}\right)^x=e^{\lim\limits_{x\to\infty}x\left(\frac{1}{x}+e^{\frac{1}{x}}-1\right)}=e^{1+\lim\limits_{x\to\infty}x\left(e^{\frac{1}{x}}-1\right)}=e^{1+\lim\limits_{x\to\infty}x\frac{1}{x}}=e^2.$$

例2.6.9 求函数极限$\lim\limits_{x\to0}\left(\frac{a^x+b^x}{2}\right)^{\frac{1}{x}}$($a,b$为正数)的值.

解 这是1^∞型不定式,利用1^∞型极限计算公式得

$$\begin{aligned}\lim_{x\to0}\left(\frac{a^x+b^x}{2}\right)^{\frac{1}{x}}&=e^{\lim\limits_{x\to0}\frac{1}{x}\left(\frac{a^x+b^x}{2}-1\right)}=e^{\lim\limits_{x\to0}\frac{a^x-1}{2x}+\lim\limits_{x\to0}\frac{b^x-1}{2x}}\\&=e^{\lim\limits_{x\to0}\frac{x\ln a}{2x}+\lim\limits_{x\to0}\frac{x\ln b}{2x}}\\&=e^{\frac{1}{2}(\ln a+\ln b)}=(ab)^{\frac{1}{2}}.\end{aligned}$$

2.6.6 思维拓展问题解答

思维拓展2.6.1:因两个等价无穷小α与β的差$\alpha-\beta$等价于比这两个等价无穷小高阶的无穷小($\lim\frac{\alpha-\beta}{\alpha}=0$),所以在函数加减的极限运算中,两个等价无穷小之差的各项不能用其等价无穷小来替换.进而在函数加减的极限运算中,加项或减项一般不能用其等价无穷小来替换.

在函数加减的极限运算中,对于两个等价无穷小α与β的差$\alpha-\beta$,应将$\alpha-\beta$转化为乘除后用等价无穷小来替换(参见例2.6.4).

2.6.7 习题2.6

1.求下列函数极限:

(1)$\lim\limits_{x\to1}\frac{\arctan(1-x^2)}{2x^2-x-1}$; (2)$\lim\limits_{x\to0}\left(\sin\frac{x^2}{\sqrt{1-x}}\csc^2 2x\right)$; (3)$\lim\limits_{x\to0}[\cot^2x\ln(\sec^2x)]$;

(4)$\lim\limits_{x\to0}\frac{e^{2x}-e^x}{\sin 2x-\sin x}$; (5)$\lim\limits_{x\to0^+}\frac{\cos\frac{\pi}{2}(1-\sqrt{x})}{\sqrt[4]{1+\sqrt{x}}-1}$; (6)$\lim\limits_{x\to0^+}\frac{\sqrt[3]{2x+8}-2}{\sqrt{1-\cos x}}$;

(7)$\lim\limits_{x\to2}\frac{\arcsin(2-x)}{\sqrt{1+\ln(x-1)}-1}$; (8)$\lim\limits_{x\to\infty}\frac{\sqrt{1+\tan\frac{1}{x^2}}-1}{1-\cos\frac{4}{x}}$; (9)$\lim\limits_{x\to\infty}\left(\frac{3x^2+5}{5x+3}\sin\frac{2}{x}\right)$.

2. 求下列函数极限：

(1) $\lim\limits_{x\to 0}\dfrac{\sin 5x-\sin 2x}{\arcsin 3x}$；(2) $\lim\limits_{x\to 0}\dfrac{\sqrt{1-2x-x^2}-1-x}{\arctan 2x}$；(3) $\lim\limits_{x\to 0^+}\dfrac{\sqrt{1-e^{-x}}-\sqrt{1-\cos x}}{\ln(1-\sqrt{x})}$；

(4) $\lim\limits_{x\to 0}\dfrac{\cos x-e^{-\frac{x^2}{2}}}{\ln(1-x\tan x)}$；(5) $\lim\limits_{x\to 0}\dfrac{2\tan x+\arcsin 3x}{\arctan 5x-\sin 4x}$；(6) $\lim\limits_{x\to 0^+}\dfrac{1-\sqrt{\cos x}}{1-\cos\sqrt{x}}$.

3. 求下列函数极限：

(1) $\lim\limits_{x\to\infty}\left(1+\dfrac{1}{x}\right)^{x^2-1}$；(2) $\lim\limits_{x\to 0}(1+5x+6x^2)^{\frac{1}{x}}$；(3) $\lim\limits_{x\to 0}\sqrt[x]{(1-2x)^{1+x}}$；

(4) $\lim\limits_{x\to\infty}\left(\dfrac{2x+3}{2x+1}\right)^{x+1}$；(5) $\lim\limits_{x\to\infty}\left(\dfrac{x^2-1}{x^2+2}\right)^{x^2}$；(6) $\lim\limits_{x\to 1}(3-2x)^{\frac{3}{x-1}}$；

(7) $\lim\limits_{x\to 1}\left(\dfrac{2x}{x+1}\right)^{\frac{2x}{x-1}}$；(8) $\lim\limits_{x\to+\infty}\left(\dfrac{x^2}{x^2-1}\right)^{x}$.

4. 求下列函数极限：

(1) $\lim\limits_{x\to 0}(\sqrt{1+x^2}+x)^{\frac{1}{x}}$；(2) $\lim\limits_{x\to 0}(2e^{\frac{x}{x+1}}-1)^{\frac{1-x^2}{x}}$；(3) $\lim\limits_{x\to\infty}\left(\sin\dfrac{1}{x}+\cos\dfrac{1}{x}\right)^{x}$；

(4) $\lim\limits_{x\to\frac{\pi}{4}}(\tan x)^{\tan 2x}$；(5) $\lim\limits_{x\to 0}\left[\tan\left(x+\dfrac{\pi}{4}\right)\right]^{\cot 2x}$；(6) $\lim\limits_{x\to+\infty}\left[\tan\left(\dfrac{\pi}{4}+\dfrac{2}{x}\right)\right]^{x}$.

5. 根据所给条件,确定常数 a 的值：

(1) $\lim\limits_{x\to\infty}\left(\dfrac{x+2a}{x-a}\right)^{x}=8$；(2) $\lim\limits_{x\to 0}(1-ax)^{\frac{2}{x}}=e^4$；(3) $\lim\limits_{x\to\infty}\left(1+\dfrac{3}{x}\right)^{ax}=e^{-6}$.

6. 根据所给条件,确定常数 a 的值：

(1) 当 $x\to 0$ 时,函数 $\dfrac{\sin 2x}{x}+a$ 是无穷小；

(2) 当 $x\to 0$ 时,函数 $\arcsin x^a$ 与函数 $x+\sqrt[3]{x}$ 是等价无穷小；

(3) 当 $x\to 0$ 时,函数 $(1-ax^2)^{\frac{1}{4}}-1$ 与函数 $\arctan^2 x$ 是等价无穷小；

(4) 当 $x\to 0$ 时,函数 $\sqrt{1+x\arctan x}-\sqrt{\cos x}$ 与函数 ax^2 是等价无穷小.

7. 根据所给条件,确定常数 a,b 的值：

(1) 函数 $f(x)=\begin{cases}\dfrac{x}{1-\sqrt{1-x}}, & x<0\\ (1+ax)^{\frac{1}{x}}, & x>0\end{cases}$ 在点 $x=0$ 处有极限；

(2) 函数 $f(x)=\begin{cases}\dfrac{\sin 2x+e^{2ax}-1}{x}, & x\neq 0\\ a, & x=0\end{cases}$ 在点 $x=0$ 处连续；

(3) 函数 $f(x)=\begin{cases}e^{\frac{1}{x}}, & x<0\\ a, & x=0\\ x\sin\dfrac{1}{x}, & x>0\end{cases}$ 在点 $x=0$ 处连续；

(4)函数$f(x)=\begin{cases}\dfrac{\sin ax}{\sqrt{1-\cos x}}, & x<0\\ \dfrac{1}{x}[\ln x-\ln(x+x^2)], & x>0\end{cases}$在点$x=0$处有极限;

(5)函数$f(x)=\begin{cases}\dfrac{\sin 3x}{\sqrt{1-\cos ax}}, & x<0\\ \dfrac{3}{x}\ln\dfrac{1}{1+2x}, & x>0\end{cases}$在点$x=0$处有极限;

(6)$\lim\limits_{x\to 0}\dfrac{\sin x}{e^x-a}(\cos x-b)=5$.

8. 确定下列函数的间断点及其类型:

(1)$f(x)=\dfrac{x+\tan x}{e^x-1}$;　　(2)$f(x)=\dfrac{x^2-x}{|x-1|\sin x}$;

(3)$f(x)=\begin{cases}e^{\frac{1}{x-1}}, & x>0,\\ \ln(1+x), & -1\leqslant x\leqslant 0;\end{cases}$　　(4)$f(x)=\begin{cases}\dfrac{x(1+x)}{\cos\dfrac{\pi}{2}x}, & x\leqslant 0,\\ \sin\dfrac{\pi}{x^2-4}, & x>0\text{ 且 }x\neq 2.\end{cases}$

9. 选择题:

(1)若当$x\to a$时,有$0\leqslant f(x)\leqslant g(x)$,则$\lim\limits_{x\to a}g(x)=0$是当$x\to a$时函数$f(x)$为无穷小的(　　)条件.

A. 必要　　B. 充分　　C. 充要　　D. 无关

(2)下列极限为0的是(　　).

①$\lim\limits_{x\to 0}x\sin\dfrac{1}{x}$;②$\lim\limits_{x\to 0}\dfrac{1}{x}\sin x$;③$\lim\limits_{x\to\infty}x\sin\dfrac{1}{x}$;④$\lim\limits_{x\to\infty}\dfrac{1}{x}\sin x$.

A. ①和②　　B. ③和④　　C. ①和④　　D. ②和③

(3)下列极限为1的是(　　).

①$\lim\limits_{x\to 0}x\arctan\dfrac{1}{x}$;②$\lim\limits_{x\to 0}\dfrac{1}{x}\arctan x$;③$\lim\limits_{x\to\infty}x\arctan\dfrac{1}{x}$;④$\lim\limits_{x\to\infty}\dfrac{1}{x}\arctan x$.

A. ①和②　　B. ③和④　　C. ①和④　　D. ②和③

第3章　导数与微分

数学在用最不显然的方式证明最显然的问题.

——波利亚(美)

微分学是微积分学的重要组成部分,它的基本概念是导数与微分.导数反映了函数相对于自变量的改变而变化的快慢程度,即函数的变化率;微分则反映了当自变量有微小变化时,函数大约有多少变化,即函数增量的近似值.

3.1　导数的概念

在自然科学和工程技术领域,以及经济领域和社会科学研究中,还有许多有关变化率的问题都可以归结为计算形如式(2.1.1)、式(2.1.3)的极限.因需要求解这些问题,促使人们研究形如式(2.1.1)、式(2.1.3)的极限,从而导致了微分学的诞生.

3.1.1　导数的定义与几何意义

定义 3.1.1　设函数 $y=f(x)$ 在点 x_0 某邻域 $U(x_0)$ 内有定义,若极限

$$\lim_{x\to x_0}\frac{f(x)-f(x_0)}{x-x_0} \tag{3.1.1}$$

存在,则称函数 $y=f(x)$ 在点 x_0 处可导,并称该极限值为函数 $y=f(x)$ 在点 x_0 处的导数,记做

$$f'(x_0)\text{或}\ y'|x=x_0,\text{即}\ f'(x_0)=\lim_{x\to x_0}\frac{f(x)-f(x_0)}{x-x_0}.$$

若式(3.1.1)的极限不存在,则称函数 $y=f(x)$ 在点 x_0 处不可导.

若不可导的原因是比式 $\dfrac{f(x)-f(x_0)}{x-x_0}$ 当 $x\to x_0$ 时为无穷大,为方便起见,则称函数 $f(x)$ 在点 x_0 处的导数为无穷大.

由导数定义可知,函数 $y=f(x)$ 在点 x_0 处的导数 $f'(x_0)$ 表示平面曲线 $y=f(x)$ 在点 $(x_0, f(x_0))$ 处的切线斜率,这就是导数的几何意义;运动方程为 $s=s(t)$ 的质点做变速直线运动时,在 t_0 时刻的速度 $v(t_0)=s'(t_0)$.

例 3.1.1　证明函数 $f(x)=\sqrt[3]{x}$ 在点 $x=0$ 处不可导.

证　由 $\lim\limits_{x\to 0}\dfrac{f(x)-f(0)}{x-0}=\lim\limits_{x\to 0}\dfrac{1}{\sqrt[3]{x^2}}=+\infty$ 知,$f'(0)$ 不存在.

若将定义 3.1.1 中的邻域 $U(x_0)$ 改为左邻域 $(x_0-\delta, x_0]$ (或右邻域 $[x_0, x_0+\delta)$),且极限

$$\lim_{x \to x_0^-} \frac{f(x)-f(x_0)}{x-x_0} \left(或 \lim_{x \to x_0^+} \frac{f(x)-f(x_0)}{x-x_0} \right)$$

存在，则称函数 $y=f(x)$ 在点 x_0 处左可导（或右可导），并称该极限值为函数 $y=f(x)$ 在点 x_0 处的左导数（或右导数），记为

$$f'_-(x_0)\ (或 f'_+(x_0)).$$

函数 $y=f(x)$ 在点 x_0 处可导的充要条件是：函数 $y=f(x)$ 在点 x_0 处的左、右导数都存在并且相等.

思维拓展 3.1.1：在什么情况下，用左导数和右导数研究函数 $y=f(x)$ 在点 x_0 处的可导性以及求 $f'(x_0)$？

例 3.1.2 证明函数 $f(x)=|x|$ 在点 $x=0$ 处不可导.

证 因为 $\lim\limits_{x \to 0^-} \frac{f(x)-f(0)}{x-0} = \lim\limits_{x \to 0^-} \frac{-x}{x} = -1$ 且 $\lim\limits_{x \to 0^+} \frac{f(x)-f(0)}{x-0} = \lim\limits_{x \to 0^+} \frac{x}{x} = 1$，

所以 $\lim\limits_{x \to 0} \frac{f(x)-f(0)}{x-0}$ 不存在，即函数 $f(x)=|x|$ 在点 $x=0$ 处不可导.

3.1.2 函数可导性与连续性的关系

若函数 $y=f(x)$ 在点 x_0 处可导，则 $f'(x_0)$ 存在. 由 $f'(x_0)=\lim\limits_{x \to x_0} \frac{f(x)-f(x_0)}{x-x_0}$ 与 $\lim\limits_{x \to x_0}(x-x_0)=0$ 知 $\lim\limits_{x \to x_0}[f(x)-f(x_0)]=0$，所以 $\lim\limits_{x \to x_0} f(x)=f(x_0)$.

因此，若函数 $y=f(x)$ 在点 x_0 处可导，则函数 $y=f(x)$ 在点 x_0 处必连续. 反之，当函数 $y=f(x)$ 在点 x_0 处连续时，函数 $y=f(x)$ 在点 x_0 处不一定可导.

例如，函数 $f(x)=|x|$ 在点 $x=0$ 处连续，但在点 $x=0$ 处不可导. 但若函数 $y=f(x)$ 在点 x_0 处不连续，则函数 $y=f(x)$ 在点 x_0 处必不可导.

3.1.3 函数增量（改变量）与函数连续、可导的等价定义

对于函数 $y=f(x)$，当自变量 x 从它的一个初值 x_0 变到终值 x 时，相应的函数值则从 $f(x_0)$ 变到 $f(x)$，此时称 $x-x_0$ 为自变量 x 的增量，记做 Δx；相应地称 $f(x)-f(x_0)$ 为函数 $y=f(x)$ 的增量，记做 Δy. 亦即 $\Delta x=x-x_0$，$\Delta y=f(x)-f(x_0)$. 由 $\Delta x=x-x_0$ 得 $x=x_0+\Delta x$，于是函数 $y=f(x)$ 的增量 Δy 可以表示为 $\Delta y=f(x_0+\Delta x)-f(x_0)$. 因当 $x \to x_0$ 时，有 $\Delta x \to 0$，且 $\lim\limits_{x \to x_0} f(x)=f(x_0) \Leftrightarrow \lim\limits_{x \to x_0}[f(x)-f(x_0)]=0 \Leftrightarrow \lim\limits_{\Delta x \to 0} \Delta y=0$. 所以，函数 $y=f(x)$ 在点 x_0 处连续的定义又可有下面的等价叙述.

定义 3.1.2 若函数 $y=f(x)$ 在点 x_0 的某邻域 $U(x_0)$ 内有定义，且

$$\lim_{\Delta x \to 0} \Delta y = 0,$$

则称函数 $y=f(x)$ 在点 x_0 处连续.

同样地，函数 $y=f(x)$ 在点 x_0 处的导数定义也有等价的增量形式.

定义 3.1.3 设函数 $y=f(x)$ 在 x_0 的某邻域 $U(x_0)$ 内有定义，若极限

$$\lim_{\Delta x \to 0} \frac{\Delta y}{\Delta x} = \lim_{\Delta x \to 0} \frac{f(x_0+\Delta x)-f(x_0)}{\Delta x} \tag{3.1.2}$$

存在，则称函数 $y=f(x)$ 在点 x_0 处可导，并称该极限值为函数 $y=f(x)$ 在点 x_0 处的导数，记

做 $f'(x_0)$ 或 $y'|_{x=x_0}$，即

$$f'(x_0)=\lim_{\Delta x\to 0}\frac{f(x_0+\Delta x)-f(x_0)}{\Delta x}.$$

若函数 $y=f(x)$ 在开区间 (a,b) 内的每一点都可导，则称函数 $y=f(x)$ 在开区间 (a,b) 内可导，或称函数 $y=f(x)$ 是开区间 (a,b) 内的可导函数. 这时由于开区间 (a,b) 内的每一个 x 值，都唯一地对应着函数 $y=f(x)$ 的一个确定的导数值，因而在开区间 (a,b) 内构成了一个新函数，这个新函数称为函数 $y=f(x)$ 在开区间 (a,b) 内的导函数，记做 $f'(x)$ 或 y'. 在式 (3.1.2) 中，把 x_0 换为 x，得计算导函数的公式

$$f'(x)=\lim_{\Delta x\to 0}\frac{f(x+\Delta x)-f(x)}{\Delta x}. \tag{3.1.3}$$

式 (3.1.3) 中的 x 可取开区间 (a,b) 内的任意值. 在求极限时，应把 x 看做常量，而将 Δx 看做变量.

导函数 $f'(x)$ 与函数 $f(x)$ 在点 x_0 处的导数 $f'(x_0)$ 是不同的. 对可导函数 $f(x)$ 而言，函数 $f(x)$ 在点 x_0 处的导数 $f'(x_0)$，就是它的导函数 $f'(x)$ 在点 x_0 处的函数值，即

$$f'(x_0)=f'(x)|_{x=x_0}.$$

以后为方便起见，在不致引起混淆的前提下，把导函数也简称为导数. 以后求导数时，若没有指明是求在某一定点处的导数，都是指求导函数.

若函数 $f(x)$ 在开区间 (a,b) 内可导，且在左端点 a 处右可导并在右端点 b 处左可导，则称函数 $f(x)$ 在闭区间 $[a,b]$ 上可导.

思维拓展 3.1.2：**开区间 (a,b) 内的可导函数 $f(x)$ 的图像特征是什么？**

3.1.4　思维拓展问题解答

思维拓展 3.1.1：若函数 $f(x)$ 是分段函数（或可以转化为分段函数的函数），且点 x_0 是分段函数的分段点. 当在点 x_0 的左、右两侧的函数表达式不同，或在点 x_0 的左、右两侧的函数表达式虽然相同，但当 $x\to x_0^-$ 与 $x\to x_0^+$ 时，可能使比式 $\frac{f(x)-f(x_0)}{x-x_0}$ 的极限值不同时，则需求左导数与右导数，并据可导的充要条件确定函数 $f(x)$ 在点 x_0 处的可导性. 在可导时，同时求出导数 $f'(x_0)$.

确定分段函数（或可转化为分段函数的函数）$f(x)$ 在分段表达式的分段点 x_0 处的可导性，可利用命题：若函数 $f(x)$ 在点 x_0 处不连续，则函数 $f(x)$ 在点 x_0 处必不可导. 先讨论函数 $f(x)$ 在点 x_0 处的连续性，若函数 $f(x)$ 在点 x_0 处不连续，则函数 $f(x)$ 在点 x_0 处必不可导；若函数 $f(x)$ 在点 x_0 处连续，则需求函数 $f(x)$ 在点 x_0 处的左、右导数，并据可导的充要条件确定函数 $f(x)$ 在点 x_0 处的可导性.

在分段函数（或可转化为分段函数的函数）$f(x)$ 在分段表达式的分段点 x_0 处的可导性的含参问题中，若只用可导性不能确定全部参数，则可再利用命题：若函数 $f(x)$ 在点 x_0 处可导，则函数 $f(x)$ 在点 x_0 处必连续，将全部参数求出来.

分段函数除定义区间的分段点外，在定义区间内的其他点处的导数求法与一般函数的导数求法一致，等于导函数的函数值.

思维拓展 3.1.2：开区间 (a,b) 内的可导函数 $f(x)$，其图像是一条连续的光滑曲线. 也就

是说,若点$(x_0,f(x_0))$为连续曲线$y=f(x)$上的不光滑点(如尖点),则点x_0必为函数$y=f(x)$的不可导点.例如,点$(0,0)$为曲线$f(x)=|x|$上的一个尖点,而点$x=0$恰为函数$f(x)=|x|$的不可导点.

3.1.5 知识拓展

单侧导数与连续的关系

定理 3.1.1 若函数$f(x)$在点x_0处的左、右导数都存在,则函数$f(x)$在点x_0处连续.

证 $\lim\limits_{x \to x_0^-}[f(x)-f(x_0)]=\lim\limits_{x \to x_0^-}\dfrac{f(x)-f(x_0)}{x-x_0}(x-x_0)$

$=\lim\limits_{x \to x_0^-}\dfrac{f(x)-f(x_0)}{x-x_0}\lim\limits_{x \to x_0^-}(x-x_0)=f'_-(x_0)\cdot 0=0.$

同理可得$\lim\limits_{x \to x_0^+}[f(x)-f(x_0)]=0.$

于是函数$f(x)$在点x_0处既左连续又右连续,从而函数$f(x)$在点x_0处连续.

须注意的是,定理3.1.1的逆命题不成立,即函数在一点连续,函数在该点不一定存在左、右导数.例如,函数$f(x)=\sqrt[3]{x^2}$在点$x=0$处连续,但在点$x=0$处不存在左、右导数.这一事实还说明,光滑曲线上的点不一定都是函数的可导点.

3.1.6 习题 3.1

1. 确定下列函数在指定点$x=0$处的可导性,若可导,求出导数;若不可导,说明原因.

(1)$f(x)=\sqrt[3]{x^2}(x-5)$;　(2)$f(x)=x|x|$;　(3)$f(x)=\sqrt{|x|}$;

(4)$f(x)=\begin{cases} e^{\frac{1}{x^2}}, x\neq 0, \\ 0, \quad x=0; \end{cases}$　(5)$f(x)=\begin{cases} x^2\arctan\dfrac{1}{x}, x\neq 0, \\ 0, \quad x=0; \end{cases}$

(6)$f(x)=\begin{cases} \dfrac{\sqrt{1-x}-1}{\sqrt{x}}, x>0, \\ 0, \quad x\leqslant 0. \end{cases}$

2. 若$f'(1)=2$,求极限$\lim\limits_{x \to 1}\dfrac{f(x)-f(1)}{\sqrt{x}-1}$.

3. 若函数$f(x)$在点$x=1$处可导,且$\lim\limits_{x \to 1}f(x)=6$,求$f(1)$.

4. 设函数$f(x)$在点$x=0$处可导,且$f(0)=0$,求$\lim\limits_{x \to 0}\dfrac{f(x)}{x}$.

5. 设函数$f(x)$在$U(0)$内连续,根据所给条件求$f'(0)$.

(1)$\lim\limits_{x \to 0}\dfrac{f(x)}{x}=1$;(2)$f(x)$是奇函数,且$\lim\limits_{x \to 0^+}\dfrac{f(x)}{x}=1$.

6. 选择题:

(1)下列命题正确的是(　　).

①若函数$f(x)$在点x_0处连续,则函数$f(x)$在点x_0处可导;

②若函数$f(x)$在点x_0处可导,则函数$f(x)$在点x_0处连续;

③若函数$f(x)$在点x_0处不连续,则函数$f(x)$在点x_0处不可导;

④若函数 $f(x)$ 在点 x_0 处不可导，则函数 $f(x)$ 在点 x_0 处不连续.

A. ①②　　B. ③④　　C. ①④　　D. ②③

(2)下列结论错误的是(　　).

A. 若函数 $f(x)$ 在点 x_0 处有定义，则函数 $|f(x)|$ 在点 x_0 处有定义；

B. 若函数 $f(x)$ 在点 x_0 处有极限，则函数 $|f(x)|$ 在点 x_0 处有极限；

C. 若函数 $f(x)$ 在点 x_0 处连续，则函数 $|f(x)|$ 在点 x_0 处连续；

D. 若函数 $f(x)$ 在点 x_0 处可导，则函数 $|f(x)|$ 在点 x_0 处可导.

(3)设函数 $F(x)=\begin{cases}\dfrac{f(x)}{x}, & x\neq 0,\\ f(0), & x=0,\end{cases}$ 其中函数 $f(x)$ 在点 $x=0$ 处可导，且 $f'(0)\neq 0$，$f(0)=0$，则点 $x=0$ 是函数 $F(x)$ 的(　　).

A. 连续点　　B. 可去间断点　　C. 跳跃间断点　　D. 无穷间断点

(4)设函数 $f(x)$ 为不恒等于零的奇函数，且 $f'(0)$ 存在，则点 $x=0$ 是函数 $F(x)=\dfrac{f(x)}{x}$ 的(　　).

A. 连续点　　B. 可去间断点　　C. 跳跃间断点　　D. 无穷间断点

3.2　导数的四则运算法则

从原则上讲，计算函数 $f(x)$ 的导数问题已经解决. 因为按照导数的定义，只要计算极限 $\lim\limits_{\Delta x\to 0}\dfrac{f(x+\Delta x)-f(x)}{\Delta x}$ 即可. 但直接计算这个极限往往不是一件容易的事，特别是当函数 $f(x)$ 比较复杂的时候，计算上述极限就更困难了.

因此，若没有一套化繁为简、化难为易的求导法则，导数的应用势必会受到很大局限. 从本节起将系统地介绍一套求导法则，借助于这些求导法则和基本初等函数的求导公式，就能比较方便地求出初等函数的导数.

3.2.1　几个基本初等函数的导数公式

$(C)'=0$（C 为常数）；

$(a^x)'=a^x\ln a$（$a>0$ 且 $a\neq 1$），特别地，有 $(e^x)'=e^x$；

$(\log_a|x|)'=\dfrac{1}{x\ln a}$（$a>0$ 且 $a\neq 1$），特别地，有 $(\ln|x|)'=\dfrac{1}{x}$；

$(x^\alpha)'=\alpha x^{\alpha-1}$（$\alpha\neq 0, x\neq 0$）；

$(\sin x)'=\cos x$；

$(\cos x)'=-\sin x$；

$(\tan x)'=\sec^2 x$；

$(\cot x)'=-\csc^2 x$；

$(\sec x)'=\sec x\tan x$；

$(\csc x)'=-\csc x\cot x$.

对于公式 $(x^\alpha)'=\alpha x^{\alpha-1}$，在点 $x=0$ 处，则出现了不同的情形：

(1)当 $\alpha<0$ 时,幂函数 x^{α} 在点 $x=0$ 处无定义,从而在点 $x=0$ 处不可导;

(2)当 $\alpha>0$ 时,幂函数 $y=x^{\alpha}$ 在 $x=0$ 处有定义,这时

$$f'(0)=\lim_{x\to 0}\frac{f(x)-f(0)}{x-0}=\lim_{x\to 0}x^{\alpha-1}=\begin{cases}0, & \alpha>1,\\ 1, & \alpha=1,\\ \infty, & 0<\alpha<1,\end{cases}$$

这表示当 $\alpha>0$ 时,公式 $(x^{\alpha})'=\alpha x^{\alpha-1}$ 对点 $x=0$ 仍适用.

必须说明的是:若幂函数 x^{α} 仅在 $[0,+\infty)$ 上有定义(如 $\sqrt{x}$),则上面的极限应改为在点 $x=0$ 处的右极限,且 $f'(0)$ 应改为 $f'_{+}(0)$.

3.2.2 导数的四则运算法则

定理 3.2.1 若函数 $u=u(x)$ 和 $v=v(x)$ 在点 x 处都可导,C 为常数,则

(1) $[u(x)\pm v(x)]'=u'(x)+v'(x)$;

特别地,有 $[u(x)\pm C]'=u'(x)$;

(2) $[u(x)\cdot v(x)]'=u'(x)v(x)+v'(x)u(x)$;

特别地,有 $[Cu(x)]'=Cu'(x)$;

(3)当 $v(x)\neq 0$ 时, $\left[\dfrac{u(x)}{v(x)}\right]'=\dfrac{u'(x)v(x)-v'(x)u(x)}{v^{2}(x)}$;

特别地,有 $\left[\dfrac{C}{v(x)}\right]'=-\dfrac{Cv'(x)}{v^{2}(x)}$.

例 3.2.1 求下列各函数的导数:

(1) $f(x)=\sqrt{x}+\dfrac{2}{x}-\cos\dfrac{\pi}{8}$;(2) $f(x)=x^{2}\ln x$.

解 (1) $f'(x)=(x^{\frac{1}{2}})'+2(x^{-1})'-\left(\cos\dfrac{\pi}{8}\right)'=\dfrac{1}{2}x^{-\frac{1}{2}}-2x^{-2}=\dfrac{1}{2\sqrt{x}}-\dfrac{2}{x^{2}}$.

(2) $f'(x)=(x^{2})'\ln x+(\ln x)'x^{2}=2x\ln x+\dfrac{1}{x}x^{2}=2x\ln x+x$.

例 3.2.2 求下列各函数的导数:

(1) $y=(\cot x+\csc x)\log_{2}x$;(2) $y=\dfrac{1+\tan x}{1-\tan x}$.

解 (1)

$$\begin{aligned} y'&=(\cot x+\csc x)'\log_{2}x+(\log_{2}x)'(\cot x+\csc x)\\ &=-(\csc^{2}x+\cot x\csc x)\log_{2}x+\frac{\cot x+\csc x}{x\ln 2}\\ &=(\cot x+\csc x)\left(\frac{1}{x\ln 2}-\csc x\log_{2}x\right). \end{aligned}$$

(2) $y'=\dfrac{\sec^{2}x\cdot(1-\tan x)-(-\sec^{2}x)(1+\tan x)}{(1-\tan x)^{2}}=\dfrac{2\sec^{2}x}{(1-\tan x)^{2}}$.

思维拓展 3.2.1:运用导数的四则运算法则应该注意什么?

3.2.3 思维拓展问题解答

思维拓展 3.2.1:首先,求导法则的使用是有前提条件限制的,即函数 $u=u(x)$ 和 $v=$

$v(x)$在点x处都可导. 若此前提条件不能满足,则只能使用导数的定义来进行计算了. 例如,虽然函数$y=\sin x$在点$x=0$处可导,但由于函数$y=\sqrt[3]{x}$在点$x=0$处不可导,所以在计算函数$y=\sqrt[3]{x}\sin x$在点$x=0$处的导数时,就不能使用求导法则,而只能使用导数的定义来进行计算.

其次,因为乘积和商的求导法则较代数和的求导法则复杂,对由基本初等函数经加减、乘除、乘方、开方构成的比较复杂的函数,在求导之前,应尽量通过恒等变换将所给函数先化简,即将它变形为便于运用基本初等函数求导公式和导数四则运算法则的形式. 例如,可将商化成积,乘积、商化代数和,根式写成分数指数幂……以多用代数和法则,少用乘积、商法则. 这样不仅可以减少计算量,而且可以少出差错.

3.2.4　知识拓展

进行导数计算的一些技巧

下面以乘积法则为例说明,运用导数运算法则要注意灵活性.

(1)求函数$f(x)=3^x e^x$的导数时,若先运用指数运算性质将$3^x e^x$化为$(3e)^x$再求导,得$f'(x)=[(3e)^x]'=(3e)^x\ln 3e$,这样做较直接运用乘积求导法则简单.

(2)求函数$f(x)=x\sin x\ln x$的导数时,虽函数$f(x)$是三个函数连乘之积,但只要将$f(x)$写成两项之积,即可运用乘积求导法则,得

$$f'(x)=[(x\ln x)\sin x]'=(x\ln x)'\sin x+(\sin x)'x\ln x$$
$$=[(x)'\ln x+(\ln x)'x]\sin x+x\cos x\ln x=(1+\ln x)\sin x+x\cos x\ln x.$$

(3)设函数$f(x)=x(x-1)(x-2)\cdots(x-n)$,求$f'(0)$.

若先求$f'(x)$,再求$f'(0)$. 利用乘积求导法则虽能求出$f'(x)$,但表达很繁琐,而用导数定义却简单.

解　$f'(0)=\lim\limits_{x\to 0}\dfrac{f(x)-f(0)}{x-0}=\lim\limits_{x\to 0}(x-1)(x-2)\cdots(x-n)=(-1)^n n!.$

3.2.5　习题3.2

1. 求下列函数的导数:

(1)$y=\sqrt[3]{x\sqrt{x}}$;(2)$y=\dfrac{x+1}{\sqrt{x}}$;(3)$y=\dfrac{x}{x+1}$;(4)$y=(\sqrt{x}+1)\left(\dfrac{1}{\sqrt{x}}-1\right)$;

(5)$y=\dfrac{1}{1+\sqrt{x}}+\dfrac{1}{1-\sqrt{x}}$;(6)$y=xe^x(1+\ln x)$.

2. 已知曲线$y=a\sqrt{x}\,(a>0)$与曲线$y=\ln\sqrt{x}$有公共切线,求a的值和切点坐标.

3. 证明双曲线$xy=a^2$上任一点处的切线夹在两坐标轴间的线段被切点平分.

4. 证明双曲线$xy=a^2$上任一点处的切线与两坐标轴所围成的三角形的面积为$2a^2$.

3.3　微分及反函数求导法则

3.3.1　函数增量公式

在许多实际问题中,当自变量有微小变化时,需要计算函数的改变量. 而且,在实际应用

中,并不需要计算 Δy 的精确值,在保证一定精度条件下只要计算出 Δy 的近似值即可.

前面研究函数 $y=f(x)$ 在点 x 处的连续性($\lim\limits_{\Delta x\to 0}\Delta y=0$)与可导性($f'(x)=\lim\limits_{\Delta x\to 0}\dfrac{\Delta y}{\Delta x}$)时,都涉及了自变量的增量 Δx 与函数的增量 Δy,但当函数 $f(x)$ 在点 x 处连续时,由 $\lim\limits_{\Delta x\to 0}\Delta y=0$ 只能得到当 $\Delta x\to 0$ 时,$\Delta y\to 0$,而无法建立 Δy 与 Δx 之间的函数关系式. 下面研究函数 $f(x)$ 在点 x 处可导的情形.

若函数 $f(x)$ 在点 x 处可导,由 $\lim\limits_{\Delta x\to 0}\dfrac{\Delta y}{\Delta x}=f'(x)$ 和函数极限与无穷小的关系(定理 2.5.1)得

$$\frac{\Delta y}{\Delta x}=f'(x)+\alpha(\Delta x), \tag{3.3.1}$$

其中 $\alpha(\Delta x)$ 为 $\Delta x\to 0$ 时的无穷小. 将式(3.3.1)两端同乘以 Δx,得

$$\Delta y=f'(x)\cdot\Delta x+\alpha(\Delta x)\cdot\Delta x. \tag{3.3.2}$$

需注意,式(3.3.2)只在 $\Delta x\neq 0$ 时成立. 这是因为 Δx 在式(3.3.1)中出现于分母处.

显然,当 $\Delta x=0$ 时,$\Delta y=0$. 但即使去掉 $\Delta x\neq 0$,这个结果也不能在式(3.3.2)中得出. 因为当 $\Delta x=0$ 时,式(3.3.2)中出现的 $\alpha(0)$ 尚未有定义. 若定义 $\alpha(0)=\lim\limits_{\Delta x\to 0}\alpha(\Delta x)=0$,则不论 Δx 是否为零,式(3.3.2)成立且包含当 $\Delta x=0$ 时,$\Delta y=0$.

从而有结论:若函数 $y=f(x)$ 在点 x 处可导,则有函数增量公式

$$\Delta y=f'(x)\Delta x+\alpha(\Delta x)\Delta x,$$

其中 $\alpha(0)=\lim\limits_{\Delta x\to 0}\alpha(\Delta x)=0$.

3.3.2 函数微分的定义

由增量公式可知,可导函数 $y=f(x)$ 在点 x 处的增量由两部分构成:$f'(x)\Delta x$ 和 $\alpha(\Delta x)\Delta x$. 而且有

(1)若 $f'(x)\neq 0$,由 $\lim\limits_{\Delta x\to 0}\dfrac{\Delta y}{f'(x)\Delta x}=\lim\limits_{\Delta x\to 0}\dfrac{f'(x)\Delta x+\alpha(\Delta x)\Delta x}{f'(x)\Delta x}=\lim\limits_{\Delta x\to 0}\left[1+\dfrac{\alpha(\Delta x)}{f'(x)}\right]=1$ 知,当 $\Delta x\to 0$ 时,$f'(x)\Delta x$ 与 Δy 是等价无穷小;

(2)由 $\lim\limits_{\Delta x\to 0}\dfrac{\alpha(\Delta x)\cdot\Delta x}{\Delta y}=\lim\limits_{\Delta x\to 0}\dfrac{\Delta y-f'(x)\Delta x}{\Delta y}=\lim\limits_{\Delta x\to 0}\left[1-\dfrac{f'(x)}{\dfrac{\Delta y}{\Delta x}}\right]=0$ 知,当 $\Delta x\to 0$ 时,$\alpha(\Delta x)\Delta x$ 是比 Δy 高阶的无穷小.

因此,对可导函数的增量 Δy 而言,若 $f'(x)\neq 0$,则当 $|\Delta x|$ 很小时,起主要作用的是 $f'(x)\Delta x$,称 $f'(x)\Delta x$ 为 Δy 的线性主部. 从而,当 $|\Delta x|$ 很小时,可用 $f'(x)\Delta x$ 近似代替 Δy. 且 $|\Delta x|$ 越小,$f'(x)\Delta x$ 近似代替 Δy 的精度也就越高. 这就将计算繁杂的 Δy 转化为计算其线性主部 $f'(x)\Delta x$,所产生的误差 $\alpha(\Delta x)\Delta x$ 是比 Δx 高阶的无穷小.

定义 3.3.1 可导函数 $y=f(x)$ 在点 x 处的增量 Δy 的线性主部 $f'(x)\Delta x$ 称为函数 $y=f(x)$ 在点 x 处(关于 Δx)的微分,记为 $\mathrm{d}y$ 或 $\mathrm{d}f(x)$,即

$$\mathrm{d}y=\mathrm{d}f(x)=f'(x)\Delta x. \tag{3.3.3}$$

当函数 $y=f(x)$ 在点 x 处有微分 $\mathrm{d}y$ 时,也称函数 $y=f(x)$ 在点 x 处可微.

当函数$f(x)$在区间I内的每一点都可微时,称函数$f(x)$在区间I上可微或称函数$f(x)$是区间I上的可微函数.

思维拓展3.3.1:可微与可导的关系是什么?

对特殊函数$y=x$,有$\mathrm{d}y=\mathrm{d}x=(x)'\Delta x=\Delta x$,即$\mathrm{d}x=\Delta x$.这表明,当$x$是自变量时,它的增量就等于自身的微分.这样一来,(3.3.3)式又可改写成

$$\mathrm{d}y=f'(x)\mathrm{d}x. \tag{3.3.4}$$

将式(3.3.4)的两边同除以$\mathrm{d}x$,得

$$\frac{\mathrm{d}y}{\mathrm{d}x}=f'(x). \tag{3.3.5}$$

这就是说,导函数$f'(x)$可用$\frac{\mathrm{d}y}{\mathrm{d}x}$或$\frac{\mathrm{d}f(x)}{\mathrm{d}x}$表示.由于$\frac{\mathrm{d}y}{\mathrm{d}x}$是函数的微分$\mathrm{d}y$与自变量的微分$\mathrm{d}x$的商,因此导数也称微商.从此以后,这两种记号及这两种名词将经常被混用而无需加以特殊的说明.

思维拓展3.3.2:微分与导数在计算上是什么关系?

例3.3.1 求函数$y=x^3$在$x=2,\Delta x=0.02$时的增量与微分.

解 因为$\Delta y=(x+\Delta x)^3-x^3=3x^2\Delta x+3x\cdot(\Delta x)^2+(\Delta x)^3$,

所以
$$\Delta y\Big|_{\substack{x=2\\ \Delta x=0.02}}=3\times2^2\times0.02+3\times2\times0.02^2+(0.02)^3=0.242\ 408.$$

$$\mathrm{d}y=f'(x)\Delta x=3x^2\Delta x,\mathrm{d}y\Big|_{\substack{x=2\\ \Delta x=0.02}}=3\times2^2\times0.02=0.24.$$

3.3.3 反函数求导法则

定理3.3.1 (反函数求导法则)设可导函数$y=f(x)$的反函数$x=f^{-1}(y)$仍可导,且$[f^{-1}(y)]'\neq0$,则

$$f'(x)=\frac{\mathrm{d}y}{\mathrm{d}x}=\frac{1}{\frac{\mathrm{d}x}{\mathrm{d}y}}=\frac{1}{[f^{-1}(y)]'}. \tag{3.3.6}$$

因反函数导数公式中没有改变自变量记号,故对y求导后需将y换回成$f(x)$.

例3.3.2 求下列各函数的导数:

(1)$y=\arcsin x$;(2)$y=\arctan x$.

解 (1)因$y=\arcsin x(x\in(-1,1))$是$x=\sin y\left(y\in\left(-\frac{\pi}{2},\frac{\pi}{2}\right)\right)$的反函数,由反函数求导法则,得

$$(\arcsin x)'=\frac{1}{(\sin y)'}=\frac{1}{\cos y}=\frac{1}{\sqrt{1-\sin^2 y}}=\frac{1}{\sqrt{1-x^2}},x\in(-1,1).$$

同法可得$(\arccos x)'=-\frac{1}{\sqrt{1-x^2}},x\in(-1,1)$.

(2)因$y=\arctan x(x\in\mathbf{R})$是$x=\tan y\left(y\in\left(-\frac{\pi}{2},\frac{\pi}{2}\right)\right)$的反函数,由反函数的求导法则,得

$$(\arctan x)' = \frac{1}{(\tan y)'} = \frac{1}{\sec^2 y} = \frac{1}{1+\tan^2 y} = \frac{1}{1+x^2}(x \in \mathbf{R}).$$

同法可得$(\operatorname{arccot} x)' = -\frac{1}{1+x^2}(x \in \mathbf{R})$.

3.3.4 微分公式与微分运算法则

因可导函数$y=f(x)$的微分$\mathrm{d}y$等于其导数$f'(x)$乘以自变量的微分$\mathrm{d}x$,从而根据导数公式和导数运算法则,即得到相应的微分公式和微分运算法则. 为便于查阅,列表如下:

$\mathrm{d}C=0$(C为常数); $\mathrm{d}(x^{\alpha}) = \alpha x^{\alpha-1}\mathrm{d}x(\alpha \neq 0)$;

$\mathrm{d}(\sin x) = \cos x\mathrm{d}x$; $\mathrm{d}(\cos x) = -\sin x\mathrm{d}x$;

$\mathrm{d}(\tan x) = \sec^2 x\mathrm{d}x$; $\mathrm{d}(\cot x) = -\csc^2 x\mathrm{d}x$;

$\mathrm{d}(\sec x) = \sec x\tan x\mathrm{d}x$; $\mathrm{d}(\csc x) = -\csc x\cot x\mathrm{d}x$;

$\mathrm{d}(\log_a|x|) = \frac{1}{x\ln a}\mathrm{d}x$($a>0$且$a\neq 1$); $\mathrm{d}(\ln|x|) = \frac{1}{x}\mathrm{d}x$;

$\mathrm{d}(a^x) = a^x\ln a\mathrm{d}x$($a>0$且$a\neq 1$); $\mathrm{d}(\mathrm{e}^x) = \mathrm{e}^x\mathrm{d}x$;

$\mathrm{d}(\arcsin x) = \frac{1}{\sqrt{1-x^2}}\mathrm{d}x$; $\mathrm{d}(\arccos x) = -\frac{1}{\sqrt{1-x^2}}\mathrm{d}x$;

$\mathrm{d}(\arctan x) = \frac{1}{1+x^2}\mathrm{d}x$; $\mathrm{d}(\operatorname{arccot} x) = -\frac{1}{1+x^2}\mathrm{d}x$.

若$u=u(x)$,$v=v(x)$均在点x处可微,则

(1) $\mathrm{d}[u(x) \pm v(x)] = \mathrm{d}u(x) \pm \mathrm{d}v(x)$;

(2) $\mathrm{d}[u(x)\cdot v(x)] = v(x)\mathrm{d}u(x) + u(x)\mathrm{d}v(x)$;

(3) $\mathrm{d}[C\cdot u(x)] = C\mathrm{d}u(x)$($C$为常数);

(4) $\mathrm{d}\left[\frac{u(x)}{v(x)}\right] = \frac{v(x)\mathrm{d}u(x) - u(x)\mathrm{d}v(x)}{v^2(x)}(v(x)\neq 0)$.

3.3.5 思维拓展问题解答

思维拓展3.3.1:虽然函数在一点处可导与可微在形式上看是不同的,但由定义3.3.1知,对一元函数$y=f(x)$而言,函数$f(x)$在点x处可导和函数$f(x)$在点x处可微,需要相同的条件,它们是形式各异,本质相同,故它们是等价的,彼此没有区别. 当称函数$f(x)$在点x可微时,往往是为了突出函数$f(x)$具有式(3.3.2)所表达的性质.

思维拓展3.3.2:若求出了函数$f(x)$在一点处的导数$f'(x)$,再乘上$\mathrm{d}x$即得函数$f(x)$在同一点处的微分$\mathrm{d}y$. 反之,若已知函数$f(x)$在一点处的微分$\mathrm{d}y$,再除以$\mathrm{d}x$即得函数$f(x)$在同一点处的导数$f'(x)$. 因此,求出了导数(微分)就意味着求出了微分(导数). 所以,求导数与求微分都称为微分法或微分运算.

但必须注意,导数与微分虽然有着这样密切的关系,却还是有区别的. 从它们的来源与结构上看,导数作为具有确定结构的差商的极限,反映的是函数在一点处的变化率,比微分更为基本. 而微分是函数在一点处由自变量的增量而引起的函数增量的线性主部. 因导数可以表示成两个微分之商,故在某些场合,微分表现出比导数具有更大的灵活性与适应性. 函数$f(x)$在点x_0处的导数$f'(x_0)$是一个确定的数值且仅与x_0有关;而函数$f(x)$在点x_0处的

微分 $df(x)|_{x=x_0}=f'(x_0)\Delta x$ 是关于 Δx 的线性函数(定义域为 $\mathbf{R}$),且是 $\Delta x\to0$ 时的无穷小,它的值不仅与 x_0 有关,并且与 Δx 有关.

3.3.6　知识拓展

函数 $f(x)$ 在点 x_0 处可导或可微的实质

由 $\Delta y\approx dy$(当 $|\Delta x|$ 很小时)与 $\Delta x=x-x_0$,$\Delta y=f(x)-f(x_0)$,$dy=f'(x_0)\Delta x$,得

$$f(x)-f(x_0)\approx f'(x_0)(x-x_0),$$

即

$$f(x)\approx f(x_0)+f'(x_0)(x-x_0).$$

这表明在点 x_0 附近,函数 $f(x)$ 可以用线性函数 $f(x_0)+f'(x_0)(x-x_0)$ 近似代替,这正是函数 $f(x)$ 在点 x_0 处可导或可微的实质.

由于 $y=f(x_0)+f'(x_0)(x-x_0)$ 是曲线 $y=f(x)$ 在点 $(x_0,f(x_0))$ 处的切线方程,故在点 $(x_0,f(x_0))$ 附近,曲线 $y=f(x)$ 可以用切线 $y=f(x_0)+f'(x_0)(x-x_0)$ 来近似代替.

3.3.7　习题 3.3

1. 若函数 $y=f(x)$ 在点 x_0 的增量 $\Delta y=-1+3x_0\Delta x+(1+\Delta x)^2$,求 $f'(x_0)$.

2. 若函数 $y=f(x)$ 在点 x 处的增量 $\Delta y=(2x^3+\alpha)\Delta x$,其中 $\lim\limits_{\Delta x\to0}\alpha=0$,求函数 $f(x)$.

3. 设 $f'(x)=x+\dfrac{1}{x}$,求 $\dfrac{df(x)}{dx^2}$.

4. 设 $y=e^{\sin^2x}$,求 $\dfrac{dy}{d\sin^2x}$.

5. 选择题:

(1)若函数 $f(x)$ 在点 x_0 处可导,则在点 x_0 处(　　).

①连续;②可微;③有定义;④有极限.

A. ①　　B. ①②　　C. ①②③　　D. ①②③④

(2)若函数 $f(x)$ 在点 x_0 可微,则当 $\Delta x\to0$ 时,$\dfrac{\Delta y}{\Delta x}-f'(x_0)$ 是(　　).

A. 0　　B. 无穷小量　　C. 无穷大量　　D. $dy|_{x=x_0}$

(3)设函数 $f(x)$ 在点 x_0 可微,且 $f'(x_0)\neq0$,则当 Δx 很小时,$f(x_0+\Delta x)\approx$(　　).

A. $f(x_0)$　　B. $f'(x_0)$

C. $f'(x_0)\Delta x$　　D. $f(x_0)+f'(x_0)\Delta x$

(4)设函数 $f(x)$ 在点 x_0 可微,则当 x 在点 x_0 有微小改变量时,$f(x)$ 约改变了(　　).

A. $f(x_0+\Delta x)$　　B. $f'(x_0)$

C. $f'(x_0)\Delta x$　　D. $f(x_0)+f'(x_0)\Delta x$

(5)若函数 $f(x)$ 在点 x_0 可微,则 $\dfrac{\Delta y}{\Delta x}=f'(x_0)+\alpha$,且有(　　).

A. $\lim\limits_{\Delta x\to0}\alpha=\infty$　　B. $\lim\limits_{\Delta x\to0}\alpha=0$　　C. $\lim\limits_{\Delta x\to0}\alpha\neq0$　　D. $\lim\limits_{\Delta x\to0}\dfrac{\alpha}{\Delta x}=0$

(6)若函数 $f(x)$ 在点 x_0 处有增量 $\Delta x=0.02$,对应的函数增量 Δy 的线性主部为 0.06,则 $f'(x_0)=$(　　).

A. 0.4　　　　B. 0.8　　　　C. 0.3　　　　D. 3

3.4 复合函数的求导法则及一阶微分形式不变性

应用导数的四则运算法则和基本初等函数的导数公式，可求出一些比较复杂的初等函数的导数. 但初等函数的构成，除了有函数的四则运算外，还有函数的复合运算. 而且稍复杂一点的初等函数，是通过函数的四则运算和复合运算共同作用产生的. 因此，如不解决复合函数的求导问题，则导数的四则运算法则和基本初等函数的导数公式就不能充分地发挥作用. 所以，复合函数的求导法则是求初等函数导数的必不可少的工具.

3.4.1 复合函数的求导法则

定理 3.4.1　设函数 $y=f[g(x)]$ 由函数 $y=f(u)$，$u=g(x)$ 复合而成，点 x 为函数 $y=f[g(x)]$ 定义域内的任意一点. 如果函数 $u=g(x)$ 在点 x 处有导数 $\frac{\mathrm{d}u}{\mathrm{d}x}=g'(x)$，而函数 $y=f(u)$ 在对应点 u 处也有导数 $\frac{\mathrm{d}y}{\mathrm{d}u}=f'(u)$，则复合函数 $y=f[g(x)]$ 在点 x 处可导，且

$$y'_x=\frac{\mathrm{d}y}{\mathrm{d}x}=\frac{\mathrm{d}y}{\mathrm{d}u}\cdot\frac{\mathrm{d}u}{\mathrm{d}x}=y'_u\cdot u'_x=f'(u)\cdot g'(x). \tag{3.4.1}$$

利用复合函数求导法则求导数的方法通常称为链式求导法.

须注意的是，因设出中间变量 u，且要对中间变量 u 求导，所以算式中会含有中间变量 u. 而要求的是关于自变量 x 的导数，故运用链式求导法后，还需将算式 $f'(u)\cdot g'(x)$ 中的中间变量 u 还原成自变量 x 的函数.

思维拓展 3.4.1：**运用链式求导法的关键是什么？**

例 3.4.1　求函数 $y=\arctan\frac{x}{a}(a\neq0)$ 与 $y=\arcsin\frac{x}{a}(a>0)$ 的导数.

解　因为函数 $y=\arctan\frac{x}{a}$ 可看做由函数 $y=\arctan u$，$u=\frac{x}{a}$ 复合而成，

所以　$y'=(\arctan u)'\cdot\left(\frac{x}{a}\right)'=\frac{1}{1+u^2}\cdot\frac{1}{a}=\frac{a}{a^2+x^2}$.

同理可得 $\left(\arcsin\frac{x}{a}\right)'=\frac{1}{\sqrt{a^2-x^2}}(a>0)$.

例 3.4.2　求函数 $y=(\arcsin x)^2$ 的导数.

解　因为函数 $y=(\arcsin x)^2$ 可看做由函数 $y=u^2$，$u=\arcsin x$ 复合而成，

所以　$y'=(u^2)'\cdot(\arcsin x)'=2u\cdot\frac{1}{\sqrt{1-x^2}}=\frac{2\arcsin x}{\sqrt{1-x^2}}$.

例 3.4.3　求函数 $y=\ln(\csc x)$ 的导数.

解　因为函数 $y=\ln(\csc x)$ 可看做由函数 $y=\ln u$，$u=\csc x$ 复合而成，

所以 $y'=(\ln u)'\cdot(\csc x)'=\frac{1}{u}(-\csc x\cot x)=-\cot x$.

对复合函数的分解和链式求导法比较熟悉后，在求导过程中中间变量可以不写出来，而

直接写出函数对中间变量的求导结果.

例 3.4.4　求函数 $y=2\cos(5x-3)$ 的导数.

解　$y'=-2\sin(5x-3)\cdot(5x-3)'=-10\sin(5x-3)$.

例 3.4.5　求函数 $y=(1-2x^2)^{\frac{1}{3}}$ 的导数.

解　$y'=\frac{1}{3}(1-2x^2)^{-\frac{2}{3}}\cdot(1-2x^2)'=-\frac{4x}{3(1-2x^2)^{\frac{2}{3}}}$.

3.4.2　一阶微分形式不变性

当 u 是自变量时,可导函数 $y=f(u)$ 的微分为 $dy=f'(u)du$;当 u 是自变量 x 的可导函数 $u=g(x)$ 时,由可导函数 $y=f(u)$,$u=g(x)$ 构成的复合函数 $y=f[g(x)]$ 的微分为

$$dy=y'_x dx=f'(u)g'(x)dx=f'(u)du.$$

由此可见,无论 u 是自变量还是中间变量,函数 $y=f(u)$ 的微分 dy 总保持同一个形式,都可以用 $f'(u)du$ 来表示. 这一性质,称为函数的一阶微分形式不变性.

思维拓展 3.4.2:一阶微分形式不变性中的"形式"的含义是什么?

3.4.3　思维拓展问题解答

思维拓展 3.4.1:应用链式求导法求复合函数导数的关键在于分析清楚复合函数的结构,即弄清楚该复合函数是由哪些基本初等函数经过怎样的过程复合而成的. 这样便于正确分析复合函数和恰当设出中间变量,从而将所给的复合函数从外层到内层拆分成几个基本初等函数或基本初等函数的四则运算. 因基本初等函数的导数已知,而应用导数的四则运算法则对基本初等函数的四则运算产生的函数的导数也能求出来,至此再运用链式求导法,复合函数的求导问题就彻底解决了. 具体求复合函数的导数时,要按复合函数的构造层次,由最外层向内层逐层地一层一层地对中间变量求导,在对每一层函数求导时,要特别注意是对哪一个变量求导,然后将这个变量作为函数再对下一个变量求导,直到对自变量求导为止.

思维拓展 3.4.2:一阶微分形式不变性确实是形式上的不变性,而非实质上的不变性,这是因为当 u 为自变量时,一定有 $\Delta u=du$;而当 u 为中间变量时,有 $\Delta u=du+\alpha(\Delta x)\cdot\Delta x$ $(u=g(x))$,故一般情况下,$\Delta u\neq du$. 从而,当 u 为自变量与 u 为中间变量时,du 的意义是不同的.

3.4.4　知识拓展

初等函数的导数和初等函数求导顺序

因任一初等函数都是由基本初等函数经过有限次四则运算和复合运算构成的,而基本初等函数的导数公式和导数的四则运算法则及复合函数的求导法则均已知,所以求初等函数的导数通常不必用导数的定义,而只需运用基本初等函数的导数公式和导数的四则运算法则及复合函数的求导法则即可求出. 又因基本初等函数的导数是基本初等函数或初等函数,故综前所述,可得出结论:任一初等函数的导数一定是可以求出来的,且其导数仍是初等函数.

求初等函数的导数时,要由初等函数的具体构成形式来决定是先用导数的四则运算法则,还是先用复合函数的求导法则. 因初等函数求导顺序恰好是其构成过程的反序,所以当

构成初等函数的最后一步运算是四则(复合)运算时,若求该初等函数的导数,则第一步须先用导数的四则(复合)运算法则.

例 3.4.6 求函数 $y=\ln(x+\sqrt{x^2\pm a^2})(a\neq 0)$ 的导数.

解 $$y'=\frac{1}{x+\sqrt{x^2\pm a^2}}(x+\sqrt{x^2\pm a^2})'=\frac{1}{x+\sqrt{x^2\pm a^2}}\left[1+\frac{1}{2\sqrt{x^2\pm a^2}}(x^2\pm a^2)'\right]$$
$$=\frac{1}{x+\sqrt{x^2\pm a^2}}\left(1+\frac{x}{\sqrt{x^2\pm a^2}}\right)=\frac{1}{\sqrt{x^2\pm a^2}}.$$

3.4.5 习题 3.4

1. 求下列函数的导数:

(1) $y=4^{\sin x}$; (2) $y=\arctan(\ln x)$; (3) $y=(1+2x^2)^8$;

(4) $y=2^{\cot\frac{1}{x}}$; (5) $y=\ln(\cos e^x)$; (6) $y=\ln(\operatorname{arccot}\frac{1}{x})$.

2. 求下列函数的导数:

(1) $y=\sqrt[5]{x}+\sqrt[x]{5}$; (2) $y=\cot^2 x+2\ln(\sin x)$; (3) $y=\ln\left(\tan\frac{x}{2}\right)-\cos x\ln(\tan x)$;

(4) $y=\sec^2 x+\csc^2 x$; (5) $y=\frac{1}{2}\ln(1+e^{2x})-x+e^{-x}\arctan e^x$;

(6) $y=\frac{1+x^2}{2}(\arctan x)^2-x\arctan x+\frac{1}{2}\ln(1+x^2)$;

(7) $y=\sqrt{x^2-a^2}-a\cdot\arccos\frac{a}{x}(x>0)$; (8) $y=4\arcsin\frac{\sqrt{x}}{2}+\sqrt{4x-x^2}$.

3.5 高阶导数

3.5.1 高阶导数

一般地讲,函数 $y=f(x)$ 的导函数 $y'=f'(x)$ 仍是关于 x 的函数,若极限

$$\lim_{\Delta x\to 0}\frac{f'(x+\Delta x)-f'(x)}{\Delta x}$$

存在,即函数 $y'=f'(x)$ 的导数存在,则称函数 $y'=f'(x)$ 的导数为函数 $y=f(x)$ 的二阶导数,记做

$$y'',f''(x),\frac{d^2y}{dx^2},\frac{d^2f(x)}{dx^2},$$

即

$$y''=(y')'=\frac{dy'}{dx}=\frac{d}{dx}\left(\frac{dy}{dx}\right)=\frac{d^2y}{dx^2}.$$

二阶导数 $f''(x)$ 的导数称为函数 $f(x)$ 的三阶导数,记做 $f'''(x)$ 或 $\frac{d^3y}{dx^3}$,三阶导数 $f'''(x)$ 的

导数称为函数$f(x)$的四阶导数,记做$f^{(4)}(x)$或$\frac{d^4y}{dx^4}$,其他各阶导数依此类推.

一般地,函数$f(x)$的$n-1$阶导数$f^{(n-1)}(x)$的导数称为函数$f(x)$的n阶导数,记做$f^{(n)}(x)$或$\frac{d^ny}{dx^n}$,即$y^{(n)}=(y^{(n-1)})'=\frac{dy^{(n-1)}}{dx}=\frac{d^ny}{dx^n}$.

二阶和二阶以上的导数统称为高阶导数.

相对于高阶导数来说,通常把函数$f(x)$的导数$f'(x)$称为函数$f(x)$的一阶导数,而把函数$f(x)$称为它自己的零阶导数.

例 3.5.1　求函数$y=\sqrt{a^2-x^2}$的二阶导数y''.

解　因为$y'=\frac{1}{2\sqrt{a^2-x^2}}(a^2-x^2)'=-\frac{x}{\sqrt{a^2-x^2}}$,

所以

$$y''=-\left(\frac{x}{\sqrt{a^2-x^2}}\right)'=-\frac{\sqrt{a^2-x^2}+x\frac{x}{\sqrt{a^2-x^2}}}{a^2-x^2}=-\frac{a^2}{(a^2-x^2)^{\frac{3}{2}}}.$$

思维拓展 3.5.1:试建立$(u\cdot v)''$的计算公式,并考察其适用性.

3.5.2　思维拓展问题解答

思维拓展 3.5.1:

$$(uv)''=[(uv)']'=(u'v+v'u)'=u''v+u'v'+v'u'+v''u'=u''v+2u'u'+v''u.$$

该公式形式简单易记,但适用性不佳. 具体讲:

(1)当u',v'的结果不是乘积或商的形式时,直接用该公式较简便.

例如,
$$\begin{aligned}(e^{-x}\cos x)''&=(e^{-x})''\cos x+2(e^{-x})'\cdot(\cos x)'+(\cos x)''e^{-x}\\&=e^{-x}\cos x+2e^{-x}\sin x-e^{-x}\cos x=2e^{-x}\sin x.\end{aligned}$$

(2)当u',v'的结果为乘积或商的形式时,将$(u\cdot v)'$整理后,求$(u\cdot v)''$更简便.

例如,
$$\begin{aligned}[2e^{\sqrt{x}}(\sqrt{x}-1)]'&=[2(e^{\sqrt{x}})'(\sqrt{x}-1)+2(\sqrt{x}-1)'e^{\sqrt{x}}]'\\&=\left[\frac{1}{\sqrt{x}}(\sqrt{x}-1)e^{\sqrt{x}}+\frac{1}{\sqrt{x}}e^{\sqrt{x}}\right]'=(e^{\sqrt{x}})'=\frac{1}{2\sqrt{x}}e^{\sqrt{x}}.\end{aligned}$$

3.5.3　知识拓展

反函数的二阶导数

$$\frac{d^2y}{dx^2}=\frac{d(y'_x)}{dx}=\frac{d\left(\frac{1}{x'_y}\right)}{dx}=\frac{d\left(\frac{1}{x'_y}\right)}{dy}\Big/\frac{dx}{dy}=-\frac{x''_y}{(x'_y)^2}\Big/x'_y=-\frac{x''_y}{(x'_y)^3}.$$

$$\frac{d^2x}{dy^2}=\frac{d(x'_y)}{dy}=\frac{d\left(\frac{1}{y'_x}\right)}{dy}=\frac{d\left(\frac{1}{y'_x}\right)}{dx}\Big/\frac{dy}{dx}=-\frac{y''_x}{(y'_x)^2}\Big/y'_x=-\frac{y''_x}{(y'_x)^3}.$$

这两个式子说明:$y''_x\neq\frac{1}{x''_y}$,$x''_y\neq\frac{1}{y''_x}$. 运用这两个式子可以在某些情形下避免使用复合函数求导法则以及商的求导法则.

例 3.5.2 已知 $x=y^2+y,u=x^2+x$,求$\frac{\mathrm{d}^2y}{\mathrm{d}x^2},\frac{\mathrm{d}^2x}{\mathrm{d}u^2},\frac{\mathrm{d}^2y}{\mathrm{d}u^2}$.

解 $\frac{\mathrm{d}x}{\mathrm{d}y}=2y+1,\frac{\mathrm{d}u}{\mathrm{d}x}=2x+1,\frac{\mathrm{d}u}{\mathrm{d}y}=\frac{\mathrm{d}u}{\mathrm{d}x}\cdot\frac{\mathrm{d}x}{\mathrm{d}y}=(2x+1)(2y+1)$.

$$\frac{\mathrm{d}y}{\mathrm{d}x}=\frac{1}{\frac{\mathrm{d}x}{\mathrm{d}y}}=\frac{1}{2y+1},\frac{\mathrm{d}x}{\mathrm{d}u}=\frac{1}{\frac{\mathrm{d}u}{\mathrm{d}x}}=\frac{1}{2x+1},\frac{\mathrm{d}y}{\mathrm{d}u}=\frac{1}{\frac{\mathrm{d}u}{\mathrm{d}y}}=\frac{1}{(2x+1)(2y+1)}.$$

$$x''_y=2,u''_x=2,u''_y=2\frac{\mathrm{d}x}{\mathrm{d}y}(2y+1)+2(2x+1)=2(2y+1)^2+2(2x+1).$$

$$\frac{\mathrm{d}^2y}{\mathrm{d}x^2}=\frac{x''_y}{(x'_y)^3}=\frac{-2}{(2y+1)^3};\qquad \frac{\mathrm{d}^2x}{\mathrm{d}u^2}=-\frac{u''_x}{(u'_x)^3}=\frac{-2}{(2x+1)^3};$$

$$\frac{\mathrm{d}^2y}{\mathrm{d}u^2}=-\frac{u''_y}{(u'_y)^3}=-\frac{2(2y+1)^2+2(2x+1)}{[(2y+1)(2x+1)]^3}.$$

3.5.4 习题 3.5

1. 求下列函数的二阶导数:

(1) $y=\arctan x$; (2) $y=\ln(x+\sqrt{x^2+1})$;

(3) $y=x[\sin(\ln x)+\cos(\ln x)]$; (4) $y=\ln(\cos x)$.

2. 求下列函数的二阶导数$\frac{\mathrm{d}^2y}{\mathrm{d}x^2}$:

(1) $x=y+\ln y$; (2) $x=\sqrt{y}\sqrt{1+y}-\ln(\sqrt{y}+\sqrt{1+y})$.

3. 设 $f'(x)=a\mathrm{e}^x(a>0)$,求函数 $f(x)$ 的反函数 $\varphi(y)$ 的二阶导数$\frac{\mathrm{d}^2x}{\mathrm{d}y^2}$.

4. 设 $g(x)$ 为 $f(x)$ 的反函数,且 $f(3)=3,f'(3)=1,f''(3)=2$,求 $g''(3)$.

3.6 微分方程的基本概念

在科学研究和生产实际中,常常需要寻求与问题有关的变量之间的函数关系. 这种函数关系有时可以直接建立,有时只能根据一些基本科学原理,建立所求函数及其变化率(导数)之间的关系式,然后再从中解出所求函数. 这种含所求函数及其导数的关系式就是微分方程. 因此,微分方程是描述客观事物数量关系的一种重要数学模型,是高等数学的重要内容之一. 本节主要介绍微分方程的基本概念和几种常见的微分方程的解法.

3.6.1 微分方程概念的引例

为了说明微分方程的有关概念,先来考察一个具体例子.

例 3.6.1 在距地面高度为 H 处,以初速度 v_0 垂直下抛一物体,设该物体运动只受重力影响,试求物体下落距离 s 与时间 t 的函数关系.

解 如图 3.6.1,设物体的质量为 m,由于下抛后物体只受重力作用,故物体所受之力为 $F=mg$. 根据牛顿第二定律,$F=ma$ 及加速度 $a=s''(t)$,所以 $ms''(t)=mg$,即

$$s''(t)=g. \tag{3.6.1}$$

下面求 s 与 t 之间的函数关系.

由式(3.6.1)得

$$s'(t)=gt+C_1. \tag{3.6.2}$$

由式(3.6.2)得

$$s=\frac{1}{2}gt^2+C_1t+C_2. \tag{3.6.3}$$

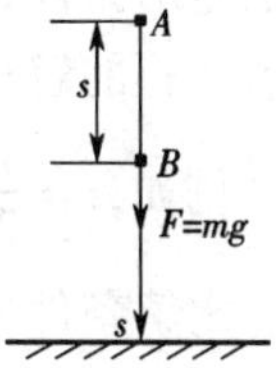

图 3.6.1

其中 C_1,C_2 是两个任意常数.

由题意知,当 $t=0$ 时,有

$$s(0)=0,v(0)=s'(0)=v_0. \tag{3.6.4}$$

把式(3.6.4)分别代入式(3.6.3),式(3.6.2),得 $C_1=v_0,C_2=0$,即

$$s(t)=\frac{1}{2}gt^2+v_0t. \tag{3.6.5}$$

这就是以初速度为 v_0 的物体垂直下抛时下落距离 s 与时间 t 之间的函数关系. 设时间 $t=T$ 时下抛的物体落地,即 $s(T)=H$,则自变量 $t\in[0,T]$.

上面例子解决问题的方法归结为首先建立含有未知函数的导数的方程,然后通过求解该方程,得到满足所给附加条件的未知函数. 这类问题及其解决过程具有普遍意义,下面从数学上加以抽象,引进微分方程的有关概念.

3.6.2　微分方程的基本概念

定义 3.6.1　含未知函数的导数或微分的方程称为微分方程. 微分方程中未知函数的导数的最高阶数,称为微分方程的阶.

例如,$y'=2x$ 是一阶微分方程,$s''(t)=g$ 是二阶微分方程,$y'''+x^3y''-xy^2=x$ 是三阶微分方程,$xy^{(4)}+y'''-5y'+13xy=e^{2x}$是四阶微分方程.

n 阶微分方程一般形式为 $F(x,y,y',y'',\cdots,y^{(n)})=0$.

思维拓展 3.6.1:**n 阶微分方程中各阶导数都需出现吗?**

若能从 n 阶微分方程 $F(x,y,y',y'',\cdots,y^{(n)})=0$ 中解出 n 阶导数 $y^{(n)}$,则得微分方程

$$y^{(n)}=f(x,y,y',y'',\cdots,y^{(n-1)}).$$

以后讨论的微分方程均是能解出最高阶导数的微分方程.

若把函数 $y=f(x)$ 和它的导数代入某微分方程,使该微分方程成为恒等式,则称函数 $y=f(x)$ 为该微分方程的解.

例如,函数 $s=\frac{1}{2}gt^2+v_0t$ 和 $s=\frac{1}{2}gt^2+C_1t+C_2$ 都是微分方程(3.6.1)的解.

若微分方程的解中含有任意常数,且相互独立的任意常数(指不能因合并而使任意常数的个数减少)的个数与微分方程的阶数相等,则这样的解称为微分方程的通解(或一般解). 一个微分方程的通解,在一定范围内就是该微分方程所有解的一个共同表达式.

例如,$s=\frac{1}{2}gt^2+C_1t+C_2$ 是微分方程(3.6.1)的通解.

微分方程的通解中含有任意常数,它反映的是微分方程所描述的某一类运动过程的一般规律,它还不能完全确定地反映某一客观事物的具体规律.

当需要确定某一具体变化过程的规律时,必须根据具体问题给出确定这一具体变化过

程的定解条件,以确定微分方程通解中的任意常数的值.微分方程通解中任意常数的值被确定后所得的解称为微分方程的特解.

例如,$s=\frac{1}{2}gt^2+v_0t$ 是微分方程(3.6.1)的特解.

定解条件通常是以运动开始时的状态,或曲线在一点处的状态给出的.这种由运动的初始状态(或函数在一特定点处的状态)所给出的,用以确定通解中任意常数数值的定解条件,叫做初始条件.一般形式是,当自变量取某个特定值时,给出未知函数及其导数的已知值.

例如,条件(3.6.4)是例3.6.1的初始条件,可写成

$$s(0)=0,v(0)=s'(0)=v_0 \text{ 或 } s|_{t=0}=0,v|_{t=0}=s'|_{t=0}=v_0.$$

3.6.3 思维拓展问题解答

思维拓展3.6.1:n 阶微分方程 $F(x,y,y',y'',\cdots,y^{(n)})=0$ 中最高阶导数 $y^{(n)}$ 是必须出现的,而 $x,y,y',y'',\cdots,y^{(n-1)}$ 中的某些或全部均可在 n 阶微分方程

$$F(x,y,y',y'',\cdots,y^{(n)})=0$$

中不出现.

3.6.4 知识拓展

验证所给函数满足某微分方程

解题程序:对所给函数求导,求出相应的各阶导数,代入所给微分方程,证明所给函数满足所给的微分方程.若有初始条件,则还需检验所给的初始条件是否满足.

例3.6.2 验证函数 $y=C_1e^{C_2-3x}-1$ 是否为微分方程 $y''-9y=9$ 的解?若是解,是否为通解?其中 C_1、C_2 为任意常数.

解 因为 $y=C_1e^{C_2-3x}-1=C_1e^{C_2}e^{-3x}-1=Ce^{-3x}-1(C=C_1e^{C_2})$,

且 $y'=-3Ce^{-3x},y''=9Ce^{-3x}$.

所以,$y''-9y=9$,即函数 $y=Ce^{-3x}-1$ 是微分方程 $y''-9y=9$ 的解.

但所给微分方程是二阶的,而所给函数实质上只含有一个独立的任意常数,故所给的函数不是所给微分方程的通解.

建立已知函数(曲线)所满足的微分方程

解题程序:对所给的已知函数求导,消去已知函数中的任意常数,即可建立所要求的微分方程.若所给的微分方程中含有两个独立的任意函数,则需求二阶导数.

例3.6.3 求以下列函数为其通解的微分方程:

(1)$y=-\frac{\cos x}{x}+\frac{C}{x}$; (2)$y=C_1x^2+C_2$.

解 (1)$y'=\frac{x\sin x+\cos x}{x^2}-\frac{C}{x^2}=\frac{\sin x}{x}-\frac{1}{x}\left(-\frac{\cos x}{x}+\frac{C}{x}\right)=\frac{\sin x}{x}-\frac{1}{x}y$,

所求微分方程为 $y'+\frac{1}{x}y=\frac{\sin x}{x}$.

(2)由 $y'=2C_1x,y''=2C_1$ 消去 C_1,得所求微分方程为 $xy''=y'$.

3.6.5　习题3.6

1. 验证函数 $y=C_1\cos 2x+2C_2\sin^2 x-C_2$ 是否为微分方程 $y''+4y=0$ 的解？若是解，是否为通解？

2. 确定通解为函数 $y=\frac{x^3}{9}+C_1\ln x+C_2$ 的微分方程.

3.7　二阶线性微分方程

若二阶微分方程中未知函数及其导数的关系是线性的(即一次的)，则称该二阶微分方程为二阶线性微分方程，否则称为二阶非线性微分方程.

二阶线性微分方程的一般形式为

$$y''+p(x)y'+q(x)y=f(x). \tag{3.7.1}$$

若式(3.7.1)中 $f(x)\equiv 0$，即

$$y''+p(x)y'+q(x)y=0, \tag{3.7.2}$$

则式(3.7.2)称为二阶线性齐次微分方程. 若 $f(x)\neq 0$，则式(3.7.1)称为二阶线性非齐次微分方程，而 $f(x)$ 称为非齐次项(或干扰项).

定理3.7.1　若函数 y_1、y_2 是二阶线性非齐次微分方程(3.7.1)的两个特解，则函数 y_1-y_2 是二阶线性齐次微分方程(3.7.2)的特解.

3.7.1　二阶线性齐次微分方程

1. 二阶线性齐次微分方程的通解

定理3.7.2　若函数 y_1,y_2 是二阶线性齐次微分方程(3.7.2)的两个特解，则函数

$$y=C_1y_1+C_2y_2 \tag{3.7.3}$$

也是二阶线性齐次微分方程(3.7.2)的解，其中 C_1,C_2 为任意常数.

这一性质是线性齐次微分方程所特有的(称为解的叠合性).

既然式(3.7.3)是二阶线性齐次微分方程(3.7.2)的解，而且其中又含有两个任意常数 C_1 和 C_2，那么式(3.7.3)是否就是二阶线性齐次微分方程(3.7.2)的通解呢？一般说来，这是不一定的. 那么在什么情况下式(3.7.3)才是二阶线性齐次微分方程(3.7.2)的通解呢？回答这个问题，需要引入一个新的概念，即线性相关与线性无关.

定义3.7.1　设 $y_1(x)$ 与 $y_2(x)$ 是定义在区间 I 上的两个函数，若

$$\frac{y_1(x)}{y_2(x)}\equiv C(C\text{ 为常数}), \tag{3.7.4}$$

则称此二函数在区间 I 上线性相关. 反之，若

$$\frac{y_1(x)}{y_2(x)}=C(x)\neq C(C\text{ 为常数}),$$

则称此二函数在区间 I 上线性无关(或线性独立).

现在回到二阶线性齐次微分方程(3.7.2)的求解问题. 若得到二阶线性齐次微分方程

(3.7.2)的两个特解$y_1(x)$与$y_2(x)$是线性相关的,则由式(3.7.4)知,$\frac{y_1(x)}{y_2(x)}\equiv C$,即$y_1(x)\equiv Cy_2(x)$,因而式(3.7.3),即$y=C_1y_1(x)+C_2y_2(x)$可改写成

$$y=C_1y_1(x)+C_2y_2(x)=(C_1C+C_2)y_2(x). \tag{3.7.5}$$

式(3.7.5)表明:式(3.7.3)中的两个任意常数C_1,C_2,可以合并成一个任意常数$C_3=C_1C+C_2$.所以式(3.7.3)不是二阶线性齐次微分方程(3.7.2)的通解.

若得到二阶线性齐次微分方程(3.7.2)的两个特解$y_1(x)$与$y_2(x)$是线性无关的,则由$\frac{y_1}{y_2}\neq C$(C为常数)知式(3.7.3)中的任意常数C_1与C_2不能合并,故由定理3.7.2得定理3.7.3.

定理3.7.3　若函数$y_1(x)$与$y_2(x)$是二阶线性齐次微分方程(3.7.2)的两个线性无关的特解,则函数

$$y=C_1y_1(x)+C_2y_2(x)$$

是二阶线性齐次微分方程(3.7.2)的通解,其中C_1与C_2为任意常数.

2. *二阶常系数线性齐次微分方程的解法*

二阶线性齐次微分方程(3.7.2)的通解结构虽然知道,但二阶线性齐次微分方程(3.7.2)通解的寻求却是建立在其特解已知的基础上的.但遗憾的是,对二阶线性齐次微分方程(3.7.2)特解的寻求没有一般的方法,且除一些特殊情形外,是很难求得的.但是对于形如

$$y''+py'+qy=0\ (p,q\text{为常数})$$

的二阶常系数线性齐次微分方程,它的通解可以按下面的步骤很容易求得.

(1)求出二阶常系数线性齐次微分方程的特征方程$r^2+pr+q=0$的根(简称特征根).

(2)根据特征根的情况写出二阶常系数线性齐次微分方程的通解.

①特征根为两个不等的实数,即$r_1\neq r_2$时,二阶常系数线性齐次微分方程的通解为

$$y=C_1e^{r_1x}+C_2e^{r_2x}.$$

②特征根为两个相等的实数,即$r_1=r_2=r$时,二阶常系数线性齐次微分方程的通解为

$$y=(C_1+C_2x)e^{rx}.$$

③特征根为一对共轭虚根,即$r_{1,2}=\alpha\pm\beta i(\alpha,\beta\in\mathbf{R},\beta>0)$时,二阶常系数线性齐次微分方程的通解为

$$y=e^{\alpha x}(C_1\cos\beta x+C_2\sin\beta x).$$

例3.7.1　求微分方程$y''-2y'-3y=0$的通解.

解　由所给微分方程的特征方程$r^2-2r-3=0$,得

两个不同的实根　$r_1=-1,r_2=3$.

因此所求通解为　$y=C_1e^{-x}+C_2e^{3x}$.

例3.7.2　求微分方程$y''+2y'+5y=0$的通解.

解　由所给微分方程的特征方程$r^2+2r+5=0$,得

一对共轭复根　$r_{1,2}=-1\pm 2i$.

因此所求通解为　$y=e^{-x}(C_1\cos 2x+C_2\sin 2x)$.

例3.7.3　求微分方程$y''-12y'+36y=0$满足初始条件$y|_{x=0}=1,y'|_{x=0}=0$的特解.

解　由所给微分方程的特征方程$r^2-12r+36=0$,得

二重根　$r_1=r_2=6$.

因此所给微分方程的通解为　$y=e^{6x}(C_1+C_2x)$.

由 $y|_{x=0}=1$,得　$1=C_1$.

$$y'=e^{6x}(6C_1+C_2+6C_2x),$$

由 $y'|_{x=0}=0$,得　$0=6C_1+C_2$,

即　　$C_2=-6$.

于是所求特解为　$y=e^{6x}(1-6x)$.

3.7.2　二阶线性非齐次微分方程

1. 二阶线性非齐次微分方程的通解

二阶线性齐次微分方程(3.7.2)称为与二阶线性非齐次微分方程(3.7.1)对应的二阶线性齐次微分方程.

定理 3.7.4　设函数 y^* 是二阶线性非齐次微分方程 $y''+p(x)y'+q(x)y=f(x)$ 的一个特解,函数 y_1、y_2 是对应的齐次方程 $y''+p(x)y'+q(x)y=0$ 的两个线性无关的特解,则二阶线性非齐次微分方程的通解为

$$y=C_1y_1+C_2y_2+y^*\text{(其中 }C_1,C_2\text{ 是任意常数)}.$$

2. 二阶常系数线性非齐次微分方程的解法

由定理 3.7.4 知,求二阶常系数线性非齐次微分方程

$$y''+py'+qy=f(x)\text{(其中 }p,q\text{ 均为常数)}\tag{3.7.6}$$

的通解,可以先求出其对应的二阶常系数线性齐次方程 $y''+py'+qy=0$ 的通解,再求出二阶常系数线性非齐次方程 $y''+py'+qy=f(x)$ 本身的一个特解,二者之和就是二阶常系数线性非齐次微分方程的通解. 所以,求解二阶常系数线性非齐次微分方程的通解步骤为

(1)求出二阶常系数线性非齐次微分方程对应的齐次微分方程的通解 Y;

(2)求出二阶常系数线性非齐次微分方程的一个特解 y^*;

(3)写出二阶常系数线性非齐次微分方程的通解 $y=Y+y^*$.

前面已经学习了如何求二阶常系数线性齐次微分方程的通解,剩下的问题就是设法求出二阶常系数线性非齐次微分方程的一个特解. 关于如何求出二阶常系数线性非齐次微分方程的一个特解 y^*,不作一般讨论.

当函数 $f(x)$ 具有某些特殊形式时,用待定系数法可以求出二阶常系数线性非齐次方程(3.7.6)的特解. 现讨论函数 $f(x)$ 为 $P_m(x)$ 和 $P_m(x)e^{\alpha x}$(其中 $P_m(x)$ 是关于 x 的 m 次多项式,α 是实数)时的情形.

以上两种形式可以合并为一种形式,即

$$f(x)=P_m(x)e^{\lambda x}.\tag{3.7.7}$$

在式(3.7.7)中,当 $\lambda=0$ 时,就是 $P_m(x)$;当 $\lambda=\alpha\neq0$ 时,就是 $P_m(x)e^{\alpha x}$.

下面用待定系数法求二阶常系数线性非齐次微分方程 $y''+py'+qy=f(x)$ 的一个特解 y^*.

若函数 $f(x)=P_m(x)e^{\lambda x}$,则可设二阶常系数线性非齐次微分方程(3.7.6)的特解为 $y^*=x^kQ_m(x)e^{\lambda x}$,其中 $Q_m(x)$ 是与 $P_m(x)$ 同次(m 次)的待定多项式. 按 λ 不是特征根、是单

特征方根、是二重特征根这三种不同情况，k 分别取值0、1、2. 对 y^* 求导后，将 y^*，$y^{*\prime}$，$y^{*\prime\prime}$代入所给微分方程并整理，再比较所得等式两端 x 同类项的系数，即可求得 y^* 中的待定系数.

例 3.7.4 求微分方程 $y''+4y'+3y=x-2$ 的一个特解.

解 由所给微分方程对应的特征方程 $r^2+4r+3=0$，

得两个不同的实根 $r_1=-1, r_2=-3$.

因函数 $f(x)=(x-2)e^{0x}$，故 $P_m(x)=x-2, \lambda=0$. 这里 $\lambda=0$ 不是特征根，故 $k=0$.

所以设特解 $y^*=Ax+B$，则

$$y^{*\prime}=A, y^{*\prime\prime}=0.$$

将 y^*，$y^{*\prime}$，$y^{*\prime\prime}$代入原微分方程，得

$$4A+3Ax+3B=x-2.$$

比较等式两端 x 同类项的系数，得

$$3A=1, 4A+3B=-2,$$

即 $$A=\frac{1}{3}, B=-\frac{10}{9}.$$

所求特解为 $y^*=\frac{1}{3}x-\frac{10}{9}$.

例 3.7.5 求微分方程 $y''-6y'+9y=e^{3x}$的一个特解.

解 解所给微分方程对应的特征方程 $r^2-6r+9=0$，得二重根

$$r_1=r_2=3.$$

因函数 $f(x)=e^{3x}$，故 $P_m(x)=1, \lambda=3$.

因 $\lambda=3$ 是二重特征根，故 $k=2$.

设特解 $y^*=Bx^2e^{3x}$，

则 $$y^{*\prime}=(2Bx+3Bx^2)e^{3x}, y^{*\prime\prime}=(2B+12Bx+9Bx^2)e^{3x}.$$

将 y^*，$y^{*\prime}$，$y^{*\prime\prime}$代入原微分方程并消去 e^{3x}，得

$$2B+12Bx+9Bx^2-6(2Bx+3Bx^2)+9Bx^2=1,$$

即 $$2B=1 \Rightarrow B=\frac{1}{2}.$$

故所求特解为 $y^*=\frac{1}{2}x^2e^{3x}$.

例 3.7.6 求微分方程 $y''-5y'+6y=xe^{2x}$的通解.

解 解所给微分方程对应的特征方程 $r^2-5r+6=0$，得两个不同的实根

$$r_1=2, r_2=3.$$

从而所给微分方程对应的齐次方程的通解为

$$Y=C_1e^{2x}+C_2e^{3x}.$$

这里函数 $f(x)=xe^{2x}$，故 $P_m(x)=x, \lambda=2$.

因为 $\lambda=2$ 是单特征根，故 $k=1$.

设特解为 $y^*=x(Ax+B)e^{2x}=(Ax^2+Bx)e^{2x}$，

则 $y^{*\prime}=[2Ax^2+2(A+B)x+B]e^{2x}, y^{*\prime\prime}=[4Ax^2+4(2A+B)x+2(A+2B)]e^{2x}$.

将 y^*，$y^{*\prime}$，$y^{*\prime\prime}$代入原微分方程并消去 e^{2x}，得

$$4Ax^2+4(2A+B)x+2(A+2B)-5(2Ax^2+2(A+B)x+B)+6(Ax^2+Bx)=x,$$

即 $$-2Ax+2A-B=x.$$

比较等式两端 x 同类项的系数,得

$$-2A=1,2A-B=0,$$

即 $$A=-\frac{1}{2},B=-1.$$

因此所给微分方程的特解为 $y^*=-\left(\frac{x^2}{2}+x\right)e^{2x}$.

于是所求通解为 $y=Y+y^*=C_1e^{2x}+C_2e^{3x}-\frac{1}{2}x(x+2)e^{2x}$.

定理 3.7.5 若函数 $y_1(x)$ 与 $y_2(x)$ 分别是二阶线性非齐次微分方程

$$y''+p(x)y'+q(x)y=f_1(x) \tag{3.7.8}$$

与

$$y''+p(x)y'+q(x)y=f_2(x) \tag{3.7.9}$$

的特解,则函数 $y_1(x)+y_2(x)$ 是二阶线性非齐次微分方程

$$y''+p(x)y'+q(x)y=f_1(x)+f_2(x) \tag{3.7.10}$$

的特解.

3.7.3 知识拓展

定理 3.7.6 若函数 $y=y_1(x)\pm iy_2(x)$ 是二阶线性微分方程

$$y''+p(x)y'+q(x)y=f_1(x)+if_2(x) \tag{3.7.11}$$

的解,则函数 $y_1(x)$ 与 $y_2(x)$ 分别是二阶线性微分方程

$$y''+p(x)y'+q(x)y=f_1(x) \tag{3.7.12}$$

与

$$y''+p(x)y'+q(x)y=f_2(x) \tag{3.7.13}$$

的解. 其中 $p(x),q(x),y_1(x),y_2(x),f_1(x),f_2(x)$ 都是实值函数.

当 $\lambda=\alpha+i\beta$ 时,$f(x)=P_m(x)e^{\lambda x}=P_m(x)e^{(\alpha+i\beta)x}$,由欧拉公式知 $P_m(x)e^{\alpha x}\cos\beta x,P_m(x)e^{\alpha x}\sin\beta x$ 分别为 $f(x)=P_m(x)e^{\lambda x}=P_m(x)e^{(\alpha+i\beta)x}=P_m(x)e^{\alpha x}(\cos\beta x+i\sin\beta x)$ 右端的实部与虚部.

3.7.4 习题 3.7

1. 若函数 $y^*=e^{2x}+(1+x)e^x$ 为二阶常系数线性非齐次微分方程 $y''+ay'+by=Ce^x$ 的一个特解,确定常数 a,b,c 的值,并求出该微分方程的通解.

2. 求下列微分方程的一个特解:

(1) $y''-3y'=x+3$;(2) $y''+2y'-3y=e^{2x}$;(3) $y''-2y'+y=e^x$;

(4) $y''-6y'+9y=(x+1)e^{3x}$;(5) $y''+2y'+5y=(x^2-3)e^{-x}$;(6) $y''-y'=x^2e^x$.

3. 设函数 $y=f(x)$ 满足微分方程 $y''-3y'+2y=2e^x$,且曲线 $y=f(x)$ 在点(0,1)处的切线与曲线 $y=x^2-x+1$ 在点(0,1)处的切线重合,求函数 $f(x)$.

4. 选择题:

(1)设函数 y_1,y_2 是二阶线性齐次微分方程 $y''+p(x)y'+q(x)y=0$ 的两个特解,则由函数 y_1,y_2 可以构成该微分方程的通解的充分条件为(　　).

A. $y_1y_2'-y_2y_1'=0$　　B. $y_1y_2'-y_2y_1'\neq0$　　C. $y_1y_2'+y_2y_1'=0$　　D. $y_1y_2'+y_2y_1'\neq0$

(2)设 C_1,C_2 为任意常数,且线性无关的函数 y_1,y_2,y_3 都是二阶线性非齐次微分方程 $y''+p(x)y'+q(x)y=f(x)$ 的特解,则该微分方程的通解为 $y=$(　　).

A. $C_1y_1+C_2y_2+y_3$　　B. $C_1y_1+C_2y_2-(C_1+C_2)y_3$

C. $C_1y_1+C_2y_2-(1-C_1-C_2)y_3$　　D. $C_1y_1+C_2y_2+(1-C_1-C_2)y_3$

第4章　定积分与不定积分

数学的最大进步是由具有杰出的直觉能力的人推动的，而不是由具有构造严格证明能力的人推动的.

——M·克莱因(美)

在第3章中学习了微分学，本章将要学习的积分学与微分学有着密切的联系，它们共同组成了高等数学的主要部分——微积分学. 积分学包括定积分和不定积分. 通过对定积分计算公式的研讨导入了微积分基本公式，并引入了原函数(不定积分)，从而将原本各自独立的积分与微分联系起来，使微分学与积分学成为一个统一的整体——微积分学.

4.1　定积分

4.1.1　定积分的定义

定积分与导数一样，也是在解决一系列实际问题的过程中逐渐形成的数学概念. 这些问题尽管实质不同，但解决它们的方法与计算步骤以及所得到的数学模型却完全一样，所求量最后都归结为求形如式(2.1.4)、式(2.1.5)的和式的极限. 这就是定积分产生的实际背景.

定义4.1.1　设函数$f(x)$在闭区间$[a,b]$上有定义，在开区间(a,b)内任意地插入$n-1$个分点

$$a=x_0<x_1<x_2<\cdots<x_{i-1}<x_i<\cdots<x_{n-1}<x_n=b,$$

从而将闭区间$[a,b]$划分成n个小闭区间

$$[x_0,x_1],[x_1,x_2],\cdots,[x_{i-1},x_i],\cdots,[x_{n-1},x_n],$$

它们的长度依次为

$$\Delta x_1=x_1-x_0,\Delta x_2=x_2-x_1,\cdots,\Delta x_i=x_i-x_{i-1},\cdots,\Delta x_n=x_n-x_{n-1}.$$

在每个小闭区间$[x_{i-1},x_i]$上任取一点ξ_i，作乘积$f(\xi_i)\Delta x_i(i=1,2,\cdots,n)$，并作和式(该和式称为积分和)

$$f(\xi_1)\Delta x_1+f(\xi_2)\Delta x_2+\cdots+f(\xi_i)\Delta x_i+\cdots+f(\xi_n)\Delta x_n=\sum_{i=1}^{n}f(\xi_i)\Delta x_i.$$

若不论将闭区间$[a,b]$怎样划分成小闭区间$[x_{i-1},x_i]$，也不论在小闭区间$[x_{i-1},x_i]$上的点ξ_i怎样取法，当诸小区间长度的最大值$\lambda(\lambda=\max\limits_{1\leqslant i\leqslant n}\Delta x_i)$趋于零时，和式$\sum\limits_{i=1}^{n}f(\xi_i)\Delta x_i$总有极限存在，则称函数$f(x)$在闭区间$[a,b]$上可积，且把此极限值称为函数$f(x)$在闭区间$[a,b]$上的定积分，记做

$$\int_a^b f(x)\,\mathrm{d}x,$$

即 $$\int_a^b f(x)\,dx=\lim_{\lambda\to 0}\sum_{i=1}^n f(\xi_i)\Delta x_i,$$

其中 x 称为积分变量,$f(x)$称为被积函数,$f(x)\,dx$ 称为被积表达式,闭区间$[a,b]$称为积分区间,a 称为积分下限,b 称为积分上限,"$\int$"称为积分号.

思维拓展 4.1.1:定积分定义中积分和的极限存在的含义是什么?

根据定积分的定义,以连续函数 $v(t)$ 为瞬时速度做变速直线运动的质点,从时刻 $t=a$ 到时刻 $t=b$ 这一时间间隔内所经过的路程为

$$s=\int_a^b v(t)\,dt.$$

因定积分$\int_a^b f(x)\,dx$ 是和式的极限,所以当定积分$\int_a^b f(x)\,dx$ 存在时,其值是一个确定的常数,定积分$\int_a^b f(x)\,dx$ 的值只与被积函数$f(x)$及积分区间$[a,b]$有关,而与积分变量用什么字母表示无关. 因此,可以把积分变量换成别的字母而不会改变定积分的值,即有

$$\int_a^b f(x)\,dx=\int_a^b f(t)\,dt=\int_a^b f(u)\,du.$$

由定积分定义知,若函数$f(x)$在闭区间$[a,b]$上可积,则函数$f(x)$在闭区间$[a,b]$上为有界函数. 因为若函数$f(x)$在闭区间$[a,b]$上为无界函数,则在闭区间$[a,b]$的一个划分下,函数$f(x)$至少在其中一个小闭区间$[x_{i-1},x_i]$上仍为无界函数. 于是可选取 $\xi_i\in[x_{i-1},x_i]$,使$f(\xi_i)$的绝对值任意大,从而可使和式$\sum\limits_{i=1}^n f(\xi_i)\Delta x_i$ 的绝对值任意大,这说明和式$\sum\limits_{i=1}^n f(\xi_i)\Delta x_i$ 是无界变量. 而在极限过程中,无界变量没有极限,于是函数$f(x)$在闭区间$[a,b]$上不可积.

由此可知,定积分是对有界函数而言的. 例 4.1.1 表明,函数$f(x)$在闭区间$[a,b]$上有界只是函数$f(x)$在闭区间$[a,b]$上可积的必要条件,并非充分条件.

例 4.1.1 确定狄利克雷(Dirichlet)函数 $D(x)=\begin{cases}1, & x\text{ 为有理数}\\ 0, & x\text{ 为无理数}\end{cases}$的可积性.

解 显然狄利克雷函数在任一闭区间$[a,b]$上有界. 对闭区间$[a,b]$的任一划分,每个小闭区间$[x_{i-1},x_i]\ (i=1,2,\cdots,n)$中都既有有理数又有无理数.

若 ξ_i 全取为有理数,则

$$\sum_{i=1}^n D(\xi_i)\Delta x_i=\sum_{i=1}^n \Delta x_i=b-a;$$

若 ξ_i 全取为无理数,则

$$\sum_{i=1}^n D(\xi_i)\Delta x_i=0.$$

所以,当 $\lambda\to 0$ 时,$\sum\limits_{i=1}^n D(\xi_i)\Delta x_i$ 无极限,即狄利克雷函数 $D(x)$ 在闭区间$[a,b]$上是不可积的.

下面给出函数$f(x)$在闭区间$[a,b]$上的定积分一定存在的两个充分条件.

4.1.2 定积分的存在性

定理 4.1.1 (1)若函数$f(x)$在闭区间$[a,b]$上连续,则函数$f(x)$在$[a,b]$上可积.

(2)若函数$f(x)$在闭区间$[a,b]$上为有界函数,且至多有有限个间断点,则函数$f(x)$在$[a,b]$上可积.

4.1.3　定积分的基本性质

在下面的讨论中,假定所遇到的函数在给定的闭区间上是可积的.

定理 4.1.2　被积函数中的常数因子可以提到积分号外面,即

$$\int_a^b kf(x)\,dx = k\int_a^b f(x)\,dx\ (k\text{ 是常数}).$$

定理 4.1.3　函数代数和的积分等于它们积分的代数和,即

$$\int_a^b [f(x) \pm g(x)]\,dx = \int_a^b f(x)\,dx \pm \int_a^b g(x)\,dx.$$

定理 4.1.4　设函数$f(x)$在闭区间$[a,b]$上可积,c为$[a,b]$内任意一点,则

$$\int_a^b f(x)\,dx = \int_a^c f(x)\,dx + \int_c^b f(x)\,dx. \tag{4.1.1}$$

在定积分的定义中限定了$a<b$,给实际应用和理论分析带来不便. 为此,对定积分作以下两点补充规定:

(1)当$a>b$时,规定$\int_a^b f(x)\,dx = -\int_b^a f(x)\,dx$;

(2)当$a=b$时,规定$\int_a^a f(x)\,dx = 0$.

有了这两个规定后,式(4.1.1)中的c就可以不必介于a和b之间. 就是说,不论a、b、c间的大小关系如何,只要函数$f(x)$在所述区间上可积,式(4.1.1)总是成立的.

例如,当$a<b<c$时,由式(4.1.1),有

$$\int_a^c f(x)\,dx = \int_a^b f(x)\,dx + \int_b^c f(x)\,dx,$$

移项得

$$\int_a^b f(x)\,dx = \int_a^c f(x)\,dx - \int_b^c f(x)\,dx = \int_a^c f(x)\,dx + \int_c^b f(x)\,dx.$$

4.1.4　定积分的计算公式

用定积分的定义求定积分的值不仅是很麻烦的,而且有时是很困难的,甚至可能根本无法求得定积分的值. 因此,必须寻找一个具有普遍性且行之有效的计算定积分的方法,否则就会影响定积分的实用价值.

以连续函数$v(t)$为瞬时速度做变速直线运动的质点,从时刻$t=a$到时刻$t=b$这一时间间隔内所经过的路程为

$$\int_a^b v(t)\,dt.$$

而这段路程又等于路程函数$s(t)$在闭区间$[a,b]$上的增量

$$s(b)-s(a),$$

所以有

$$\int_a^b v(t)\,dt = s(b)-s(a).$$

而

$$v(t)=s'(t),$$

故要求定积分$\int_a^b v(t)\mathrm{d}t$的值,就只需求满足$s'(t)=v(t)$的函数$s(t)$在闭区间$[a,b]$上的增量$s(b)-s(a)$.

上面得出的结果是否具有普遍性呢？即一般地,定积分$\int_a^b f(x)\mathrm{d}x$的值是否等于满足$F'(x)=f(x)$的函数$F(x)$在闭区间$[a,b]$上的增量$F(b)-F(a)$呢？若结论正确,则大大地简化了定积分的计算,为计算定积分提供了一种非常有效的方法.

牛顿(Newton)和莱布尼茨(Leibniz)证明了上面得出的结果具有一般性,并建立了下面的微积分基本公式.

定理 4.1.5 (牛顿—莱布尼茨公式(证明见5.8.2))设函数$f(x)$在闭区间$[a,b]$上连续,且在闭区间$[a,b]$上有$F'(x)=f(x)$,则

$$\int_a^b f(x)\mathrm{d}x=F(x)\Big|_a^b=F(b)-F(a). \tag{4.1.2}$$

牛顿—莱布尼茨公式阐明了函数$f(x)$在闭区间$[a,b]$上的定积分$\int_a^b f(x)\mathrm{d}x$与函数$F(x)$之间的密切关系:函数$f(x)$在闭区间$[a,b]$上的定积分$\int_a^b f(x)\mathrm{d}x$的值,等于函数$F(x)$在积分上限与积分下限处的函数值之差.这样,就把求积分和的极限问题转化为求函数$F(x)$的问题,使定积分计算获得了突破性进展,成为计算定积分的强有力工具.

4.1.5 思维拓展问题解答

思维拓展 4.1.1:积分和$\sum_{i=1}^{n}f(\xi_i)\Delta x_i$是一个变量,它的值与闭区间$[a,b]$划分的形式及$\xi_i\in[x_{i-1},x_i]$的取法有关.在定积分的定义中,积分和极限的极限过程是$\lambda\to0$,能够满足使$\lambda\to0$的对闭区间$[a,b]$的划分有无穷多种形式.而且,对闭区间$[a,b]$的每一个划分,ξ_i也有无穷多种取法,因而相应的积分和$\sum_{i=1}^{n}f(\xi_i)\Delta x_i$有无穷多个值.定积分定义中积分和的极限存在是指:不论将闭区间$[a,b]$怎样划分,也不论ξ_i怎样取法,当$\lambda\to0$时,所有和式$\sum_{i=1}^{n}f(\xi_i)\Delta x_i$都趋于同一个确定的常数.

4.1.6 知识拓展

用定积分定义计算定积分的特殊方法

由定义4.1.1知,函数$f(x)$在闭区间$[a,b]$上的积分和$\sum_{i=1}^{n}f(\xi_i)\Delta x_i$的值一般依赖于四个因素:函数$f(x)$、闭区间$[a,b]$、闭区间$[a,b]$的分法、$\xi_i\in[x_{i-1},x_i]$的取法.但当函数$f(x)$在闭区间$[a,b]$上可积时,其定积分$\int_a^b f(x)\mathrm{d}x=\lim\limits_{\lambda\to0}\sum_{i=1}^{n}f(\xi_i)\Delta x_i$的值不依赖于闭区间$[a,b]$的分法与$\xi_i$的取法,而只与函数$f(x)$与闭区间$[a,b]$有关.所以,对可积函数而言,在保证实

现 $\lambda \to 0$ 的条件下,闭区间$[a,b]$可以采用特殊的分法(例如 n 等分闭区间$[a,b]$),ξ_i 也可以取特殊点(例如取在每个小区间的左端点处),这样组成的积分和的极限必定存在,而且其极限就是所求定积分的值.

4.1.7　习题 4.1

选择题:

(1)函数 $f(x)$ 在闭区间$[a,b]$上有界,是函数 $f(x)$ 在$[a,b]$上可积的(　　)条件.

A.必要　　B.充分　　C.充要　　D.无关

(2)函数 $f(x)$ 在闭区间$[a,b]$上连续是函数 $f(x)$ 在$[a,b]$上可积的(　　)条件.

A.必要　　B.充分　　C.充要　　D.无关

(3)设 $F'(x)=f(x)$,则定积分 $\int_a^b f(x)\,\mathrm{d}x$ 是(　　).

A.函数 $F(x)$　　B.函数 $F(x)+C$

C.确定常数　　D.任意常数

(4)定积分的值与(　　)无关.

A.被积函数　　B.积分区间的长度　　C.积分区间　　D.积分变量

4.2　原函数与不定积分

4.2.1　原函数及其性质

鉴于牛顿—莱布尼茨公式中的函数 $F(x)$ 对计算定积分的重要性,引入一个新的概念——原函数.

定义 4.2.1　若在某一区间 I 上,函数 $f(x)$ 与函数 $F(x)$ 满足关系式

$$F'(x)=f(x) \text{ 或 } \mathrm{d}F(x)=f(x)\,\mathrm{d}x,$$

则称函数 $F(x)$ 为函数 $f(x)$ 在区间 I 上的一个原函数.

凡说到原函数,都是指在某一区间上而言的.为了叙述方便,今后讨论原函数时,在不至于发生混淆的情况下,不再指明相关区间.

若函数 $F(x)$ 是函数 $f(x)$ 的一个原函数,由 $[F(x)+C]'=F'(x)=f(x)$(其中 C 是任意常数,即可取任何一个确定的常数)和定义 4.2.1 知,函数 $F(x)+C$ 也是函数 $f(x)$ 的原函数.

定理 4.2.1　若函数 $F(x)$ 是函数 $f(x)$ 的一个原函数,则函数 $F(x)+C$ 表示函数 $f(x)$ 的任意一个原函数,其中 C 是任意常数.

可以证明,函数 $f(x)$ 的任意一个原函数都可表示成 $F(x)+C$,即函数 $f(x)$ 的所有原函数都可写成 $F(x)+C$ 的形式,即函数 $F(x)+C$ 是函数 $f(x)$ 的原函数的一般表达式.

这一事实表明,若函数 $f(x)$ 存在一个原函数,$f(x)$ 就有无穷多个原函数存在,且函数 $f(x)$ 的任意两个原函数之间仅差一个常数.

定理 4.2.2　若函数 $f(x)$ 在闭区间$[a,b]$上连续,则函数 $f(x)$ 在闭区间$[a,b]$上存在原函数.

4.2.2 不定积分及其性质

定义 4.2.2 函数$f(x)$的任意一个原函数$F(x)+C$称为函数$f(x)$的不定积分,记做

$$\int f(x)\,dx,$$

即 $$\int f(x)\,dx=F(x)+C,$$

这里C是任意一个常数,且$F'(x)=f(x)$.

定义4.2.2中各符号的涵义与定义4.1.1一致.由定义4.2.2可知,求函数$f(x)$的不定积分,只需求出函数$f(x)$的一个原函数$F(x)$后再加上任意常数C即可.

求导数与求不定积分,由等价事实

$$F'(x)=f(x)\Leftrightarrow\int f(x)\,dx=F(x)+C \tag{4.2.1}$$

联系着.式(4.2.1)表明,借助于由"$\Leftrightarrow$"联系着的上述关系,可以将有关导数的公式与法则"逆转"到不定积分领域里来,从而得到相应的不定积分的公式与法则.对应于基本初等函数的导数公式,有如下的基本积分公式(以下各积分公式中的C均表示任意一个常数):

$\int 0\,dx=C$; $\int x^{\alpha}dx=\dfrac{x^{\alpha+1}}{\alpha+1}+C(\alpha\neq-1)$;

$\int k\,dx=kx+C$(k为常数); $\int \dfrac{1}{x}dx=\ln|x|+C$;

$\int a^{x}dx=\dfrac{a^{x}}{\ln a}+C$($a>0$且$a\neq1$); $\int e^{x}dx=e^{x}+C$;

$\int \sin x\,dx=-\cos x+C$; $\int \cos x\,dx=\sin x+C$;

$\int \dfrac{1}{\cos^{2}x}dx=\int \sec^{2}x\,dx=\tan x+C$; $\int \dfrac{1}{\sin^{2}x}dx=\int \csc^{2}x\,dx=-\cot x+C$;

$\int \sec x\tan x\,dx=\sec x+C$; $\int \csc x\cot x\,dx=-\csc x+C$;

$\int \dfrac{1}{a^{2}+x^{2}}dx=\dfrac{1}{a}\arctan\dfrac{x}{a}+C=-\dfrac{1}{a}\operatorname{arccot}\dfrac{x}{a}+C(a\neq0)$(参见例3.4.1);

$\int \dfrac{1}{\sqrt{a^{2}-x^{2}}}dx=\arcsin\dfrac{x}{a}+C=-\arccos\dfrac{x}{a}+C(a>0)$(参见例3.4.1);

$\int \dfrac{1}{\sqrt{x^{2}\pm a^{2}}}dx=\ln|x+\sqrt{x^{2}\pm a^{2}}|+C(a\neq0)$(参见例3.4.6).

特别地,有

$$\int \frac{1}{x^{2}}dx=-\frac{1}{x}+C$$

与 $$\int \frac{1}{\sqrt{x}}dx=2\sqrt{x}+C,$$

这两个积分结论在今后的积分计算中使用频率较高,所以应特别地牢记.

定理 4.2.3 设函数$f(x)$为可导函数,则有

$$(\int f(x)\mathrm{d}x)'=f(x) \text{或} \mathrm{d}(\int f(x)\mathrm{d}x)=f(x)\mathrm{d}x;$$

$$\int f'(x)\mathrm{d}x=f(x)+C \text{或}\int \mathrm{d}f(x)=f(x)+C.$$

求不定积分或求原函数都称为积分法. 定理4.2.3表明,如果先积分后微分,那么二者的作用相互抵消;反之,如果先微分后积分,那么二者的作用抵消后差一常数项. 因此,可以认为积分法和微分法是互逆运算.

定理4.2.4 被积函数中不为零的常数因子可以提到积分号外去,即

$$\int kf(x)\mathrm{d}x=k\int f(x)\mathrm{d}x(k \text{为不等于零的常数}). \tag{4.2.2}$$

思维拓展4.2.1:在式(4.2.2)中为什么要求常数$k\neq0$?

定理4.2.5 两个函数代数和的不定积分等于它们不定积分的代数和,即

$$\int [f(x)\pm g(x)]\mathrm{d}x=\int f(x)\mathrm{d}x\pm\int g(x)\mathrm{d}x. \tag{4.2.3}$$

定理4.2.5表明,求不定积分时,可把一个不定积分拆解为若干个基本积分公式左边的不定积分的代数和.

例4.2.1 设函数$f(x)=\begin{cases}x, & 0\leqslant x\leqslant1,\\ 3-x, & 1<x\leqslant2,\end{cases}$求定积分$\int_0^2 f(x)\mathrm{d}x$.

解 $$\int_0^2 f(x)\mathrm{d}x=\int_0^1 f(x)\mathrm{d}x+\int_1^2 f(x)\mathrm{d}x$$
$$=\int_0^1 x\mathrm{d}x+\int_1^2(3-x)\mathrm{d}x=\frac{x^2}{2}\bigg|_0^1+\left(3x-\frac{x^2}{2}\right)\bigg|_1^2=2.$$

例4.2.2 求定积分$\int_{-1}^3|x-1|\mathrm{d}x$.

解 $$\int_{-1}^3|x-1|\mathrm{d}x=\int_{-1}^1(1-x)\mathrm{d}x+\int_1^3(x-1)\mathrm{d}x=\left(x-\frac{x^2}{2}\right)\bigg|_{-1}^1+\left(\frac{x^2}{2}-x\right)\bigg|_1^3=4.$$

由原函数存在定理与初等函数的连续性可知,凡初等函数在它有定义的任一区间内都存在原函数. 从而,初等函数在它有定义的任一区间内其不定积分都存在. 因此,如无特别需要,对于初等函数的不定积分,常常不指明其存在区间,而默认其存在区间就是被积函数有定义的区间.

思维拓展4.2.2:初等函数的不定积分一定能求出来吗?

4.2.3 不定积分的几何意义

求已知函数$f(x)$的不定积分$\int f(x)\mathrm{d}x$,在几何上,就是要找一条曲线$y=F(x)+C$(其中C为任意一个常数),使该曲线上横坐标为x的点处的切线的斜率等于$f(x)$,这条曲线称为函数$f(x)$的一条积分曲线. 由常数C的任意性知,函数$f(x)$的积分曲线不止一条,而是一族曲线,函数$f(x)$的全部积分曲线称为函数$f(x)$的积分曲线族,其一般表达式为$y=F(x)+C$(其中C为任意常数). 这族曲线具有这样的特点:在横坐标相同的点x处,各曲线上的切线的斜率都等于$f(x)$,因此各曲线在该点处的切线是相互平行的. 因各条积分曲线的方程只相差一个常数,所以它们都可以由其中任意一条积分曲线(如$y=F(x)$)沿y轴方向平行移

动得到.

4.2.4 思维拓展问题解答

思维拓展 4.2.1:在式(4.2.3)中要求常数 $k\neq0$,是因为 $k=0$ 时,

$$\int kf(x)\,dx=\int 0dx=C,$$

而 $$k\int f(x)\,dx=0\int f(x)\,dx=0,$$

所以等式不恒成立.

思维拓展 4.2.2:虽初等函数在它有定义区间上的原函数一定存在,但仍有相当多的初等函数的原函数不能用初等函数来表示,这样的初等函数的不定积分称为不能表示为有限形式的积分(通常称这样的积分是"积不出"的).下面一些积分被证明是积不出的:

$$\int e^{-x^2}dx,\int \sin x^2dx,\int \cos x^2dx,\int \frac{e^x}{x}dx,\int \frac{\sin x}{x}dx,\int \frac{\cos x}{x}dx,$$

$$\int \frac{1}{\ln x}dx,\int \sqrt{1+x^3}\,dx,\int \sqrt{1+x^4}\,dx,\int \sqrt{1-k^2\sin^2x}\,dx(0<k<1).$$

4.2.5 知识拓展

1. 分段函数的原函数

因为某函数的两个原函数之间相差一个常数是对同一个区间而言的,故分段函数在不同区间上的原函数应包含有不同的常数,且可以利用原函数在分段点处的连续性来确定这些不同常数之间的关系.

例 4.2.3 求函数 $f(x)=\begin{cases}-\sin x, x\geqslant0\\ x, \quad x<0\end{cases}$ 的原函数 $F(x)$.

解 因 $\int(-\sin x)\,dx=\cos x+C,\int xdx=\frac{1}{2}x^2+C$,所以设函数

$$F(x)=\begin{cases}\cos x+C_1, x\geqslant0,\\ \frac{1}{2}x^2+C_2, x<0.\end{cases}$$

因函数 $F(x)$ 在点 $x=0$ 处连续,故函数 $F(x)$ 在点 $x=0$ 处左连续,从而有

$$1+C_1=F(0)=\lim_{x\to0^-}F(x)=\lim_{x\to0^-}F\left(\frac{1}{2}x^2+C_2\right)=C_2,$$

所以 $$F(x)=\begin{cases}\cos x+C, \quad x\geqslant0.\\ \frac{1}{2}x^2+C+1, x<0.\end{cases}$$

2. 函数 $f(x)$ 含在定积分下时求函数 $f(x)$

例 4.2.4 设函数 $f(x)$ 满足 $f(x)=\frac{1}{1+x^2}+x^3\int_0^1 f(x)\,dx$,求函数 $f(x)$.

解 设 $\int_0^1 f(x)\,dx=A$,则 $f(x)=\frac{1}{1+x^2}+Ax^3$,从而有

$$A=\int_0^1\left(\frac{1}{1+x^2}+Ax^3\right)\mathrm{d}x=\frac{\pi}{4}+\frac{A}{4},$$

解得　$A=\dfrac{\pi}{3}$,

所以　$f(x)=\dfrac{1}{1+x^2}+\dfrac{\pi x^3}{3}$.

4.2.6　习题4.2

1. 证明下列各对函数是同一函数的原函数：

(1) $(\mathrm{e}^{-x}+\mathrm{e}^{x})^2$ 与 $(\mathrm{e}^{-x}-\mathrm{e}^{x})^2$；(2) $\tan x-\cot x$ 与 $-2\cot 2x$.

2. 设函数 $f(x)$ 满足 $[\int f(x)\mathrm{d}x]'=\cos x$，求函数 $f(x)$.

3. 求不定积分 $\int \mathrm{d}(\arcsin\sqrt{x})$.

4. 若函数 $f(x)$ 满足 $\int f(x)\mathrm{d}x=\cos^2 x+C$，求函数 $f(x)$.

5. 若函数 $f(x)$ 满足 $\int \mathrm{e}^{-\frac{1}{x}}f(x)\mathrm{d}x=\mathrm{e}^{-\frac{1}{x}}+C$，求函数 $f(x)$.

6. 若 $\sin 2x$ 为函数 $f(x)$ 的一个原函数，求导数 $f'(x)$.

7. 若 $\cos x^2$ 为函数 $f(x)$ 的一个原函数，求微分 $\mathrm{d}[\int f'(x)\mathrm{d}x]$.

8. 设函数 $f(x)$ 满足 $f(x)=\mathrm{e}^x+\dfrac{1}{\mathrm{e}}\int_0^1 f(x)\mathrm{d}x$，求函数 $f(x)$.

9. 设函数 $f(x)$ 满足 $f'(x)=C$，$\int_0^2 f(x)\mathrm{d}x=10$，且 $f(0)=0$，求函数 $f(x)$.

10. 求函数 $f(x)=|x-1|$ 的原函数 $F(x)$，使 $F(x)$ 满足 $F(1)=1$.

11. 求函数 $f(x)=\max\{1,x^2\}$ 的原函数 $F(x)$，使 $F(x)$ 满足 $F(0)=1$.

12. 选择题：

(1) 若 $f(x)$ 与 $f'(x)$ 都可积，则 $\int f'(x)\mathrm{d}x$ 与 $[\int f(x)\mathrm{d}x]'$（　　）.

A. 都等于 $f(x)$　　B. 都等于 $f(x)+C$

C. 两者相差一个常数　　D. 两者和为常数

(2) 若 $f(x)$ 与 $g(x)$ 都具有连续导数，且 $\int \mathrm{d}f(x)=\int \mathrm{d}g(x)$，则下列各式不正确的是（　　）.

A. $f'(x)=g'(x)$　　B. $\mathrm{d}f(x)=\mathrm{d}g(x)$

C. $\int f'(x)\mathrm{d}x=\int g'(x)\mathrm{d}x$　　D. $f(x)=g(x)$

(3) 若在区间 I 内，有 $f'(x)=g'(x)$，则（　　）.

A. $f(x)=g(x)$　　B. $\int f(x)\mathrm{d}x=\int g(x)\mathrm{d}x$

C. $[\int f(x)\mathrm{d}x]'=[\int g(x)\mathrm{d}x]'$　　D. $f(x)=g(x)+C$

(4) $\int e^x dx =$ (　　).

A. $e^x + \frac{1}{C}$　　B. $e^x + \sqrt{C}$　　C. $e^x + C^3$　　D. $e^x + C^2$

4.3 直接积分法

将被积函数进行恒等变形后直接运用基本积分公式和不定积分的运算性质求不定积分的方法,称为直接积分法.

计算一个不定积分$\int f(x)dx$,直接积分法总是首先要尝试的选择. 也就是说,只有在使用直接积分法不能解决问题的时候,才考虑使用我们将在后面学习的各种方法. 使用直接积分法,就是要将被积函数$f(x)$进行变形,或将被积函数$f(x)$拆解成若干个可以套用基本积分公式的部分的代数和的形式,进而利用运算性质将问题解决.

4.3.1 直接积分法应用举例

例 4.3.1 求不定积分$\int x^2 \cdot \sqrt{x}dx$.

解 $$\int x^2\sqrt{x}dx = \int x^{\frac{5}{2}}dx = \frac{x^{\frac{5}{2}+1}}{\frac{5}{2}+1} + C = \frac{2}{7}x^{\frac{7}{2}} + C.$$

例 4.3.2 求不定积分$\int \left(\frac{3}{\sqrt{1-x^2}} - \frac{2}{\sqrt{x}} + \sin 2\right)dx$.

解 $$\int \left(\frac{3}{\sqrt{1-x^2}} - \frac{2}{\sqrt{x}} + \sin 2\right)dx = 3\int \frac{1}{\sqrt{1-x^2}}dx - 2\int \frac{1}{\sqrt{x}}dx + \int \sin 2dx$$
$$= 3\arcsin x - 4\sqrt{x} + x\sin 2 + C.$$

例 4.3.3 求不定积分$\int \frac{(x-\sqrt{x})(1+\sqrt{x})}{\sqrt[3]{x}}dx$.

解 $$\int \frac{(x-\sqrt{x})(1+\sqrt{x})}{\sqrt[3]{x}}dx = \int \frac{x\sqrt{x}-\sqrt{x}}{\sqrt[3]{x}}dx$$
$$= \int (x^{\frac{7}{6}} - x^{\frac{1}{6}})dx = \int x^{\frac{7}{6}}dx - \int x^{\frac{1}{6}}dx$$
$$= \frac{x^{\frac{7}{6}+1}}{\frac{7}{6}+1} + \frac{x^{\frac{1}{6}+1}}{\frac{1}{6}+1} + C = \frac{6}{13}x^{\frac{13}{6}} - \frac{6}{7}x^{\frac{7}{6}} + C.$$

例 4.3.4 求不定积分$\int (2^x+3^x)^2dx$.

解 $$\int (2^x+3^x)^2dx = \int (2^{2x} + 2\cdot 2^x\cdot 3^x + 3^{2x})dx = \int (4^x + 2\cdot 6^x + 9^x)dx$$
$$= \frac{4^x}{\ln 4} + 2\cdot\frac{6^x}{\ln 6} + \frac{9^x}{\ln 9} + C = \frac{2^{2x}}{2\ln 2} + 2\cdot\frac{6^x}{\ln 6} + \frac{3^{2x}}{2\ln 3} + C.$$

例4.3.5 求定积分$\int_0^1 \frac{x^4}{1+x^2}dx$.

解 $\int_0^1 \frac{x^4}{1+x^2}dx = \int_0^1 \frac{x^4-1+1}{1+x^2}dx = \int_0^1 \frac{(x^2+1)(x^2-1)+1}{1+x^2}dx$

$= \int_0^1 (x^2-1)dx + \int_0^1 \frac{1}{1+x^2}dx = \left(\frac{x^3}{3} - x + \arctan x\right)\Big|_0^1 = \frac{\pi}{4} - \frac{2}{3}$.

例4.3.6 求不定积分$\int \frac{1}{x^2(1+x^2)}dx$.

解 $\int \frac{1}{x^2(1+x^2)}dx = \int \frac{1+x^2-x^2}{x^2(1+x^2)}dx = \int \left(\frac{1}{x^2} - \frac{1}{1+x^2}\right)dx = -\frac{1}{x} - \arctan x + C$.

例4.3.7 求不定积分$\int \frac{1+x^2-x^4}{x^2(1+x^2)}dx$.

解 $\int \frac{1+x^2-x^4}{x^2(1+x^2)}dx = \int \left(\frac{1}{x^2} - \frac{x^2}{1+x^2}\right)dx = \int \frac{1}{x^2}dx - \int \frac{1+x^2-1}{1+x^2}dx$

$= \int \frac{1}{x^2}dx - \int dx + \int \frac{1}{1+x^2}dx = -\frac{1}{x} - x + \arctan x + C$.

例4.3.8 求不定积分$\int \frac{(x-1)^2}{x(1+x^2)}dx$.

解 $\int \frac{(x-1)^2}{x(1+x^2)}dx = \int \frac{x^2+1-2x}{x(1+x^2)}dx = \int \left(\frac{1}{x} - \frac{2}{1+x^2}\right)dx = \ln|x| - 2\arctan x + C$.

对于形如$\int \frac{P_m(x)}{Q_n(x)}dx$($P_m(x)$与$Q_n(x)$均为多项式)的不定积分,当$m \geqslant n(m,n \in \mathbf{N}^+)$时,通常要使用直接积分法;当$m < n(m,n \in \mathbf{N}^+)$时,通常使用直接积分法是无效的.

4.3.2 习题4.3

1. 求下列各积分:

(1)$\int_1^2 \left(x+\frac{1}{x}\right)^2 dx$;(2)$\int \left(1-\frac{1}{x^2}\right)\sqrt{x\sqrt{x}}\,dx$;(3)$\int \frac{(1+\sqrt{x})^2}{x}dx$;(4)$\int \frac{1-x}{1+\sqrt{x}}dx$;

(5)$\int \frac{\sqrt{1+x^2}}{\sqrt{1-x^4}}dx$;(6)$\int \frac{1+x^2+x^4}{1+x^2}dx$;(7)$\int \frac{(1+2x^2)^2}{x^2(1+x^2)}dx$;(8)$\int_1^{\sqrt{3}} \frac{1}{x^2(1+x^2)}dx$.

2. 求下列不定积分:

(1)$\int 3^x e^x dx$;(2)$\int \frac{e^{2x}-1}{1+e^x}dx$;(3)$\int (2^x-3^x)^2 dx$;(4)$\int \frac{2\cdot 3^x - 5\cdot 2^x}{3^x}dx$.

3. 求下列定积分:

(1)$\int_0^2 f(x)dx$,其中$f(x) = \begin{cases} x, & 0 \leqslant x \leqslant 1, \\ 1+x^2, & 1 < x \leqslant 2; \end{cases}(2)\int_{-2}^2 \max\{1, x^3\}dx$;

(3)$\int_0^2 |1-x|\sqrt{(x-4)^2}\,dx$;　　(4)$\int_0^2 \sqrt{x^3-2x^2+x}\,dx$;

(5)$\int_0^2 |x(1-x^2)|dx$;　　(6)$\int_{-2}^3 |x^2-2x-3|dx$.

4. 设函数$f(x)$的一个原函数是e^{-x},求不定积分$\int x^2 f(\ln x)\mathrm{d}x$.

5. 设函数$f(x)$的一个原函数为$x(\ln x-1)$,求不定积分$\int e^{2x}f'(e^x)\mathrm{d}x$.

6. 若$\sin x$为函数$f(x)$的导数,求函数$f(x)$的原函数.

4.4 换元积分法

4.4.1 第一类换元积分法

运用基本积分公式和不定积分的运算性质,只能计算一些较简单的不定积分,因此必须进一步研究求不定积分的方法. 积分法作为微分法的逆运算,与微分法中非常重要的复合函数微分法相对应,积分法中也有不仅要牢记且须熟练运用的换元积分法.

定理 4.4.1 若$\int f(x)\mathrm{d}x=F(x)+C$,则

$$\int f[\varphi(x)]\mathrm{d}[\varphi(x)]=F[\varphi(x)]+C,$$

其中$\varphi(x)$是可导函数.

定理 4.4.1 称为不定积分形式不变性. 将$\mathrm{d}[\varphi(x)]=\varphi'(x)\mathrm{d}x$代入,得

$$\int f[\varphi(x)]\varphi'(x)\mathrm{d}x=\int f[\varphi(x)]\mathrm{d}[\varphi(x)]=F[\varphi(x)]+C. \tag{4.4.1}$$

式(4.4.1)表明,对不能用直接积分法求出的不定积分$\int g(x)\mathrm{d}x$,若能设法将被积表达式$g(x)\mathrm{d}x$变形为$g(x)\mathrm{d}x=f[\varphi(x)]\varphi'(x)\mathrm{d}x=f[\varphi(x)]\mathrm{d}[\varphi(x)]$,且$f[\varphi(x)]$的原函数$F[\varphi(x)]$已知(或易于求出),则可把所求不定积分$\int g(x)\mathrm{d}x$转化为关于$\varphi(x)$的基本积分公式形式(或易于求出的不定积分)$\int f[\varphi(x)]\mathrm{d}[\varphi(x)]$. 因其中将$\varphi'(x)\mathrm{d}x$凑成了微分$\mathrm{d}[\varphi(x)]$,故称这种积分法为凑微分法.

设$u=\varphi(x)$,则

$$\int g(x)\mathrm{d}x=\int f[\varphi(x)]\varphi'(x)\mathrm{d}x=\int f[\varphi(x)]\mathrm{d}[\varphi(x)]=\int f(u)\mathrm{d}u,$$

即可以把所求不定积分$\int g(x)\mathrm{d}x$转化成关于新积分变量u的不定积分$\int f(u)\mathrm{d}u$. 求出关于新积分变量u的不定积分$\int f(u)\mathrm{d}u$后再换回原来的积分变量x,就求出所欲求的不定积分$\int g(x)\mathrm{d}x$,因此通常称凑微分法为第一类换元积分法.

显然,恰当地选取$\varphi(x)$是运用凑微分法的关键. 虽$\varphi(x)$的选取并无一定的规律可循,但在式(4.4.1)中,将可微函数$\varphi(x)$特殊化,即得一些常用凑微分公式.

(1)在式(4.4.1)中,令$\varphi(x)=ax^n+b(a\neq 0)$,整理得

$$\int f(ax^n+b)x^{n-1}\mathrm{d}x=\frac{1}{na}\int f(ax^n+b)\mathrm{d}(ax^n+b). \tag{4.4.2}$$

①在式(4.4.2)中,令 $n=1$,并设 $\int f(x)\mathrm{d}x=F(x)+C$,得

$$\int f(ax+b)\mathrm{d}x=\frac{1}{a}\int f(ax+b)\mathrm{d}(ax+b)=\frac{1}{a}F(ax+b)+C.$$

例 4.4.1　求不定积分 $\int \sin 5x\mathrm{d}x$.

解　$\int \sin 5x\mathrm{d}x=\frac{1}{5}\int \sin 5x\mathrm{d}(5x)=-\frac{1}{5}\cos 5x+C.$

例 4.4.2　求不定积分 $\int \sqrt{\mathrm{e}^x}\mathrm{d}x$.

解　$\int \sqrt{\mathrm{e}^x}\mathrm{d}x=\int \mathrm{e}^{\frac{x}{2}}\mathrm{d}x=2\int \mathrm{e}^{\frac{x}{2}}\mathrm{d}\left(\frac{x}{2}\right)=2\mathrm{e}^{\frac{x}{2}}+C.$

例 4.4.3　求下列各不定积分(口答):

(1) $\int \cos(1-2x)\mathrm{d}x$;　(2) $\int (3+4x)^{20}\mathrm{d}x$;　(3) $\int \frac{1}{\sqrt{3+4x}}\mathrm{d}x$;

(4) $\int \frac{1}{(3+4x)^2}\mathrm{d}x$;　(5) $\int \frac{1}{3+4x}\mathrm{d}x$;　(6) $\int \mathrm{e}^{2x-3}\mathrm{d}x$.

答　(1) $-\frac{1}{2}\sin(1-2x)+C$;(2) $\frac{1}{4}\frac{(3+4x)^{21}}{21}+C=\frac{(3+4x)^{21}}{84}+C$;

(3) $\frac{1}{4}\times 2\sqrt{3+4x}+C=\frac{1}{2}\sqrt{3+4x}+C$;(4) $\frac{1}{4}\cdot\frac{-1}{3+4x}+C=-\frac{1}{4(3+4x)}+C$;

(5) $\frac{1}{4}\ln|3x+4|+C$;(6) $\frac{1}{2}\mathrm{e}^{2x-3}+C$.

例 4.4.4　求不定积分 $\int \frac{1}{a^2-x^2}\mathrm{d}x\ (a\neq 0)$(结果可作公式直接使用).

解

$$\begin{aligned}\int \frac{1}{a^2-x^2}\mathrm{d}x&=\frac{1}{2a}\int \frac{(a-x)+(a+x)}{(a-x)\cdot(a+x)}\mathrm{d}x=\frac{1}{2a}\int \frac{1}{a+x}\mathrm{d}x+\frac{1}{2a}\int \frac{1}{a-x}\mathrm{d}x\\&=\frac{1}{2a}\int \frac{1}{a+x}\mathrm{d}(a+x)-\frac{1}{2a}\int \frac{1}{a-x}\mathrm{d}(a-x)\\&=\frac{1}{2a}\ln|a+x|-\frac{1}{2a}\ln|a-x|+C=\frac{1}{2a}\ln\left|\frac{a+x}{a-x}\right|+C.\end{aligned}$$

例 4.4.5　求不定积分 $\int \frac{1}{\sqrt{3+2x-x^2}}\mathrm{d}x$.

解

$$\begin{aligned}\int \frac{1}{\sqrt{3+2x-x^2}}\mathrm{d}x&=\int \frac{1}{\sqrt{4-(x-1)^2}}\mathrm{d}x\\&=\int \frac{1}{\sqrt{4-(x-1)^2}}\mathrm{d}(x-1)=\arcsin\frac{x-1}{2}+C.\end{aligned}$$

例 4.4.6　求不定积分 $\int \frac{x^2}{4+9x^2}\mathrm{d}x$.

解

$$\begin{aligned}\int \frac{x^2}{4+9x^2}\mathrm{d}x&=\frac{1}{9}\int \frac{9x^2+4-4}{4+9x^2}\mathrm{d}x=\frac{1}{9}\int \mathrm{d}x-\frac{4}{27}\int \frac{1}{2^2+(3x)^2}\mathrm{d}(3x)\\&=\frac{x}{9}-\frac{2}{27}\arctan\frac{3x}{2}+C.\end{aligned}$$

②在式(4.4.2)中,分别令 $n=2$、$n=\frac{1}{2}$、$n=-1$,得

$$\int f(ax^2+b)x\mathrm{d}x=\frac{1}{2a}\int f(ax^2+b)\mathrm{d}(ax^2+b);$$

$$\int f(a\sqrt{x}+b)\frac{1}{\sqrt{x}}\mathrm{d}x=\frac{2}{a}\int f(a\sqrt{x}+b)\mathrm{d}(a\sqrt{x}+b);$$

$$\int f\left(\frac{a}{x}+b\right)\frac{1}{x^2}\mathrm{d}x=-\frac{1}{a}\int f\left(\frac{a}{x}+b\right)\mathrm{d}\left(\frac{a}{x}+b\right).$$

例 4.4.7 求不定积分 $\int\frac{1}{x^2}\sin\frac{1}{x}\mathrm{d}x$.

解 $\int\frac{1}{x^2}\sin\frac{1}{x}\mathrm{d}x=-\int\sin\frac{1}{x}\mathrm{d}\left(\frac{1}{x}\right)=\cos\frac{1}{x}+C.$

例 4.4.8 求不定积分 $\int\frac{1}{\sqrt{x}}\mathrm{e}^{\sqrt{x}}\mathrm{d}x$.

解 $\int\frac{1}{\sqrt{x}}\mathrm{e}^{\sqrt{x}}\mathrm{d}x=2\int\mathrm{e}^{\sqrt{x}}\mathrm{d}(\sqrt{x})=2\mathrm{e}^{\sqrt{x}}+C.$

例 4.4.9 求不定积分 $\int\frac{1}{\sqrt{x}(1+x)}\mathrm{d}x$.

解 $\int\frac{1}{\sqrt{x}(1+x)}\mathrm{d}x=\int\frac{1}{1+(\sqrt{x})^2}\frac{1}{\sqrt{x}}\mathrm{d}x=2\int\frac{1}{1+(\sqrt{x})^2}\mathrm{d}(\sqrt{x})=2\arctan\sqrt{x}+C.$

例 4.4.10 求不定积分 $\int\frac{x}{\sqrt{a^2-x^2}}\mathrm{d}x$.

解
$$\begin{aligned}\int\frac{x}{\sqrt{a^2-x^2}}\mathrm{d}x&=\frac{1}{2}\int\frac{1}{\sqrt{a^2-x^2}}\mathrm{d}(x^2)\\&=-\frac{1}{2}\int\frac{1}{\sqrt{a^2-x^2}}\mathrm{d}(a^2-x^2)=-\sqrt{a^2-x^2}+C.\end{aligned}$$

例 4.4.11 求不定积分 $\int\frac{x}{1+x^4}\mathrm{d}x$.

解 $\int\frac{x}{1+x^4}\mathrm{d}x=\frac{1}{2}\int\frac{1}{1+(x^2)^2}\mathrm{d}(x^2)=\frac{1}{2}\arctan x^2+C.$

例 4.4.12 求定积分 $\int_0^1\frac{x^3}{1+x^2}\mathrm{d}x$ 的值.

解
$$\begin{aligned}\int_0^1\frac{x^3}{1+x^2}\mathrm{d}x&=\int_0^1\frac{(x^3+x)-x}{1+x^2}\mathrm{d}x=\int_0^1\frac{x(1+x^2)}{1+x^2}\mathrm{d}x-\int_0^1\frac{x}{1+x^2}\mathrm{d}x\\&=\int_0^1x\mathrm{d}x-\frac{1}{2}\int_0^1\frac{1}{1+x^2}\mathrm{d}(1+x^2)=\frac{x^2}{2}\Big|_0^1-\frac{1}{2}\ln(1+x^2)\Big|_0^1=\frac{1}{2}-\frac{1}{2}\ln 2\\&=\frac{1}{2}(1-\ln 2).\end{aligned}$$

例 4.4.13 求不定积分 $\int\frac{2x-1}{\sqrt{1-x^2}}\mathrm{d}x$.

解 $\int \frac{2x-1}{\sqrt{1-x^2}}dx = \int \frac{2x}{\sqrt{1-x^2}}dx - \int \frac{1}{\sqrt{1-x^2}}dx$

$$= -\int \frac{1}{\sqrt{1-x^2}}d(1-x^2) - \arcsin x = -2\sqrt{1-x^2} - \arcsin x + C.$$

例 4.4.14 求不定积分$\int \frac{1}{x(1+x^2)}dx$.

解 $\int \frac{1}{x(1+x^2)}dx = \int \frac{1+x^2-x^2}{x(1+x^2)}dx = \int \frac{1}{x}dx - \int \frac{x}{1+x^2}dx$

$$= \ln|x| - \frac{1}{2}\ln(1+x^2) + C.$$

(2)在式(4.4.1)中,分别令

$\varphi(x) = A\arctan x + B(A \neq 0)$;

$\varphi(x) = A\text{arccot}\, x + B(A \neq 0)$;

$\varphi(x) = A\arcsin x + B(A \neq 0)$;

$\varphi(x) = A\arccos x + B(A \neq 0)$.

整理得

$$\int f(A\arctan x + B)\frac{1}{1+x^2}dx = \frac{1}{A}\int f(A\arctan x + B)d(A\arctan x + B);$$

$$\int f(A\text{arccot}\, x + B)\frac{1}{1+x^2}dx = -\frac{1}{A}\int f(A\text{arccot}\, x + B)d(A\text{arccot}\, x + B);$$

$$\int f(A\arcsin x + B)\frac{1}{\sqrt{1-x^2}}dx = \frac{1}{A}\int f(A\arcsin x + B)d(A\arcsin x + B);$$

$$\int f(A\arccos x + B)\frac{1}{\sqrt{1-x^2}}dx = -\frac{1}{A}\int f(A\arccos x + B)d(A\arccos x + B).$$

例 4.4.15 求不定积分$\int \frac{\arctan x}{1+x^2}dx$.

解 $\int \frac{\arctan x}{1+x^2}dx = \int \arctan x\, d(\arctan x) = \frac{1}{2}(\arctan x)^2 + C.$

例 4.4.16 求不定积分$\int \frac{1}{(\arccos x)^2\sqrt{1-x^2}}dx$.

解 $\int \frac{1}{(\arccos x)^2\sqrt{1-x^2}}dx = -\int \frac{1}{(\arccos x)^2}d(\arccos x) = \frac{1}{\arccos x} + C.$

(3)在式(4.4.1)中,分别令

$\varphi(x) = a\ln x + b(a \neq 0)$;

$\varphi(x) = ae^x + b(a \neq 0)$.

整理得

$$\int f(a\ln x + b)\frac{1}{x}dx = \frac{1}{a}\int f(a\ln x + b)d(a\ln x + b);$$

$$\int f(ae^x + b)e^x dx = \frac{1}{a}\int f(ae^x + b)d(ae^x + b).$$

例 4.4.17 求定积分$\int_1^e \frac{\ln x}{x}dx$的值.

解 $\int_1^e \frac{\ln x}{x}dx = \int_1^e \ln x d(\ln x) = \frac{1}{2}\ln^2 x \Big|_1^e = \frac{1}{2}.$

例 4.4.18 求不定积分$\int \frac{\ln x}{x\sqrt{1+\ln x}}dx$.

解
$$\int \frac{\ln x}{x\sqrt{1+\ln x}}dx = \int \frac{\ln x}{\sqrt{1+\ln x}}d(\ln x) = \int \frac{(\ln x+1)-1}{\sqrt{1+\ln x}}d(1+\ln x)$$
$$= \int \sqrt{1+\ln x}d(1+\ln x) - \int \frac{1}{\sqrt{1+\ln x}}d(1+\ln x)$$
$$= \frac{2}{3}(1+\ln x)^{\frac{3}{2}} - 2\sqrt{1+\ln x} + C.$$

例 4.4.19 求不定积分$\int \frac{1}{1+e^x}dx$.

解
$$\int \frac{1}{1+e^x}dx = \int \frac{(1+e^x)-e^x}{1+e^x}dx = \int \left(1-\frac{e^x}{1+e^x}\right)dx$$
$$= \int dx - \int \frac{1}{1+e^x}d(1+e^x) = x - \ln(1+e^x) + C.$$

例 4.4.20 求不定积分$\int \frac{1}{e^x - e^{-x}}dx$.

解
$$\int \frac{1}{e^x-e^{-x}}dx = \int \frac{1}{e^x - \frac{1}{e^x}}dx = \int \frac{e^x}{(e^x)^2-1}dx$$
$$= -\int \frac{1}{1-(e^x)^2}d(e^x) = -\frac{1}{2}\int \left(\frac{1}{1-e^x}+\frac{1}{1+e^x}\right)d(e^x)$$
$$= -\frac{1}{2}\ln\left|\frac{1+e^x}{1-e^x}\right| + C.$$

4.4.2 第二类换元积分法

由式$\int g(x)dx = \int f[\varphi(x)]\varphi'(x)dx = \int f[\varphi(x)]d[\varphi(x)] = \int f(u)du$知,第一类换元积分法(凑微分法)是把被积表达式$g(x)dx$凑成$f[\varphi(x)]d[\varphi(x)]$,然后进行换元$u=\varphi(x)$,再通过求出$\int f(u)du$来求出$\int g(x)dx$的. 但有时情形刚好相反,即$\int f(u)du$不易求出,这时若作适当的变量代换$u=\varphi(x)$,将被积表达式$f(u)du$变换成$f[\varphi(x)]\varphi'(x)dx$,而$\int f[\varphi(x)]\varphi'(x)dx$却容易求出. 这样,就得到换元积分法的另一种情形——第二类换元积分法.

定理 4.4.2 设函数$f(x)$连续,函数$x=\varphi(t)$有连续的导数且$\varphi'(t)\neq 0$,则
$$\int f(x)dx = \int f[\varphi(t)]\varphi'(t)dt. \tag{4.4.3}$$
需要特别指出的是,使用第二类换元积分法并不能直接将题目解出,而只是将原题目转

化为另一个更为易于解出的形式. 使用第二类换元积分法的关键在于,针对被积函数的特点而选择适当的变换 $x=\varphi(t)$. 对此没有一定的规律可循,通常的作法是试探代换掉被积函数中比较难处理的项. 一般地,当被积函数中含有无理函数式、对数函数式或反三角函数式的时候,通常要使用第二类换元积分法.

变量替换后,原来关于积分变量 x 的不定积分转化为关于新积分变量 t 的不定积分,在求出关于新积分变量 t 的不定积分后,必须换回原来的积分变量 x.

例 4.4.21　求不定积分 $\int x\sqrt{x-6}\,\mathrm{d}x$.

解　设 $\sqrt{x-6}=t$,则 $x=t^2+6$, $\mathrm{d}x=2t\mathrm{d}t$,从而

$$\int x\sqrt{x-6}\,\mathrm{d}x=\int 2t^2(t^2+6)\,\mathrm{d}t=\frac{2}{5}t^5+4t^3+C=\frac{2}{5}(x-6)^{\frac{5}{2}}+4(x-6)^{\frac{3}{2}}+C.$$

用第二类换元积分法求不定积分时,求出关于新积分变量 t 的不定积分后必须换回原来的积分变量 x,而这一步有时相当复杂. 但下面的定理 4.4.3 表明,用第二类换元积分法计算定积分时,只要随着积分变量的替换相应地替换定积分的上下限,则可在求出新积分变量的原函数后不必换回原来的积分变量,而可以直接将新积分限代入牛顿—莱布尼茨公式进行计算,从而使计算得以简化.

定理 4.4.3　设函数 $x=\varphi(t)$ 在闭区间 $[\alpha,\beta]$ 上有连续的导数且值域为 I,函数 $f(x)$ 在 I 上连续,且 $\varphi(\alpha)=a$, $\varphi(\beta)=b$,则

$$\int_a^b f(x)\,\mathrm{d}x=\int_\alpha^\beta f[\varphi(t)]\varphi'(t)\,\mathrm{d}t. \tag{4.4.4}$$

例 4.4.22　求定积分 $\int_1^{64}\frac{1}{\sqrt{x}(1+\sqrt[3]{x})}\mathrm{d}x$.

解　设 $\sqrt[6]{x}=t$,则 $x=t^6$, $\mathrm{d}x=6t^5\mathrm{d}t$,且当 $x=1$ 时, $t=1$; $x=64$ 时, $t=2$.

从而 $$\int_1^{64}\frac{1}{\sqrt{x}(1+\sqrt[3]{x})}\mathrm{d}x=\int_1^2\frac{6t^5}{t^3(1+t^2)}\mathrm{d}t=6\int_1^2\frac{t^2}{1+t^2}\mathrm{d}t=6\int_1^2\frac{1+t^2-1}{1+t^2}\mathrm{d}t$$

$$=6\int_1^2\left(1-\frac{1}{1+t^2}\right)\mathrm{d}t=6(t-\arctan t)\Big|_1^2=6\left(1+\frac{\pi}{4}-\arctan 2\right).$$

例 4.4.23　设函数 $f(x)$ 在 $[-a,a]\,(a>0)$ 上可积,证明:

$$\int_{-a}^a f(x)\,\mathrm{d}x=\int_0^a[f(x)+f(-x)]\,\mathrm{d}x. \tag{4.4.5}$$

证　由定积分对区间的可加性,有

$$\int_{-a}^a f(x)\,\mathrm{d}x=\int_{-a}^0 f(x)\,\mathrm{d}x+\int_0^a f(x)\,\mathrm{d}x.$$

对 $\int_{-a}^0 f(x)\,\mathrm{d}x$,设 $x=-t$,则 $\mathrm{d}x=-\mathrm{d}t$. 且当 $x=-a$ 时, $t=a$;当 $x=0$ 时, $t=0$,由定积分定义的补充规定和定积分的值与积分变量的无关性,得

$$\int_{-a}^0 f(x)\,\mathrm{d}x=-\int_a^0 f(-t)\,\mathrm{d}t=\int_0^a f(-t)\,\mathrm{d}t=\int_0^a f(-x)\,\mathrm{d}x,$$

所以 $$\int_{-a}^a f(x)\,dx=\int_0^a[f(x)+f(-x)]\,\mathrm{d}x.$$

特别地,若函数 $f(x)$ 为奇函数,则 $f(-x)=-f(x)$,此时 $f(-x)+f(x)=0$;若函数 $f(x)$

为偶函数,则$f(-x)=f(x)$,此时$f(x)+f(-x)=2f(x)$. 因此,有

$$\int_{-a}^{a} f(x)\mathrm{d}x=\begin{cases}0, & \text{当} f(x) \text{为可积的奇函数时;} \\ 2\int_{0}^{a} f(x)\mathrm{d}x, & \text{当} f(x) \text{为可积的偶函数时.}\end{cases} \tag{4.4.6}$$

例 4.4.24 求定积分$\int_{-\frac{\pi}{4}}^{\frac{\pi}{4}}\frac{1+x^3}{\cos^2 x}\mathrm{d}x$的值.

解 因在$\left[-\frac{\pi}{4},\frac{\pi}{4}\right]$上函数$\frac{1}{\cos^2 x}$是偶函数,函数$\frac{x^3}{\cos^2 x}$是奇函数,由式(4.4.6)得

$$\int_{-\frac{\pi}{4}}^{\frac{\pi}{4}}\frac{1+x^3}{\cos^2 x}\mathrm{d}x=2\int_{0}^{\frac{\pi}{4}}\frac{1}{\cos^2 x}\mathrm{d}x=2\tan x\Big|_{0}^{\frac{\pi}{4}}=2.$$

例 4.4.25 求定积分$\int_{0}^{4}\cos(\sqrt{x}-1)\mathrm{d}x$的值.

解 设$\sqrt{x}-1=t$,则$x=(t+1)^2$,$\mathrm{d}x=2(t+1)\mathrm{d}t$. 当$x=0$时,$t=-1$;$x=4$时,$t=1$.

故 $$\int_{0}^{4}\cos(\sqrt{x}-1)\mathrm{d}x=2\int_{-1}^{1}(t+1)\cos t\mathrm{d}t=2\int_{-1}^{1}t\cos t\mathrm{d}t+2\int_{-1}^{1}\cos t\mathrm{d}t.$$

因在$[-1,1]$上,函数$\cos t$是偶函数,函数$t\cos t$是奇函数,由式(4.4.6)得

$$\int_{0}^{4}\cos(\sqrt{x}-1)\mathrm{d}x=4\int_{0}^{1}\cos t\mathrm{d}t=4\sin t\Big|_{0}^{1}=4\sin 1.$$

4.4.3 知识拓展

一题多解

例 4.4.26 求不定积分$\int\sin x\cos x\mathrm{d}x$.

解 (法 1)$\int\sin x\cos x\mathrm{d}x=\frac{1}{2}\int\sin 2x\mathrm{d}x=\frac{1}{4}\int\sin 2x\mathrm{d}(2x)=-\frac{1}{4}\cos 2x+C.$

(法 2)$\int\sin x\cos x\mathrm{d}x=\int\sin x\mathrm{d}(\sin x)=\frac{1}{2}\sin^2 x+C.$

(法 3)$\int\sin x\cos x\mathrm{d}x=-\int\cos x\mathrm{d}(\cos x)=-\frac{1}{2}\cos^2 x+C.$

对同一个不定积分可以用不同的方法计算,因所用方法的不同,所得结果的形式也可能不同(有时可能相差很大). 但经过变形,不同解法所得的原函数之间至多只差一个常数,它包含在任意常数C中. 由此可知,在不定积分的结果中,任意常数C是必不可少的. 例如,在本例中,有

$$-\frac{1}{4}\cos 2x=-\frac{1}{4}(1-2\sin^2 x)=\frac{1}{2}\sin^2 x-\frac{1}{4}=\frac{1}{2}(1-\cos^2 x)-\frac{1}{4}=-\frac{1}{2}\cos^2 x+\frac{1}{2}.$$

此外,当变形较复杂时可通过对同一个不定积分不同解法的结果求导数,看其导数是否等于被积函数,来验证所求不定积分的结果是否正确.

4.4.4　习题4.4

1. 求下列积分：

(1) $\int \frac{2}{1-4x}dx$；(2) $\int_0^1 \frac{1}{\sqrt[3]{(4-3x)^2}}dx$；(3) $\int_0^{16} \frac{1}{\sqrt{x+9}-\sqrt{x}}dx$；(4) $\int_0^3 \frac{x}{\sqrt{1+x}}dx$；

(5) $\int \frac{\sqrt{x(1+x)}}{\sqrt{x}+\sqrt{1+x}}dx$；(6) $\int \frac{1}{x(1-x)}dx$；(7) $\int \frac{x}{(1+x)^2}dx$；(8) $\int \frac{1}{x(1-x)^2}dx$；

(9) $\int \frac{1}{x^2(1+x)}dx$；(10) $\int_{-2}^0 \frac{1}{x^2+2x+2}dx$；(11) $\int \frac{1}{\sqrt{3-2x-x^2}}dx$；(12) $\int \frac{x^2}{x^4-1}dx$.

2. 求下列积分：

(1) $\int x\sqrt{1-25x^2}\,dx$；　(2) $\int \frac{x}{(1+x^2)^2}dx$；　(3) $\int \frac{4x}{1-x^4}dx$；

(4) $\int e^{2x^2+\ln x}dx$；　(5) $\int \frac{x^3}{\sqrt{1+x^2}}dx$；　(6) $\int \frac{1}{x(x^2-1)}dx$；

(7) $\int \frac{1}{(1+x)(1+x^2)}dx$；　(8) $\int \sqrt{\frac{1-x}{1+x}}dx$；　(9) $\int \frac{x}{x-\sqrt{x^2-1}}dx$；

(10) $\int_{-1}^1 (x+\sqrt{1-x^2})^2 dx$；　(11) $\int \frac{1}{\sqrt{x-x^2}}dx$；　(12) $\int \frac{4}{x^2}\cos\frac{1+x}{x}dx$.

3. 求下列不定积分：

(1) $\int \frac{e^{\arctan x}}{1+x^2}dx$；(2) $\int \sqrt{\frac{\arcsin x}{1-x^2}}dx$；(3) $\int \frac{1}{x(1+2\ln x)}dx$；(4) $\int \frac{1}{x(2+\ln^2 x)}dx$；

(5) $\int \frac{\sin(\ln x)\cos(\ln x)}{x}dx$；(6) $\int e^x\sqrt{3+2e^x}\,dx$；(7) $\int e^{e^x+x}dx$；(8) $\int \frac{1}{(1+e^x)^2}dx$；

(9) $\int \frac{1}{e^x+e^{-x}}dx$；(10) $\int \frac{1}{e^x-e^{2x}}dx$；(11) $\int \frac{1}{e^x(1-e^{2x})}dx$；(12) $\int \frac{e^{2x}}{\sqrt{1+e^x}}dx$.

4. 求下列积分：

(1) $\int_1^4 \frac{1}{x+\sqrt{x}}dx$；(2) $\int_2^{\frac{5}{2}} x\sqrt{5-2x}\,dx$；(3) $\int_{-1}^1 \frac{x}{\sqrt{5-4x}}dx$；(4) $\int \frac{\sqrt{x-1}}{x}dx$；

(5) $\int \frac{1}{1+\sqrt[3]{x+1}}dx$；(6) $\int \frac{1}{\sqrt[4]{x}+\sqrt{x}}dx$；(7) $\int \frac{1}{\sqrt{x}(4-\sqrt[3]{x})}dx$；(8) $\int_1^{16} \frac{1}{2+\sqrt[4]{x}}dx$.

5. 设函数$f(x)$在$(-\infty,+\infty)$上可积，且当$x,y\in\mathbf{R}$时，有$f(x+y)=f(x)+f(y)$，求定积分$\int_{-1}^1 (1+x^2)f(x)\,dx$.

6. 设函数$f(x)=e^{-2x}$，求不定积分$\int \frac{f'(\ln x)}{x}dx$.

7. 设$\int xf(x)\,dx=\arcsin x+c$，求不定积分$\int \frac{1}{f(x)}dx$.

8. 设$\frac{\ln x}{x}$为函数$f(x)$的一个原函数，求不定积分$\int xf(x)\,dx$.

9. 设函数$f(x)$满足$f(x^2-1)=\ln\dfrac{x^2}{x^2-2}$,$f[\varphi(x)]=\ln x$,求不定积分$\int\varphi(x)\mathrm{d}x$.

4.5 含三角函数式的积分

4.5.1 直接积分法

例4.5.1 求不定积分$\int\tan^2x\mathrm{d}x$.

解 $\int\tan^2x\mathrm{d}x=\int(\sec^2x-1)\mathrm{d}x=\tan x-x+C.$

例4.5.2 求不定积分$\int\dfrac{1}{1+\cos 2x}\mathrm{d}x$.

解 $\int\dfrac{1}{1+\cos 2x}\mathrm{d}x=\int\dfrac{1}{2\cos^2x}\mathrm{d}x=\dfrac{1}{2}\tan x+C.$

例4.5.3 求不定积分$\int\cos^2\dfrac{x}{2}\mathrm{d}x$.

解 $\int\cos^2\dfrac{x}{2}\mathrm{d}x=\int\dfrac{1+\cos x}{2}\mathrm{d}x=\dfrac{1}{2}(x+\sin x)+C.$

例4.5.4 求不定积分$\int\dfrac{1}{\sin^2\dfrac{x}{2}\cos^2\dfrac{x}{2}}\mathrm{d}x$.

解 $\int\dfrac{1}{\sin^2\dfrac{x}{2}\cos^2\dfrac{x}{2}}\mathrm{d}x=\int\dfrac{4}{\sin^2x}\mathrm{d}x=-4\cot x+C.$

例4.5.5 求不定积分$\int\dfrac{1}{\sin^2x\cdot\cos^2x}\mathrm{d}x$.

解
$$\begin{aligned}\int\frac{1}{\sin^2x\cdot\cos^2x}\mathrm{d}x&=\int\frac{\sin^2x+\cos^2x}{\sin^2x\cdot\cos^2x}\mathrm{d}x\\&=\int\left(\frac{1}{\cos^2x}+\frac{1}{\sin^2x}\right)\mathrm{d}x=\tan x-\cot x+C.\end{aligned}$$

例4.5.6 求不定积分$\int\dfrac{\cos 2x}{\cos x-\sin x}\mathrm{d}x$.

解
$$\begin{aligned}\int\frac{\cos 2x}{\cos x-\sin x}\mathrm{d}x&=\int\frac{\cos^2x-\sin^2x}{\cos x-\sin x}\mathrm{d}x\\&=\int(\cos x+\sin x)\mathrm{d}x=\sin x-\cos x+C.\end{aligned}$$

4.5.2 第一类换元积分法

例4.5.7 求不定积分$\int\cos^2x\mathrm{d}x$.

解 $\int\cos^2x\mathrm{d}x=\dfrac{1}{2}\int(1+\cos 2x)\mathrm{d}x.$

$$=\frac{1}{2}\int \mathrm{d}x+\frac{1}{4}\int \cos 2x\mathrm{d}(2x)=\frac{x}{2}+\frac{1}{4}\sin 2x+C.$$

在式(4.4.1)中,令

$\varphi(x)=a\sin x+b(a\neq 0)$;

或令　$\varphi(x)=a\cos x+b(a\neq 0)$;

或令　$\varphi(x)=a\tan x+b(a\neq 0)$;

或令　$\varphi(x)=a\cot x+b(a\neq 0)$.

整理得

$$\int f(a\cos x+b)\sin x\mathrm{d}x=-\frac{1}{a}\int f(a\cos x+b)\mathrm{d}(a\cos x+b);$$

$$\int f(a\sin x+b)\cos x\mathrm{d}x=\frac{1}{a}\int f(a\sin x+b)\mathrm{d}(a\sin x+b);$$

$$\int f(a\tan x+b)\sec^2 x\mathrm{d}x=\frac{1}{a}\int f(a\tan x+b)\mathrm{d}(a\tan x+b);$$

$$\int f(a\cot x+b)\csc^2 x\mathrm{d}x=-\frac{1}{a}\int f(a\cot x+b)\mathrm{d}(a\cot x+b).$$

例 4.5.8　求不定积分$\int \tan x\mathrm{d}x,\int \cot x\mathrm{d}x$(结果可作公式直接使用).

解　$\int \tan x\mathrm{d}x=\int \frac{\sin x}{\cos x}\mathrm{d}x=-\int \frac{1}{\cos x}\mathrm{d}(\cos x)=-\ln|\cos x|+C.$

同理可得$\int \cot x\mathrm{d}x=\ln|\sin x|+C.$

例 4.5.9　求不定积分$\int \sin^4 x\cos^3 x\mathrm{d}x.$

解　
$$\int \sin^4 x\cos^3 x\mathrm{d}x=\int \sin^4 x\cdot\cos^2 x\cdot\cos x\mathrm{d}x=\int \sin^4 x(1-\sin^2 x)\mathrm{d}(\sin x)$$
$$=\int \sin^4 x\mathrm{d}(\sin x)-\int \sin^6 x\mathrm{d}(\sin x)=\frac{1}{5}\sin^5 x-\frac{1}{7}\sin^7 x+C.$$

例 4.5.10　求不定积分$\int \sec x\mathrm{d}x,\int \csc x\mathrm{d}x$(结果可作公式直接使用).

解　
$$\int \sec x\mathrm{d}x=\int \frac{1}{\cos x}\mathrm{d}x=\int \frac{\cos x}{\cos^2 x}\mathrm{d}x=\int \frac{1}{1-\sin^2 x}\mathrm{d}(\sin x)$$
$$=\frac{1}{2}\ln\left|\frac{1+\sin x}{1-\sin x}\right|+C=\frac{1}{2}\ln\left|\frac{(1+\sin x)^2}{(1-\sin x)(1+\sin x)}\right|+C$$
$$=\ln\left|\frac{1+\sin x}{\cos x}\right|+C=\ln|\sec x+\tan x|+C.$$

同理可得$\int \csc x\mathrm{d}x=\ln|\csc x-\cot x|+C.$

例 4.5.11　求不定积分$\int \tan^4 x\mathrm{d}x.$

解　
$$\int \tan^4 x\mathrm{d}x=\int \tan^2 x\cdot\tan^2 x\mathrm{d}x=\int \tan^2 x(\sec^2 x-1)\mathrm{d}x$$
$$=\int \tan^2 x\cdot\sec^2 x\mathrm{d}x-\int \tan^2 x\mathrm{d}x$$

$$=\int \tan^2 x\mathrm{d}(\tan x)-\int(\sec^2 x-1)\mathrm{d}x=\frac{1}{3}\tan^3 x-\tan x+x+C.$$

例 4.5.12 求不定积分$\int\frac{\cos^2 x}{\sin^6 x}\mathrm{d}x$.

解 $\int\frac{\cos^2 x}{\sin^6 x}\mathrm{d}x=\int\frac{\cos^2 x}{\sin^2 x}\cdot\frac{1}{\sin^4 x}\mathrm{d}x=\int\cot^2 x\csc^4 x\mathrm{d}x$

$$=\int\cot^2 x\cdot\csc^2 x\cdot\csc^2 x\mathrm{d}x=-\int\cot^2 x(1+\cot^2 x)\mathrm{d}(\cot x)$$

$$=-\int(\cot^2 x+\cot^4 x)\mathrm{d}(\cot x)=-\left(\frac{1}{3}\cot^3 x+\frac{1}{5}\cot^5 x\right)+C.$$

4.5.3 第二类换元积分法(三角代换)

(1)若被积函数中含有$\sqrt{a^2-x^2}$,则设$x=a\sin t\left(a>0,-\frac{\pi}{2}<t<\frac{\pi}{2}\right)$. 这时,$x'=a\cos t$在区间$\left(-\frac{\pi}{2},\frac{\pi}{2}\right)$内连续且大于零,,满足第二换元积分法的条件. 因此,

$$\sqrt{a^2-x^2}=\sqrt{a^2-a^2\sin^2 t}=\sqrt{a^2(1-\sin^2 t)}=\sqrt{a^2\cos t}=a\cos t.$$

(2)若被积函数中含有$\sqrt{a^2+x^2}$,则设$x=a\tan t\left(a>0,-\frac{\pi}{2}<t<\frac{\pi}{2}\right)$. 这时,$x'=a\sec^2 t$在区间$\left(-\frac{\pi}{2},\frac{\pi}{2}\right)$内连续且大于零,满足第二换元积分法的条件. 因此,

$$\sqrt{a^2+x^2}=\sqrt{a^2+a^2\tan^2 t}=\sqrt{a^2(1+\tan^2 t)}=\sqrt{a^2\sec^2 t}=a\sec t.$$

(3)若被积函数中含有$\sqrt{x^2-a^2}$,则设$x=a\sec t\left(a>0;t\in\left(0,\frac{\pi}{2}\right)\cup\left(\frac{\pi}{2},\pi\right)\right)$. 这时,$x'=a\sec t\cdot\tan t$在$\left(0,\frac{\pi}{2}\right)$与$\left(\frac{\pi}{2},\pi\right)$内连续且大于零,满足第二类换元积分法的条件. 因此,

$$\sqrt{x^2-a^2}=\sqrt{a^2\sec^2 t-a^2}=\sqrt{a^2(\sec^2 t-1)}=\sqrt{a^2\tan^2 t}=a|\tan t|.$$

对三角代换,通常利用直角三角形的边角关系,以所作的三角代换为依据,作出辅助直角三角形,以助于将新积分变量t换回原来的积分变量x.

例 4.5.13 求不定积分$\int\sqrt{a^2-x^2}\mathrm{d}x(a>0)$.

解 设$x=a\sin t\left(-\frac{\pi}{2}<t<\frac{\pi}{2}\right)$,则$\mathrm{d}x=a\cos t\mathrm{d}t$, $\sqrt{a^2-x^2}=a\cos t$.

$$\int\sqrt{a^2-x^2}\mathrm{d}x=\int a\cos t\cdot a\cos t\mathrm{d}t=\frac{a^2}{2}\int(1+\cos 2t)\mathrm{d}t$$

$$=\frac{a^2}{2}\left(t+\frac{1}{2}\sin 2t\right)+C=\frac{a^2}{2}(t+\sin t\cos t)+C.$$

根据$x=a\sin t$,作辅助直角三角形(图 4.5.1),将

$$\sin t=\frac{x}{a},\cos t=\frac{\sqrt{a^2-x^2}}{a},t=\arcsin\frac{x}{a}$$

代入上式，得

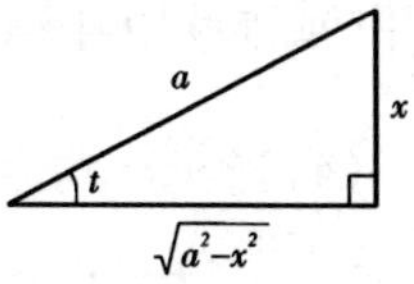

$$\int \sqrt{a^2 - x^2}\mathrm{d}x = \frac{a^2}{2}\arcsin\frac{x}{a} + \frac{x}{2}\sqrt{a^2 - x^2} + C.$$

图4.5.1

例4.5.14　求不定积分$\int \frac{1}{x^2\sqrt{1+x^2}}\mathrm{d}x$.

解　设$x=\tan t\left(-\frac{\pi}{2}<t<\frac{\pi}{2}\right)$，则$\mathrm{d}x=\sec^2 t\mathrm{d}t$，$\sqrt{1+x^2}=\sec t$.

$$\int \frac{1}{x^2\sqrt{1+x^2}}\mathrm{d}x = \int \frac{1}{\tan^2 t\sec t}\sec^2 t\mathrm{d}t = \int \frac{\cos t}{\sin^2 t}\mathrm{d}t$$

$$= \int \frac{1}{\sin^2 t}\mathrm{d}(\sin t) = -\frac{1}{\sin t} + C.$$

根据$x=\tan t$，作辅助直角三角形(图4.5.2)，得

$$\sin t = \frac{x}{\sqrt{1+x^2}},$$

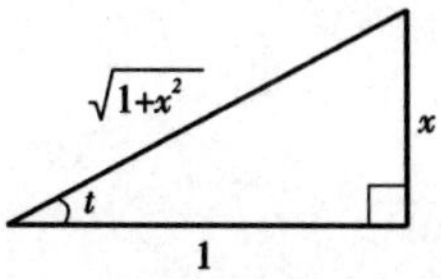

所以

$$\int \frac{1}{x^2\sqrt{1+x^2}}\mathrm{d}x = -\frac{\sqrt{1+x^2}}{x} + C.$$

图4.5.2

例4.5.15　求定积分$\int_1^2 \frac{\sqrt{x^2-1}}{x}\mathrm{d}x$.

解　设$x=\sec t\left(0\leqslant t\leqslant\frac{\pi}{2}\right)$，$\mathrm{d}x=\tan t\sec t\mathrm{d}t$，$\sqrt{x^2-1}=\tan t$，且当$x=1$时，$t=0$；$x=2$时，$t=\frac{\pi}{3}$. 从而

$$\int_1^2 \frac{\sqrt{x^2-1}}{x}\mathrm{d}x = \int_0^{\frac{\pi}{3}} \frac{\tan t}{\sec t}\tan t\sec t\mathrm{d}t = \int_0^{\frac{\pi}{3}} \tan^2 t\mathrm{d}t = \int_0^{\frac{\pi}{3}} (\sec^2 t - 1)\mathrm{d}t$$

$$= (\tan t - t)\Big|_0^{\frac{\pi}{3}} = \sqrt{3} - \frac{\pi}{3}.$$

4.5.4　知识拓展

几类含三角函数有理式的积分

1. 形如$\int \sin^n x\cos^m x\mathrm{d}x(n,m\in\mathbf{N})$的积分

(1)当$n=2k+1(m=2k+1)(k\in\mathbf{N}^+)$且$m(n)$为偶数时，凑出$\mathrm{d}(\cos x)(\mathrm{d}(\sin x))$，并用$\sin^2 x+\cos^2 x=1$变换$\sin^{2k}x(\cos^{2k}x)$，把原积分化成若干个形如$\int \cos^l x\mathrm{d}(\cos x)(\int \sin^l x\mathrm{d}(\sin x))(l\in\mathbf{N}^+)$的积分.

(2)当$n=m=2k+1(k\in\mathbf{N}^+)$时，按(1)处理即可；当$n,m$均为奇数且$n\neq m$时，令$\min\{n,m\}=2k+1(k\in\mathbf{N}^+)$，按(1)处理即可.

(3)当$n=m=2k(k\in\mathbf{N}^+)$时，先用$\sin x\cos x=\frac{1}{2}\sin 2x$将被积函数变换成$\frac{1}{2^n}(\sin^2 2x)^k$，

再用(或连续用)降幂公式可把原积分化为若干个形如$\int\cos 2lx\mathrm{d}x\,(l\in\mathbf{N}^+)$的积分代数和.

(4)当n,m均为偶数且$n\neq m$时,先用$\sin x\cos x=\dfrac{1}{2}\sin 2x$合并$\sin^{2k}x$与$\cos^{2k}x$(其中$\min\{n,m\}=2k,k\in\mathbf{N}^+$)再用降幂公式变换余下的$\sin^{n-2k}x$或$\cos^{m-2k}x$把原积分化成情形(1)与(3)).

例 4.5.16 求不定积分不定积分$\int\sin^4x\cos^2x\mathrm{d}x$.

解
$$\begin{aligned}\int\sin^4x\cos^2x\mathrm{d}x&=\frac{1}{8}\int\sin^2 2x(1-\cos 2x)\mathrm{d}x\\&=\frac{1}{8}\int\sin^2 2x\mathrm{d}x-\frac{1}{8}\int\sin^2 2x\cos 2x\mathrm{d}x\\&=\frac{1}{16}\int(1-\cos 4x)\mathrm{d}x-\frac{1}{16}\int\sin^2 2x\mathrm{d}(\sin 2x)\\&=\frac{1}{16}x-\frac{1}{64}\sin 4x-\frac{1}{48}\sin^3 2x+C.\end{aligned}$$

2. 形如$\int\dfrac{1}{\sin^n x\cos^m x}\mathrm{d}x\,(n,m\in\mathbf{N}^+)$的积分

(1)当$n+m=$偶数且$n>m\,(m>n)$,凑出$\mathrm{d}(\cot x)\,(\mathrm{d}(\tan x))$,并用$\dfrac{\cos x}{\sin x}=\cot x$ $\left(\dfrac{\sin x}{\cos x}=\tan x\right)$与$\dfrac{1}{\sin^2x}=1+\cot^2x\left(\dfrac{1}{\cos^2x}=1+\tan^2x\right)$变换被积函数,可把原函数转换成若干个形如$\int\cot^l x\mathrm{d}(\cot x)\,(l\in\mathbf{N}^+)$ $\left(\int\tan^l x\mathrm{d}(\tan x)\,(l\in\mathbf{N}^+)\right)$的积分的代数和.

(2)当$n+m=$奇数时,用或多次用$1=\sin^2x+\cos^2x$,可把积分转化成若干个形如$\int\dfrac{\cos x}{\sin^k x}\mathrm{d}x,\int\dfrac{1}{\sin^k x}\mathrm{d}x,\int\dfrac{\sin x}{\cos^k x}\mathrm{d}x,\int\dfrac{1}{\cos^k x}\mathrm{d}x\,(k\in\mathbf{N}^+)$的积分的代数和.

例 4.5.17 求不定积分$\int\dfrac{1}{\sin 2x\cos x}\mathrm{d}x$.

解
$$\begin{aligned}\int\frac{1}{\sin 2x\cos x}\mathrm{d}x&=\frac{1}{2}\int\frac{\sin^2x+\cos^2x}{\sin x\cos^2x}\mathrm{d}x\\&=\frac{1}{2}\int\frac{1}{\sin x}\mathrm{d}x+\frac{1}{2}\int\frac{\sin x}{\cos^2x}\mathrm{d}x=\frac{1}{2}\int\csc x\mathrm{d}x-\frac{1}{2}\int\frac{1}{\cos^2x}\mathrm{d}(\cos x)\\&=\frac{1}{2}\ln|\csc x-\cot x|+\frac{1}{2\cos x}+C\end{aligned}$$

3. 形如$\int\dfrac{\cos^m x}{\sin^n x}\mathrm{d}x,\int\dfrac{\sin^n x}{\cos^m x}\mathrm{d}x\,(n、m\in\mathbf{N}^+)$的积分

(1)当$n+m=$偶数且$m\leqslant n$时,凑出$\mathrm{d}(\cot x)$,并用$\dfrac{\cos x}{\sin x}=\cot x$与$\dfrac{1}{\sin^2x}=1+\cot^2x$变换被积函数,可把$\int\dfrac{\cos^m x}{\sin^n x}\mathrm{d}x$转换成若干个形如$\int\cot^l x\mathrm{d}(\cot x)\,(l\in\mathbf{N}^+)$的积分的代数和.

(2)当$n+m=$偶数且$n\leqslant m$时,凑出$\mathrm{d}(\tan x)$,并用$\dfrac{\sin x}{\cos x}=\tan x$与$\dfrac{1}{\cos^2x}=1+\tan^2x$变换

被积函数,可把$\int \frac{\sin^n x}{\cos^m x}\mathrm{d}x$转换成若干个形如$\int \tan^l x\mathrm{d}(\tan x)(l \in \mathbf{N}^+)$的积分的代数和.

(3)当 $m=2k+1(k \in \mathbf{N}^+)$时,凑出 $\mathrm{d}(\sin x)$,并用 $\cos^2 x=1-\sin^2 x$ 变换 $\cos^{2k} x$,可把$\int \frac{\cos^m x}{\sin^n x}\mathrm{d}x$ 转换成若干个形如$\int \sin^l x\mathrm{d}(\sin x)(l \in \mathbf{N}^+)$的积分的代数和.

(4)当 $n=2k+1(k \in \mathbf{N}^+)$时,凑出 $\mathrm{d}(\cos x)$,并用 $\sin^2 x=1-\cos^2 x$ 变换 $\sin^{2k} x$,可把$\int \frac{\sin^n x}{\cos^m x}\mathrm{d}x$ 转换成若干个形如$\int \cos^l x\mathrm{d}(\cos x)(l \in \mathbf{N}^+)$的积分的代数和.

(5)当 $m=2k(k \in \mathbf{N}^+)$时,用 $\cos^2 x=1-\sin^2 x$ 变换 $\cos^{2k} x$,可把$\int \frac{\cos^m x}{\sin^n x}\mathrm{d}x$ 转换成若干个形如$\int \sin^l x\mathrm{d}x(l \in \mathbf{N}^+)$的积分的代数和.

(6)当 $n=2k(k \in \mathbf{N}^+)$时,用 $\sin^2 x=1-\cos^2 x$ 变换 $\sin^{2k} x$,可把$\int \frac{\sin^n x}{\cos^m x}\mathrm{d}x$ 转换成若干个形如$\int \cos^l x\mathrm{d}x(l \in \mathbf{N}^+)$的积分的代数和

4.5.5　习题 4.5

1. 求下列不定积分:

(1)$\int \frac{1}{1-\cos 2x}\mathrm{d}x$;　(2)$\int (\tan x+\cot x)^2\mathrm{d}x$;　(3)$\int \frac{1+\sin^2 x}{1+\cos 2x}\mathrm{d}x$;

(4)$\int \frac{\cos 2x}{\cos^2 x\sin^2 x}\mathrm{d}x$;　(5)$\int \frac{\cos 2x}{\cos x+\sin x}\mathrm{d}x$;　(6)$\int \left(\cos \frac{x}{2}-\sin \frac{x}{2}\right)^2\mathrm{d}x$;

(7)$\int \frac{1-\sin 2x}{\sin x-\cos x}\mathrm{d}x$;　(8)$\int \tan x(2\sec x-\tan x)\mathrm{d}x$;

(9)$\int x\cot^2(1-x^2)\mathrm{d}x$;　(10)$\int \frac{\tan^2(\ln x)}{x}\mathrm{d}x$.

2. 求下列积分:

(1)$\int_0^{\frac{\pi}{2}} \frac{\sin x}{1+3\cos x}\mathrm{d}x$;(2)$\int \frac{\tan x}{\sqrt{\cos x}}\mathrm{d}x$;(3)$\int \frac{\sin^2 x\cos x}{1+\sin^2 x}\mathrm{d}x$;(4)$\int \frac{\sec x-\tan x}{\cos x}\mathrm{d}x$;

(5)$\int \frac{\sin 2x}{1+\cos x}\mathrm{d}x$;　(6)$\int \frac{\cos x}{\sqrt{3+\cos 2x}}\mathrm{d}x$;　(7)$\int_0^{\pi} \sqrt{\sin^3 x-\sin^5 x}\,\mathrm{d}x$;

(8)$\int_0^{\pi} \sqrt{1-\sin x}\,\mathrm{d}x$;　(9)$\int \tan^3 x\cos x\mathrm{d}x$;　(10)$\int \tan^5 x\sec^3 x\mathrm{d}x$;

(11)$\int \frac{\sin^3 x}{2+\cos x}\mathrm{d}x$;　(12)$\int \frac{1}{1+\sin x}\mathrm{d}x$.

3. 求下列积分:

(1)$\int \frac{\sin^4 x}{\cos^6 x}\mathrm{d}x$;(2)$\int \csc^4 x\mathrm{d}x$;(3)$\int \frac{\sec^4 x}{\cot^4 x}\mathrm{d}x$;(4)$\int \frac{\csc^4 x}{\sec 2x}\mathrm{d}x$;(5)$\int \frac{1}{\sin^2 x+2\cos^2 x}\mathrm{d}x$;

(6)$\int \frac{1}{(a\sin x+b\cos x)^2}\mathrm{d}x(a \neq 0)$;　(7)$\int \frac{1+\tan x}{\sin 2x}\mathrm{d}x$;

(8) $\int_0^{\frac{\pi}{4}}\tan^3 x\mathrm{d}x$；(9) $\int\frac{1}{\sin^3 x\cos x}\mathrm{d}x$；　　(10) $\int\frac{1}{\sin^2 x\cos^4 x}\mathrm{d}x$.

4. 求下列积分：

(1) $\int_{\frac{1}{\sqrt{2}}}^{1}\frac{\sqrt{1-x^2}}{x^2}\mathrm{d}x$；　(2) $\int\frac{1}{\sqrt{(1-x^2)^5}}\mathrm{d}x$；　(3) $\int\frac{x^4}{\sqrt{(1-x^2)^3}}\mathrm{d}x$；　(4) $\int_0^1\frac{x^3}{\sqrt{4-x^2}}\mathrm{d}x$；

(5) $\int\frac{1}{\sqrt{(1+x^2)^3}}\mathrm{d}x$；(6) $\int\frac{1}{x\sqrt{1+x^2}}\mathrm{d}x$；　(7) $\int\frac{x^3}{\sqrt{4+x^2}}\mathrm{d}x$；　(8) $\int x^3\sqrt{1+x^2}\mathrm{d}x$；

(9) $\int\frac{1}{x\sqrt{x^2-1}}\mathrm{d}x\,(x>1)$；　　(10) $\int\frac{1}{\sqrt{(x^2-1)^3}}\mathrm{d}x\,(x>1)$；

(11) $\int_{-2}^{-1}\frac{\sqrt{x^2-1}}{x^4}\mathrm{d}x$；　　(12) $\int\frac{\sqrt{x^2-9}}{x^2}\mathrm{d}x\,(x<-3)$.

5. 若函数 $f(x)$ 的导数为 $\sec^2 x+\sin x$，求函数 $f(x)$.

6. 设函数 $f(x)$ 满足 $\int f'(\tan x)\mathrm{d}x=\tan x+x+C$，求函数 $f(x)$.

7. 设函数 $f(x)$ 满足 $f'(\tan^2 x)=\sec^2 x$，且 $f(0)=1$，求函数 $f(x)$.

8. 设函数 $f(x)$ 满足 $f'(\sin^2 x)=\cos 2x+\tan^2 x$，求函数 $f(x)$.

4.6 分部积分法

相应于两个函数乘积的微分法，可以推出另一个基本积分法——分部积分法. 这种方法主要用于被积函数是两类不同函数的乘积（其中至少有一个是初等超越函数且这两类函数之间不存在导数关系（即不具备换元积分法的特征））的积分.

4.6.1 分部积分公式

设函数 $u(x)$，$v(x)$ 具有连续导函数，则有

$$\mathrm{d}u=u'\mathrm{d}x;\mathrm{d}v=v'\mathrm{d}x. \tag{4.6.1}$$

由两个可导函数乘积的微分法则 $\mathrm{d}(u\cdot v)=v\mathrm{d}u+u\mathrm{d}v$ 得

$$u\mathrm{d}v=\mathrm{d}(u\cdot v)-v\mathrm{d}u. \tag{4.6.2}$$

综合使用式(4.6.1)与式(4.6.2)，得

$$\int uv'\mathrm{d}x=\int u\mathrm{d}v=\int\mathrm{d}(uv)-\int v\mathrm{d}u=uv-\int v\mathrm{d}u, \tag{4.6.3}$$

即

$$\int uv'\mathrm{d}x=uv-\int vu'\mathrm{d}x. \tag{4.6.4}$$

式(4.6.3)与式(4.6.4)即为不定积分的分部积分公式

$$\int uv'\mathrm{d}x=uv-\int vu'\mathrm{d}x \text{ 或} \int u\mathrm{d}v=uv-\int v\mathrm{d}u.$$

对式(4.6.3)与式(4.6.4)两端求从 a 到 b 的定积分，得定积分的分部积分公式

$$\int_a^b u\mathrm{d}v=(uv)\Big|_a^b-\int_a^b v\mathrm{d}u \text{ 或} \int_a^b uv'\mathrm{d}x=(uv)\Big|_a^b-\int_a^b vu'\mathrm{d}x. \tag{4.6.5}$$

例 4.6.1 求不定积分 $\int x\mathrm{e}^x\mathrm{d}x$.

解　(法 1) $\int xe^x dx = \int e^x d\left(\frac{x^2}{2}\right) = \frac{x^2}{2}e^x - \frac{1}{2}\int x^2 d(e^x) = \frac{x^2}{2}e^x - \frac{1}{2}\int x^2 e^x dx$,

显然新的积分比原题目还要复杂难解,说明此路不通.

(法 2) $\int xe^x dx = \int x d(e^x) = xe^x - \int e^x dx = xe^x - e^x + C.$

例 4.6.2　求不定积分 $\int x^2 \cos x dx$.

解　$\int x^2 \cos x dx = \int x^2 d(\sin x) = x^2 \sin x - \int \sin x d(x^2) = x^2 \sin x - 2\int x \sin x dx.$

而　$$\int x\sin x dx = -\int x d(\cos x) = -x\cos x + \int \cos x dx = -x\cos x + \sin x + C.$$

所以　$$\int x^2 \cos x dx = x^2 \sin x + 2x\cos x - 2\sin x + C.$$

例 4.6.3　求不定积分 $\int x\ln(x-1)dx$.

解
$$\begin{aligned}\int x\ln(x-1)dx &= \int \ln(x-1)d\left(\frac{x^2}{2}\right) = \frac{x^2}{2}\ln(x-1) - \int \frac{x^2}{2}d[\ln(x-1)]\\ &= \frac{x^2}{2}\ln(x-1) - \frac{1}{2}\int \frac{x^2}{x-1}dx = \frac{x^2}{2}\ln(x-1) - \frac{1}{2}\int \frac{x^2-1+1}{x-1}dx\\ &= \frac{x^2}{2}\ln(x-1) - \frac{1}{2}\int\left(x+1+\frac{1}{x-1}\right)dx\\ &= \frac{x^2}{2}\ln(x-1) - \frac{1}{2}\left[\frac{x^2}{2}+x+\ln(x-1)\right]+C\\ &= \frac{x^2-1}{2}\ln(x-1) - \frac{x^2}{4} - \frac{x}{2} + C.\end{aligned}$$

例 4.6.4　求不定积分 $\int \arctan x dx$.

解
$$\begin{aligned}\int \arctan x dx &= x\arctan x - \int \frac{x}{1+x^2}dx = x\arctan x - \frac{1}{2}\int \frac{1}{1+x^2}d(1+x^2)\\ &= x\arctan x - \frac{1}{2}\ln(1+x^2) + C.\end{aligned}$$

对于形如 $\int x^n f(x)dx\ (n\in \mathbf{N}^+)$ 的积分,若积分 $\int f(x)dx = F(x)+C$ 可以不需使用分部积分法即可求出(一般是指被积函数 $f(x)$ 不是对数函数或反三角函数)时,通常幂函数部分(指 x^n)不应首先凑微分,而应将函数 $f(x)$ 首先凑微分. 也就是说,将原积分化为

$$\int x^n f(x)dx = \int x^n d[F(x)] = x^n F(x) - \int F(x)d(x^n).$$

否则,如果首先将幂函数部分(指 x^n)凑微分,则往往会使题目越解越复杂(参见例 4.6.1). 当然,也会有特殊情况,例如

$$\int \frac{x}{\sqrt{1-x^2}}dx = \frac{1}{2}\int \frac{1}{\sqrt{1-x^2}}d(x^2) = \frac{-1}{2}\int \frac{1}{\sqrt{1-x^2}}d(1-x^2) = -\sqrt{1-x^2}+C.$$

例 4.6.5　求定积分 $\int_0^{\frac{1}{2}} (\arcsin x)^2 dx$.

解 $\int_0^{\frac{1}{2}}(\arcsin x)^2\mathrm{d}x = x(\arcsin x)^2\Big|_0^{\frac{1}{2}} - 2\int_0^{\frac{1}{2}}\frac{x}{\sqrt{1-x^2}}\arcsin x\mathrm{d}x$

$$=\frac{\pi^2}{72}+2\int_0^{\frac{1}{2}}\arcsin x\mathrm{d}(\sqrt{1-x^2})$$

$$=\frac{\pi^2}{72}+2\sqrt{1-x^2}\arcsin x\Big|_0^{\frac{1}{2}}-2\int_0^{\frac{1}{2}}\mathrm{d}x=\frac{\pi^2}{72}+\frac{\sqrt{3}}{6}\pi-1.$$

用分部积分公式求一个函数的积分,通常会伴随着凑微分法的使用.事实上,由于分部积分法与凑微分法一样,都是解决被积函数为乘积的形式而又无法使用直接积分法时的积分问题,因此这两种方法在解题之初是很难做明确甄选的(除去由经验即可判断的简单形式).虽然从理论上讲,每一个不定积分$\int f(x)\mathrm{d}x$都可以选择使用分部积分法,但一般来说,分部积分法是在其他积分方法无法使用时的一种选择.

例 4.6.6 求不定积分$\int\frac{\ln(\cos x)}{\cos^2 x}\mathrm{d}x$.

解 $\int\frac{\ln(\cos x)}{\cos^2 x}\mathrm{d}x=\int\ln(\cos x)\mathrm{d}(\tan x)=\tan x\ln(\cos x)+\int\tan^2 x\mathrm{d}x$

$$=\tan x\ln(\cos x)+\int(\sec^2 x-1)\mathrm{d}x$$

$$=\tan x\ln(\cos x)+\tan x-x+C=\tan x[\ln(\cos x)+1]-x+C.$$

例 4.6.6 的解法显示,第一步因为可以使用凑微分法,所以没有选择直接使用分部积分法;到了第二步,除了分部积分法已经别无选择了.当然,从最终的效果来说,应该理解为正是为了更好地使用分部积分法,才在第一步进行凑微分.

例 4.6.7 求不定积分$\int\tan x\mathrm{d}x$.

解 $\int\tan x\mathrm{d}x=\int\frac{\sin x}{\cos x}\mathrm{d}x=-\int\frac{1}{\cos x}\mathrm{d}(\cos x)$,

(法 1) $\int\tan x\mathrm{d}x=\int\frac{\sin x}{\cos x}\mathrm{d}x=-\int\frac{1}{\cos x}\mathrm{d}(\cos x)=-\ln|\cos x|+C.$

(法 2) $\int\tan x\mathrm{d}x=\int\frac{\sin x}{\cos x}\mathrm{d}x=-\int\frac{1}{\cos x}\mathrm{d}(\cos x)$

$$=-\frac{1}{\cos x}\cos x+\int\cos x\mathrm{d}\left(\frac{1}{\cos x}\right)=-1+\int\cos x\sec x\tan x\mathrm{d}x$$

$$=-1+\int\tan x\mathrm{d}x.$$

例 4.6.7 的解法显示,在解法 2 中,由于在还有解法 1 可以选择的情况下使用了分部积分法,虽然并没有出现错误,但却没能达到解出不定积分$\int\tan x\mathrm{d}x$的目的.必须指出的是,这并不代表使用分部积分法是错误的,只是说明不恰当地使用分部积分法反而会给解题带来麻烦.事实上,如果在求解的过程中能及时发现问题,也还是可以补救的.

(法 3) $\int\tan x\mathrm{d}x=\int\frac{\sin x}{\cos x}\mathrm{d}x=-\int\frac{1}{\cos x}\mathrm{d}(\cos x)$

$$= -\frac{1}{\cos x}\cos x + \int \cos x \mathrm{d}\left(\frac{1}{\cos x}\right) = -1 + \int \left(\frac{1}{\cos x}\right)^{-1} \mathrm{d}\left(\frac{1}{\cos x}\right)$$

$$= -1 + \ln\left|\frac{1}{\cos x}\right| + C_1 = -\ln|\cos x| + C.$$

思维拓展4.6.1:为什么说$\int \tan x\mathrm{d}x = -1 + \int \tan x\mathrm{d}x$并不是一个错误?

思维拓展4.6.2:求解不定积分$\int f(x)\mathrm{d}x$的一般思路是什么?

4.6.2　思维拓展问题解答

思维拓展4.6.1:$\int \tan x\mathrm{d}x = -1 + \int \tan x\mathrm{d}x$并不是一个错误. 这是因为,由不定积分的定义(定义4.2.2)知,等式右边的$\int \tan x\mathrm{d}x$表示函数$\tan x$的任意一个原函数,而等式左边的$\int \tan x\mathrm{d}x$也表示函数$\tan x$的任意一个原函数. 对于函数$\tan x$来说,它的任意两个原函数之间应该相差一个常数,而式$\int \tan x\mathrm{d}x = -1 + \int \tan x\mathrm{d}x$恰好体现了这一点. 这个事例告诉我们,在一般情况下,$\int f(x)\mathrm{d}x \neq \int f(x)\mathrm{d}x$,而有$\int f(x)\mathrm{d}x = \int f(x)\mathrm{d}x + C$.

思维拓展4.6.2:求解不定积分$\int f(x)\mathrm{d}x$并没有固定的格式可循,但还是有一般思路的,那就是“先拆后凑”.

(1)“先拆”是指首先考虑使用直接积分法. 就是考察被积函数$f(x)$是否可以拆解成若干个可以套用基本积分公式的部分的代数和的形式,进而利用运算性质将问题解决.

(2)“后凑”是指其次使用凑微分法. 就是说,在无法使用直接积分法解出的情况下,应将被积函数$f(x)$看做两个函数的乘积(即$f(x) = u(x)\cdot v(x)$),然后将$u(x)\mathrm{d}x$或$v(x)\mathrm{d}x$进行凑微分. 至于先行凑微分的对象选择,要视具体题目而定. 在第一次凑微分之后,依具体的题目形式,如果形如$\int f(au+b)\mathrm{d}u$,则选择继续凑微分(例4.4.10),反之则使用分部积分法(参见例4.6.6).

(3)对有些积分$\int f(x)\mathrm{d}x$来说,“拆”或“凑”都无法进行,此时则应考虑使用第二类换元积分法(参见例4.4.22),或者直接使用分部积分法(参见例4.6.5).

4.6.3　知识拓展

1. 第二类换元积分法与分部积分法的综合运用

例4.6.8　求不定积分$\int \frac{\ln x}{\sqrt{1-x}}\mathrm{d}x$.

解　设$\sqrt{1-x} = t$,则$x = 1-t^2$,$\mathrm{d}x = -2t\mathrm{d}t$,于是

$$\int \frac{\ln x}{\sqrt{1-x}}\mathrm{d}x = -2\int \ln(1-t^2)\mathrm{d}t = -2t\ln(1-t^2) - 4\int \frac{t^2}{1-t^2}\mathrm{d}t$$

$$= -2t\ln(1-t^2)+4\int\left(1-\frac{1}{1-t^2}\right)dt = -2t\ln(1-t^2)+4t+2\ln\left|\frac{1+t}{1-t}\right|+C$$

$$= -2\sqrt{1-x}\ln x+4\sqrt{1-x}+2\ln\left|\frac{1+\sqrt{1+x}}{1-\sqrt{1-x}}\right|+C.$$

例 4.6.9 求不定积分$\int e^{\sqrt[3]{x}}dx$.

解 设$\sqrt[3]{x}=t$,则$x=t^3$,$dx=3t^2dt$,于是

$$\int e^{\sqrt[3]{x}}dx = 3\int t^2e^tdt = 3(t^2e^t-2\int te^tdt) = 3(t^2e^t-2te^t+2\int e^tdt)$$

$$= 3(t^2e^t-2te^t+2e^t)+C = 3e^{\sqrt[3]{x}}(3x^{\frac{2}{3}}-2x^{\frac{1}{3}}+2)+C.$$

2. 用公式$\int udv+\int vdu=uv+C$求解不定积分

该类型题的特点是,对公式左端的两个不定积分中的任何一个不定积分分部积分就可消去另一个不定积分,但若对两个不定积分都分部积分,则可能两个不定积分都难以求出.

例 4.6.10 求不定积分$\int\frac{1+\sin x}{1+\cos x}e^xdx$.

解 $\int\frac{1+\sin x}{1+\cos x}e^xdx = \int\frac{1}{1+\cos x}e^xdx+\int\frac{\sin x}{1+\cos x}e^xdx$

$$= \int\frac{1}{2\cos^2\frac{x}{2}}e^xdx+\int\frac{2\sin\frac{x}{2}\cos\frac{x}{2}}{2\cos^2\frac{x}{2}}e^xdx = \int e^xd\left(\tan\frac{x}{2}\right)+\int\tan\frac{x}{2}d(e^x)$$

$$= e^x\tan\frac{x}{2}+C.$$

注意: $\int e^xd\left(\tan\frac{x}{2}\right)-\int e^xd\left(\tan\frac{x}{2}\right)=C.$

4.6.4 习题 4.6

1. 求下列积分:

(1) $\int xe^{2x}dx$; (2) $\int x3^x2^xdx$; (3) $\int x\sin x\cos xdx$; (4) $\int_0^{\pi}x\cos^2xdx$;

(5) $\int_1^4 e^{\sqrt{x}}dx$; (6) $\int\sin\sqrt{x}dx$; (7) $\int\frac{x}{\sin^2x}dx$; (8) $\int x\tan^2 2xdx$;

(9) $\int\frac{x\sin x}{\cos^2x}dx$; (10) $\int\frac{3x\sin^2x}{\cos^4x}dx$.

2. 求下列积分:

(1) $\int\ln\sqrt{x}dx$; (2) $\int\ln\left(1-\frac{1}{x}\right)dx$; (3) $\int x\ln(1+x^2)dx$; (4) $\int x\ln\frac{1+x}{1-x}dx$;

(5) $\int_0^{\sqrt{3}}\ln(x+\sqrt{1+x^2})dx$; (6) $\int\ln(\sqrt{1+x}+\sqrt{1-x})dx$;

(7) $\int\frac{\ln(1+x)}{\sqrt{x}}dx$; (8) $\int_1^e\left(\frac{\ln x}{x}\right)^2dx$.

3. 求下列积分：

(1) $\int \arctan \frac{1}{x} dx$； (2) $\int \frac{x^2}{1+x^2} \arctan x dx$； (3) $\int \arctan \sqrt{x} dx$；

(4) $\int \frac{x}{\sqrt{1+x^2}} \arctan x dx$； (5) $\int x(\arctan x)^2 dx$； (6) $\int \frac{\arcsin x}{\sqrt{1-x}} dx$；

(7) $\int \arcsin x dx$； (8) $\int_{-\frac{1}{2}}^{\frac{1}{2}} \frac{x}{\sqrt{1-x^2}} \arcsin x dx$.

4. 求下列不定积分：

(1) $\int \frac{\ln \sin x}{\sin^2 x} dx$；(2) $\int \frac{\ln(1+e^x)}{e^x} dx$；(3) $\int \frac{\arctan e^x}{e^x} dx$；(4) $\int \frac{\arctan e^x}{e^{2x}} dx$.

5. 求下列积分：

(1) $\int \frac{x+\sin x}{1+\cos x} dx$； (2) $\int \frac{x\cos x - \sin x}{x^2} dx$； (3) $\int \frac{e^x}{x}(1+x\ln x) dx$；

(4) $\int (1+2x^2) e^{x^2} dx$； (5) $\int (1+\tan x)^2 e^{2x} dx$； (6) $\int \frac{\cos x - \sin x}{\sqrt{\cos x}} e^{\frac{x}{2}} dx$.

6. 已知 $\int f(x) dx = xf(x) - \int \frac{x}{\sqrt{1+x^2}} dx$，求函数 $f(x)$.

7. 已知函数 $f(x)$ 的一个原函数是 $\frac{\sin x}{x}$，求不定积分 $\int xf'(2x) dx$.

8. 已知 $\frac{\sin x}{x}$ 是函数 $f(x)$ 的一个原函数，求不定积分 $\int x^3 f'(x) dx$.

9. 已知 $f(0)=1, f(2)=3, f'(2)=5$，求定积分 $\int_0^1 xf''(2x) dx$.

10. 已知函数 $f(x)$ 满足 $f(x) = x - \int_0^{\pi} f(x) \cos x dx$，求函数 $f(x)$.

11. 已知函数 $f(x)$ 满足 $f(2x-1) = x\ln x$，求定积分 $\int_1^3 f(x) dx$.

12. 已知函数 $f(x)$ 满足 $f(\sin^2 x) = \frac{x}{\sin x}$，求不定积分 $\int \frac{\sqrt{x}}{\sqrt{1-x}} f(x) dx$.

13. 已知 $\int f'(\sqrt{x}) dx = x(e^{\sqrt{x}}+1) + C$，求函数 $f(x)$.

14. 已知函数 $f(x)$ 满足 $f'(\ln x) = (1+x)\ln x$，求函数 $f(x)$.

15. 已知函数 $f(x)$ 满足 $f'(x) = \arctan(x-1)^2, f(0)=0$，求定积分 $\int_0^1 f(x) dx$.

4.7 一阶微分方程

4.7.1 可分离变量的一阶微分方程

形如

$$\frac{\mathrm{d}y}{\mathrm{d}x}=f(x)g(y) \tag{4.7.1}$$

的一阶微分方程称为可分离变量的微分方程.

当 $g(y)\neq 0$ 时,分离变量得

$$\frac{\mathrm{d}y}{g(y)}=f(x)\mathrm{d}x, \tag{4.7.2}$$

两边同时求积分,得

$$\int\frac{\mathrm{d}y}{g(y)}=\int f(x)\mathrm{d}x. \tag{4.7.3}$$

求出不定积分就可求出微分方程(4.7.1)的通解.

上述解法是在 $g(y)\neq 0$ 前提下进行的. 若存在 $y=y_0$,使 $g(y_0)=0$,则由 $g(y_0)=0$ 和 $y'=(y_0)'=0$ 知,$y=y_0$ 满足微分方程(4.7.1),从而 $y=y_0$ 也是微分方程(4.7.1)的一个解. 这个解有时可以合并在通解之中.

思维拓展 4.7.1:求微分方程的通解与解微分方程一样吗?

例 4.7.1 求微分方程 $y'=2xy$ 的通解.

解 当 $y\neq 0$ 时,将所给微分方程分离变量,得

$$\frac{\mathrm{d}y}{y}=2x\mathrm{d}x,$$

两边同时求积分,得

$$\ln|y|=x^2+C_1(C_1\text{ 为任意常数}),$$

即 $$|y|=\mathrm{e}^{x^2+C_1},\text{即 } y=\pm\mathrm{e}^{C_1}\mathrm{e}^{x^2}.$$

令 $\pm\mathrm{e}^{C_1}=C$(C 是可正可负的任意常数),得所给微分方程的通解是

$$y=C\mathrm{e}^{x^2}(C\neq 0).$$

显然,$y=0$ 也是所给微分方程的解,且它可以合并在通解中,只需令 $C=0$ 即可.

今后求解微分方程时,为了运算方便,可把 $\ln|y|$ 写成 $\ln y$. 而且,若得到一个含有对数的等式,为了利用对数的性质将结果进一步化简,可将任意常数 C 写成 $K\ln C$ 的形式,K 的值依据实际情况确定,但须记住最后得到的任意常数 C 可正可负.

例 4.7.2 求微分方程 $(1+x)\mathrm{d}y-y\mathrm{d}x=0$ 满足初始条件 $y|_{x=1}=1$ 的特解.

解 当 $y\neq 0$ 时,将所给微分方程分离变量,得

$$\frac{1}{y}\mathrm{d}y=\frac{1}{1+x}\mathrm{d}x,$$

两边同时求积分,得

$$\ln y=\ln(1+x)+\ln C,$$

即 $$y=C(1+x)(C\neq 0).$$

将初始条件 $y|_{x=1}=1$ 代入通解中,得到 $C=\dfrac{1}{2}$,

所求特解为 $y=\dfrac{1}{2}(1+x)$.

例 4.7.3 求微分方程$\dfrac{\mathrm{d}y}{\mathrm{d}x}=\dfrac{y^2+1}{y(x^2-1)}$的通解.

解　将所给微分方程分离变量，得

$$\frac{y}{y^2+1}\mathrm{d}y=\frac{1}{x^2-1}\mathrm{d}x,$$

两边同时求积分，得

$$\frac{1}{2}\ln(1+y^2)=\frac{1}{2}\ln\frac{1-x}{1+x}+\frac{1}{2}\ln C,$$

所给微分方程的通解为　$1+y^2=C\left(\frac{1-x}{1+x}\right)(C\neq 0)$.

例 4.7.4　求微分方程 $\sqrt{1-y^2}=3x^2yy'$ 的通解.

解　当 $y\neq\pm 1$ 时，将所给微分方程分离变量，得

$$\frac{y\mathrm{d}y}{\sqrt{1-y^2}}=\frac{\mathrm{d}x}{3x^2},$$

两边同时求积分，得

$$-\sqrt{1-y^2}=-\frac{1}{3x}+C(C\text{ 为任意常数}),$$

即　$$\sqrt{1-y^2}-\frac{1}{3x}+C=0(C\text{ 为任意常数}),$$

这就是所给微分方程的通解. 显然 $y=\pm 1$ 也是所给微分方程的解，但它们不能合并在通解中.

4.7.2　一阶线性微分方程

形如

$$y'+P(x)y=Q(x) \tag{4.7.4}$$

的微分方程称为一阶线性微分方程，其中 $Q(x)$ 称为自由项（或干扰项）.

当 $Q(x)\neq 0$ 时，微分方程 $y'+P(x)y=Q(x)$ 称为一阶线性非齐次微分方程.

当 $Q(x)\equiv 0$ 时，微分方程

$$y'+P(x)y=0 \tag{4.7.5}$$

称为一阶线性非齐次微分方程对应的齐次微分方程.

一阶线性微分方程的通解为

$$y=\mathrm{e}^{-\int P(x)\mathrm{d}x}\left(\int Q(x)\mathrm{e}^{\int P(x)\mathrm{d}x}\mathrm{d}x+C\right), \tag{4.7.6}$$

其中，不定积分 $\int P(x)\mathrm{d}x$ 和 $\int Q(x)\mathrm{e}^{\int P(x)\mathrm{d}x}\mathrm{d}x$ 都表示一个确定的原函数（不含任意常数 C）.

例 4.7.5　求微分方程 $x\frac{\mathrm{d}y}{\mathrm{d}x}-y=x$ 的通解.

解　将所给微分方程化成标准形式

$$\frac{\mathrm{d}y}{\mathrm{d}x}-\frac{y}{x}=1,$$

用公式(4.7.6)求得它的通解为

$$y=\mathrm{e}^{-\int -\frac{1}{x}\mathrm{d}x}\left[\int 1\cdot\mathrm{e}^{\int(-\frac{1}{x})\mathrm{d}x}\mathrm{d}x+C\right]=\mathrm{e}^{\ln x}\left[\int\mathrm{e}^{-\ln x}\mathrm{d}x+C\right]=x\left(\int\frac{1}{x}\mathrm{d}x+C\right)$$

$$=x(\ln x+C).$$

例 4.7.6　求微分方程 $xy'+y=xe^x$ 的通解.

解　将所给微分方程化成标准形式

$$y'+\frac{1}{x}y=e^x,$$

用公式(4.7.6)求得它的通解为

$$y=e^{-\int\frac{1}{x}dx}\left[\int e^x\cdot e^{\int\frac{1}{x}dx}dx+C\right]=\frac{1}{x}\left(\int xe^x dx+C\right)=\frac{1}{x}(xe^x-e^x+C).$$

思维拓展 4.7.2:求解一阶微分方程,应注意什么?

4.7.3　思维拓展问题解答

思维拓展 4.7.1:通解不一定是所有解. 求通解时,可不补上因对所给微分方程进行变形而丢失的解. 而解微分方程是求出该微分方程的所有解(全部解),故解微分方程时,在求出该微分方程的通解后,还需补上因对所给微分方程进行变形而丢失的解.

思维拓展 4.7.2:求解一阶微分方程,最重要和最困难的是根据所给微分方程的特点确定所给微分方程的类型,但有时所给微分方程的特点不明显,需要对所给微分方程进行适当的变形才能确定其类型. 此外有的一阶微分方程的解法不是唯一的,因为有的一阶微分方程既可以看做可分离变量的微分方程,也可以看做一阶线性微分方程.

4.7.4　知识拓展

通过替换变量解一阶微分方程

当所给的一阶微分方程从形式上看不是以上两种类型的微分方程时,则需对所给微分方程作必要的变量替换,使得所给微分方程化为以上两种类型的微分方程.

1. 齐次型微分方程

形如 $y'=f\left(\frac{y}{x}\right)$ 的微分方程称为齐次型微分方程,简称齐次方程. 求解方法是:引进新未知函数 $u(x)$,设 $u=\frac{y}{x}$,则 $y=xu$,两边同时对 x 求导得 $y'=u+xu'$,代入原微分方程得 $u+xu'=f(u)$,即 $xu'=f(u)-u$,这是关于新未知函数 u 的可分离变量的微分方程,求解后,再将 $u=\frac{y}{x}$ 代入,即得到所给齐次方程的通解.

例 4.7.7　求微分方程 $y'=\frac{x+y}{x-y}$ 的通解.

解　将所给微分方程化为

$$y'=\frac{1+\frac{y}{x}}{1-\frac{y}{x}},$$

令 $u=\frac{y}{x}$,则　$y=xu$.

将 $u=\frac{y}{x}$，$y'=u+xu'$ 代入所给微分方程并化简且分离变量，得

$$\frac{1-u}{1+u^2}\mathrm{d}u=\frac{1}{x}\mathrm{d}x,$$

两边同时求积分，得

$$\arctan u-\frac{1}{2}\ln(1+u^2)=\ln x+\ln C,$$

即 $$\mathrm{e}^{\arctan u}=Cx\sqrt{1+u^2}\,(C\neq 0).$$

将 $u=\frac{y}{x}$ 代入，得所给微分方程通解为

$$\mathrm{e}^{\arctan\frac{y}{x}}=C\sqrt{x^2+y^2}\,(C\neq 0).$$

例 4.7.8　求微分方程 $\frac{\mathrm{d}y}{\mathrm{d}x}=\frac{xy}{x^2-y^2}$ 满足 $y|_{x=0}=1$ 的特解.

解　将所给微分方程化为

$$\frac{\mathrm{d}y}{\mathrm{d}x}=\frac{\frac{y}{x}}{1-\left(\frac{y}{x}\right)^2},$$

令 $u=\frac{y}{x}$，则　$y=xu$.

将 $u=\frac{y}{x}$，$y'=u+xu'$ 代入所给微分方程并化简且分离变量，得

$$\frac{1-u^2}{u^3}\mathrm{d}u=\frac{1}{x}\mathrm{d}x,$$

两边同时求积分得　$-\frac{1}{2u^2}-\ln u=\ln x+\ln C\,(C\neq 0)$，

即 $$C\cdot ux=\mathrm{e}^{-\frac{1}{2u^2}}\,(C\neq 0).$$

将 $u=\frac{y}{x}$ 代入，得所给微分方程的通解为

$$Cy-\mathrm{e}^{-\frac{x^2}{2y^2}}=0.$$

由初始条件 $y|_{x=0}=1$，得 $C-\mathrm{e}^0=0$，即 $C=1$，所求特解为

$$y-\mathrm{e}^{-\frac{x^2}{2y^2}}=0.$$

2. 关于变量 x 的一阶微分方程

在一阶微分方程中，通常将 y 看成 x 的函数. 但有时将 y 看成 x 的函数，而所给微分方程不是已会求解的类型(参见例4.7.9)或所给微分方程是会求解的类型，但求解过程较为繁复(参见例4.7.10). 此时换个角度，将 y 看做自变量，x 看做因变量，所给微分方程可变成将 y 看做自变量的一阶线性微分方程，从而将所给微分方程转化为关于变量 x 的已会求解或易求解的类型.

例 4.7.9　求微分方程 $y'=\frac{y^2}{y^2+2xy-x}$ 的通解.

解 所给的微分方程可化为

$$\frac{dx}{dy}=\frac{y^2+2xy-x}{y^2}=\frac{2y-1}{y^2}x+1,$$

即 $$\frac{dx}{dy}+\frac{1-2y}{y^2}x=1.$$

这是关于变量 x 的一阶线性微分方程,其通解为

$$x=e^{-\int\frac{1-2y}{y^2}dy}\left(\int e^{\int\frac{1-2y}{y^2}dy}dy+C\right)=y^2e^{\frac{1}{y}}(e^{-\frac{1}{y}}+C)=y^2(1+Ce^{\frac{1}{y}}).$$

例 4.7.10 求微分方程$\frac{dy}{dx}=\frac{xy}{x^2+xy-y^2}$的通解.

解 所给的微分方程可化为

$$\frac{dx}{dy}=\frac{x^2+xy-y^2}{xy}=\frac{x}{y}+1-\frac{y}{x}.$$

这是关于变量 x 的齐次型微分方程.

设 $u=\frac{x}{y}$,则 $x=yu,\frac{dx}{dy}=u+y\frac{du}{dy}$,从而有

$$u+y\frac{du}{dy}=u+1-\frac{1}{u},$$

分离变量得 $\frac{1}{y}dy=\frac{u}{u-1}du=\left(1+\frac{1}{u-1}\right)du$,

两端同时求积分,得 $\ln y-\ln C=u+\ln(u-1)$,即

$$\frac{y}{C(u-1)}=e^u.$$

将 $u=\frac{x}{y}$代入,得所给微分方程通解为

$$\frac{y^2}{C(x-y)}=e^{\frac{x}{y}}.$$

可降阶的高阶微分方程的解法

求解高阶微分方程的基本方法之一就是设法降低高阶微分方程的阶数. 若能将高阶微分方程降阶为一阶微分方程,则就有可能运用前面所学的解一阶微分方程的方法求出其解. 下面以二阶微分方程为例讲解两类经过变量替换可降阶的二阶微分方程的解法.

1. $y''=f(x,y')$型的微分方程

这类微分方程的特点是不显含未知函数 y,求解方法是:设 $y'=p$,并将 p 看做是新的未知函数(自变量仍然是 x),则 $y''=\frac{dp}{dx}=p'$,从而原微分方程化为关于 p 的一阶微分方程 $p'=f(x,p)$. 求出其通解 $p=\varphi(x,C_1)$后,回代 $p=y'$,再对所得一阶微分方程 $y'=\varphi(x,C_1)$积分,即得原二阶微分方程 $y''=f(x,y')$的通解 $y=\int\varphi(x,C_1)dx+C_2$.

例 4.7.11 求微分方程$(x+1)y''-2y'=0$ 的通解.

解 设 $y'=p$,则 $y''=\frac{dp}{dx}$,

原微分方程可以化为　$(x+1)\frac{dp}{dx}=2p$,

即　$\frac{1}{p}dp=\frac{2}{x+1}dx.$

两边同时求积分,得

$$\ln p=2\ln(x+1)+\ln C_1=\ln C_1(x+1)^2,$$

即　$y'=p=C_1(1+x)^2.$

两边同时求积分,得原微分方程的通解为

$$y=\frac{1}{3}C_1(x+1)^3+C_2.$$

2. $y''=f(y,y')$ 型微分方程

这类微分方程的特点是不显含自变量 x,求解方法是:设 $y'=p$,并将 p 看做是关于 y 的函数,则 $y''=\frac{dp}{dx}=\frac{dp}{dy}\cdot\frac{dy}{dx}=p\frac{dp}{dy}$,从而将原微分方程化为关于 p 的一阶微分方程 $p\frac{dp}{dy}=f(y,p)$. 求出其通解 $p=\varphi(y,C_1)$后,回代 $p=y'$,再对所得一阶微分方程 $y'=\varphi(y,C_1)$积分,得原二阶微分方程的通解$\int\frac{1}{\varphi(y,C_1)}dy=x+C_2$.

例 4.7.12　求微分方程 $yy''+y'^2=0$ 满足初始条件 $y|_{x=0}=1,y'|_{x=0}=\frac{1}{2}$的特解.

解　设 $y'=p$,则 $y''=p\frac{dp}{dy}$,原微分方程可以化为

$$py\frac{dp}{dy}+p^2=0.$$

由所给初始条件知 $p\neq0$,因此有　$y\frac{dp}{dy}+p=0$,即

$$\frac{1}{p}dp=-\frac{1}{y}dy.$$

两边同时求积分,得

$$\ln p=-\ln y+\ln C_1,$$

即　$y'=p=\frac{C_1}{y}.$

由 $y|_{x=0}=1,y'|_{x=0}=\frac{1}{2}$知　$y'|_{y=1}=\frac{1}{2}$,

从而得　$C_1=\frac{1}{2}.$

将　$\frac{dy}{dx}=\frac{1}{2y}$

分离变量并两边同时求积分,得

$$y^2=x+C_2.$$

由 $y|_{x=0}=1$,得　$C_2=1$,

故所求特解为　$y^2=x+1.$

对可降阶的高阶微分方程,若求满足所给初始条件的特解,应在求解过程中尽可能早地利用所给初始条件逐步定出任意常数的值,这样可使后一步的积分计算简单些.

当所给可降阶的高阶微分方程既可看做 $y''=f(x,y')$,亦可看做 $y''=f(y,y')$ 时,即所给可降阶的高阶微分方程既不显含 x,也不显含 y 时,按不显含 y 求解比较简单.

4.7.5 习题 4.7

1. 求下列微分方程的通解:

(1) $x(1+y^2)dx+y(1+x^2)dy=0$;
(2) $ydx+(x^2-4x)dy=0$;
(3) $y=2(x+xy)y'$;
(4) $dx+xydy=y^2dx+ydy$;
(5) $x+yy'=xyy'-xy$;
(6) $y'=1-x+y^2-xy^2$.

2. 求下列微分方程的通解:

(1) $xy'=\sqrt{x^2-y^2}+y,(x>0)$;
(2) $(x^2-2y^2)dx+xydy=0$;
(3) $(3x^2+2xy-y^2)dx+(x^2-2xy)dy=0$;
(4) $xy'=y(\ln y-\ln x)$;
(5) $x(\ln x-\ln y)dy-ydx=0$;
(6) $(x^2-y^2)y'-2xy=0$.

3. 求下列微分方程的解:

(1) $y'-\dfrac{2}{x+1}y=(x+1)^{\frac{5}{2}}$;
(2) $y'+\dfrac{y}{x}=e^{-x^2}$;
(3) $x\ln x dy+(y-\ln x)dx=0,y(e)=1$;
(4) $xdy-ydx-y^2e^ydy=0$;
(5) $(x+y)y'=y(y+1),y(1)=1$;
(6) $y'=\dfrac{1}{xy+y^3}$.

4. 求下列微分方程的解:

(1) $(1+x^2)y''=2xy',y(0)=1,y'(0)=3$;
(2) $(1+x)y''+y'=\ln(1+x),y(0)=2,y'(0)=-1$;
(3) $\sqrt{1+y'^2}=5(1-x)y'',y(0)=y'(0)=0$;
(4) $2yy''+1=y'^2$;
(5) $y''=2y^3,y(0)=y'(0)=1$.

第5章　一元微积分的应用

任何一门数学分支,不管它如何抽象,总有一天会在现实世界中找到应用.

——罗巴切夫斯基(俄)

在前两章,讨论了导数(微分)与定积分(不定积分)的概念及其计算方法,并解决了一些简单的应用问题. 本章将继续利用导数与定积分作为工具去解决更复杂的问题. 为此,先介绍在微积分应用中起重要作用的极限的局部性质和闭区间上连续函数的性质.

5.1　函数的最值、极值

5.1.1　极限的局部性质

1. 极限的局部保号性

定理 5.1.1(函数极限的符号与函数值的符号之间的对应关系)　(1)若$\lim\limits_{x \to x_0} f(x)=A$,且$A>(<)0$,则存在点$x_0$的一个空心$U^\circ(x_0)$,使$x\in U^\circ(x_0)$时,有$f(x)>(<)0$;

(2)若$\lim\limits_{x \to x_0} f(x)=A$且在点$x_0$的某一空心邻域$U^\circ(x_0)$内恒有$f(x)\geqslant(\leqslant)0$,则$A\geqslant(\leqslant)0$.

在定理5.1.1(2)中,即使将条件$f(x)\geqslant(\leqslant)0$改为$f(x)>(<)0$,也不能得出$A>(<)0$的结论,仍只能是$A\geqslant(\leqslant)0$. 例如,对函数$f(x)=|x|$,当$x\neq 0$时,恒有$f(x)>0$,但$\lim\limits_{x \to 0}|x|=0$. 这时$A=0$,而不是$A>0$.

2. 极限的局部有界性

定理 5.1.2　若$\lim\limits_{x \to x_0} f(x)=A$,则存在点$x_0$的一个空心邻域$U^\circ(x_0)$,使函数$f(x)$在$U^\circ(x_0)$内有界.

定理5.1.2的逆定理不成立. 即,若函数$f(x)$在点x_0的某一空心邻域$U^\circ(x_0)$内有界,则其极限$\lim\limits_{x \to x_0} f(x)$不一定存在. 例如,函数$f(x)=\sin\dfrac{1}{x}$在$[-1,0)\cup(0,1]$内有界,但极限$\lim\limits_{x \to 0}\sin\dfrac{1}{x}$不存在.

定理5.1.2说明,若$\lim\limits_{x \to x_0} f(x)=A$,则函数$f(x)$在某个$U^\circ(x_0)$内有界,但并不能肯定函数$f(x)$在其定义域内有界. 例如,极限$\lim\limits_{x \to 0} x\sin x=0$只能说明函数$f(x)=x\sin x$在某个$U^\circ(0)$内有界,而函数$f(x)=x\sin x$在其定义域内却是无界的.

将定理5.1.1和定理5.1.2中的极限过程$x\to x_0$改为$x\to x_0^-$,$x\to x_0^+$,$x\to\infty$,$x\to-\infty$,$x\to+\infty$,并将其中的空心邻域$U^\circ(x_0)$作相应地调整时,其结论仍然成立.

5.1.2 闭区间上连续函数的整体性质

1. 最值定理

定义 5.1.1 设函数 $f(x)$ 在区间 I 上有定义,若存在 $x_0 \in I$,使对每一个 $x \in I$,都有 $f(x) \leqslant (\geqslant) f(x_0)$,则称 $f(x_0)$ 是函数 $f(x)$ 在区间 I 上的最大(小)值,并称点 x_0 为函数 $f(x)$ 的最大(小)值点.

函数的最大值与最小值统称为函数的最值,最大值点与最小值点统称为最值点.

定理 5.1.3(最值定理) 若函数 $f(x)$ 在闭区间 $[a,b]$ 上连续,则函数 $f(x)$ 在闭区间 $[a,b]$ 上一定有最大值和最小值.

若定理 5.1.3 的条件不满足,则结论就不一定成立. 例如:

(1) 函数 $f(x)=\begin{cases}-1-x, & -1\leqslant x<0,\\ 0, & x=0,\\ 1-x, & 0<x\leqslant 1,\end{cases}$ 在点 $x=0$ 处间断(参见例 2.2.17),它在闭区间 $[-1,1]$ 上既无最大值也无最小值(参见图 2.2.3);

(2) 函数 $f(x)=x^2$ 在开区间 $(0,1)$ 内连续,但它在 $(0,1)$ 内既无最大值也无最小值.

思维拓展 5.1.1:定理 5.1.3 的条件是必要的吗?

推论 5.1.1 若函数 $f(x)$ 在闭区间 $[a,b]$ 上连续,则函数 $f(x)$ 在闭区间 $[a,b]$ 上有界.

2. 零点定理

定理 5.1.4(零点定理) 若函数 $f(x)$ 在闭区间 $[a,b]$ 上连续,且在闭区间 $[a,b]$ 的端点处的函数值异号(即 $f(a)f(b)<0$),则在开区间 (a,b) 内至少存在一点 ξ,使 $f(\xi)=0$(即方程 $f(x)=0$ 在开区间 (a,b) 内至少有一个根 ξ).

若点 x_0 使 $f(x)=0$,则称点 x_0 为函数 $f(x)$ 的零点.

零点定理的几何意义是:连续曲线弧 $y=f(x)$ 的两个端点若位于 x 轴的上下两侧,则该曲线弧与 x 轴至少有一个交点.

例 5.1.1 证明方程 $x=a\sin x+b\,(a>0,b>0)$ 至少有一个不超过 $a+b$ 的正根.

证 设函数 $f(x)=x-a\sin x-b$,显然函数 $f(x)$ 在 $[0,a+b]$ 上连续,

且 $$f(a+b)=a[1-\sin(a+b)]\geqslant 0,\ f(0)=-b<0.$$

(1) 若 $f(a+b)>0$,则由零点定理知,至少存在一点存在 $\xi\in(0,a+b)$,使

$$f(\xi)=\xi-a\sin\xi-b=0,$$

即 $$\xi=a\sin\xi+b,$$

也就是说,ξ 是方程 $x=a\sin x+b$ 的一个根.

(2) 若 $f(a+b)=0$,则 $a+b$ 为方程 $f(x)=0$(即方程 $x=a\sin x+b$)的根.

综上,方程 $x=a\sin x+b\,(a>0,b>0)$ 至少有一个不超过 $a+b$ 的正根.

定理 5.1.5(介值定理) 闭区间 $[a,b]$ 上的连续函数 $f(x)$ 一定取得介于其最大值与最小值之间的任何值.

推论 5.1.2 若函数 $f(x)$ 在闭区间 $[a,b]$ 上连续,且 $f(a)=A\neq f(b)=B$,则对 A 与 B 之间的任意一个常数 C,在开区间 (a,b) 内至少存在一点 ξ,使 $f(\xi)=C$.

5.1.3　函数的极值与费马(Fermat)定理

定义 5.1.2　设函数 $f(x)$ 在点 x_0 的某邻域 $U(x_0)$ 内连续,若对每一个 $x\in U(x_0)$,都有 $f(x)\leqslant(\geqslant)f(x_0)$,则称 $f(x_0)$ 为函数 $f(x)$ 在 $U(x_0)$ 内的极大(小)值,并称点 x_0 为函数 $f(x)$ 的极大(小)值点.

函数的极大值与极小值统称为极值,极大值点与极小值点统称为极值点.

由定义 5.1.2 知:

(1)函数定义区间的端点一定不是极值点,因为作为一个极值,要同它左右两侧的函数值进行比较,所以函数若有极值点,则一定在其连续区间的内部取得;

(2)函数的极值是局部性的概念,极值是仅就极值点的邻域而言的,它只是在极值点的一个充分小的近旁才有最大(小)值的特征.

函数 $f(x)$ 在一个区间内有多个极大值和极小值时,极大值可以小于极小值. 例如,在图 5.1.1 中,极大值 $f(x_1)$ 小于极小值 $f(x_4)$ 与 $f(x_6)$.

最值是整体性概念,是函数在整个定义区间上的最大(小)值,故最值可在区间端点处取得(例如在图 5.1.1 中函数 $f(x)$ 在闭区间 $[a,b]$ 上的最大值在右端点 $x=b$ 处取得),所以极值不一定是最值,最值也不一定是极值. 但当某连续函数的最值恰在区间内部取得时,则该最值就一定是极值.

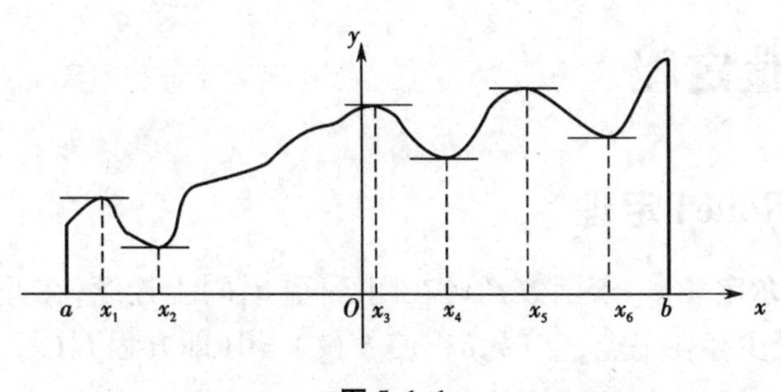

图 5.1.1

定理 5.1.6(费马定理)　若函数 $f(x)$ 在点 x_0 处取得极值,且函数 $f(x)$ 在点 x_0 处可导,则 $f'(x_0)=0$.

费马定理的几何意义:在可导函数 $y=f(x)$ 取得极值的点处,曲线 $y=f(x)$ 的切线是水平的(参见图 5.1.1).

使 $f'(x)=0$ 与使 $f'(x)$ 不存在的点 x,统称为函数 $f(x)$ 的临界点. 其中,使 $f'(x)=0$ 的点 x 又被称为函数 $f(x)$ 的驻点.

定理 5.1.6 是说,可导函数的极值点一定是其驻点. 但反过来,驻点却不一定是极值点. 例如,对于函数 $f(x)=x^3$,由 $f'(0)=0$ 知点 $x=0$ 是函数 $f(x)=x^3$ 的驻点,但点 $x=0$ 却不是函数 $f(x)=x^3$ 的极值点(参见图 1.2.12). 因此,对于在点 x_0 处可导的函数 $f(x)$ 来说,$f'(x_0)=0$ 是函数在点 x_0 处取得极值的必要条件而非充分条件.

还应指出,对于一个连续函数 $f(x)$,使 $f'(x)$ 不存在的点也可能是函数 $f(x)$ 的极值点. 例如,对函数 $f(x)=|x|$,虽然 $f'(0)$ 不存在(参见例 3.1.2),但点 $x=0$ 是函数 $f(x)=|x|$ 的极小值点(参见图 1.2.1).

综上所述,连续函数的极值点一定是其临界点,但临界点不一定是连续函数的极值点.也就是说,连续函数仅在其临界点处才有可能取得极值.至于临界点是不是极值点,以至于是极值点时,是极大值点还是极小值点,则需进一步判定.

5.1.4 思维拓展问题解答

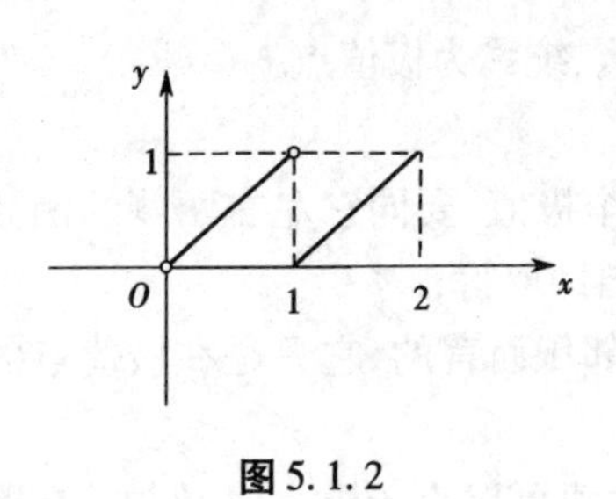

图 5.1.2

思维拓展 5.1.1:定理 5.1.3 的条件是充分的,不是必要的,即定理的条件不满足时,结论也可能成立.例如,函数 $f(x)=\begin{cases}x, & 0<x<1\\ x-1, & 1\leqslant x\leqslant 2\end{cases}$ 的定义域$(0,2]$不是闭区间,且在点 $x=1$ 处间断.但它在点 $x=1$ 处取最小值 0,在点 $x=2$ 处取最大值(参见图 5.1.2).

5.1.5 习题 5.1

1. 证明方程 $x^5-3x=1$ 至少有一个根介于 1 和 2 之间.

2. 证明方程 $x^3-5x-1=0$ 在开区间$(1,3)$内至少有一个实根.

3. 证明方程 $\sin x+x+1=0$ 在开区间$\left(-\dfrac{\pi}{2},\dfrac{\pi}{2}\right)$内至少有一个根.

5.2 微分中值定理

5.2.1 罗尔(Rolle)定理

定理 5.2.1(罗尔定理) 若函数 $f(x)$ 在闭区间$[a,b]$上连续,在开区间(a,b)内可导,且 $f(a)=f(b)$,则至少存在一点 $\xi\in(a,b)$,使 $f'(\xi)=0$(即方程 $f'(x)=0$ 在开区间(a,b)内至少有一个根 ξ).

罗尔定理的几何意义是:在闭区间$[a,b]$上两端等高的连续曲线 $y=f(x)$,若在开区间(a,b)内点点有切线,则其中至少有一条切线与 x 轴平行.

罗尔定理中的三个条件缺少任何一个,都不能保证其结论成立.

(1)函数 $f(x)=x$ 在闭区间$[-1,1]$上连续,且在开区间$(-1,1)$内可导($f'(x)=1$),但 $f(-1)\neq f(1)$,这时不存在点 $\xi\in(-1,1)$,使 $f'(\xi)=0$.

(2)函数 $f(x)=|x|$ 在闭区间$[-1,1]$上连续,且 $f(-1)=f(1)$.但函数 $f(x)$ 在点 $x=0$ 处不可导($f'(x)=\begin{cases}-1, & -1<x<0\\ 1, & 0<x<1\end{cases}$),此时不存在点 $\xi\in(-1,1)$,使 $f'(\xi)=0$.

(3)函数 $f(x)=\begin{cases}x, & -1<x\leqslant 1\\ 1, & x=-1\end{cases}$ 在开区间$(-1,1)$内可导($f'(x)=1$),且 $f(-1)=f(1)$.但函数 $f(x)$ 在上$[-1,1]$不连续(参见例 2.4.1),这时不存在点 $\xi\in(-1,1)$,使 $f'(\xi)=0$.

思维拓展 5.2.1:罗尔定理的条件是必要的吗?

例 5.2.1 设实数 $a_1,a_2,\cdots,a_n$ 满足:$a_1-\dfrac{a_2}{3}+\cdots+(-1)^{n-1}\dfrac{a_n}{2n-1}=0$,证明方程

$$a_1\cos x+a_2\cos 3x+\cdots+a_n\cos(2n-1)x=0$$

在开区间$\left(0,\dfrac{\pi}{2}\right)$内至少有一根.

证　设函数$f(x)=a_1\sin x+\dfrac{a_2}{3}\sin 3x+\cdots+\dfrac{a_n}{2n-1}\sin(2n-1)x$,

则函数$f(x)$在闭区间$\left[0,\dfrac{\pi}{2}\right]$上连续,在开区间$\left(0,\dfrac{\pi}{2}\right)$内可导,且

$$f\left(\frac{\pi}{2}\right)=a_1-\frac{a_2}{3}+\cdots+(-1)^{n-1}\frac{a_n}{2n-1}=0, f(0)=0.$$

由罗尔定理知,至少存在一点$\xi\in\left(0,\dfrac{\pi}{2}\right)$,使

$$f'(\xi)=a_1\cos\xi+a_2\cos 3\xi+\cdots+a_n\cos(2n-1)\xi=0,$$

即ξ为方程$a_1\cos x+a_2\cos 3x+\cdots+a_n\cos(2n-1)x=0$的一个根.

5.2.2　拉格朗日(Lagrange)中值定理与柯西(Cauchy)中值定理

定理5.2.2(拉格朗日中值定理)　设函数$f(x)$在闭区间$[a,b]$上连续,在开区间(a,b)内可导,则至少存在一点$\xi\in(a,b)$,使

$$f'(\xi)=\frac{f(b)-f(a)}{b-a}. \tag{5.2.1}$$

式(5.2.1)也可表示成

$$f(b)-f(a)=(b-a)f'(\xi)\ (a<\xi<b). \tag{5.2.2}$$

推论5.2.1　设函数$f(x)$在区间I内可导,若在区间I内$f'(x)\equiv 0$,则在区间I内函数$f(x)$是一个常函数,即$f(x)=C$.

例5.2.2　证明$\arcsin x+\arccos x=\dfrac{\pi}{2}, x\in[-1,1]$.

证　设函数$f(x)=\arcsin x+\arccos x$,则

$$f'(x)=\frac{1}{\sqrt{1-x^2}}-\frac{1}{\sqrt{1-x^2}}=0\ (x\in(-1,1)).$$

由推论5.2.1知,$f(x)=\arcsin x+\arccos x=C, x\in(-1,1)$.

令$x=0$,得　$C=f(0)=\arcsin 0+\arccos 0=\dfrac{\pi}{2}$,且

$$f(-1)=\arcsin(-1)+\arccos(-1)=-\frac{\pi}{2}+\pi=\frac{\pi}{2}, f(1)=\arcsin 1+\arccos 1=\frac{\pi}{2}.$$

综上,$\arcsin x+\arccos x=\dfrac{\pi}{2}, x\in[-1,1]$.

定理5.2.3(柯西中值定理)　设函数$f(x)$和$g(x)$在闭区间$[a,b]$上连续,在开区间(a,b)内可导,且当$x\in(a,b)$时,$g'(x)\neq 0$,则至少存在一点$\xi\in(a,b)$,使

$$\frac{f'(\xi)}{g'(\xi)}=\frac{f(b)-f(a)}{g(b)-g(a)}. \tag{5.2.3}$$

思维拓展5.2.2:在柯西中值定理中为什么不要求$g(a)\neq g(b)$?

罗尔定理、拉格朗日中值定理、柯西中值定理实质上是符合某种条件的“中间值”(至少

存在一个但可能不止一个)的存在性定理(但没给出“中间值”的确定方法),它们统称微分中值定理.微分中值定理给出了函数及其导数之间的联系,是应用导数来研究函数的理论依据,在微分学中占有重要地位,并起着重要作用.

5.2.3 思维拓展问题解答

思维拓展 5.2.1:罗尔定理的条件是充分的,而不是必要的,即罗尔定理的条件不满足时,结论也可能成立.例如,函数 $f(x)=\begin{cases}x & -\pi\leqslant x<0,\\ \sin x, & 0\leqslant x<\pi,\\ 1, & x=\pi\end{cases}$ 不满足罗尔定理的全部条件,但存在 $\xi=\frac{\pi}{2}\in(-\pi,\pi)$,使 $f'\left(\frac{\pi}{2}\right)=\cos\frac{\pi}{2}=0$(参见图 5.2.1).

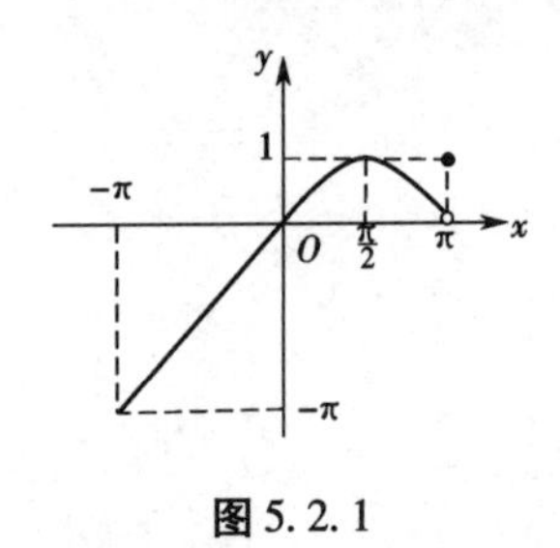

图 5.2.1

思维拓展 5.2.2:在开区间 (a,b) 内 $g'(x)\neq0$,就可保证 $g(a)\neq g(b)$ 成立.这是因为,若 $g(a)=g(b)$,则由罗尔定理知存在 $\xi\in(a,b)$ 使 $g'(\xi)=0$,从而与假设 $g'(x)\neq0$ 矛盾.

5.2.4 习题 5.2

1. 证明下列等式:

(1) $\arctan x+\operatorname{arccot} x=\frac{\pi}{2},x\in(-\infty,+\infty)$;

(2) $\arctan \mathrm{e}^{x}+\arctan \mathrm{e}^{-x}=\frac{\pi}{2},x\in(-\infty,+\infty)$.

2. 若 $a_0+\frac{a_1}{2}+\frac{a_2}{3}+\cdots+\frac{a_n}{n+1}=0$,证明函数

$$f(x)=a_0+a_1x+a_2x^2+\cdots+a_nx^n$$

在开区间(0,1)内至少有一个零点.

3. 若方程 $a_0x^n+a_1x^{n-1}+\cdots+a_{n-1}x=0$ 有一个正根 x_0,证明方程

$$na_0x^{n-1}+(n-1)a_1x^{n-2}+\cdots+a_{n-1}=0$$

也有一个正根,且小于 x_0.

4. 验证罗尔定理对函数 $y=\ln\sin x$ 在区间 $\left[\frac{\pi}{6},\frac{5\pi}{6}\right]$ 上的正确性.

5. 验证拉格朗日中值定理对函数 $y=4x^3-5x^2+x-2$ 在区间[0,1]上的正确性.

6. 不对函数 $f(x)=x(x-1)(x-2)(x-3)$ 求导数,说明方程 $f'(x)=0$ 有几个实根,并指出它们所在的区间.

5.3 洛必达(L'Hospital)法则及其应用

在2.4、2.5节中曾用初等方法研讨过未定式的确定问题,但仍有很多未定式的确定问

题是不易甚至不能解决的. 导数本身即是$\frac{0}{0}$型未定式的问题,那么,在建立了关于导数的一系列运算公式与法则之后,就有可能反过来利用导数求出某些未定式. 对此,下面将给出一个简单易行并有广泛使用价值的方法——洛必达法则.

5.3.1　洛必达法则

定理 5.3.1(洛必达法则)　设函数$f(x)$,$g(x)$在点 a 的某空心邻域 $U^{\circ}(a)$内可导,且$g'(x)\neq 0$,若

(1)极限$\lim\limits_{x\to a}\frac{f(x)}{g(x)}$是$\frac{0}{0}$型或$\frac{\infty}{\infty}$型未定式,即

$$\lim_{x\to a}f(x)=\lim_{x\to a}g(x)=0\text{ 或}\lim_{x\to a}g(x)=\lim_{x\to a}f(x)=\infty,$$

(2)$\lim\limits_{x\to a}\frac{f'(x)}{g'(x)}=A$(或为$\infty$, $-\infty$, $+\infty$),

则
$$\lim_{x\to a}\frac{f(x)}{g(x)}=\lim_{x\to a}\frac{f'(x)}{g'(x)}.\tag{5.3.1}$$

洛必达法则中的极限过程$x\to a$,改为$x\to a^-$,$x\to a^+$,$x\to\infty$,$x\to+\infty$,$x\to-\infty$时,其结论仍然成立.

5.3.2　使用洛必达法则的注意事项与洛必达法则应用举例

因洛必达法则仅适用于$\frac{0}{0}$型或$\frac{\infty}{\infty}$型未定式,故使用洛必达法则前,必须先检验是否满足条件(1),即检验要求的极限是不是$\frac{0}{0}$型未定式. 若要求的极限不是$\frac{0}{0}$型或$\frac{\infty}{\infty}$型未定式,则不能直接应用洛必达法则. 至于条件(2),当进行计算时,能自动验证是否得到满足,不必提前考虑.

若极限$\lim\frac{f'(x)}{g'(x)}$仍是$\frac{0}{0}$型或$\frac{\infty}{\infty}$型未定式,且函数$f'(x)$,$g'(x)$仍满足洛必达法则的条件,则可对极限$\lim\frac{f'(x)}{g'(x)}$继续使用洛必达法则,即有

$$\lim\frac{f(x)}{g(x)}=\lim\frac{f'(x)}{g'(x)}=\lim\frac{f''(x)}{g''(x)}.$$

在需要时,这一过程可以继续下去.

例 5.3.1　求函数极限$\lim\limits_{x\to 2}\frac{x^3-3x^2+4}{x^2-4x+4}$.

解　$\lim\limits_{x\to 2}\frac{x^3-3x^2+4}{x^2-4x+4}$($\frac{0}{0}$型未定式,使用洛必达法则)

$=\lim\limits_{x\to 2}\frac{3x^2-6x}{2x-4}$(仍是$\frac{0}{0}$型未定式,再次使用洛必达法则)

$=\lim\limits_{x\to 2}\frac{6x-6}{2}=3.$

例 5.3.2　求函数极限$\lim\limits_{x\to 0}\frac{\tan x-x}{x^3}$.

解 $\lim\limits_{x\to0}\dfrac{\tan x-x}{x^3}$（$\dfrac{0}{0}$型未定式，使用洛必达法则）

$=\lim\limits_{x\to0}\dfrac{\sec^2x-1}{3x^2}=\lim\limits_{x\to0}\dfrac{\tan^2x}{3x^2}$（当$x\to0$时，$\tan x\sim x$）

$=\lim\limits_{x\to0}\dfrac{x^2}{3x^2}=\dfrac{1}{3}.$

思维拓展 5.3.1：如何灵活使用洛必达法则才能高效率地进行极限计算？

例 5.3.3 求函数极限$\lim\limits_{x\to0}\dfrac{x-x\cos x}{x-\sin x}.$

解 $\lim\limits_{x\to0}\dfrac{x-x\cos x}{x-\sin x}=\lim\limits_{x\to0}\dfrac{x(1-\cos x)}{x-\sin x}$（当$x\to0$时，$1-\cos x\sim\dfrac{1}{2}x^2$）

$=\lim\limits_{x\to0}\dfrac{x\cdot\dfrac{1}{2}x^2}{x-\sin x}$（$\dfrac{0}{0}$型未定式，使用洛必达法则）

$=\lim\limits_{x\to0}\dfrac{\dfrac{3}{2}x^2}{1-\cos x}=\lim\limits_{x\to0}\dfrac{\dfrac{3}{2}x^2}{\dfrac{1}{2}x^2}=3.$

例 5.3.4 求函数极限$\lim\limits_{x\to0^+}\dfrac{\cot x}{\ln(\sin 2x)}.$

解 $\lim\limits_{x\to0^+}\dfrac{\cot x}{\ln(\sin 2x)}$（$\dfrac{\infty}{\infty}$型未定式，使用洛必达法则）

$=\lim\limits_{x\to0^+}\dfrac{-\csc^2x}{\dfrac{2\cos 2x}{\sin 2x}}$

$=\lim\limits_{x\to0^+}\dfrac{-\sin 2x}{2\sin^2x\cos 2x}$（当$x\to0^+$时，$\sin x\sim x,\sin 2x\sim 2x$）

$=\lim\limits_{x\to0^+}\dfrac{-2x}{2x^2\cos 2x}=-\infty.$

例 5.3.5 求函数极限$\lim\limits_{x\to0}\dfrac{1-x^2-e^{-x^2}}{\ln(1-2x^4)}.$

解 $\lim\limits_{x\to0}\dfrac{1-x^2-e^{-x^2}}{\ln(1-2x^4)}$（当$x\to0$时，$\ln(1-2x^4)\sim-2x^4$）

$=\lim\limits_{z\to0}\dfrac{1-x^2-e^{-x^2}}{-2x^4}$（$\dfrac{0}{0}$型未定式，使用洛必达法则）

$=\lim\limits_{x\to0}\dfrac{-2x+2xe^{-x^2}}{-8x^3}=\lim\limits_{x\to0}\dfrac{e^{-x^2}-1}{-4x^2}$（当$x\to0$时，$e^{-x^2}-1\sim-x^2$）

$=\lim\limits_{x\to0}\dfrac{-x^2}{-4x^2}=\dfrac{1}{4}.$

例 5.3.6 求函数极限$\lim\limits_{x\to0}\dfrac{x-\arcsin x}{x^3}.$

解 $\lim\limits_{x\to0}\dfrac{x-\arcsin x}{x^3}$（$\dfrac{0}{0}$型未定式，使用洛必达法则）

$$=\lim_{x\to 0}\frac{1-\frac{1}{\sqrt{1-x^2}}}{3x^2}$$

$$=\lim_{x\to 0}\frac{\sqrt{1-x^2}-1}{3x^2\sqrt{1-x^2}}\left(当 x\to 0 时, \sqrt{1-x^2}-1\sim -\frac{1}{2}x^2\right)$$

$$=\lim_{x\to 0}\frac{-\frac{1}{2}x^2}{3x^2\sqrt{1-x^2}}=-\frac{1}{6}.$$

当极限$\lim\frac{f'(x)}{g'(x)}$不存在(也不是$\pm\infty$或∞)时,不能断定极限$\lim\frac{f(x)}{g(x)}$也不存在,只能说明此时不能使用洛必达法则. 而此时极限$\lim\frac{f(x)}{g(x)}$可能存在,需另找求极限的途径.

例如,极限$\lim\limits_{x\to\infty}\frac{x-\sin x}{x+\sin x}$是$\frac{\infty}{\infty}$型未定式,由例 2.5.3 知其值为 1. 但对它用洛必达法则后所得极限$\lim\limits_{x\to\infty}\frac{1+\cos x}{1-\cos x}$却是不存在的.

只有当极限$\lim\frac{f'(x)}{g'(x)}$比极限$\lim\frac{f(x)}{g(x)}$更容易计算时,使用洛必达法则才有意义. 若出现相反情形,则只有另找求极限的途径. 例如,极限$\lim\limits_{x\to+\infty}\frac{e^x+e^{-x}}{e^x-e^{-x}}$是$\frac{\infty}{\infty}$型未定式,对它使用洛必达法则就会出现下面的循环现象,求不出结果,即

$$\lim_{x\to+\infty}\frac{e^x+e^{-x}}{e^x-e^{-x}}=\lim_{x\to+\infty}\frac{e^x-e^{-x}}{e^x+e^{-x}}=\lim_{x\to+\infty}\frac{e^x+e^{-x}}{e^x-e^{-x}}.$$

但由例 2.4.2 知其值为 1.

5.3.3　其他类型未定式

除$\frac{0}{0}$型或$\frac{\infty}{\infty}$型未定式,常见的还有$\infty-\infty$型、$0\cdot\infty$型以及0^0型、∞^0型、1^∞型未定式. 对于这五种未定式,只要经过适当变换,最终都可以把它们转化为$\frac{0}{0}$型或$\frac{\infty}{\infty}$型未定式,然后再使用洛必达法则求其值.

1. $\infty-\infty$型未定式(转化方法见 2.4.4)

例 5.3.7　求函数极限$\lim\limits_{x\to 0}\left(\frac{1}{x^2}-\frac{\cot x}{x}\right)$.

解　$\lim\limits_{x\to 0}\left(\frac{1}{x^2}-\frac{\cot x}{x}\right)=\lim\limits_{x\to 0}\left(\frac{1}{x^2}-\frac{\cos x}{x\sin x}\right)$

$$=\lim_{x\to 0}\frac{\sin x-x\cos x}{x^2\sin x}=\lim_{x\to 0}\frac{\sin x-x\cos x}{x^3}\left(\frac{0}{0}型未定式,使用洛必达法则\right)$$

$$=\lim_{x\to 0}\frac{\cos x+x\sin x-\cos x}{3x^2}=\lim_{x\to 0}\frac{\sin x}{3x}=\frac{1}{3}(当 x\to 0 时, \sin x\sim x).$$

2. $0\cdot\infty$型未定式

若在同一极限过程中,函数$f(x)\to 0$,函数$g(x)\to\infty$($\pm\infty$),则称极限$\lim f(x)g(x)$为

$0\cdot\infty$ 型未定式. 转化方法为,将乘积 $f(x)g(x)$ 转化为分式,即

$$f(x)g(x)=\frac{f(x)}{\frac{1}{g(x)}} \text{或} f(x)g(x)=\frac{g(x)}{\frac{1}{f(x)}}.$$

当分母确定后,$0\cdot\infty$ 型未定式自然随之转化为$\frac{0}{0}$型或$\frac{\infty}{\infty}$型未定式.

例 5.3.8　求函数极限 $\lim\limits_{x\to+\infty} x\left(\frac{\pi}{2}-\arctan x\right)$.

解　$\lim\limits_{x\to+\infty} x\left(\frac{\pi}{2}-\arctan x\right)$ ($0\cdot\infty$ 型未定式)

$$=\lim_{x\to+\infty}\frac{\frac{\pi}{2}-\arctan x}{\frac{1}{x}} \left(\frac{0}{0}\text{型未定式}\right)$$

$$=\lim_{x\to+\infty}\left[\left(-\frac{1}{1+x^2}\right)\Big/\left(-\frac{1}{x^2}\right)\right]=\lim_{x\to+\infty}\frac{x^2}{1+x^2}=1.$$

3. 0^0 型、∞^0 型、1^∞ 型未定式

设函数 $f(x)>0$,则函数 $[f(x)]^{g(x)}=e^{g(x)\ln f(x)}$.

(1)若极限 $\lim[f(x)]^{g(x)}$ 为 0^0 型未定式,则极限 $\lim[g(x)\ln f(x)]$ 是 $0\cdot\infty$ 型未定式;

(2)若极限 $\lim[f(x)]^{g(x)}$ 为 ∞^0 型未定式,则极限 $\lim[g(x)\ln f(x)]$ 是 $0\cdot\infty$ 型未定式;

(3)若极限 $\lim[f(x)]^{g(x)}$ 为 1^∞ 型未定式,则极限 $\lim[g(x)\ln f(x)]$ 是 $\infty\cdot 0$ 型未定式.

因此,求幂指函数型未定式的极限 $\lim[f(x)]^{g(x)}$ 时,可以先求其自然对数的极限 $\lim[g(x)\ln f(x)]$ ($0\cdot\infty$ 型未定式),而这已在"2"中研究过了.

求出极限 $\lim[g(x)\ln f(x)]$ 的值后,再利用求复合函数极限的定理(定理2.4.3)与指数函数的连续性,即可求得极限的值,即

$$\lim[f(x)]^{g(x)}=\lim e^{g(x)\ln f(x)}=e^{\lim[g(x)\ln f(x)]}.$$

一般地,对于 1^∞ 型未定式,还是应用2.6.5中学过的 1^∞ 型极限计算公式更为方便.

例 5.3.9　求函数极限 $\lim\limits_{x\to0^+} x^{\arctan x}$ 的值.

解　本题是 0^0 型未定式,其自然对数的极限为

$$\lim_{x\to0^+}\ln x^{\arctan x}=\lim_{x\to0^+}(\arctan x\cdot\ln x)\ (\text{当 } x\to0 \text{ 时}, \arctan x\sim x))$$

$$=\lim_{x\to0^+}x\ln x=\lim_{x\to0^+}\frac{\ln x}{\frac{1}{x}}\left(\frac{\infty}{\infty}\text{型未定式,使用洛必达法则}\right)$$

$$=\lim_{x\to0^+}\frac{\frac{1}{x}}{-\frac{1}{x^2}}=0.$$

所以 $\lim\limits_{x\to0^+} x^{\arctan x}=e^{\lim\limits_{x\to0^+}\arctan x\cdot\ln x}=e^0=1$.

例 5.3.10　求函数极限 $\lim\limits_{x\to0^+}(\cot x)^{\arcsin x}$ 的值.

解　本题是 ∞^0 型未定式,其自然对数的极限为

$$\lim_{x\to0^+}\ln(\cot x)^{\arcsin x}=\lim_{x\to0^+}\arcsin x\cdot\ln(\cot x)$$

$$=\lim_{x\to0^+}x\ln(\cot x)=\lim_{x\to0^+}\frac{\ln(\cot x)}{\frac{1}{x}}=\lim_{x\to0^+}\frac{-\frac{\csc^2 x}{\cot x}}{-\frac{1}{x^2}}$$

$$=\lim_{x\to0^+}\frac{x^2\tan x}{\sin^2 x}=0.$$

所以$\lim\limits_{x\to0^+}(\cot x)^{\arcsin x}=e^{\lim\limits_{x\to0^+}\arcsin x\cdot\ln(\cot x)}=e^0=1.$

例 5.3.11　求函数极限$\lim\limits_{x\to+\infty}\left(\frac{2}{\pi}\arctan x\right)^x$的值.

解　$\lim\limits_{x\to+\infty}\left(\frac{2}{\pi}\arctan x\right)^x=e^{\lim\limits_{x\to+\infty}x\left(\frac{2}{\pi}\arctan x-1\right)}=e^{\lim\limits_{x\to+\infty}\frac{2\arctan x-\pi}{\frac{\pi}{x}}}=e^{\lim\limits_{x\to+\infty}\frac{\frac{2}{1+x^2}}{-\frac{\pi}{x^2}}}=e^{-\frac{2}{\pi}}.$

5.3.4　思维拓展问题解答

思维拓展 5.3.1:每使用一次洛必达法则后,应注意利用代数或三角恒等式的变形来消去分子与分母中的公共因子(未定式),这样可减少使用洛必达法则的次数,从而使运算得到简化. 此外,应将极限值不为零的因子(非未定式)的极限值确定,并将其提到极限号外,这样可避免由于求导而带来的复杂化现象,从而简化极限计算过程.

需特别指出,虽然洛必达法则可弥补等价替换法的不足(合适的等价无穷小有时找不到)并且在某种程度上可以替代等价替换法,但对$\frac{0}{0}$型未定式还是应先用等价替换法. 只在当等价替换法不适用时再用洛必达法则,这样可避免由于求导而带来的复杂化现象,从而简化极限计算过程.

5.3.5　知识拓展

$\frac{0}{0}$型未定式与$\frac{\infty}{\infty}$型未定式的相互转化

虽然洛必达法则可直接用于$\frac{0}{0}$型或$\frac{\infty}{\infty}$型未定式,但有时需先将$\frac{0}{0}$(或$\frac{\infty}{\infty}$)型未定式转化为$\frac{\infty}{\infty}$型(或$\frac{0}{0}$)型未定式,然后再运用洛必达法则. 否则,不仅运算复杂,甚至可能求不出结果. 例如,$\lim\limits_{x\to0^+}\frac{e^{-\frac{1}{x}}}{x}$虽是$\frac{0}{0}$型未定式,但若对它直接使用洛必达法则的话,则不仅结果仍是$\frac{0}{0}$型未定式,而且每运用一次洛必达法则,所得$\frac{0}{0}$型未定式的分母中 x 的的指数就增加一次,从而求不出结果. 而若将原$\frac{0}{0}$型未定式变形为$\frac{\infty}{\infty}$型未定式,则用一次洛必达法则可求出结果,即

$$\lim_{x\to0^+}\frac{e^{-\frac{1}{x}}}{x}=\lim_{x\to0^+}\frac{\frac{1}{x}}{e^{\frac{1}{x}}}=\lim_{x\to0^+}\frac{-\frac{1}{x^2}}{-\frac{1}{x^2}e^{\frac{1}{x}}}=\lim_{x\to0^+}\frac{1}{e^{\frac{1}{x}}}=0;$$

或令 $t=\frac{1}{x}$,得

$$\lim_{x\to0^+}\frac{e^{-\frac{1}{x}}}{x}==\lim_{t\to+\infty}te^{-t}=\lim_{t\to+\infty}\frac{t}{e^t}=\lim_{t\to+\infty}\frac{1}{e^t}=0.$$

5.3.6 习题5.3

1. 求下列极限($m,n\in\mathbf{N}^+,a,b\neq0$):

(1) $\lim\limits_{x\to1}\frac{\sqrt[m]{x}-1}{\sqrt[n]{x}-1}$;(2) $\lim\limits_{x\to a}\frac{(2x-a)^m-a^m}{x^n-a^n}$;(3) $\lim\limits_{x\to0}\frac{\sqrt[m]{1+ax}\cdot\sqrt[n]{1+bx}-1}{x}$;

(4) $\lim\limits_{x\to1}\frac{x^{n+1}-(n+1)x+n}{(x-1)^2}$;(5) $\lim\limits_{x\to0}\frac{(1+mx)^n-(1+nx)^m}{x^2}$;(6) $\lim\limits_{x\to\frac{\pi}{4}}\frac{\cos x-\sin x}{\pi-4x}$;

(7) $\lim\limits_{x\to\frac{\pi}{2}}\frac{\cos x-\sin x+1}{\cos x+\sin x-1}$;(8) $\lim\limits_{x\to\frac{\pi}{4}}\frac{\tan x-1}{\sin 4x}$;(9) $\lim\limits_{x\to\pi}\frac{\sin^2x}{1+\cos^3x}$;

(10) $\lim\limits_{x\to\frac{\pi}{3}}\frac{\tan^3x-3\tan x}{\cos\left(x+\frac{\pi}{6}\right)}$;(11) $\lim\limits_{x\to\frac{\pi}{2}}\frac{\ln(\sin x)}{(\pi-2x)^2}$;(12) $\lim\limits_{x\to1}\frac{\ln[\cos(x-1)]}{1-\sin\left(\frac{\pi}{2}x\right)}$.

2. 求下列极限:

(1) $\lim\limits_{x\to+\infty}\frac{\ln\left(1+\frac{1}{x}\right)}{\operatorname{arccot}x}$;(2) $\lim\limits_{x\to0^+}\frac{\ln(\sec x+\tan x)}{\arcsin x}$;(3) $\lim\limits_{x\to2}\frac{\tan x-\tan 2}{\arctan[\ln(x-1)]}$;

(4) $\lim\limits_{x\to0}\frac{x-\sin x\cos x}{x\tan^2x}$;(5) $\lim\limits_{x\to0}\frac{x-\tan x}{\sin x-x\cos x}$;(6) $\lim\limits_{x\to0}\frac{e^x-\sin x-1}{1-\sqrt{1-x^2}}$;

(7) $\lim\limits_{x\to0}\frac{\tan x-\sin x}{x\ln(1+x)-x^2}$;(8) $\lim\limits_{x\to0}\frac{1-\sqrt{1-x^3}}{\ln(1+x)-x+\frac{1}{2}x^2}$;(9) $\lim\limits_{x\to0}\frac{e^x-e^{-x}-2x}{x-\sin x}$;

(10) $\lim\limits_{x\to0}\frac{e^x+\ln(1-x)-1}{x-\arctan x}$;(11) $\lim\limits_{x\to0^+}\frac{\ln(\tan 2x)}{\ln(\tan x)}$;(12) $\lim\limits_{x\to3^+}\frac{\ln(x-3)}{\ln(e^x-e^3)}$.

3. 求下列极限:

(1) $\lim\limits_{x\to\frac{\pi}{2}}(\sec x-\tan x)$;(2) $\lim\limits_{x\to0}\left(\cot^2x-\frac{1}{x^2}\right)$;(3) $\lim\limits_{x\to0}\left(\csc^2x-\frac{\cos^2x}{x^2}\right)$;

(4) $\lim\limits_{x\to0}\left[\frac{1}{4x}-\frac{1}{2x(1+e^{\pi x})}\right]$;(5) $\lim\limits_{x\to0}\left(\frac{1}{x^2}-\frac{1}{x(e^x-1)}\right)$;(6) $\lim\limits_{x\to1}\left(\frac{x}{x-1}-\frac{1}{\ln x}\right)$;

(7) $\lim\limits_{x\to0}\left(\frac{1}{\ln(1+x)}-\frac{1}{x}\right)$;(8) $\lim\limits_{x\to\frac{\pi}{2}}\sec x\left(x\sin x-\frac{\pi}{2}\right)$;(9) $\lim\limits_{x\to1}(1-x)\cot\pi x$;

(10) $\lim\limits_{x\to1^-}\ln x\ln(1-x)$;(11) $\lim\limits_{x\to\infty}x^2\left(1-x\sin\frac{1}{x}\right)$;(12) $\lim\limits_{x\to0}\left(\csc x-\frac{1}{x}\right)\cot x$.

4. 求下列极限:

(1) $\lim\limits_{x\to\frac{\pi}{2}}(\sin x)^{\tan x}$; (2) $\lim\limits_{x\to1}(2-x)^{\sec\frac{\pi}{2}x}$; (3) $\lim\limits_{x\to+\infty}\left(x\tan\dfrac{1}{x}\right)^{x^2}$;

(4) $\lim\limits_{x\to+\infty}\left(x\tan\dfrac{1}{x}\right)^{x^2}$; (5) $\lim\limits_{x\to+\infty}\left(x\tan\dfrac{1}{x}\right)^{x^2}$; (6) $\lim\limits_{x\to0^+}(\arcsin 2x)^{\sqrt{\arctan x}}$;

(7) $\lim\limits_{x\to\frac{\pi}{2}^-}(\cos x)^{\frac{\pi}{2}-x}$; (8) $\lim\limits_{x\to+\infty}\left(\dfrac{\pi}{2}-\arctan x\right)^{\frac{1}{\ln x}}$; (9) $\lim\limits_{x\to0^+}\left(\dfrac{1}{\sqrt{x}}\right)^{\tan x}$;

(10) $\lim\limits_{x\to0^+}(\cot x)^{\frac{1}{\ln x}}$; (11) $\lim\limits_{x\to\frac{\pi}{2}^-}(\tan x)^{\cos x}$; (12) $\lim\limits_{x\to\frac{\pi}{2}^-}(\tan x)^{2x-\pi}$.

5. 若函数 $f(x)=\begin{cases}\dfrac{pa^x+qa^b}{x-b}, & x\neq b\\ a^b\ln a, & x=b\end{cases}$ $(a>0$ 且 $a\neq1)$ 在点 $x=b$ 处连续，求常数 p,q 的值.

6. 设函数 $f(x)=\begin{cases}\dfrac{\ln(1+ax^3)}{x-\arcsin x}, & x<0,\\ 6, & x=0,\\ \dfrac{e^{ax}+x^2-ax-1}{x\sin\dfrac{x}{4}}, & x>0,\end{cases}$ 问 a 为何值时，函数 $f(x)$ 在点 $x=0$ 处连续；a 为何值时，点 $x=0$ 是函数 $f(x)$ 的可去间断点.

5.4　函数的单调性与极(最)值

极(最)值问题是导致微积分学产生的几类基本问题之一，它源于科学技术发展过程中的一种实际需要. 例如，在对斜上抛问题的研究中，需要研究在初始速度一定时，质点的最大位移与斜上抛倾角之间的关系. 为更好地解决函数的极(最)值问题，促使人们对函数的单调性进行进一步的深入研究.

5.4.1　函数严格单调性的判定与极值的求法

函数的单调性是在前面的学习中已经多次遇到过的概念. 以往只能用初等数学的方法(函数单调性的定义)来判定函数的单调性，因而带有很大的局限性. 现在学习了导数概念之后，就可以根据导数的符号比较容易地判定可导函数的严格单调性. 这是因为：一方面，由函数 $f(x)$ 的严格单调定义知道，严格单调增加(减少)的可导函数的图形是一条沿 x 轴正方向上升(下降)的曲线，其上任一点 x 处的切线与 x 轴正向的夹角成锐角(钝角)，即曲线上任一点 x 处的切线的斜率 $\tan\alpha=f'(x)$ 为正(负)；另一方面，导数为正(负)表明函数向着增加(减少)的方向变化. 这些都说明，函数的严格单调性与导数的正负号之间有着密切的联系.

定理 5.4.1　设函数 $f(x)$ 在区间 I 内可导，若在区间 I 内 $f'(x)>(<)0$，则函数 $f(x)$ 在区间 I 内是严格单调增加(减少)函数.

思维拓展 5.4.1：定理 5.4.1 的逆命题成立吗？

由函数极值的定义知，连续函数增减区间的分界点是其极值点，从而有定理 5.4.2.

定理5.4.2　设函数$f(x)$在点x_0处连续,在某个$U^\circ(x_0,\delta)(\delta>0)$内可导,见

(1)若在开区间$(x_0-\delta,x_0)$内,恒有$f'(x)>0(<0)$,而在开区间$(x_0,x_0+\delta)$内,恒有$f'(x)<0(>0)$,则点x_0是函数$F(X)$的极大(小)值点;

(2)若对一切$x\in U^\circ(x_0)$,总有$f'(x)>0(<0)$,则点x_0不是函数$f(x)$的极值点.

思维拓展5.4.2:**极值点是连续函数增减区间的分界点吗?**

综合定理5.4.1与定理5.4.2可知,如果连续函数$f(x)$在它的定义区间内除有限个点外均具有导数,则可按下列步骤来确定连续函数$f(x)$的单调区间与极值:

(1)求出函数$f(x)$的定义区间;

(2)求出函数$f(x)$的导数$f'(x)$;

(3)在函数$f(x)$的定义区间内,求出函数$f(x)$的所有临界点;

(4)将(3)中所求得的点按从小到大的顺序排列,并用它们将函数$f(x)$的定义区间依次划分成若干个小区间;

(5)确定$f'(x)$在每个小区间上的符号,即可确定函数$f(x)$在每个小区间上的严格单调性,进而可确定(3)中所得点是否为函数$f(x)$的极值点,从而求出函数$f(x)$的极值.

步骤(4)(5)通常列在一张表上完成. 其中用"↑"("↓")表示函数$f(x)$在该区间内严格单调增加(减少).

例5.4.1　求函数$f(x)=\sqrt[3]{(2x-x^2)^2}$的单调区间和极值.

解　函数$f(x)$的定义区间为$(-\infty,+\infty)$,

$$f'(x)=\frac{2}{3}(2x-x^2)^{-\frac{1}{3}}\cdot(2-2x)=\frac{4(1-x)}{3\cdot\sqrt[3]{2x-x^2}},$$

使$f'(x)=0$的点为　$x=1$;使$f'(x)$不存在的点为　$x=0$和$x=2$.

x	$(-\infty,0)$	0	$(0,1)$	1	$(1,2)$	2	$(2,+\infty)$
$f'(x)$	—	不存在	+	0	—	不存在	+
$f(x)$	↓	极小值0	↑	极大值1	↓	极小值0	↑

由上表可知,函数$f(x)$的严格单调减少区间为$(-\infty,0)$和$(1,2)$;严格单调增加区间为$(0,1)$和$(2,+\infty)$;函数$f(x)$在点$x=0$和点$x=2$处取得极小值$f(0)=f(2)=0$;在点$x=1$处取得极大值$f(1)=1$.

5.4.2　函数最值的求法及其应用

1. 闭区间上连续函数最值的求法

因闭区间$[a,b]$上的连续函数$f(x)$一定存在最大值和最小值. 下面讨论求连续函数在闭区间上最大值和最小值的方法.

设函数$f(x)$在闭区间$[a,b]$上连续,在开区间(a,b)内除去至多有限个使$f'(x)$不存在的点外,其余各点均具有导数. 若函数$f(x)$的最大(小)值在开区间(a,b)内某点取得,则它一定同时是极大(小)值. 但函数$f(x)$的最大(小)值也可在区间端点处取得. 因此,只需比较函数$f(x)$在开区间(a,b)内的所有极大(小)值与函数$f(x)$在区间端点处的函数值的大

小,即可得出函数$f(x)$在闭区间$[a,b]$上的最大值和最小值. 须特别指出的是:根据函数最值的定义,可不进行极值的判定,而只需把各临界点处的函数值计算出来,同区间端点处的函数值放在一起比较,即可确定出函数的最值. 所以可按下面的步骤求连续函数$f(x)$在闭区间$[a,b]$上的最值:

(1)计算出函数$f(x)$在区间端点处的函数值$f(a)$,$f(b)$;

(2)在开区间(a,b)内,求出函数$f(x)$的所有临界点$x_1,x_2,\cdots,x_n$,并且计算出$f(x_1)$,$f(x_2)$,$\cdots$,$f(x_n)$;

(3)比较$f(x_1)$,$f(x_2)$,$\cdots$,$f(x_n)$,$f(a)$,$f(b)$的大小,其中最大的那个是最大值,最小的那个是最小值.

例 5.4.2　求函数$f(x)=\sqrt[3]{2x^2(x-6)}$在闭区间$[-2,4]$上的最大值和最小值.

解　$f'(x)=2^{\frac{1}{3}}\cdot x^{-\frac{1}{3}}\cdot(x-6)^{-\frac{2}{3}}\cdot(x-4)$.

令$f'(x)=0$,得驻点　$x=4$,且

$$f(4)=-4;$$

使$f'(x)$不存在的点为$x=6\notin[-2,4]$(舍去)与$x=0$,且

$$f(0)=0;$$

又　$$f(-2)=f(4)=-4.$$

比较$f(-2)$,$f(0)$,$f(4)$的值,知在闭区间$[-2,4]$上函数的最大值为$f(0)=0$,最小值为$f(-2)=f(4)=-4$.

2. 实际问题中连续函数最值的求法

运用数学工具解决实际问题时,常常需要先找出问题中变量之间的函数关系,然后再对它加以研究,这是解决实际问题时至关重要的一步. 至于如何建立函数关系,往往是以实际问题所涉及的相关学科的有关定理、定律、公式、法则为基础,具体问题具体分析处理,以列出函数关系式. 一般方法是,仔细分析问题中变量间的关系. 问题中的变量可能有好几个,但有两个变量是最重要的:一个是“条件”变量,题目中往往是以“当……为何值时(或……如何确定时)”的形式出现;另一个是“结论变量”,即问题的最后要求. 建立函数关系,就是将“结论变量”写成“条件变量”的函数. 若所得函数关系式中还有其他变量,则需要通过问题的辅助条件将其消去而成为一元函数.

此外,对于实际问题,往往根据问题本身的性质就可以直接断定连续函数在其定义区间内确有最大值或最小值. 这时,若函数$f(x)$在定义区间内有且仅有一个临界点x_0,则不必讨论$f(x_0)$是否为极值,就可直接断定$f(x_0)$是函数$f(x)$的最大值或最小值.

例 5.4.3　有一块宽为$2a$的长方形铁片,将它相对的两个边向上折起成一个开口水槽,其横截面为矩形,高为x. 问高x取何值时,水槽流量最大?

解　因该铁片两边各折起x,则水槽横截面的面积为

$$s(x)=x(2a-2x)(0<x<a).$$

$$s'(x)=2a-4x,令\ s'(x)=0,得\ x=\frac{a}{2}.$$

因该实际问题确实存在最大值,且该实际问题仅有一个驻点$x=\frac{a}{2}$,所以当两边折起的

高度为$\frac{a}{2}$时，水槽的流量最大.

例 5.4.4 某工厂建造一个容积为 300 m^3 的带盖圆桶，问桶盖的半径 r 和桶高 h 如何确定，才能使所用材料最省？

解 桶的容积 $v=300\ m^3$，即 $300=\pi r^2 h$，即 $h=\frac{300}{\pi r^2}$.

桶的表面积 $s(r)=2\pi rh+2\pi r^2=2\pi r^2+\frac{600}{r}, r\in(0,+\infty)$.

由于 $s'(r)=4\pi r-\frac{600}{r^2}$，

令 $s'(r)=0$，得 $r=\sqrt[3]{\frac{150}{\pi}}$.

将 $r=\sqrt[3]{\frac{150}{\pi}}$代入 $h=\frac{300}{\pi r^2}$，得 $h=2r$.

因该实际问题确实存在最小值，且该实际问题仅有一个驻点 $r=\sqrt[3]{\frac{150}{\pi}}\in(0,+\infty)$，所以，当圆桶盖的半径 r 为圆桶高 h 的一半时，所用材料最省.

5.4.3 思维拓展问题解答

思维拓展 5.4.1：定理 5.4.1 的逆命题不成立，也就是说：严格单调增加（减少）的函数不必须有严格正（负）的导函数. 例如，函数 $f(x)=x^3$ 与 $g(x)=\sqrt[3]{x}$ 虽然都在 $(-\infty,+\infty)$ 内严格单调增加，但是 $f'(0)=0$ 而 $g'(0)$ 不存在. 再如，函数 $h(x)=\sin x-x$ 在 $(-\infty,+\infty)$ 内严格单调减少，但 $h'(2k\pi)=0(k\in\mathbf{Z})$. 因此，在函数严格单调增加（减少）的区间，不仅可能有导数不存在的点或导数为零的点，而且可能有无数个点使导数为零. 但这无数个点不能构成一个区间，否则依推论 5.2.1，函数在该区间上为一个常数，从而与函数是严格单调增加（减少）的函数矛盾.

思维拓展 5.4.2：不一定. 存在可导函数，即使在该函数极值点的空心邻域内导函数存在且连续，也不能保证在极值点的任何一侧导数大（小）于零，即不能保证函数是严格单调的. 例如函数 $f(x)=\begin{cases}x^2\left(1+\sin\frac{1}{x}\right), & x\neq 0\\ 0, & x=0\end{cases}$ 在 $(-\infty,+\infty)$ 内连续，$f(0)=0$ 为极小值，且 $f'(0)=0$. 虽然当 $x\neq 0$ 时，导函数 $f'(x)=2x\left(1+\sin\frac{1}{x}\right)-\cos\frac{1}{x}$ 连续，可由

$$f'\left(\frac{1}{k\pi}\right)=\frac{2}{k\pi}-(-1)^k\begin{cases}>0, k=2n+1(n\in\mathbf{Z}),\\ <0, k=2n(n\in\mathbf{Z}\text{ 且 }n\neq 0)\end{cases}$$

知：在点 $x=0$ 的任何左邻域 $(-\delta,0)$ 或右邻域 $(0,\delta)$ 内，导函数 $f'(x)$ 的取值都有正有负，且无穷次变号，从而函数 $f(x)$ 在 $(-\delta,0)$ 或 $(0,\delta)(\delta>0)$ 内都不是严格单调的. 因此，定理 5.4.2(1) 中导函数 $f'(x)$ 在点 x_0 的左、右邻域内异号，是函数 $f(x)$ 在点 x_0 处取得极值的充分条件而非必要条件.

5.4.4　知识拓展

函数极值存在的第二充分条件与开区间内连续函数最值的求法

1. 函数极值存在的第二充分条件

定理 5.4.2 通常称为函数极值存在的第一充分条件，它适用于函数的所有临界点. 当函数在驻点处的二阶导数存在且不为零时，可以利用函数极值存在的第二充分条件（定理 5.4.3）来判断函数在驻点处是取得极大值还是极小值，它用于处理二阶导数比较简单或一阶导数符号不好判定的情形是较为简单的.

定理 5.4.3　设函数 $f(x)$ 在点 x_0 处具有二阶导数，如果

$$f'(x_0)=0 \text{ 且 } f''(x_0)\neq 0,$$

则点 x_0 是函数 $f(x)$ 的极值点. 并且，如果

$$f''(x_0)<0(>0),$$

则函数 $f(x)$ 在点 x_0 处取得极大（小）值.

例 5.4.5　求函数 $f(x)=x^3-9x^2+15x+3$ 的极值.

解　函数的定义区间为 $(-\infty,+\infty)$.

$$f'(x)=3x^2-18x+15=3(x-1)(x-5),$$

令 $f'(x)=0$，得驻点　$x_1=1, x_2=5$.

由　$f''(x)=6x-18$

及　$f''(1)=-12<0, f''(5)=12>0$,

知函数 $f(x)$ 在点 $x=1$ 处取得极大值 $f(1)=10$，在点 $x=5$ 处取得极小值 $f(5)=-22$.

2. 开区间、半开闭区间或无穷区间内连续函数最值的求法

当连续函数在开区间、半开闭区间或无穷区间内的极值点不唯一时，比较连续函数 $f(x)$ 在该开区间、半开闭区间或无穷区间内所有临界点处及区间端点处的函数值与函数 $f(x)$ 在该开区间、半开闭区间或无穷区间端点处的单侧极限值的大小. 若单侧极限值最大（小），则函数 $f(x)$ 在该开区间、半开闭区间或无穷区间内无最大（小）值.

例 5.4.6　求函数 $f(x)=xe^{-x^2}$ 在定义区间内的最值.

解　函数的定义区间为 $(-\infty,+\infty)$.

$$f'(x)=(1-2x^2)e^{-x^2},$$

令 $f'(x)=0$，得驻点　$x=\pm\frac{\sqrt{2}}{2}$.

由　$f''(x)=2x(2x^2-3)e^{-x^2}$

及　$f''\left(-\frac{\sqrt{2}}{2}\right)=2\sqrt{2}e^{-\frac{1}{2}}>0, f''\left(\frac{\sqrt{2}}{2}\right)=-2\sqrt{2}e^{-\frac{1}{2}}<0$,

知点 $x=-\frac{\sqrt{2}}{2}$（或 $\frac{\sqrt{2}}{2}$）是函数 $f(x)$ 的极小（或极大）值点.

因　$\lim\limits_{x\to\infty}f(x)=\lim\limits_{x\to\infty}xe^{-x^2}=0$,

故 $f\left(-\frac{\sqrt{2}}{2}\right)=\frac{-1}{\sqrt{2e}}$ 是函数 $f(x)$ 的最小值，$f\left(\frac{\sqrt{2}}{2}\right)=\frac{1}{\sqrt{2e}}$ 是函数 $f(x)$ 的最大值.

5.4.5 习题 5.4

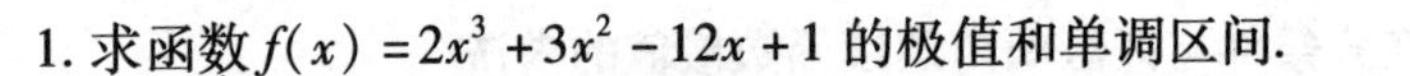

1. 求函数 $f(x)=2x^3+3x^2-12x+1$ 的极值和单调区间.

2. 求函数 $y=\sqrt[3]{(x^2-1)^2}$ 的极值.

3. 求函数 $y=x^3(x-5)^2$ 的极值.

4. 求函数 $y=x^3-\frac{9}{2}x^2+6x+11$ 的极值.

5. 求出下列函数在指定区间上的最大值和最小值:

(1) $y=x^3-3x^2+7,[-1,3]$;　　(2) $y=\frac{x}{1+x^2},[0,2]$.

6. 半径为 R 的半圆内接一梯形,梯形的一个底是半圆的直径,求梯形面积的最大值.

7. 一艘轮船在航行中每小时的燃料费和它的速度的立方成正比,已知船速为 10 km/h,燃料费为 6 元/h,而其他与速度无关的费用为 96 元/h,问轮船的速度为多少时,航行 1km 所需的费用总和最小?

8. 利用极值的第二判别条件求下列函数的极值:

(1) $y=\sin x+\cos x,[0,2\pi]$;　　(2) $y=\arctan x-\frac{1}{2}\ln(1+x^2)$.

9. 设函数 $f(x)=ax^3+bx^2+cx+d$ 在点 $x=1$ 处有极小值 1,在点 $x=-1$ 处有极大值 5,求:常数 a,b,c,d 的值.

10. 选择题:

(1) 若 $f'(x_0)=f''(x_0)=0$,则点 x_0 是函数 $f(x)$ 的(　　).

A. 极大值点　　B. 驻点　　C. 零点　　D. 极小值点

(2) 若 $f'(x_0)=f''(x_0)=0$,则函数 $f(x)$ 在点 x_0 处(　　)极值.

A. 一定有　　B. 一定没有　　C. 不一定有　　D. 以上均不对

(3) 若函数 $f(x)$ 在点 x_0 取得极值,则必有(　　).

A. $f'(x_0)=0$　　B. $f''(x_0)\neq 0$

C. $f'(x_0)=0$ 且 $f''(x_0)\neq 0$　　D. 以上均不对

(4) 若函数 $f(x)$ 满足 $f''(x)-f'(x)-e^{\sin x}=0$,且 $f'(x_0)=0$,则函数 $f(x)$ 在(　　).

A. 点 x_0 处有极小值　　B. 点 x_0 处有极大值

C. $U(x_0)$ 内单调增　　D. $U(x_0)$ 内单调减

(5) 若函数 $f(x)$ 满足 $f''(x)-2f'(x)+4f(x)=0$,且 $f(x_0)>0,f'(x_0)=0$,则函数 $f(x)$ 在(　　).

A. 点 x_0 处有极小值　　B. 点 x_0 处有极大值

C. $U(x_0)$ 内单调增　　D. $U(x_0)$ 内单调减

(6) 若当 $x\in(x_0-\delta,x_0)$ 时,$f'(x)>0$,且当 $x\in(x_0,x_0+\delta)$ 时,$f'(x)<0$,则点 x_0 是函数 $f(x)$ 的(　　).

A. 零点　　B. 驻点　　C. 极大值点　　D. 以上均不对

(7) 若 $\lim\limits_{x\to 0}f'(x)=1$,则 $f(0)$(　　)函数 $f(x)$ 的极值.

A. 一定是　　B. 一定不是　　C. 不一定是　　D. 以上均不对

(8)设函数$f(x)$在$U(0)$内可导,且$f'(0)=0,\lim\limits_{x\to 0}\frac{f'(x)}{x}=-1$,则$f(0)$(　　).

A. 不是函数$f(x)$的极值　　B. 不一定是函数$f(x)$的极值

C. 是函数$f(x)$的极大值　　D. 是函数$f(x)$的极小值

(9)设函数$f(x)$在$U(x_0)$内具有一阶连续导数,且$\lim\limits_{x\to x_0}\frac{f'(x)}{x-x_0}=-1$,则$f(x_0)$(　　).

A. 不是函数$f(x)$的极值　　B. 不一定是函数$f(x)$的极值

C. 是函数$f(x)$的极大值　　D. 是函数$f(x)$的极小值

(10)若$\lim\limits_{x\to a}\frac{f(x)-f(a)}{(x-a)^2}=\frac{1}{2}$,则$f(a)$(　　).

A. 不是$f(x)$的极值　　B. 不一定是函数$f(x)$的极值

C. 是函数$f(x)$的极大值　　D. 是函数$f(x)$的极小值

(11)若函数$f(x)$在$U(0)$内连续,且$f(0)=0,\lim\limits_{x\to 0}\frac{f(x)}{1-\cos x}=1$,则$f(0)$(　　).

A. 不是函数$f(x)$的极值　　B. 不一定是函数$f(x)$的极值

C. 是函数$f(x)$的极小值　　D. 是函数$f(x)$的极大值

(12)若函数$f(x)$是$(-\infty,+\infty)$上的可导奇函数,且$x\in(-\infty,0)$时,$f'(x)>0$,则$x\in(0,+\infty)$时,$f(x)$(　　).

A. >0且单减　　B. <0且单减　　C. <0且单增　　D. >0且单增

(13)若偶函数$f(x)$具有二阶连续导数,且$f''(0)\neq 0$,则点$x=0$(　　).

A. 不是函数$f(x)$的零点　　B. 一定是函数$f(x)$的极值点

C. 不是函数$f(x)$的驻点　　D. 不一定是函数$f(x)$的极值点

(14)设函数$f(x)$具有二阶连续导数,且$f(0)=0,\lim\limits_{x\to 0}\frac{f''(x)}{|x|}=1$,则$f(0)$(　　).

A. 不是函数$f(x)$的极值　　B. 不一定是函数$f(x)$的极值

C. 是函数$f(x)$的极小值　　D. 是函数$f(x)$的极大值

5.5　函数曲线的凹向与拐点

研究了函数的严格单调性与极值之后,对曲线的变化情况有了大致的了解. 但只有这些还是不够的,如图5.5.1(a)、(b)所示的两个函数,虽然它们都是严格单调增加的,但函数值增加的快慢是不同的. 图5.5.1(a)中的曲线向下弯曲,函数增加得越来越慢;图5.5.1(b)中的曲线向上弯曲,函数增加得越来越快.

从图5.5.1(a)中可以看出,向下弯曲的曲线位于它的任意一点处的切线的下方;从图5.5.1(b)中可以看出,向上弯曲的曲线位于它的任意一点处的切线的上方. 因此可以用曲线与切线的相对位置来刻画曲线的这种特性.

5.5.1　曲线的凹向

定义5.5.1　设函数$f(x)$在区间I内可导,若对任一点$x_0\in I$,曲线$y=f(x)$都位于过其上点$M(x_0,f(x_0))$处的切线的上(下)方,即

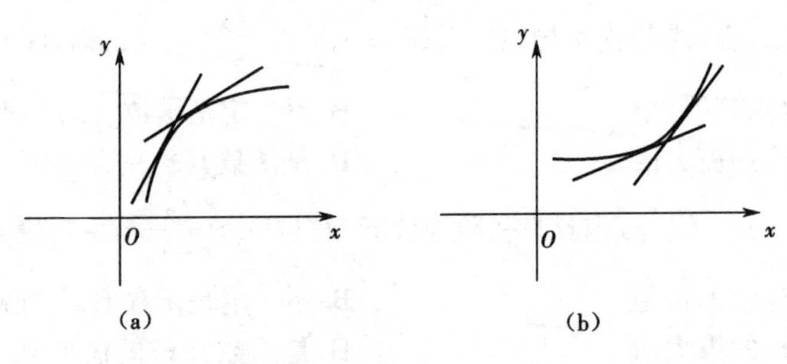

图5.5.1

$$f(x)>(<)f(x_0)+f'(x_0)\cdot(x-x_0)(x\in I),$$

则称$f(x)$为区间I内的上(下)凹函数,并称曲线$y=f(x)$在区间I内是上(下)凹的.

从图5.5.1中还可看出,下凹曲线弧上各点切线斜率$\tan\alpha=f'(x)$(其中α为切线的倾斜角)随着x增大而减小,即$f'(x)$是严格单调减少函数;上凹曲线弧上各点切线斜率$f'(x)$随着x增大而增大,即$f'(x)$是严格单调增加函数.由此可得曲线凹向的判别法.

定理5.5.1　设函数$f(x)$在区间I内可导,若$f'(x)$在区间I内是严格单调减少(增加)函数,则曲线$y=f(x)$在区间I内是下(上)凹的.

这样,对可导函数$f(x)$,曲线$y=f(x)$凹向的判定就归结为对其导函数$f'(x)$的严格单调性的判定.由定理5.4.1与定理5.5.1,可得如下推论.

推论5.5.1　设函数$f(x)$在区间I内二阶可导,若在区间I内

$$f''(x)<0(>0),$$

则曲线$y=f(x)$在区间I内是下(上)凹的.

5.5.2　曲线的拐点

定义5.5.2　连续曲线$y=f(x)$凹向的转折点,即上凹(或下凹)曲线弧与下凹(或上凹)曲线弧的分界点,称为曲线$y=f(x)$的拐点.

特别应注意,拐点是曲线$y=f(x)$上的点,因此拐点坐标需用横坐标与纵坐标同时表示.对于函数$f(x)$来说,是不存在拐点的概念的.

思维拓展5.5.1:连续曲线在其拐点处一定存在切线吗?若存在切线,有何特征?

因对可导函数$f(x)$,曲线$y=f(x)$的凹向等价于其导函数$f'(x)$的严格单调性,所以曲线$y=f(x)$的拐点的横坐标就相当于函数$f'(x)$的极值点.因而曲线$y=f(x)$的拐点的横坐标只可能出现于函数$f'(x)$的临界点处,也就是使$f''(x)=0$或使$f''(x)$不存在的点处.

定理5.5.2　设函数$f(x)$在点x_0处连续,在某个$U^\circ(x_0,\delta)$内二阶可导,若函数$f''(x)$在区间$(x_0-\delta,x_0)$与$(x_0,x_0+\delta)$内符号相异(同),则点$(x_0,f(x_0))$是(不是)曲线$y=f(x)$的拐点.

综合推论5.5.1与定理5.5.2可知,若连续函数$f(x)$在它的定义区间内除有限个点外均具有二阶导数,则可以按照下列步骤求曲线$y=f(x)$的凹向与拐点.

(1)求出函数$f(x)$的定义区间;

(2)求出函数$f(x)$的二阶导数$f''(x)$;

(3)在函数$f(x)$的定义区间内,求出所有使$f''(x)=0$和$f''(x)$不存在的点;

(4)将(3)中所得到的点按从小到大的顺序排列,并用它们将函数$f(x)$的定义区间依次划分成若干个小区间;

(5)确定$f''(x)$在每个小区间上的符号,即可确定曲线$y=f(x)$在每一个小区间上的凹向,进而可确定(3)中所得的点是否为曲线$y=f(x)$的拐点的横坐标.

步骤(4)(5)通常列在一张表中完成,其中用"∩"("∪")表示曲线$y=f(x)$在该区间上是下(上)凹曲线弧.

例 5.5.1　确定曲线$y=(x-1)^4(x-6)$的凹向和拐点.

解　函数$f(x)$的定义区间为$(-\infty,+\infty)$.

$$y'=4(x-1)^3(x-6)+(x-1)^4=5(x-1)^3(x-5),$$

$$y''=15(x-1)^2(x-5)+5(x-1)^3=20(x-1)^2(x-4),$$

令$y''=0$,得　$x=1$、$x=4$.

x	$(-\infty,1)$	1	$(1,4)$	4	$(4,+\infty)$
$f''(x)$	—	0	—	0	+
$f(x)$	∩	0	∩	拐点$(4,-162)$	∪

由上表可知,曲线$y=f(x)$的下凹区间是$(-\infty,4)$,上凹区间是$(4,+\infty)$;曲线$y=f(x)$的拐点是点$(4,-162)$.

例 5.5.2　确定曲线$f(x)=\sqrt[3]{2x^2-x^3}$的凹向和拐点.

解　函数$f(x)$的定义域为$(-\infty,+\infty)$.

$$f'(x)=\frac{1}{3}[x(2-x)^2]^{-\frac{1}{3}}\cdot(4-3x),f''(x)=-\frac{8}{9x^{\frac{4}{3}}\cdot(2-x)^{\frac{5}{3}}},$$

使$f''(x)$不存在的点为　$x=0$ 和 $x=2$.

x	$(-\infty,0)$	0	$(0,2)$	2	$(2,+\infty)$
$f''(x)$	—	不存在	—	不存在	+
$f(x)$	∩	0	∩	拐点$(2,0)$	∪

由上表可知,曲线$y=f(x)$的下凹区间是$(-\infty,2)$,上凹区间是$(2,+\infty)$;曲线$y=f(x)$的拐点是点$(2,0)$.

5.5.3　思维拓展问题解答

思维拓展 5.5.1:不一定. 例如,函数$f(x)=\begin{cases}x^2, & x\leqslant 0\\ \ln(1+x), & x>0\end{cases}$在点$x=0$处连续,但由$f'_-(0)=0$,$f'_+(0)=1$知,曲线$y=f(x)$在点$(0,0)$处存在不重合的左、右切线,故在点$(0,0)$处无切线. 而由$f''(x)=\begin{cases}2, & x<0\\ \dfrac{-1}{(1+x)^2}, & x>0\end{cases}$知点$(0,0)$是曲线$y=f(x)$的拐点.

由定义5.5.2与定义5.5.1知,若连续曲线$y=f(x)$在拐点$M(x_0,f(x_0))$处存在切线,则该切线必穿过曲线.因为,此时点$M(x_0,f(x_0))$一侧的曲线在该切线的下方,而点$M(x_0,f(x_0))$另一侧的曲线在该切线的上方.

5.5.4 习题5.5

1. 判断下列曲线的凹向性:

(1)$y=\ln x$;(2)$y=e^{-x}$;(3)$y=x+\frac{1}{x}$;(4)$y=(x+1)^4+e^x$.

2. 求下列曲线的凹向区间和拐点:

(1)$y=x^4-2x^3$;

(2)$y=x^3-6x^2+9x-3$;

(3)$y=x+\frac{x}{x-1}$;

(4)$y=x^4(12\ln x-7)$.

3. a,b为何值时,点$(1,3)$为曲线$y=ax^3+bx^2$的拐点.

4. 已知曲线$y=x^3+ax^2-9x+4$在$x=1$有拐点,试确定系数a,并求曲线的拐点坐标和凹向区间.

5. 选择题:

(1)若$f'(x_0)=0$,则点x_0一定是函数$f(x)$的( ).

A. 极值点 B. 驻点 C. 拐点 D. 零点

(2)若点$(x_0,f(x_0))$是曲线$y=f(x)$的拐点,则( ).

A. $f''(x)\neq0$

B. $f''(x)=0$

C. $f''(x_0)$不存在

D. $f''(x)=0$或$f''(x_0)$不存在

(3)下列说法中正确的是( ).

A. 若点$(x_0,f(x_0))$为曲线$y=f(x)$的拐点,则$f''(x_0)=0$

B. 若$f''(x_0)=0$,则点$(x_0,f(x_0))$为曲线$y=f(x)$的拐点

C. 若点$(x_0,f(x_0))$为曲线$y=f(x)$的拐点,则在该点处的曲线必有切线

D. 若函数$f(x)$二阶可导,且点$(x_0,f(x_0))$为曲线$y=f(x)$的拐点,则$f''(x_0)=0$

(4)若函数$f(x)$在开区间(a,b)内满足$f'(x)<0,f''(x)>0$,则曲线$y=f(x)$在区间(a,b)内是( ).

A. 严格单调上升且是上凹的

B. 严格单调下降且是上凹的

C. 严格单调上升且是下凹的

D. 严格单调下降且是下凹的

(5)若奇函数$f(x)$二阶可导,且当$x\in(0,+\infty)$时,$f'(x)>0,f''(x)>0$,则在$(-\infty,0)$内曲线$y=f(x)$是( ).

A. 严格单调上升且是下凹的

B. 严格单调上升且是上凹的

C. 严格单调下降且是下凹的

D. 严格单调下降且是上凹的

(6)若当$x\in(-\infty,+\infty)$时,$f(-x)=f(x)$,且在$(-\infty,0)$内$f'(x)>0,f''(x)<0$,则在$(0,+\infty)$内( ).

A. $f'(x)>0,f''(x)<0$

B. $f'(x)>0,f''(x)>0$

C. $f'(x)<0,f''(x)<0$

D. $f'(x)<0,f''(x)>0$

5.6 平面图形的面积

在初等数学中只会求多边形或圆等规则图形的面积. 而积分法,则使求平面图形的面积这个问题得到了较为彻底的解决.

5.6.1 定积分$\int_a^b f(x)\,dx$的几何意义

设函数$f(x)$在闭区间$[a,b]$上可积且$f(x)\geqslant 0$,则由 2.1.3 与定积分定义可知,定积分$\int_a^b f(x)\,dx$在几何上表示由曲线$y=f(x)$,x轴以及二直线$x=a$,$x=b$所围成的曲边梯形的面积(图 5.6.1).

设函数$f(x)$在闭区间$[a,b]$上可积且$f(x)\leqslant 0$,则定积分$\int_a^b f(x)\,dx$在几何上表示由曲线$y=f(x)$,x轴以及二直线$x=a$,$x=b$所围成的曲边梯形的面积的负值. 此时该曲边梯形在x轴下方(图 5.6.2).

设函数$f(x)$在闭区间$[a,b]$上可积,且函数$f(x)$在闭区间$[a,b]$上的值有正有负. 这时,函数$f(x)$图形的某些部分在x轴上方,其余部分在x轴下方. 此时,定积分$\int_a^b f(x)\,dx$在几何意义上表示由曲线$y=f(x)$,x轴及二直线$x=a$,$x=b$所围成的平面图形位于x轴上方部分的面积减去位于x轴下方部分的面积(图 5.6.3).

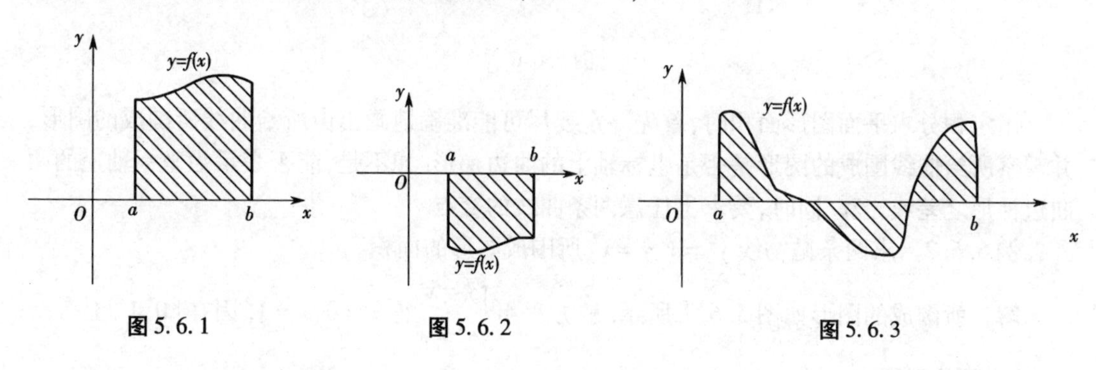

图 5.6.1　　图 5.6.2　　图 5.6.3

例 5.6.1　求正弦曲线$y=\sin x$在闭区间$[0,2\pi]$上的一段与x轴所围成的图形的面积.

解　所围成的图形如图 5.6.4 所示. 因在$[0,\pi]$上$\sin x\geqslant 0$,在$[\pi,2\pi]$上$\sin x\leqslant 0$,故所求面积为

$$S=\int_0^\pi \sin x\,dx-\int_\pi^{2\pi}\sin x\,dx=-\cos x\Big|_0^\pi+\cos x\Big|_\pi^{2\pi}=4.$$

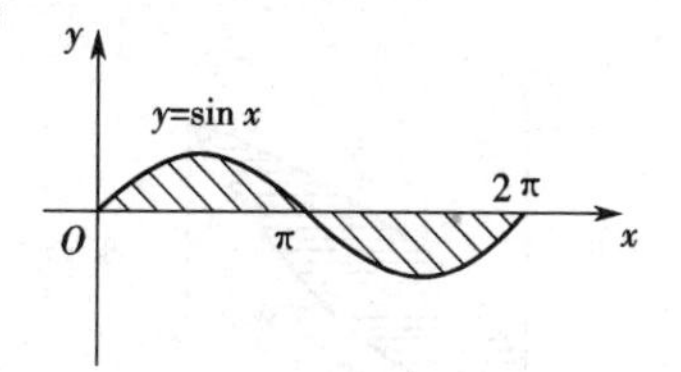

图 5.6.4

5.6.2 平面图形的面积

设函数$f(x)$,$g(x)$在闭区间$[a,b]$上可积且$f(x)\geqslant g(x)$,则由两曲线$y=f(x)$,$y=g(x)$与二直线$x=a$,$x=b$所围成的平面图形(图 5.6.5)的面积为

$$S=\int_a^b [f(x)-g(x)]\mathrm{d}x. \tag{5.6.1}$$

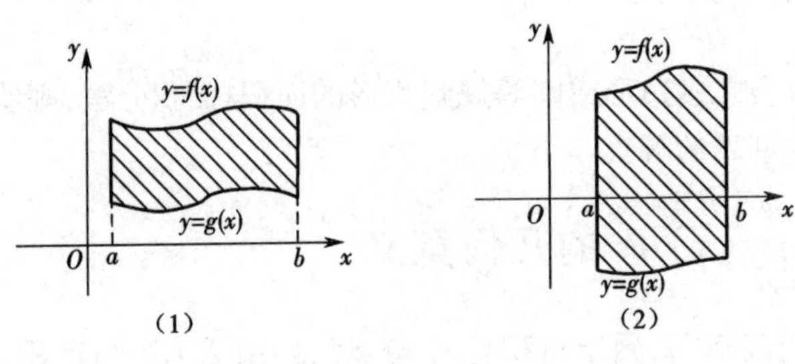

图 5.6.5

设函数 $f(y)$，$g(y)$ 在闭区间 $[c,d]$ 上可积且 $f(y)\geqslant g(y)$，则由两曲线 $x=f(y)$，$x=g(y)$ 及直线 $y=c$，$y=d(c<d)$ 所围成的平面图形(图 5.6.6)的面积为

$$S=\int_c^d [f(y)-g(y)]\mathrm{d}y \tag{5.6.2}$$

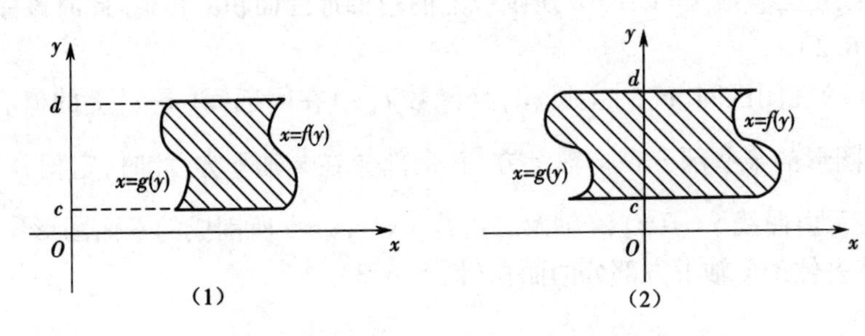

图 5.6.6

用定积分求平面图形面积时，首先一定要尽可能准确地画出由所给曲线所围成的图形，并观察所给曲线围成的图形是否是坐标轴上的曲边梯形. 如不是，能否表示为坐标轴上的两曲边梯形之差或之和. 同时，要求出任意两条曲线的交点.

例 5.6.2　求两条抛物线 $y^2=x$、$y=x^2$ 所围成图形的面积.

解　所围成的图形如图 5.6.7 所示. 解方程组 $\begin{cases} y=x^2 \\ y^2=x \end{cases}$ 得 $x=0$，$x=1$. 因在 $[0,1]$ 上有 $\sqrt{x}\geqslant x^2$，故所求面积

$$S=\int_0^1(\sqrt{x}-x^2)\mathrm{d}x=\left(\frac{2}{3}x^{\frac{3}{2}}-\frac{1}{3}x^3\right)\Bigg|_0^1=\frac{1}{3}.$$

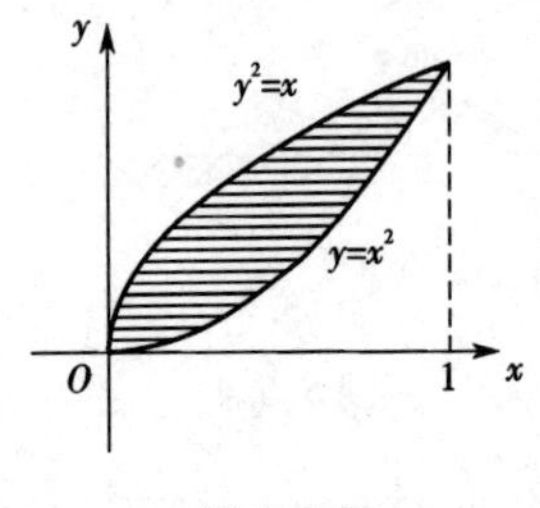

图 5.6.7

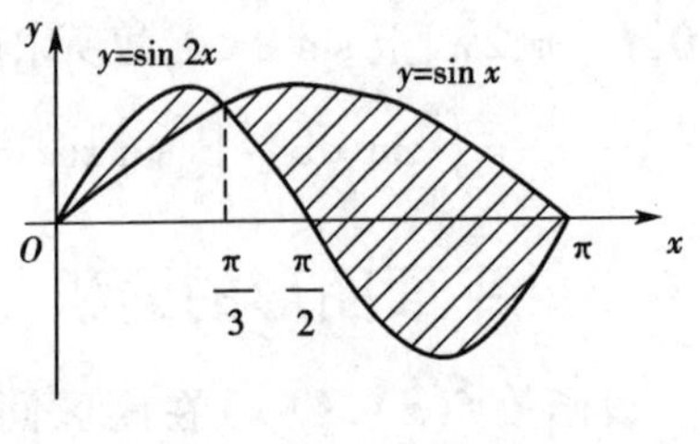

图 5.6.8

例 5.6.3 求曲线 $y=\sin x$ 与 $y=\sin 2x$ 在闭区间 $[0,\pi]$ 上所围成的图形的面积.

解 所围成的图形如图 5.6.8 所示. 解方程组 $\begin{cases}y=\sin x\\ y=\sin 2x\end{cases}$ 得 $x=0,x=\dfrac{\pi}{3},x=\pi$. 因在 $\left[0,\dfrac{\pi}{3}\right]$ 上有 $\sin 2x\geqslant\sin x$；在 $\left[\dfrac{\pi}{3},\pi\right]$ 上有 $\sin x\geqslant\sin 2x$，故所求面积为

$$S=\int_0^{\frac{\pi}{3}}(\sin 2x-\sin x)\mathrm{d}x+\int_{\frac{\pi}{3}}^{\pi}(\sin x-\sin 2x)\mathrm{d}x$$

$$=\left(-\frac{1}{2}\cos 2x+\cos x\right)\Bigg|_0^{\frac{\pi}{3}}+\left(-\cos x+\frac{1}{2}\cos 2x\right)\Bigg|_{\frac{\pi}{3}}^{\pi}=\frac{5}{2}.$$

例 5.6.4 求由抛物线 $y^2=2x$ 与直线 $x-y=4$ 所围成图形的面积.

解 所围成的图形如图 5.6.9 所示.

解方程组 $\begin{cases}y^2=2x\\ x-y=4\end{cases}$ 得 $y_1=-2,y_2=4$. 因在 $[-2,4]$ 上有 $y+4>\dfrac{1}{2}y^2$，故所求面积为

$$S=\int_{-2}^{4}\left[(y+4)-\frac{1}{2}y^2\right]\mathrm{d}y=\left(\frac{1}{2}y^2+4y-\frac{1}{6}y^3\right)\Bigg|_{-2}^{4}$$

$$=18.$$

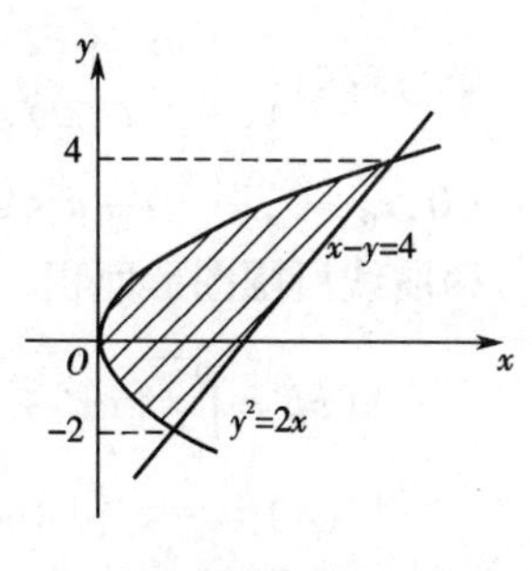

图 5.6.9

思维拓展 5.6.1：如何选择积分变量?

5.6.3 思维拓展问题解答

思维拓展 5.6.1：计算面积时选择积分变量的原则：

一是求面积的图形不分块或少分块；

二是被积分函数简单，易求出其原函数. 特别是当所求面积的图形是 x(或 y) 轴上两曲边梯形之和或之差时，积分变量选 x(或 y).

5.6.4 知识拓展

1. 曲线与其切线及坐标轴所围成图形面积的计算

一般先求出切线方程(或切点坐标)，切线与坐标轴的交点(切线在坐标轴上的截距)，再计算所围成图形的面积.

2. 使平面图形面积有最值且含参数的曲(直)线方程或点的坐标问题

所求曲线方程含有一个参数，并将所求最值的平面图形面积也用该参数表示，从而归结为求该参数等于何值时，平面图形面积函数有最值.

对含两个参数的情况，应找出两参数之间的关系，将一参数用另一个表示出来，从而所求平面图形面积也仅用一个参数表示.

如所求面积的最值与某点或某直线有关，常选点的横坐标或直线的斜率为参数.

例 5.6.5 设函数 $y=x^2(0\leqslant x\leqslant 2)$，由曲线 $y=x^2$ 与直线 $y=t^2(0\leqslant t\leqslant 2)$ 及 y 轴所围成图形的面积记为 S_1；由曲线 $y=x^2$ 与直线 $y=t^2(0\leqslant t\leqslant 2)$ 及直线 $x=2$ 所围成图形的面积记为 S_2. 问 $t(0\leqslant t\leqslant 2)$ 取何值时，S_1 与 S_2 之和最小?

解 $S(t)=S_1+S_2=\int_0^t(t^2-x^2)\mathrm{d}x+\int_t^2(x^2-t^2)\mathrm{d}x=\frac{4}{3}t^3-2t^2+\frac{8}{3}.$

$S'(t)=4t^2-4t;s''(t)=8t-4.$

令 $S'(t)=0$,得 $t=1.$

由 $S''(1)=4>0$ 知 $S(1)=2$ 为极小值.

因 S_1+S_2 在$(0,2)$内的驻点唯一存在,故该极小值也是最小值,所以当 $t=1$ 时,S_1 与 S_2 之和最小.

例 5.6.6 若曲线 $y=ax^2+bx(a<0)$ 过点$(1,2)$,且与曲线 $y=-x^2+2x$ 交于点 $x_0(x_0>0)$. 确定 a,b 的值,使两曲线 $y=ax^2+bx$ 与 $y=-x^2+2x$ 所围图形面积最小.

解 由曲线 $y=ax^2+bx$ 过点$(1,2)$,得 $a+b=2$,从而 $y=ax^2+(2-a)x.$

解方程组$\begin{cases}y=ax^2+(2-a)x\\ y=-x^2+2x\end{cases}$得两曲线交点的横坐标为 0 与 $x_0=\frac{a}{1+a}.$

由 $a<0,x_0>0$,得 $1+a<0$,即 $a<-1.$

两曲线所围图形面积

$$S(a)=\int_0^{\frac{a}{1+a}}[ax^2+(2-a)x-(-x^2+2x)]\mathrm{d}x=-a^3/6(1+a)^2.$$

$$S'(a)=-a^2(3+a)/6(1+a)^3;$$

令 $S'(a)=0$,得 $a=-3.$

因在$(-\infty,-3)$上,$S'(a)<0$;在$(-3,-1)$上,$S'(a)>0$,所以当 $a=-3$ 时,$S(a)$为极小值 $S(-3)=\frac{9}{8}.$

因 $S(a)$在$(-\infty,-1)$内的驻点唯一存在,故该极小值也是最小值. 所以当 $a=-3,b=5$ 时,两曲线 $y=ax^2+bx$ 与 $y=-x^2+2x$ 所围图形的面积最小.

5.6.5 习题 5.6

计算由下列曲线围成的图形的面积:

(1) $xy=1,y=x,x=2$;

(2) $y^2=2x,2x+y-2=0$;

(3) $y^2=x,x^2+y^2=2(x\geqslant0)$;

(4) $y=x^2,y=2x-1$,x 轴;

(5) $y=\mathrm{e}^x,y=1-x,x=1$;

(6) $y^2=3x,y^2=4-x$;

(7) $y=\sin x,y=\cos x,x=0,x=2\pi.$

5.7 积分中值定理

5.7.1 定积分的估值不等式

在下面的讨论中,假定所遇到的函数 $f(x),g(x)$ 在闭区间$[a,b]$上都是可积的.

定理 5.7.1　若在闭区间 $[a,b]$ 上函数 $f(x)\geqslant 0$，则

$$\int_a^b f(x)\,dx\geqslant 0.$$

推论 5.7.1　若在闭区间 $[a,b]$ 上函数 $f(x)\geqslant g(x)$，则

$$\int_a^b f(x)\,dx\geqslant\int_a^b g(x)\,dx.$$

推论 5.7.2　若 M 和 m 分别是函数 $f(x)$ 在闭区间 $[a,b]$ 上的最大值和最小值，则

$$m(b-a)\leqslant\int_a^b f(x)\,dx\leqslant M(b-a).\tag{5.7.1}$$

式(5.7.1)称为定积分的估值不等式. 它表明当定积分不能用或不宜用牛顿—莱布尼茨公式求其值时，可以用被积函数在积分区间上的最大值和最小值来估计该定积分的值.

例 5.7.1　估计定积分 $\int_{-1}^2 e^{-x^2}dx$ 的值.

解　此时被积函数 $f(x)=e^{-x^2}$ 的原函数不是初等函数，故不能用牛顿—莱布尼茨公式求出该定积分的值.

$$f'(x)=-2xe^{-x^2},$$

令 $f'(x)=0$，得驻点　$x=0\in[-1,2]$.

由　　$f(0)=1, f(-1)=e^{-1}, f(2)=e^{-4}$,

知　　$m=f(2)=e^{-4}, M=f(0)=1.$

从而　　$3e^{-4}\leqslant\int_{-1}^2 e^{-x^2}dx\leqslant 3.$

5.7.2　积分中值定理

推论 5.7.3（**积分中值定理**）　若函数 $f(x)$ 在闭区间 $[a,b]$ 上连续，则至少存在一点 $\xi\in(a,b)$，使

$$\int_a^b f(x)\,dx=f(\xi)(b-a)\text{（积分中值公式）}.\tag{5.7.2}$$

证　因函数 $f(x)$ 在闭区间 $[a,b]$ 上连续，由定理 5.1.3 知，$m\leqslant f(x)\leqslant M$，其 m 和 M 是函数 $f(x)$ 在闭区间 $[a,b]$ 上最小值和最大值. 由推论 5.7.2，得

$$m(b-a)\leqslant\int_a^b f(x)\,dx\leqslant M(b-a)$$

因此　　$m\leqslant\frac{1}{b-a}\int_a^b f(x)\,dx\leqslant M$

这表明 $\frac{1}{b-a}\int_a^b f(x)\,dx$ 是介于函数 $f(x)$ 在闭区间 $[a,b]$ 上的最小值 m 和最大值 M 之间的一个数. 由推论 5.1.2 知，至少存在一点 $\xi\in[a,b]$，使

$$f(\xi)=\frac{1}{b-a}\int_a^b f(x)\,dx,\tag{5.7.3}$$

即　　$\int_a^b f(x)\,dx=f(\xi)(b-a)$

从推论 5.7.3 的证明中可看出微分中值定理与积分中值定理的联系：对函数 $F(x)$ 而言，它是同一事物的不同表现. 而牛顿—莱布尼茨公式在微分与积分之间起了一种桥梁的作

用,把微分与积分沟通了,使微分与积分成为一个有机的整体.

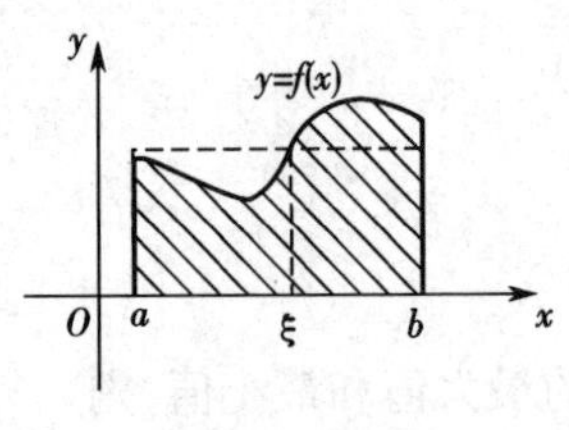

图 5.7.1

思维拓展 5.7.1:$a>b$ **时,式(5.7.2)成立吗?**

积分中值定理的几何意义是:对于以连续曲线 $y=f(x)$ $(a\leqslant x\leqslant b,f(x)\geqslant 0)$ 为曲边的曲边梯形,至少有一个以 $f(\xi)$ $(a\leqslant \xi\leqslant b)$ 为高,$b-a$ 为宽的矩形,使它们面积相等(图 5.7.1).

式(5.7.3)中的 $\frac{1}{b-a}\int_a^b f(x)\,\mathrm{d}x$ 称为连续函数 $f(x)$ 在闭区间 $[a,b]$ 上的积分均值,它是有限个数的算术平均值的推广. 也就是说,连续函数 $f(x)$ 在闭区间 $[a,b]$ 上所取得的一切值的平均值为

$$\bar{y}=\frac{1}{b-a}\int_a^b f(x)\,\mathrm{d}x. \tag{5.7.4}$$

5.7.3 思维拓展问题解答

思维拓展 5.7.1:成立. 当 $a>b$ 时,在闭区间 $[b,a]$ 上写出积分中值公式,得

$$\int_b^a f(x)\,\mathrm{d}x=f(\xi)(a-b).$$

两端同乘 -1,并用积分上、下限对调的补充规定,得

$$\int_a^b f(x)\,\mathrm{d}x=-\int_b^a f(x)\,\mathrm{d}x=-f(\xi)(a-b)=f(\xi)(b-a).$$

从而,不论是 $a<b$ 还是 $a>b$,积分中值公式都成立.

5.7.4 知识拓展

1. 不计算定积分的值比较两个定积分值的大小

比较两个定积分值的大小依所用知识的不同,主要有以下 5 种情形:

(1)当被比较的两个定积分的积分区间相同,而被积函数不同时,依推论 5.7.1 只需比较两个被积函数的大小(参见例 5.7.2(1)).

(2)当被比较的两个定积分的积分区间不同,而被积函数相同时,若两个积分区间的长度相同且被积函数在两个积分区间上都具有单调性时,可用定积分的几何意义来比较两个定积分值的大小(参见例 5.7.2(2)).

(3)当被比较的两个定积分的积分区间不同,而被积函数相同时,若两个积分区间的长度相同但被积函数在两个积分区间上都不具有单调性时,需通过变量替换(定积分的换元法)将两个积分区间化成相同的,然后再用推论 5.7.1(参见例 5.7.2(3)).

(4)当被比较的两个定积分的积分区间与被积函数都不相同时,可根据所给定积分的特点,通过变量替换调整其中一个定积分的积分区间或被积函数,将问题转化成情形(1)或(2)(参见例 5.7.2(4)或例 5.7.2(5)).

(5)当被积函数具有奇偶性,且在积分区间上的函数值恒正或恒负时,用式(4.4.5)和定理 5.7.1 确定要比较的定积分的值是大于零、小于零或等于零(参见例 5.7.2(6)).

例 5.7.2 不计算定积分的值,比较下列各组定积分值的大小:

(1)$\int_1^2 x\ln x\mathrm{d}x$ 与$\int_1^2\sqrt{x}\ln x\mathrm{d}x$;(2)$\int_0^{\pi}\mathrm{e}^{-x^2}\mathrm{d}x$ 与$\int_0^{2\pi}\mathrm{e}^{-x^2}\mathrm{d}x$;

(3)$\int_0^{\pi}\mathrm{e}^{-x^2}\cos^2x\mathrm{d}x$ 与$\int_{\pi}^{2\pi}\mathrm{e}^{-x^2}\cos^2x\mathrm{d}x$;(4)$\int_{-2}^{-1}\ln(1-x)\mathrm{d}x$ 与$\int_1^2\ln x\mathrm{d}x$;

(5)$\int_{-2}^{-1}3^{-x}\mathrm{d}x$ 与$\int_0^1 3^x\mathrm{d}x$;(6)$\int_{-\frac{\pi}{2}}^{\frac{\pi}{2}}\sin^3x\cos^4x\mathrm{d}x$ 与$\int_{-\frac{\pi}{2}}^{\frac{\pi}{2}}(\sin^3x-\cos^4x)\mathrm{d}x$.

解 (1)由当 $x\in[1,2]$ 时,$0\leqslant\ln x<1$,$x\geqslant\sqrt{x}$ 得,当 $x\in[1,2]$ 时,$x\ln x\geqslant\sqrt{x}\ln x$(当且仅且 $x=1$ 时等号成立).从而依推论5.7.1,有

$$\int_1^2 x\ln x\mathrm{d}x>\int_1^2\sqrt{x}\ln x\mathrm{d}x.$$

(2)区间$[0,\pi]$与$[\pi,2\pi]$的长度相同且被积函数 e^{-x^2} 在$[0,+\infty)$上取正值单调减少,由定积分的几何意义知,

$$\int_0^{\pi}\mathrm{e}^{-x^2}\mathrm{d}x>\int_{\pi}^{2\pi}\mathrm{e}^{-x^2}\mathrm{d}x.$$

(3)区间$[0,\pi]$与$[\pi,2\pi]$的长度相同但被积函数 $\mathrm{e}^{-x^2}\cos^2x$ 在两个区间上不具有单调性,对$\int_{\pi}^{2\pi}\mathrm{e}^{-x^2}\cos^2x\mathrm{d}x$,设 $t=x-\pi$,得

$$\int_{\pi}^{2\pi}\mathrm{e}^{-x^2}\cos^2x\mathrm{d}x=\int_0^{\pi}\mathrm{e}^{-(t+\pi)^2}\cos^2t\mathrm{d}t=\int_0^{\pi}\mathrm{e}^{-(x+\pi)^2}\cos^2x\mathrm{d}x.$$

由当 $x\in[0,\pi]$ 时,$\mathrm{e}^{-(x+\pi)^2}\cos^2x<\mathrm{e}^{-x^2}\cos^2x$ 与推论5.7.1得

$$\int_0^{\pi}\mathrm{e}^{-x^2}\cos^2x\mathrm{d}x>\int_0^{\pi}\mathrm{e}^{-(x+\pi)^2}\cos^2x\mathrm{d}x,$$

从而 $$\int_0^{\pi}\mathrm{e}^{-x^2}\cos^2x\mathrm{d}x>\int_{\pi}^{2\pi}\mathrm{e}^{-x^2}\cos^2x\mathrm{d}x.$$

(4)对$\int_{-2}^{-1}\ln(1-x)\mathrm{d}x$,设 $t=-x$,得

$$\int_{-2}^{-1}\ln(1-x)\mathrm{d}x=-\int_2^1\ln(1+t)\mathrm{d}t=\int_1^2\ln(1+x)\mathrm{d}x.$$

由当 $x\in[1,2]$ 时,$\ln(1+x)>\ln x$ 与推论5.7.1得

$$\int_1^2\ln(1+x)\mathrm{d}x>\int_1^2\ln x\mathrm{d}x,$$

从而 $$\int_{-2}^{-1}\ln(1-x)\mathrm{d}x>\int_1^2\ln x\mathrm{d}x.$$

(5)对$\int_{-2}^{-1}3^{-x}\mathrm{d}x$,设 $t=-x$,得

$$\int_{-2}^{-1}3^{-x}\mathrm{d}x=-\int_2^1 3^t\mathrm{d}t=\int_1^2 3^x\mathrm{d}x.$$

因区间$[0,1]$与$[1,2]$的长度相同且被积函数 3^x 在$[0,+\infty)$上取正值单调增加,故由定积分的几何意义得

$$\int_1^2 3^x\mathrm{d}x>\int_0^1 3^x\mathrm{d}x,$$

从而 $$\int_{-2}^{-1}3^{-x}\mathrm{d}x>\int_0^1 3^x\mathrm{d}x.$$

(6)因在区间$\left[-\frac{\pi}{2},\frac{\pi}{2}\right]$上,$\sin^3x$是奇函数,$\cos^4x$是偶函数且$\cos^4x\geqslant 0$(当且仅当$x=\pm\frac{\pi}{2}$时,$\cos^4x=0$),由式(4.4.5)及定理5.7.1得

$$\int_{-\frac{\pi}{2}}^{\frac{\pi}{2}}\sin^3x\cos^4x\mathrm{d}x=0,\int_{-\frac{\pi}{2}}^{\frac{\pi}{2}}(\sin^3x-\cos^4x)\mathrm{d}x=-\int_{-\frac{\pi}{2}}^{\frac{\pi}{2}}\cos^4x\mathrm{d}x<0,$$

所以 $$\int_{-\frac{\pi}{2}}^{\frac{\pi}{2}}\sin^3x\cos^4x\mathrm{d}x>\int_{-\frac{\pi}{2}}^{\frac{\pi}{2}}\sin^3x\cos^4x\mathrm{d}x.$$

2. 估计定积分的值

估计定积分$\int_a^b f(x)\mathrm{d}x$的值,除了先用微分法求出函数$f(x)$在闭区间$[a,b]$上的最小值和最大值后再应用推论5.7.2外,还可先用放缩法确定函数$f(x)$在闭区间$[a,b]$上的界限,然后再估计定积分$\int_a^b f(x)\mathrm{d}x$的值.具体地:若可缩放成$c<f(x)<d$,则应用推论5.7.2即可(参见例5.7.3(1));若只能缩放成$g(x)<f(x)<h(x)$,则需用推论5.7.1并计算出定积分$\int_a^b g(x)\mathrm{d}x$与$\int_a^b h(x)\mathrm{d}x$的值(参见例5.7.3(2)).

例5.7.3 估计下列定积分的值:

(1)$\int_{\frac{\pi}{4}}^{\frac{5\pi}{4}}(1+\sin^2x)\mathrm{d}x$; (2)$\int_0^1\frac{1}{\sqrt{1+x^n}}\mathrm{d}x(n\in\mathbf{N}^+$且$n\geqslant 2)$.

解 (1)由$x\in\left[\frac{\pi}{4},\frac{5\pi}{4}\right]$时,$0\leqslant\sin^2x\leqslant 1$,故当$x\in\left[\frac{\pi}{4},\frac{5\pi}{4}\right]$时,$1\leqslant 1+\sin^2x\leqslant 2$(当且仅当$x=\frac{\pi}{2}$或$x=\pi$时等号成立),从而依推论5.7.2得

$$\pi<\int_{\frac{\pi}{4}}^{\frac{5\pi}{4}}(1+\sin^2x)\mathrm{d}x<2\pi.$$

(2)若$n\in\mathbf{N}^+$且$n\geqslant 2$,由$x\in[0,1]$时,$x^2\geqslant x^n\geqslant 0$.

当$x\in[0,1]$时,$1+x^2\geqslant 1+x^n\geqslant 1$,

进而得,当$x\in[0,1]$时

$$\frac{1}{\sqrt{1+x^2}}\leqslant\frac{1}{\sqrt{1+x^n}}\leqslant 1\text{(当且仅当}x=0\text{或}x=1\text{时等号成立)},$$

从而依推论5.7.1得

$$\ln(1+\sqrt{2})=\int_0^1\frac{1}{\sqrt{1+x^2}}\mathrm{d}x<\int_0^1\frac{1}{\sqrt{1+x^n}}\mathrm{d}x<\int_0^1\mathrm{d}x=1.$$

5.7.5 习题5.7

1. 估计下列定积分的取值范围:

(1)$\int_0^{\frac{\pi}{4}}\tan x\mathrm{d}x$; (2)$\int_{-1}^1\mathrm{e}^{-x}\mathrm{d}x$; (3)$\int_1^4(x^2-4x+5)\mathrm{d}x$.

2. 求函数$y=\sqrt{4-x^2}$在区间$[0,2]$上的平均值.

3. 不计算定积分，比较下列各组值的大小：

(1) $\int_0^1 x\mathrm{d}x$ 与 $\int_0^1 x^2\mathrm{d}x$； (2) $\int_{-2}^0 \left(\frac{1}{2}\right)^x \mathrm{d}x$ 与 $\int_{-2}^0 \left(\frac{1}{3}\right)^x \mathrm{d}x$；(3) $\int_0^{\frac{\pi}{4}} \sin x\mathrm{d}x$ 与 $\int_0^{\frac{\pi}{4}} \tan x\mathrm{d}x$.

5.8 变上限积分

5.8.1 变上限积分

设函数 $f(x)$ 在闭区间 $[a,b]$ 上连续，则定积分 $\int_a^b f(x)\mathrm{d}x$ 存在且为定值. 由定积分定义知定积分的值仅与被积函数和积分区间有关. 设 x 为闭区间 $[a,b]$ 上任意一点，因函数 $f(x)$ 在闭区间 $[a,x]$ 上连续，所以积分 $\int_a^x f(t)\mathrm{d}t$ 存在. 当积分上限 x 在闭区间 $[a,b]$ 上变化时，对于每一个取定的 x 值，积分 $\int_a^x f(t)\mathrm{d}t$ 都有一个唯一确定的数值与之相对应，故积分 $\int_a^x f(t)\mathrm{d}t$ 的值随 x 的变化而变化. 由函数定义知，积分 $\int_a^x f(t)\mathrm{d}t$ 在闭区间 $[a,b]$ 上是积分上限 x 的函数，通常把它记做 $\Phi(x)$，即

$$\Phi(x) = \int_a^x f(t)\mathrm{d}t, x \in [a,b]. \tag{5.8.1}$$

通常称函数 $\Phi(x)$ 为变上限积分或积分上限函数. 关于变上限积分有下面重要的微积分基本定理.

5.8.2 微积分学基本定理

定理 5.8.1 （微积分学基本定理）设函数 $f(x)$ 在闭区间 $[a,b]$ 上连续，则积分上限函数 $\Phi(x) = \int_a^x f(t)\mathrm{d}t$ 在闭区间 $[a,b]$ 上可导，且其导数就是函数 $f(x)$，即

$$\Phi'(x) = \frac{\mathrm{d}}{\mathrm{d}x}\int_a^x f(t)\mathrm{d}t = f(x). \tag{5.8.2}$$

虽然导数和定积分都是利用极限进行定义的，可是这两类极限从形式上看却相差甚远. 因此，从定义上很难直接看出导数与定积分之间有什么联系. 但是由变上限积分导出的微积分基本定理，把导数和定积分这两个表面上看起来似乎毫不相干的概念紧密地联系起来. 微积分学基本定理表明了导数与定积分的内在联系，即连续函数的变上限积分对积分上限的导数等于被积函数在积分上限处的值.

由原函数定义和微积分基本定理知，当被积函数连续时，其变上限积分就是它的一个原函数. 这也就证明了原函数存在定理（定理 4.2.2）.

思维拓展 5.8.1：**导数和定积分之间有共同点吗？**

下面用微积分学基本定理来证明牛顿—莱布尼茨公式.

证由牛顿—莱布尼茨公式的题设和原函数定义知，函数 $F(x)$ 是函数 $f(x)$ 在闭区间 $[a,b]$ 上的一个原函数. 而由定理 5.8.1 知函数

$$\Phi(x)=\int_a^x f(t)\,dt\,(x\in[a,b])$$

也是函数$f(x)$的一个原函数. 根据定理4.2.1,得

$$\Phi(x)=F(x)+C\,(C\text{为常数}).$$

将

$$F(b)+C=\Phi(b)=\int_a^b f(t)\,dt$$

与 $$F(a)+C=\Phi(a)=\int_a^a f(t)\,dt=0$$

相减,得 $$\int_a^b f(x)\,dx=F(b)-F(a).$$

例5.8.1 求导数$\frac{d}{dx}\int_x^0 \ln(1+t^2)\,dt$.

解 $\frac{d}{dx}\int_x^0 \ln(1+t^2)\,dt=\frac{d}{dx}\left[-\int_0^x \ln(1+t^2)\,dt\right]=-\ln(1+x^2)$.

例5.8.2 求导数$\frac{d}{dx}\int_0^{x^2} e^{-t^2}dt$.

解 $\frac{d}{dx}\int_0^{x^2} e^{-t^2}dt=e^{-(x^2)^2}\cdot(x^2)'=2xe^{-x^4}$.

例5.8.3 求导数$\frac{d}{dx}\int_x^{x^2}\sin t^2dt$.

解 $\frac{d}{dx}\int_x^{x^2}\sin t^2dt=\frac{d}{dx}\left(\int_0^{x^2}\sin t^2dt-\int_0^x\sin t^2dt\right)$

$=\sin(x^2)^2\cdot(x^2)'-\sin x^2=2x\sin x^4-\sin x^2$.

例5.8.4 设$\int_0^x f(t^2)\,dt=x^3$,求定积分$\int_0^2 f(x)\,dx$的值.

解 由$\frac{d}{dx}\int_0^x f(t^2)\,dt=(x^3)'$,得$f(x^2)=3x^2$,即$f(x)=3x$.

所以 $$\int_0^2 f(x)\,dx=\int_0^2 3x\,dx=\frac{3}{2}x^2\Big|_0^2=6.$$

例5.8.5 求极限$\lim\limits_{x\to0}\frac{\int_0^{x^2}\sin t^2dt}{x^6}$的值.

解 $\lim\limits_{x\to0}\frac{\int_0^{x^2}\sin t^2dt}{x^6}=\lim\limits_{x\to0}\frac{\left(\int_0^{x^2}\sin t^2dt\right)'}{(x^6)'}=\lim\limits_{x\to0}\frac{\sin x^4\cdot 2x}{6x^5}=\frac{1}{3}\lim\limits_{x\to0}\frac{\sin x^4}{x^4}=\frac{1}{3}$.

5.8.3 无穷区间上的广义积分

定义5.8.1 设函数$f(x)$在无穷区间$[a,+\infty)$上连续,若对每一个$t\geqslant a$,积分$\int_a^t f(x)\,dx$都存在,则称

$$\int_a^{+\infty} f(x)\,dx=\lim_{t\to+\infty}\int_a^t f(x)\,dx$$

为函数$f(x)$在无穷区间$[a,+\infty)$上的广义积分.

若极限$\lim\limits_{t\to+\infty}\int_a^t f(x)\mathrm{d}x$存在,则称广义积分$\int_a^{+\infty}f(x)\mathrm{d}x$收敛;若极限$\lim\limits_{t\to+\infty}\int_a^t f(x)\mathrm{d}x$不存在,则称广义积分$\int_a^{+\infty}f(x)\mathrm{d}x$发散.

定义5.8.2 设函数$f(x)$在无穷区间$(-\infty,b]$上连续,若对每一个$u\leqslant b$,积分$\int_u^b f(x)\mathrm{d}x$都存在,则称

$$\int_{-\infty}^b f(x)\mathrm{d}x=\lim_{u\to-\infty}\int_u^b f(x)\mathrm{d}x$$

为函数$f(x)$在无穷区间$(-\infty,b]$上的广义积分.

若极限$\lim\limits_{u\to-\infty}\int_u^b f(x)\mathrm{d}x$存在,则称广义积分$\int_{-\infty}^b f(x)\mathrm{d}x$收敛;若极限$\lim\limits_{u\to-\infty}\int_u^b f(x)\mathrm{d}x$不存在,则称广义积分$\int_{-\infty}^b f(x)\mathrm{d}x$发散.

设函数$f(x)$在无穷区间$(-\infty,+\infty)$上连续,定义两个广义积分$\int_a^{+\infty}f(x)\mathrm{d}x$与$\int_{-\infty}^a f(x)\mathrm{d}x$之和为函数$f(x)$在无穷区间$(-\infty,+\infty)$上的广义积分,记为$\int_{-\infty}^{+\infty}f(x)\mathrm{d}x$,即

$$\int_{-\infty}^{+\infty}f(x)\mathrm{d}x=\int_{-\infty}^a f(x)\mathrm{d}x+\int_a^{+\infty}f(x)\mathrm{d}x. \tag{5.8.3}$$

若广义积分$\int_a^{+\infty}f(x)\mathrm{d}x$与$\int_{-\infty}^a f(x)\mathrm{d}x$都收敛,则称广义积分$\int_{-\infty}^{+\infty}f(x)\mathrm{d}x$收敛;若广义积分$\int_a^{+\infty}f(x)\mathrm{d}x$与$\int_{-\infty}^a f(x)\mathrm{d}x$中有一个发散,则称广义积分$\int_{-\infty}^{+\infty}f(x)\mathrm{d}x$发散.

无穷区间上的广义积分通常又被称为第一类瑕积分.

例5.8.6 确定下列各广义积分的敛散性:

(1)$\int_0^{+\infty}\dfrac{x}{1+x^2}\mathrm{d}x$; (2)$\int_{-\infty}^{+\infty}\dfrac{1}{1+x^2}\mathrm{d}x$.

解 (1)因$\lim\limits_{t\to+\infty}\int_0^t\dfrac{x}{1+x^2}\mathrm{d}x=\lim\limits_{t\to+\infty}\dfrac{1}{2}\int_0^t\dfrac{1}{1+x^2}\mathrm{d}(1+x^2)=\lim\limits_{t\to+\infty}\dfrac{1}{2}\ln(1+x^2)\Big|_0^t$

$$=\lim_{t\to+\infty}\frac{1}{2}\ln(1+t^2)=+\infty,$$

所以广义积分$\int_0^{+\infty}\dfrac{x}{1+x^2}\mathrm{d}x$发散.

(2)因$\lim\limits_{u\to-\infty}\int_u^0\dfrac{1}{1+x^2}\mathrm{d}x=\lim\limits_{u\to-\infty}\arctan x\Big|_u^0=\lim\limits_{u\to-\infty}(-\arctan u)=-\left(-\dfrac{\pi}{2}\right)=\dfrac{\pi}{2}$,且

$$\lim_{t\to+\infty}\int_0^t\frac{1}{1+x^2}\mathrm{d}x=\lim_{t\to+\infty}\arctan x\Big|_0^t=\lim_{t\to+\infty}\arctan t=\frac{\pi}{2},$$

所以广义积分$\int_{-\infty}^{+\infty}\dfrac{1}{1+x^2}\mathrm{d}x$收敛于$\pi$.

例5.8.7 证明广义积分$\int_a^{+\infty}\dfrac{1}{x^p}\mathrm{d}x(a>0)$当$p>1$时收敛,当$p\leqslant1$时发散.

证 当 $p=1$ 时,因 $\lim\limits_{t\to+\infty}\int_a^t \frac{1}{x}dx=\lim\limits_{t\to+\infty}[\ln|t|-\ln|a|]=+\infty$,所以广义积分 $\int_a^{+\infty}\frac{1}{x^p}dx$ 发散;

当 $p\neq 1$ 时, $\lim\limits_{t\to+\infty}\int_a^t \frac{1}{x^p}dx=\lim\limits_{t\to+\infty}\frac{1}{1-p}(t^{1-p}-a^{1-p})$;

当 $p>1$ 时,因上式右边的极限值为 $\frac{a^{1-p}}{p-1}$,所以广义积分 $\int_a^{+\infty}\frac{1}{x^p}dx$ 收敛;

当 $p<1$ 时,因上式右边的极限值为 $\lim\limits_{t\to+\infty}\frac{t^{1-p}}{1-p}=+\infty$,所以广义积分 $\int_a^{+\infty}\frac{1}{x^p}dx$ 发散.

综上所述,广义积分 $\int_a^{+\infty}\frac{1}{x^p}dx$ 当 $p>1$ 时收敛于 $\frac{a^{1-p}}{p-1}$,当 $p\leqslant 1$ 时发散.

5.8.4 思维拓展问题解答

思维拓展 5.8.1:有. 导数和定积分研究的问题虽不同,但它们解决问题的方法却有共同的特点. 以变速直线运动为例,若知道路程 $s(t)$,求质点在时刻 t_0 的瞬时速度 v,属于求导数问题;若已知速度 $v(t)$,求从时刻 a 到时刻 b 质点经过的路程,属于定积分问题. 在解决问题中所遇到的困难是共同的,那就是质点的运动速度是随时间变化的. 所采用的处理方法是相同的,那就是在微小区间上,把速度近似地看做常量,即将变速直线运动转化为匀速直线运动,最后借助于极限求得精确值.

5.8.5 知识拓展

确定含在积分号下的函数的表达式

函数 $f(x)$ 含在定积分中求 $f(x)$ 的问题,已经在 4.2.5 中解决,此处主要解决函数 $f(x)$ 含在变上限积分中或定积分中的被积函数 $f(t,x)$ 含有参变量 x(此时,t 是积分变量)时求 $f(x)$ 的问题. 具体情形和解题方法如下.

1. 若已知一个含有 $\int_a^{\varphi(x)} f(t)dt$ 型积分的等式,要求函数 $f(x)$

这时需要将所给等式两边对 x 求导(求一次导后,若仍有积分存在,则需再求一次导以去掉积分).

(1)若得到含有函数 $f(x)$ 的等式,从中求出函数 $f(x)$ 即可(参见例 5.8.4).

(2)若得到含有函数 $f'(x)$ 的等式,简单情形可通过对函数 $f'(x)$ 求不定积分得到函数 $f(x)$,复杂情形则需要解关于函数 $f'(x)$ 的微分方程(参见例 5.8.8(2)). 此外,因由不定积分求得的函数 $f(x)$ 的表达式中含有任意常数 C,故还需考察所给等式,看是否能从其中导出函数值 $f(a)$ 的值,以决定能否确定任意常数 C 的值(参见例 5.8.8(2)).

2. 若已知一个含有 $\int_a^{\varphi(x)} f(t)g(x)dt$ 型积分的等式,要求 $f(x)$

因为 t 是积分变量,x 是参变量,故须先将 $g(x)$ 提高到积分号外后再用乘积求导公式求导(参见例 5.8.8(1)).

3. 若已知一个含有 $\int_a^{\varphi(x)} f(t,x)dt$ 型积分的等式,要求 $f(x)$

因为 t 是积分变量,x 是参变量,当被积函数 $f(t,x)$ 不能分解为 $f(t)\cdot g(x)$ 时,即被积

函数中含有 x 的部分不能提到积分号外时，须先对被积函数 $f(t,x)$ 作变量替换，消去参变量 x，使 x 只出现在积分限中，且被积函数只是新变量 u 的函数 $f(u)$ 后再求导（参见例 5.8.8(1)）.

4. 若已知一个含有 $\int_a^b f(t,x)\,dt$ 型积分的等式，要求 $f(x)$

因为 t 是积分变量，x 是参变量，须先对被积函数 $f(t,x)$ 作变量替换，消去参变量 x，且化为变上限积分后再求导（参见例 5.8.8(2)）.

例 5.8.8　若连续函数 $f(x)$ 满足下列方程，求 $f(x)$.

(1) $\int_0^x tf(x-t)\,dt = 1-\cos x$;　　(2) $\int_0^1 f(xt)\,dt = f(x)+x\sin x$.

解　(1) 对 $\int_0^x tf(x-t)\,dt$，设 $u=x-t$，得

$$\int_0^x tf(x-t)\,dt = -\int_x^0 (x-u)f(u)\,du = x\int_0^x f(u)\,du - \int_0^x uf(u)\,du,$$

从而有　$x\int_0^x f(u)\,du - \int_0^x uf(u)\,du = 1-\cos x$.

两边对 x 求导，得　$\int_0^x f(u)\,du = \sin x$,

再对 x 求导，得　$f(x)=\cos x$.

(2) 对 $\int_0^1 f(xt)\,dt$，设 $u=xt$，得

$$\int_0^1 f(xt)\,dt = \frac{1}{x}\int_0^x f(u)\,du,$$

从而有　$\int_0^x f(u)\,du = x[f(x)+x\sin x]$,

两边对 x 求导并整理，得

$$f'(x) = -2\sin x - x\cos x,$$

$$f(x) = \int f'(x)\,dx = \int(-2\sin x - x\cos x)\,dx = \cos x - x\sin x + C.$$

求解含积分的函数方程

1. 解含变限积分的函数方程

当待求函数满足一个含变限积分的方程，或待求函数是被积函数（或被积函数的一部分）或待求函数出现在积分限处时，求解程序为：

(1) 将所给含变限积分方程（有时需先做必要的变形）两边求导（有时需求两次导）去掉积分号；

(2) 解所得含待求函数导数的微分方程；

(3) 若题设给了初始条件，用所给初始条件定出通解中的任意常数. 若题设没给初始条件（多数情况如此），则令变限积分的上下限相等，看是否能得到隐含的初始条件，若得到初始条件，即可确定通解中的任意常数.

2. 解含定积分的函数方程

当待求函数满足一个含定积分的方程，或待求函数是被积函数的一部分，且被积函数含有参数时，求解程序为：

(1)作变量替换消去被积函数的中的参数,将定积分变为变限积分;

(2)解所得含待求函数的积分的方程.

例 5.8.9 设连续函数 $f(x)$ 满足方程 $f(x)=\int_0^{3x}f\left(\frac{t}{3}\right)\mathrm{d}t+\mathrm{e}^{2x}$,求函数 $f(x)$.

解 将所给方程两边对 x 求导并整理,得

$$f'(x)-3f(x)=2\mathrm{e}^{2x}.$$

这是一阶线性非齐次微分方程,其通解为

$$f(x)=\mathrm{e}^{3x}(C-2\mathrm{e}^{-x}).$$

在所给方程中令 $x=0$,得 $f(0)=1$.

由 $f(0)=1$,得 $C=3$,

从而 $f(x)=3\mathrm{e}^{3x}-2\mathrm{e}^{2x}$.

例 5.8.10 设函数 $f(x)$ 连续,且积分 $\int_0^1[f(x)+xf(xt)]\mathrm{d}t$ 的值与 x 无关,求函数 $f(x)$.

解 设 $\int_0^1[f(x)+xf(xt)]\mathrm{d}t=A$,$A$ 是与 x 无关的常数.

对 $\int_0^1 f(xt)\mathrm{d}t$,设 $u=xt$,则

$$\int_0^1 f(xt)\mathrm{d}t=\frac{1}{x}\int_0^x f(u)\mathrm{d}u.$$

将 $A=\int_0^1[f(x)+xf(xt)]\mathrm{d}t=f(x)+x\int_0^1 f(xt)\mathrm{d}t=f(x)+\int_0^x f(u)\mathrm{d}u$

两边对 x 求导,得

$$f'(x)+f(x)=0,$$

这是一阶线性齐次微分方程,解得 $f(x)=Ce^{-x}$.

3. 解含变限积分的综合题

例 5.8.11 设函数 $f(x)=\int_{-1}^{x}te^{|t|}\mathrm{d}t$,求函数 $f(x)$ 在闭区间 $[-1,1]$ 上的最值.

解 $f(-1)=\int_{-1}^{-1}t\mathrm{e}^{|t|}\mathrm{d}t=0$,$f(1)=\int_{-1}^{1}t\mathrm{e}^{|t|}\mathrm{d}t=0$.

$$f'(x)=x\mathrm{e}^{|x|},$$

令 $f'(x)=0$,得驻点 $x=0$,

且 $f(0)=\int_{-1}^{0}t\mathrm{e}^{-t}\mathrm{d}t=-(t\mathrm{e}^{-t}+\mathrm{e}^{-t})\Big|_{-1}^{0}=-1$.

所以函数 $f(x)$ 在闭区间 $[-1,1]$ 上的最大值为 0,最小值为 -1.

例 5.8.12 设函数 $f(x)$ 在闭区间 $[a,b]$ 上连续,且 $f(x)>0$,函数

$$F(x)=\int_a^x f(t)\mathrm{d}t+\int_b^x\frac{1}{f(t)}\mathrm{d}t,x\in[a,b],$$

证明方程 $F(x)=0$ 在开区间 (a,b) 内有且仅有一根.

证 由 $F'(x)=f(x)+\frac{1}{f(x)}>0(f(x)>0)$ 知函数 $F(x)$ 在闭区间 $[a,b]$ 上是严格单调增加函数,从而方程 $F(x)=0$ 在开区间 (a,b) 内至多有一个根.

由 $F(b)=\int_a^b f(t)\,\mathrm{d}t>0$，$F(a)=\int_b^a \frac{1}{f(x)}\mathrm{d}x=-\int_a^b \frac{1}{f(x)}\mathrm{d}x<0$ 及零点定理知，至少存在一点 $\xi\in(a,b)$，使 $F(\xi)=0$，从而方程 $F(x)=0$ 在开区间 (a,b) 内至少有一个根.

综上所述，方程 $F(x)=0$ 在开区间 (a,b) 内有且仅有一个根.

例 5.8.13　设函数 $f(x)$ 在区间 $(-\infty,+\infty)$ 内连续，函数 $F(x)=\int_0^x (x-2t)f(t)\,\mathrm{d}t$，证明

(1)若 $f(x)$ 是严格单调减少函数，则函数 $F(x)$ 是严格单调增加函数；

(2)若 $f(x)$ 是偶函数，则函数 $F(x)$ 也是偶函数.

证　(1)函数 $F(x)=x\int_0^x f(t)\,\mathrm{d}t-\int_0^x 2tf(t)\,\mathrm{d}t$，由微积分基本定理和积分中值定理得

$$
\begin{aligned}
F'(x)&=\int_0^x f(t)\,\mathrm{d}t+xf(x)-2xf(x)=\int_0^x f(t)\,\mathrm{d}t-xf(x)\\
&=xf(\xi)-xf(x)=x[f(\xi)-f(x)]\text{（其中 }\xi\text{ 介于 0 与 }x\text{ 之间）},
\end{aligned}
$$

因函数 $f(x)$ 是严格单调减少函数，故若 $x>(<)0$，则 $0<\xi<x(x<\xi<0)$，$f(\xi)>(<)f(x)$. 从而，$F'(x)>0$，所以函数 $F(x)$ 在区间 $(-\infty,+\infty)$ 内是严格单调增加函数.

(2)因 $f(x)$ 是偶函数，故 $f(-x)=f(x)$.

$F(-x)=-x\int_0^{-x} f(t)\,\mathrm{d}t-\int_0^{-x} 2tf(t)\,\mathrm{d}t$，设 $u=-t$，则

$$
\begin{aligned}
F(-x)&=-x\int_0^x f(-u)(-\mathrm{d}u)-\int_0^x -2uf(-u)(-\mathrm{d}u)\\
&=x\int_0^x f(u)\,\mathrm{d}u-\int_0^x 2uf(u)\,\mathrm{d}u=F(x).
\end{aligned}
$$

即 $F(x)$ 为偶函数.

例 5.8.14　设 $x\geqslant 0$ 时，曲线 $y=\mathrm{e}^x$ 介于曲线 $y=\frac{1}{2}(1+\mathrm{e}^x)$ 和过点 $(0,1)$ 的曲线 $L:x=\varphi(y)$ 之间，过曲线 $y=\mathrm{e}^x$ 的任意一点 $P(x,y)$ 分别作垂直于 x 轴、y 轴的直线 L_x,L_y，若曲线 $y=\mathrm{e}^x$ 与 $y=\frac{1}{2}(1+\mathrm{e}^x)$ 及直线 L_x 所围成的图形面积等于曲线 $y=\mathrm{e}^x$ 与 $x=\varphi(y)$ 及直线 L_y 所围成图形的面积，求曲线 L 的方程 $x=\varphi(y)$.

解　由题设 $\int_0^x \left[\mathrm{e}^t-\frac{1}{2}(1+\mathrm{e}^t)\right]\mathrm{d}t=\int_1^y [\ln t-\varphi(t)]\,\mathrm{d}t$，即

$$\frac{1}{2}(\mathrm{e}^x-x-1)=\int_1^y [\ln t-\varphi(t)]\,\mathrm{d}t.$$

因点 $P(x,y)$ 在曲线 $y=\mathrm{e}^x$ 上，故

$$\frac{1}{2}(y-\ln y-1)=\int_1^y [\ln t-\varphi(t)]\,\mathrm{d}t,$$

两边对 y 求导，得

$$\frac{1}{2}\left(1-\frac{1}{y}\right)=\ln y-\varphi(y),$$

所求的曲线方程为　$x=\varphi(y)=\ln y-\frac{y-1}{2y}$.

4. 建立微分方程解决实际问题一般方法

建立微分方程解决实际问题，首先要把语言叙述的事物间的关系，通过建立坐标系、选择自变量和因变量、明确该实际问题中未知函数导数的实际意义、运用有关学科的基本知识（常借助于已知的几何、物理定律），转化为含有未知函数的导数的等量关系，即微分方程．如果实际问题中，还有一些特定的条件或具有初始状态，则得确定特解的定解条件，即初始条件．这在建立微分方程时是不可缺少的一步，下面通过例题加以说明．

例 5.8.15 在过原点和点(2,3)的连续曲线上任取一点，过该点做两个坐标轴的平行线，使其中一条与该曲线及 x 轴所围成图形的面积是另一条与该曲线及 y 轴所围成图形面积的两倍，求该曲线的方程．

解 设所求曲线方程为 $y=f(x)$，点 $P(x,y)$ 是其上任意一点．由题意知

$$\int_0^x f(t)\,\mathrm{d}t=2\left[xf(x)-\int_0^x f(t)\,\mathrm{d}t\right],$$

两边对 x 求导，得 $f(x)=2xf'(x)$．

这是可分离变量的一阶微分方程，初始条件为 $y|_{x=2}=3$，解得

$$f(x)=C\sqrt{x}.$$

由 $f(2)=3$，得 $C=\frac{3}{2}\sqrt{2}$，故所求曲线方程为 $y=\frac{3}{2}\sqrt{2x}$．

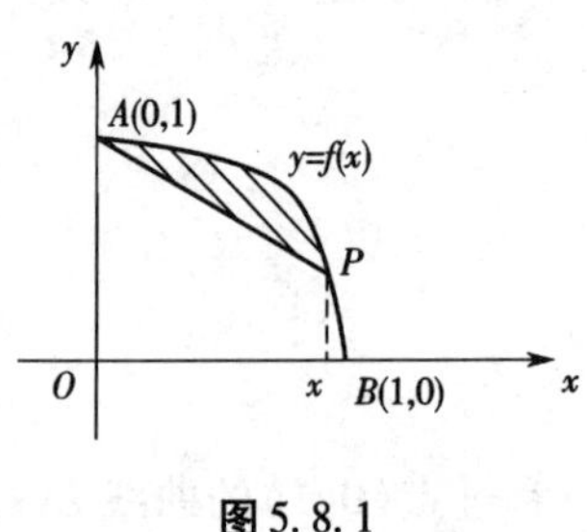

图 5.8.1

例 5.8.16 连接点 $A(0,1)$，$B(1,0)$ 的一条凸曲线弧，位于线段 AB 的上方，点 $P(x,y)$ 为该凸曲线弧上的任一点，已知该凸曲线弧与线段 AP 所围图形的面积为 x^3（图 5.8.1），求该凸曲线弧的方程．

解 设所求曲线方程为 $y=f(x)$，由题意

$$\int_0^x f(x)\,\mathrm{d}x-\frac{[f(x)+1]\cdot x}{2}=x^3.$$

上式两边对 x 求导，得

$$f(x)-\frac{f(x)+1}{2}-\frac{x}{2}f'(x)=3x^2.$$

即 $y'-\frac{1}{x}y=-6x-\frac{1}{x}$，初始条件 $y|x=1=0$．

这是一阶线性非齐次微分方程，它的通解为

$$y=\mathrm{e}^{\int\frac{1}{x}\mathrm{d}x}\left[\int\left(-6x-\frac{1}{x}\right)\mathrm{e}^{-\int\frac{1}{x}\mathrm{d}x}\mathrm{d}x+C\right]=x\left[\int\left(-6x-\frac{1}{x}\right)\frac{1}{x}\mathrm{d}x+C\right]$$

$$=x\left(-6x+\frac{1}{x}+C\right).$$

由 $y|_{x=1}=0$，得 $C=5$，故所求曲线方程为 $y=-6x^2+5x+1$．

5.8.6 习题 5.8

1. 求下列函数的导数：

(1) $f(x)=\int_x^0 t\mathrm{e}^{-t}\mathrm{d}t$； (2) $g(x)=\int_0^{x^2}\frac{1}{\sqrt{1+t^2}}\mathrm{d}t$； (3) $\int_t^{t^2}\mathrm{e}^{-x^2}\mathrm{d}x$．

2. 求下列极限：

(1) $\lim\limits_{x\to 0}\dfrac{\int_0^x \cos t^2 \mathrm{d}t}{x}$；　(2) $\lim\limits_{x\to 0}\dfrac{\int_0^x t(\mathrm{e}^t-1)\mathrm{d}t}{\sin^3 x}$；　(3) $\lim\limits_{x\to 0}\dfrac{\int_{\sin x}^0 (\mathrm{e}^t-1)\mathrm{d}t}{x^2}$.

3. 确定下列广义积分的敛散性，若收敛求出其值.

(1) $\int_0^{+\infty} a\mathrm{e}^{-ax}\mathrm{d}x\,(a>0)$；(2) $\int_0^{+\infty}\dfrac{\arctan x}{1+x^2}\mathrm{d}x$；(3) $\int_2^{+\infty}\dfrac{1}{x\ln x}\mathrm{d}x$；

(4) $\int_{\frac{2}{\pi}}^{+\infty}\dfrac{1}{x^2}\sin\dfrac{1}{x}\mathrm{d}x$；(5) $\int_1^{+\infty}\dfrac{1}{x^2(1+x)}\mathrm{d}x$；(6) $\int_1^{+\infty}\dfrac{\arctan x}{x^2}\mathrm{d}x$.

4. 设 $y=f(x)$ 是第一象限内连接点 $A(0,1)$，$B(1,0)$ 的一段连续曲线，点 $P(x,y)$ 是该曲线段上任意一点，点 C 为点 P 在 x 轴上的投影，点 O 为原点，若梯形 $OCPA$ 的面积与曲边三角形 CBP 的面积之和为 $\dfrac{x^3}{6}+\dfrac{1}{3}$，求该曲线方程.

5.9　微元法及其应用举例

5.9.1　微元法

设待求量 Q 不均匀地分布在闭区间 $[a,b]$ 上，当闭区间 $[a,b]$ 给定后，待求量 Q 是一个确定的数值. 若将闭区间 $[a,b]$ 划分成 n 个小闭区间 $[x_{i-1},x_i]\,(i=1,2,\cdots,n)$ 时，待求量 Q 等于各个小闭区间 $[x_{i-1},x_i]\,(i=1,2,\cdots,n)$ 上的部分量 ΔQ_i 的和，即 $Q=\sum\limits_{i=1}^{n}\Delta Q_i$，则称待求量 Q 对闭区间 $[a,b]$ 具有可加性.

由定积分对区间的可加性（定理 4.1.4），知定积分是一个对闭区间 $[a,b]$ 具有可加性的量，下面借助定积分将待求量 Q 表示出来.

在闭区间 $[a,b]$ 上任取一点 x，记函数 $Q(x)$ 为待求量 Q 分布在闭区间 $[a,x]$ 上的值. 若函数 $Q(x)$ 能表示成

$$Q(x)=\int_a^x q(t)\mathrm{d}t\quad(q(x)\text{在闭区间}[a,b]\text{上连续}),$$

由微积分基本定理得

$$\mathrm{d}[Q(x)]=q(x)\mathrm{d}x \text{ 及} \int_a^b q(x)\mathrm{d}x=\int_a^b \mathrm{d}[Q(x)].$$

这表明，定积分 $\int_a^b q(x)\mathrm{d}x$ 中的 $q(x)\mathrm{d}x$ 是 $Q(x)$ 的微分，而定积分 $\int_a^b q(x)\mathrm{d}x$ 是由微分 $q(x)\mathrm{d}x$ 从 a 到 b 积累而成.

因此，可按下面方法将待求量 Q 归结为定积分 $\int_a^b q(x)\mathrm{d}x$.

(1) 根据具体的实际问题，恰当地选择坐标系并画出示意草图. 选取合适的变量（如 x）为积分变量并确定出积分变量的变化区间 $[a,b]$. 然后，在闭区间 $[a,b]$ 上任取一个小闭区间 $[x,x+\mathrm{d}x]$，将分布在小闭区间 $[x,x+\mathrm{d}x]$ 上的部分量 ΔQ 近似地表示成 $q(x)\mathrm{d}x$. 严格地讲，应证明 $q(x)\mathrm{d}x$ 是 $Q(x)$ 的微分. 但一般不知道 $Q(x)$ 的具体表达式，故在实际问题中通

常用“以不变代变”或“以直代曲”法写出 ΔQ 的近似表达式 $q(x)\mathrm{d}x$.

(2)以 $q(x)\mathrm{d}x$ 为被积表达式,在闭区间$[a,b]$上求定积分,即得待求量 Q

$$Q=\int_a^b q(x)\mathrm{d}x.$$

$q(x)\mathrm{d}x$ 称为待求量 Q 的微元,该方法称为微元法.

思维拓展 5.9.1:**选择微元素的准则是什么?**

5.9.2 平行截面面积为已知的几何体的体积

设有一几何体,它夹在垂直于 x 轴的两个平行平面 $x=a$ 与 $x=b(a<b)$之间(包括与平面只交于一点的情况),且垂直于 x 轴的平面与该立体相交截面面积是关于 x 的已知连续函数 $A(x)(a\leqslant x\leqslant b)$,下面求它的体积(图 5.9.1).

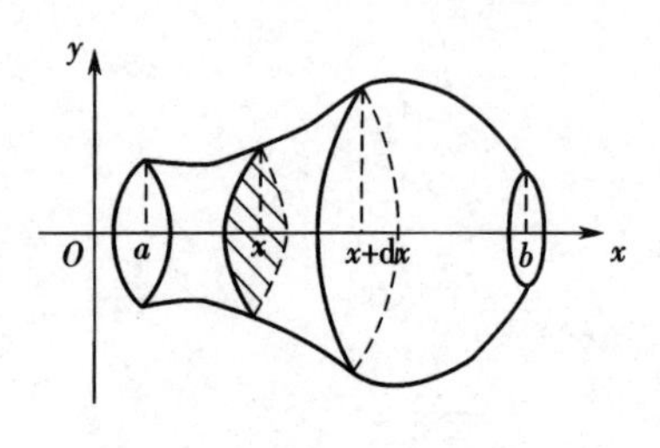

图 5.9.1

选取 x 为积分变量,它的变化区间为闭区间$[a,b]$,在闭区间$[a,b]$上任取小闭区间$[x,x+\mathrm{d}x]$,用该几何体在点 x 处垂直于 x 轴的截面代替该几何体在小闭区间$[x,x+\mathrm{d}x]$上每一点处垂直于 x 轴的截面,则该几何体位于小闭区间$[x,x+\mathrm{d}x]$上薄立体片体积的近似值等于该几何体以点 x 处垂直于 x 轴的截面为底,$\mathrm{d}x$ 为高的扁柱体的体积 $A(x)\mathrm{d}x$,因此该几何体的体积微元 $\mathrm{d}v=A(x)\mathrm{d}x$,从而所求的几何体体积为

$$V=\int_a^b A(x)\mathrm{d}x. \tag{5.9.1}$$

由一个平面图形绕这平面内的一条直线旋转一周而成的立体叫做旋转体,平面内的这条直线叫旋转轴.

下面计算旋转体的体积.

平面内由曲线 $y=f(x)(f(x)\geqslant 0)$,x 轴及直线 $x=a$、$x=b(a<b)$所围成的曲边梯形绕 x 轴旋转一周而成的旋转体,它的任一个垂直于 x 轴的截面都是半径为 y 的圆,且截面面积为 $A(x)=\pi y^2=\pi f^2(x)$,故所求旋转体的体积为

$$V_x=\pi\int_a^b y^2\mathrm{d}x=\pi\int_a^b f^2(x)\mathrm{d}x. \tag{5.9.2}$$

同理,平面内由曲线 $x=g(y)(g(y)\geqslant 0)$,y 轴及直线 $y=c$、$y=d(c<d)$所围成的曲边梯形绕 y 轴旋转一周而成的旋转体的体积为

$$V_y=\pi\int_c^d x^2\mathrm{d}y=\pi\int_c^d g^2(y)\mathrm{d}y. \tag{5.9.3}$$

例 5.9.1 求椭圆$\dfrac{x^2}{a^2}+\dfrac{y^2}{b^2}=1(a>b>0)$分别绕 x 轴、y 轴旋转一周而成的旋转体体积.

解 (1)所给椭圆绕 x 轴旋转一周而成的旋转体,可看做上半椭圆 $y=\dfrac{b}{a}\sqrt{a^2-x^2}$ $(-a\leqslant x\leqslant a)$及 x 轴所围成的曲边梯形绕 x 轴旋转而成,其体积为

$$V_x=\pi\int_{-a}^{a}\frac{b^2}{a^2}(a^2-x^2)\mathrm{d}x=\pi\frac{b^2}{a^2}\left(a^2x-\frac{x^3}{3}\right)\Bigg|_{-a}^{a}=\frac{4}{3}\pi ab^2.$$

(2)所给椭圆绕 y 轴旋转一周而成的旋转体,可看做右半椭圆 $x=\frac{a}{b}\sqrt{b^2-y^2}\,(-b\leqslant y\leqslant b)$ 及 y 轴所围成的曲边梯形绕 y 轴旋转而成,其体积为

$$V_y=\pi\int_{-b}^{b}\frac{a^2}{b^2}(b^2-y^2)\,\mathrm{d}y=\pi\frac{a^2}{b^2}\left(b^2y-\frac{y^3}{3}\right)\Big|_{-b}^{b}=\frac{4}{3}\pi a^2b.$$

例 5.9.2　设有一半径为 a 的圆,其圆心到一定直线的距离为 $b(b>a)$,求此圆绕定直线旋转一周而成的旋转体体积.

解　取定直线为 x 轴,过圆心且垂直于 x 轴的直线为 y 轴,建立坐标系如图 5.9.2 所示. 此时,圆的方程为

$$x^2+(y-b)^2=a^2.$$

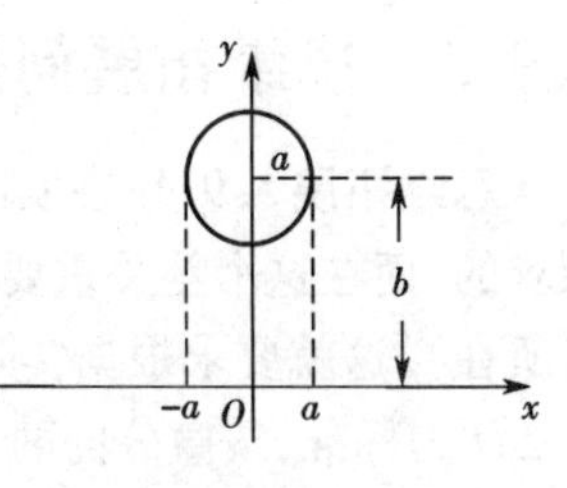

图 5.9.2

所求旋转体的体积等于上半圆周 $y=b+\sqrt{a^2-x^2}$ 与直线 $x=-a,x=a$ 及 x 轴所围成的曲边梯形绕 x 轴旋转一周而成的旋转体的体积,减去下半圆周 $y=b-\sqrt{a^2-x^2}$ 与直线 $x=-a$、$x=a$ 及 x 轴所围成的曲边梯形绕 x 轴旋转一周而成的旋转体的体积,即

$$\begin{aligned}V&=\pi\int_{-a}^{a}(b+\sqrt{a^2-x^2})^2\mathrm{d}x-\pi\int_{-a}^{a}(b-\sqrt{a^2-x^2})^2\mathrm{d}x\\&=8\pi b\int_0^a\sqrt{a^2-x^2}\,\mathrm{d}x=8\pi ba^2\int_0^{\frac{\pi}{2}}\cos^2t\mathrm{d}t\\&=4\pi ba^2\int_0^{\frac{\pi}{2}}(1+\cos 2t)\,\mathrm{d}t\\&=4\pi ba^2\left(t+\frac{1}{2}\sin 2t\right)\Big|_0^{\frac{\pi}{2}}=2\pi^2ba^2.\end{aligned}$$

例 5.9.3　曲线 $y=f(x)$(其中函数 $f(x)$ 可导,且 $f(x)>0$)与直线 $y=0,x=1,x=t(t>1)$ 所围成的平面图形绕 x 轴旋转一周而成的旋转体的体积,等于该平面图形面积的 πt 倍,求该曲线方程.

解　平面图形面积 $S=\int_1^t f(x)\,\mathrm{d}x$,旋转体的体积 $V_x=\pi\int_1^t f^2(x)\,\mathrm{d}x$.

由题意　$\pi\int_1^t f^2(x)\,\mathrm{d}x=\pi t\int_1^t f(x)\,\mathrm{d}x$,

两边对 t 求导,得　$f^2(t)=\int_1^t f(x)\,\mathrm{d}x+tf(t)$,　(5.9.4)

两边再对 t 求导,得　$2f(t)f'(t)=2f(t)+tf'(t)$. 即

$$2yy'=2y+ty'$$

整理得　$\frac{\mathrm{d}t}{\mathrm{d}y}+\frac{t}{2y}=1$,

这是关于 t 的一阶线性非齐次微分方程,它的通解为

$$\begin{aligned}t&=\mathrm{e}^{-\int\frac{1}{2y}\mathrm{d}y}\left(\int\mathrm{e}^{\int\frac{1}{2y}\mathrm{d}y}\mathrm{d}y+C\right)\\&=y^{-\frac{1}{2}}\left(\frac{2}{3}y^{\frac{3}{2}}+C\right).\end{aligned}$$

在式(5.9.4)中,令 $t=1$ 得,$f^2(1)=f(1)$. 由 $f(x)>0$ 知,$f(1)=1$.

在式(5.9.5)中,令 $t=1$,得 $C=\frac{1}{3}$,

从而 $t=\frac{1}{3}(2y+y^{-\frac{1}{2}})$,

故所求曲线方程为 $2y+\frac{1}{\sqrt{y}}-3x=0$.

5.9.3 思维拓展问题解答

思维拓展 5.9.1:在实际问题中,累加量 $q(x)$ 一般并不知道,因此微元的表达式是需要探求的. 而在这个至关重要的问题上,微元法并无任何提示(这正是微元法应用的关键和难点所在). 这就要求根据实际问题的具体涵义,以待求量 Q 在小闭区间 $[x,x+\mathrm{d}x]$ 上的部分量 ΔQ 为标准,按微分的两条基本性质来确定微元 $q(x)\mathrm{d}x$. 即,第一它是 $\mathrm{d}x$ 的线性函数;第二当 $\mathrm{d}x\to 0$ 时,它与 ΔQ 的差是 $\mathrm{d}x$ 的高阶无穷小(实际应用中并不严格证明这一点).

5.9.4 知识拓展

平面曲线的弧长(直角坐标系下的弧长公式)

若函数 $y=f(x)(a\leqslant x\leqslant b)$ 具有一阶连续导数,则平面曲线 $y=f(x)(a\leqslant x\leqslant b)$ 的切线是连续变化的,此时称该曲线是光滑曲线. 下面用微元法来导出计算这段弧长 s 的公式.

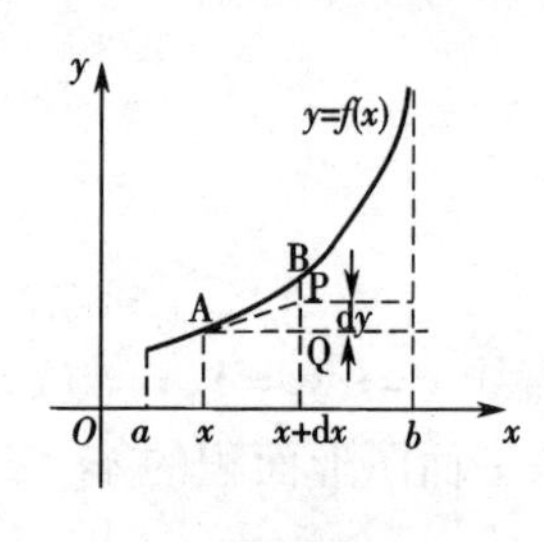

图 5.9.3

如图 5.9.3 所示,在闭区间 $[a,b]$ 上任取一小闭区间 $[x,x+\mathrm{d}x]$,根据函数 $f(x)$ 在点 x 可微的实质,当 $\mathrm{d}x$ 很小时,曲线 $y=f(x)(a\leqslant x\leqslant b)$ 相应于小闭区间 $[x,x+\mathrm{d}x]$ 上的弧段的长度,可以用它在点 $(x,f(x))$ 处的切线上对应的直线段的长度来近似代替,即用 $|AP|$ 近似代替 AB. 由于

$$|AP|=\sqrt{|AQ|^2+|PQ|^2}=\sqrt{(\mathrm{d}x)^2+(\mathrm{d}y)^2}=\sqrt{1+[f'(x)]^2}\,\mathrm{d}x$$

所以曲线段的弧长 s 的微元 $\mathrm{d}s$ 为

$$\mathrm{d}s=\sqrt{(\mathrm{d}x)^2+(\mathrm{d}y)^2}=\sqrt{1+[f'(x)]^2}\,\mathrm{d}x, \tag{5.9.6}$$

式(5.9.6)通常称为弧微分公式.

将 $\mathrm{d}s$ 在闭区间 $[a,b]$ 上进行累加,即得所求曲线段的弧长为

$$s=\int_a^b\sqrt{1+[f'(x)]^2}\,\mathrm{d}x. \tag{5.9.7}$$

同理,若光滑曲线方程为 $x=\varphi(y)(c\leqslant y\leqslant d)$,则弧长公式为

$$s=\int_c^d\sqrt{1+[\varphi'(y)]^2}\,\mathrm{d}y. \tag{5.9.8}$$

例 5.9.4 求悬链线 $y=\frac{1}{2}(\mathrm{e}^x+\mathrm{e}^{-x})$ 从 $x=0$ 到 $x=a(a>0)$ 之间的弧长.

解 $y'=\frac{1}{2}(\mathrm{e}^x-\mathrm{e}^{-x})$,$y'^2=\left[\frac{1}{2}(\mathrm{e}^x-\mathrm{e}^{-x})\right]^2=\frac{1}{4}\left[(\mathrm{e}^x)^2+(\mathrm{e}^{-x})^2-2\right]$;

$$1+y'^2=\frac{1}{4}[(e^x)^2+(e^{-x})^2+2]=\left[\frac{1}{2}(e^x+e^{-x})\right]^2.$$

$$s=\int_0^a\sqrt{1+y'^2}\,dx=\frac{1}{2}\int_0^a(e^x+e^{-x})\,dx=\frac{1}{2}(e^x-e^{-x})\Big|_0^a=\frac{1}{2}(e^a-e^{-a}).$$

5.9.5　习题 5.9

1. 求由下列曲线所围成的图形分别绕 x 轴和 y 轴旋转所得的旋转体的体积：

(1) $y=x^2, x=y^2$；　　(2) $y=\sqrt{x}, x=2$, x 轴.

2. 求由 $y=\cos x\left(0\leqslant x\leqslant\frac{\pi}{2}\right), y=0, x=0$ 所围成的图形，绕 x 轴旋转一周所得的旋转体的体积.

3. 求由 $y=\frac{1}{x}, y=4x, x=2, y=0$ 所围成的图形，绕 x 轴旋转一周所得的旋转体的体积.

4. 求由 $2x-y+4=0, x=0, y=0$ 所围成的图形，绕 x 轴旋转一周所得的旋转体的体积.

5. 求由 $y=e^{-x}, x=2, x=0, y=0$ 所围成的图形，绕 x 轴旋转一周所得的旋转体的体积.

6. 求圆面 $x^2+(y-5)^2\leqslant 16$ 绕 x 轴旋转一周所得的旋转体的体积.

7. 设函数 $f(x)=ax^2+bx+c$ 满足条件 $f(0)=0$ 和 $f(x)\geqslant 0\ (0\leqslant x\leqslant 1)$，且直线 $x=1$ 与曲线 $f(x)=ax^2+bx+c$ 及 x 轴所围成图形的面积为 $\frac{1}{3}$，试确定常数 a、b、c 的值，使该图形绕 x 轴旋转一周所得旋转体体积最小.

8. 计算曲线 $y=\frac{\sqrt{x}}{3}(3-x)$ 上相应于 $1\leqslant x\leqslant 3$ 上的一段弧长.

9. 求曲线 $y=\ln(1-x^2)$ 上对应于 $0\leqslant x\leqslant\frac{1}{2}$ 一段的弧长.

第 6 章　级数

最理论化的模式可能最接近实际的应用,这种说法并不相悖.

——怀特海德(英)

无穷级数是高等数学的重要组成部分,它是表示函数、研究函数性质以及进行数值计算的有力工具. 它无论是对微积分学的进一步发展,还是对解决实际问题都有重要作用. 本章先介绍数项级数的概念、性质和判定数项级数敛散性的方法. 然后再介绍幂级数的概念、性质以及如何把函数展开成幂级数.

6.1　数列极限

6.1.1　数列极限的概念

定义 6.1.1　若 $f(n)$ 是以正整数集为定义域的函数,则称下面有顺序的一列数:

$$f(1),f(2),f(3),\cdots,f(n),\cdots \tag{6.1.1}$$

为一个无穷数列(简称数列),记做 $\{f(n)\}$. 通常记为 $a_n=f(n)$. 从而,数列(6.1.1)也可记做

$$\{a_n\}:a_1,a_2,a_3,\cdots,a_n,\cdots. \tag{6.1.2}$$

数列中的每一个数都称为数列的项,第 n 个数 a_n 称为数列的通项或一般项或第 n 项.

因数列是定义域为正整数集的函数,故对数列 $\{a_n\}$ 来说,只有一种极限过程:$n\to+\infty$(简记为 $n\to\infty$). 而 $x\to+\infty$ 蕴涵着 $n\to\infty$,故有关 $x\to+\infty$ 时函数极限的定义、定理、性质及相关结论、方法都可平行地移植到数列极限中.

思维拓展 6.1.1:如何理解 $x\to+\infty$ 蕴涵着 $n\to\infty$?

定义 6.1.2　设数列 $\{a_n\}$ 是一个无穷数列,若当 $n\to\infty$ 时,a_n 无限地接近于某一个确定的常数 a,即 $|a_n-a|$ 无限减小,则称常数 a 为数列 $\{a_n\}$ 当 $n\to\infty$ 时的极限,或称当 $n\to\infty$ 时,数列 $\{a_n$ 收敛于 a,记做

$$\lim_{n\to\infty} a_n=a \text{ 或 } a_n\to a(n\to\infty).$$

若一个数列没有极限,则称该数列发散或不收敛. 例如,数列 $\{(-1)^n\}$: $-1,1,-1,1,\cdots$ 是一个发散数列;再如,数列 $\{n^2\}$:$1,4,9,16,\cdots$ 也是一个发散数列.

从数列极限定义可以引申出这样一点:一个数列 $\{a_n\}$ 收敛与否及收敛于哪一个常数,与这个数列前面的任何有限项的值无关,而仅取决于该数列“尾部”那无限项的特性. 因此,改变一个数列的有限项,不会影响其敛散性且不会改变它的极限值.

6.1.2　收敛数列的性质

定义 6.1.3　若对任何正整数 n,恒有

$$|a_n| \leqslant M,$$

其中 M 为与 n 无关的正数，则称数列 $\{a_n\}$ 有界. 否则，称数列 $\{a_n\}$ 无界.

若数列 $\{a_n\}$ 中的所有项都不大(小)于某一常数 M，即

$$a_n \leqslant (\geqslant) M(n=1,2,\cdots),$$

则称数列 $\{a_n\}$ 有上(下)界. 否则，称数列 $\{a_n\}$ 无上(下)界.

定理 6.1.1(有界性)　若数列 $\{a_n\}$ 收敛，则数列 $\{a_n\}$ 有界.

须注意的是：有界只是数列收敛的必要条件，而不是充分条件，即有界数列并不一定收敛. 例如，数列 $\{(-1)^n\}$ 虽然是有界的，但却是发散的. 定理 6.1.1 逆否命题表明，无界是数列发散的充分条件，即若数列 $\{a_n\}$ 无界，则必发散.

定理 6.1.2(四则运算法则)　若 $\lim\limits_{n\to\infty} a_n = a$，$\lim\limits_{n\to\infty} b_n = b$，则

(1) $\lim\limits_{n\to\infty}(a_n \pm b_n) = \lim\limits_{n\to\infty} a_n \pm \lim\limits_{n\to\infty} b_n = a \pm b$；

(2) $\lim\limits_{n\to\infty} a_n b_n = \lim\limits_{n\to\infty} a_n \cdot \lim\limits_{n\to\infty} b_n = ab$；

特别地，取 $b_n = b(n\in\mathbf{N}^+)$，则 $\lim\limits_{n\to\infty} ba_n = b\lim\limits_{n\to\infty} a_n = ab$；

(3) $\lim\limits_{n\to\infty}(a_n/b_n) = \lim\limits_{n\to\infty} a_n/\lim\limits_{n\to\infty} b_n = \dfrac{a}{b}(b\neq 0)$.

6.1.3　无穷小与无穷大

定义 6.1.4　若数列 $\{a_n\}$ 的极限为零，则称数列 $\{a_n\}$ 为无穷小量.

例如，由 $\lim\limits_{x\to+\infty}\dfrac{1}{x^\alpha} = 0(\alpha>0)$ 和 $\lim\limits_{x\to+\infty} a^x = 0(0<a<1)$ 知 $\lim\limits_{n\to\infty}\dfrac{1}{n^\alpha} = 0(\alpha>0)$ 与 $\lim\limits_{n\to\infty} q^n = 0$ $(|q|<1)$. 即当 $n\to\infty$ 时，$\dfrac{1}{n^\alpha}(\alpha>0)$ 与 $q^n(|q|<1)$ 都是无穷小量.

定义 6.1.5　当 $n\to\infty$ 时，若对数列 $\{a_n\}$ 有 $|a_n|$ 无限增大，即 $|a_n|\to+\infty$，则称数列 $\{a_n\}$ 为无穷大量，并记为

$$\lim_{n\to\infty} a_n = \infty.$$

例如，由 $\lim\limits_{x\to+\infty}\dfrac{1}{x^\alpha} = +\infty(\alpha<0)$ 和 $\lim\limits_{x\to+\infty} a^x = +\infty(a>1)$ 知 $\lim\limits_{n\to\infty}\dfrac{1}{n^\alpha} = +\infty(\alpha<0)$ 与 $\lim\limits_{n\to\infty} q^n = \infty(|q|>1)$. 即，当 $n\to\infty$ 时，$\dfrac{1}{n^\alpha}(\alpha<0)$ 与 $q^n(|q|>1)$ 都是无穷大量.

定理 6.1.3(无穷小量的性质)

(1) 数列 $\{a_n\}$ 收敛于 $a \Leftrightarrow$ 数列 $\{a_n - a\}$ 是无穷小量.

(2) 若数列 $\{a_n\}$ 为无穷大量，则数列 $\left\{\dfrac{1}{a_n}\right\}$ 为无穷小量；若数列 $\{a_n\}$ 为无穷小量且 $a_n\neq 0$，则数列 $\left\{\dfrac{1}{a_n}\right\}$ 为无穷大量.

(3) 若数列 $\{a_n\}$ 与 $\{b_n\}$ 都是无穷小量，则数列 $\{a_n \pm b_n\}$ 仍是无穷小量.

(4) 若数列 $\{a_n\}$ 为无穷小量，数列 $\{b_n\}$ 为有界数列，则数列 $\{a_n b_n\}$ 仍是无穷小量.

特别地，若数列 $\{a_n\}$ 为无穷小量，b 为常数，则数列 $\{ba_n\}$ 仍是穷小量；若数列 $\{a_n\}$ 与 $\{b_n\}$ 都是无穷小量，则数列 $\{a_n b_n\}$ 仍是无穷小量.

6.1.4 思维拓展问题解答

思维拓展 6.1.1：因当 $x\to+\infty$ 时，$x\in\mathbf{R}^+$，而当 $n\to\infty$ 时，$n\in\mathbf{N}^+$，且 $\mathbf{R}^+\supseteq\mathbf{N}^+$，故 $x\to+\infty$ 蕴涵着 $n\to\infty$.

6.1.5 知识拓展

1. 数列极限的存在定理

用极限定义判定一个数列的敛散性不是总行得通的. 这是因为该方法事先假定极限值存在，而不是仅从数列本身的变化来确定其是否收敛. 因而，需要寻找仅依靠数列本身的内在性质，而不涉及数列的极限但又能判定数列收敛的准则.

定义 6.1.6 若数列 $\{a_n\}$ 满足

$$a_n\leqslant a_{n+1}\text{或 }a_n\geqslant a_{n+1}(n=1,2,\cdots),$$

则称数列 $\{a_n\}$ 为单调增加数列或单调减少数列.

单调增加数列与单调减少数列统称为单调数列.

由前面的讨论可知，一个数列要有极限，除了其本身须有界外，而且表示它的点还须在数轴上密集在一个点的附近. 而当一个数列单调增加(减少)时，在数轴上表示它各项的对应点随着 n 的增大朝正(负)向移动. 此时，若这个数列是上(下)有界的，则表示它各项的对应点只能向一个定点无限接近但又不能越过该点. 因此有下面的定理 6.1.4.

定理 6.1.4 单增有上界数列或单减有下界数列必有极限.

定理 6.1.4 中涉及的极限既不需要预先给定，也不需要预先知道. 它所说的是在规定的条件下，极限必定存在. 特别须指出的是，在证明数列收敛但不能具体求得它的极限时，可以引入新的符号来表示已被证明确实存在的极限值.

2. 无穷大量的性质

定理 6.1.5(无穷大量的性质)

(1)若数列 $\{a_n\}$ 是无穷大量，则数列 $\{a_n\}$ 无界.

由数列：1，0，2，0，3，0，…，无界但不是无穷大量知其逆命题不成立.

(2)若数列 $\{a_n\}$ 是无穷大量，数列 $\{b_n\}$ 满足：$|b_n|\geqslant\delta>0(n\geqslant n_0\in\mathbf{N}^+)$，则数列 $\{a_nb_n\}$ 为无穷大量.

特别地，若数列 $\{b_n\}$ 为无穷大量，则上述命题成立；若数列 $\{b_n\}$ 收敛于 b，则上述命题成立；若 $b_n=b(n\in\mathbf{N}^+)$，则上述命题成立.

若数列 $\{b_n\}$ 仅为有界数列，则上述命题可能不成立. 例如，取 $a_n=n$，$b_n=\dfrac{1+(-1)^{n-1}}{2}$，则数列 $\{a_n\}$ 为无穷大量，数列 $\{b_n\}$ 为有界数列，但数列 $\{a_nb_n\}$ 为：1，0，3，0，5，0，…，它不是无穷大量.

6.1.6 习题 6.1

1. 观察下列数列的极限：

(1) $x_n=\dfrac{n}{n+1}$；(2) $x_n=\dfrac{1}{2^n}$；(3) $x_n=2n+1$；(4) $x_n=(-1)^{n+1}$.

2. 求下列数列的极限：

(1) $\lim\limits_{n\to\infty}\left(\frac{1}{n^2}+3\right)$；(2) $\lim\limits_{n\to\infty}\frac{2n^2}{1+n^2}$；(3) $\lim\limits_{n\to\infty} e^{\frac{1}{n}}$；(4) $\lim\limits_{n\to\infty} \arctan\frac{1}{n}$.

3. 选择题：

(1) 下列数列中收敛的有(　　).

A. $-1,2,-3,4,\cdots,(-1)^n n,\cdots$

B. $\frac{1}{3},\frac{3}{5},\frac{5}{7},\frac{7}{9},\cdots,\frac{2n-1}{2n+1},\cdots$

C. $\frac{1}{3},-\frac{3}{5},\frac{5}{7},-\frac{7}{9},\cdots,(-1)^{n-1}\frac{2n-1}{2n+1},\cdots$

D. $-\frac{1}{2},\frac{2}{3},-\frac{3}{4},\frac{4}{5},\cdots,(-1)^n\frac{n}{n+1},\cdots$

(2) 如果数列 $\{x_n\}$ 与数列 $\{y_n\}$ 的极限分别为 a 与 b，且 $a\neq b$，则数列 $x_1,y_1,x_2,y_2,x_3,y_3,\cdots$ 的极限为(　　).

A. a　　B. b　　C. $a+b$　　D. 不存在

(3) 若数列 $\{a_n\}$ 有界，则数列 $\{a_n\}$ 必(　　).

A. 收敛　　B. 发散　　C. 可能收敛可能发散　　D. 收敛于零

(4) 如果 $\lim\limits_{n\to\infty} a_n=\infty$，$|y_n|\leqslant M(M>0)$ 为常数)，则 $\{a_n y_n\}$ 必为(　　).

A. 无穷大量　　B. 有界变量　　C. 无界变量　　D. 以上答案都不对

6.2　数项级数及其敛散性

初等数学中求和，不论求和对象是数还是函数，项数总是限制在有限项. 在定积分中，以极限为工具考察了连续变量的一种特殊的求和问题. 从本节开始，将研究无限个离散项的求和问题，引出级数概念. 若各项是数，则称为数项级数；若各项是函数，则称为函数项级数. 数项级数既是函数项级数的特殊情况，又是研究函数项级数的基础.

6.2.1　数项级数的基本概念

1. 级数的概念

定义 6.2.1　设 $\{a_n\}$ 是一个无穷数列，把它的各项依次用加号" + "连接起来所得到的表达式

$$a_1+a_2+\cdots+a_n+\cdots \tag{6.2.1}$$

称为常数项无穷级数，简称为数项级数或级数，记做

$$\sum_{n=1}^{\infty} a_n,$$

其中 a_n 称为级数 $\sum\limits_{n=1}^{\infty} a_n$ 的通项或一般项.

思维拓展 6.2.1：在级数定义中为什么仅说将数列各项以" + "号顺次连接，而不简单地说成是"相加"？

级数$\sum\limits_{n=1}^{\infty} a_n$的前$n$项和,称为级数$\sum\limits_{n=1}^{\infty} a_n$的前$n$项部分和(简称为部分和),记为$s_n$,即

$$s_n = a_1 + a_2 + \cdots + a_n = \sum_{k=1}^{n} a_k. \tag{6.2.2}$$

2. 级数的收敛与发散

定义 6.2.2 若当$n\to\infty$时,级数$\sum\limits_{n=1}^{\infty} a_n$的部分和数列$\{s_n\}$有极限$s$,即

$$\lim_{n\to\infty} s_n = s,$$

则称级数$\sum\limits_{n=1}^{\infty} a_n$收敛,并称此极限值$s$为级数$\sum\limits_{n=1}^{\infty} a_n$的和,记为

$$\sum_{n=1}^{\infty} a_n = s;$$

若部分和数列$\{s_n\}$没有极限,则称级数$\sum\limits_{n=1}^{\infty} a_n$发散.

例 6.2.1 确定级数$\sum\limits_{n=1}^{\infty} \ln \frac{n+1}{n}$的敛散性.

解 因$a_n = \ln \frac{1+n}{n} = \ln(1+n) - \ln n$.

故 $s_n = (\ln 2 - \ln 1) + (\ln 3 - \ln 2) + \cdots + (\ln(n+1) - \ln n) = \ln(1+n)$.

因此$\lim\limits_{n\to\infty} s_n = \lim\limits_{n\to\infty} \ln(n+1) = +\infty$,从而级数$\sum\limits_{n=1}^{\infty} \ln \frac{n+1}{n}$发散.

例 6.2.2 确定级数$\sum\limits_{n=1}^{\infty} \frac{1}{1+2+\cdots+n}$的敛散性.

解 因$a_n = \frac{1}{1+2+\cdots+n} = \frac{1}{\frac{n(n+1)}{2}} = \frac{2}{n(n+1)} = 2\left(\frac{1}{n} - \frac{1}{n+1}\right)$,

故
$$s_n = 2\left[\left(1-\frac{1}{2}\right) + \left(\frac{1}{2} - \frac{1}{3}\right) + \cdots + \left(\frac{1}{n} - \frac{1}{n+1}\right)\right] = 2\left(1 - \frac{1}{n+1}\right).$$

因为$\lim\limits_{n\to\infty} s_n = \lim\limits_{n\to\infty} 2\left(1 - \frac{1}{n+1}\right) = 2$,所以级数$\sum\limits_{n=1}^{\infty} \frac{1}{1+2+\cdots+n}$收敛,且其和为2.

例 6.2.3 确定等比(几何)级数$\sum\limits_{n=1}^{\infty} aq^{n-1}(a\neq 0)$的敛散性.

解 当公比$q\neq 1$时,$s_n = a + aq + \cdots + aq^{n-1} = a\frac{1-q^n}{1-q}$.

因当$|q|<1$时,$\lim\limits_{n\to\infty} q^n = 0$,所以$\lim\limits_{n\to\infty} s_n = \frac{a}{1-q}$,从而等比级数收敛;

因当$|q|>1$时,$\lim\limits_{n\to\infty} q^n = \infty$,所以$\lim\limits_{n\to\infty} s_n = \infty$,从而等比级数发散;

因当$q=1$时,$\lim\limits_{n\to\infty} s_n = \lim\limits_{n\to\infty} na = \infty$,所以等比级数发散;

因当$q=-1$时,$s_n = \frac{a}{2}[1-(-1)^n] = \begin{cases} a, & n\text{为奇数} \\ 0, & n\text{为偶数} \end{cases}$,故$\lim\limits_{n\to\infty} s_n$不存在,等比级数发散.

综上所述,等比级数$\sum\limits_{n=1}^{\infty} aq^{n-1}(a\neq 0)$当$|q|<1$时收敛于$\dfrac{a}{1-q}$;当$|q|\geqslant 1$时发散.

6.2.2 数项级数的基本性质

定理 6.2.1 若级数$\sum\limits_{n=1}^{\infty} a_n$收敛,则$\lim\limits_{n\to\infty} a_n=0$.

定理6.2.1的逆否命题为:对级数$\sum\limits_{n=1}^{\infty} a_n$,若$\lim\limits_{n\to\infty} a_n\neq 0$,则级数$\sum\limits_{n=1}^{\infty} a_n$发散.用这个简单的事实可确定一些级数的发散性.

例如,由$\lim\limits_{n\to\infty}(-1)^n$不存在,知级数$\sum\limits_{n=1}^{\infty}(-1)^n$发散.

由$\lim\limits_{n\to\infty}\dfrac{1}{n^p}=+\infty\ (p<0)$,知级数$\sum\limits_{n=1}^{\infty}\dfrac{1}{n^p}(p<0)$发散.

由$\lim\limits_{n\to\infty} n\sin\dfrac{1}{n}=1$,知级数$\sum\limits_{n=1}^{\infty} n\sin\dfrac{1}{n}$发散.

须注意的是,$\lim\limits_{n\to\infty} a_n=0$仅是级数$\sum\limits_{n=1}^{\infty} a_n$收敛的必要条件,而不是充分条件.即,由$\lim\limits_{n\to\infty} a_n=0$,不能断言$\sum\limits_{n=1}^{\infty} a_n$的敛散性.也就是说,当$\lim\limits_{n\to\infty} a_n=0$时,级数$\sum\limits_{n=1}^{\infty} a_n$可能收敛,也可能发散.例如,对级数$\sum\limits_{n=1}^{\infty}\dfrac{1}{1+2+\cdots+n}$,不但有$\lim\limits_{n\to\infty}\dfrac{1}{1+2+\cdots+n}=\lim\limits_{n\to\infty}\dfrac{2}{n(n+1)}=0$,而且级数$\sum\limits_{n=1}^{\infty}\dfrac{1}{1+2+\cdots+n}$是收敛的(参见例6.2.2);再如,对级数$\sum\limits_{n=1}^{\infty}\ln\dfrac{n+1}{n}$,虽有$\lim\limits_{n\to\infty}\ln\dfrac{n+1}{n}=\lim\limits_{n\to\infty}\left(1+\dfrac{1}{n}\right)=\ln 1=0$,但级数$\sum\limits_{n=1}^{\infty}\ln\dfrac{n+1}{n}$是发散的(参见例6.2.1).

根据级数敛散性的定义,级数$\sum\limits_{n=1}^{\infty} a_n$的敛散性及求和可完全归结为它的部分和数列$\{s_n\}$的敛散及求极限问题,因而级数理论的任何一个结果都可以用数列的理论来叙述,进而可将数列极限的一些结果平行地移植到级数中.

定理 6.2.2 在级数$\sum\limits_{n=1}^{\infty} a_n$中,去掉或添加或改变有限项,不会改变级数的敛散性.

$r_n=\sum\limits_{n=1}^{\infty} a_n-s_n=a_{n+1}+a_{n+2}+\cdots=\sum\limits_{k=n+1}^{\infty} a_k$称为级数$\sum\limits_{n=1}^{\infty} a_n$的前$n$项余项(简称余项).

定理6.2.2表明级数$\sum\limits_{n=1}^{\infty} a_n$与它的余项$r_n=\sum\limits_{k=n+1}^{\infty} a_k$有相同的敛散性.级数$\sum\limits_{n=1}^{\infty} a_n$收敛时,余项$r_n$表示用部分和$s_n$近似代替级数$\sum\limits_{n=1}^{\infty} a_n$的和$s$时所产生的误差.

定理 6.2.3 级数$\sum\limits_{n=1}^{\infty} a_n$收敛$\Leftrightarrow\lim\limits_{n\to\infty} r_n=0$.

定理 6.2.4(线性性质) 若级数 $\sum_{n=1}^{\infty} a_n$ 与 $\sum_{n=1}^{\infty} b_n$ 分别收敛于 A,B,α,β 是两个实数,则级数 $\sum_{n=1}^{\infty}(\alpha a_n+\beta b_n)$ 也是收敛的,且

$$\sum_{n=1}^{\infty}(\alpha a_n+\beta b_n)=\alpha\sum_{n=1}^{\infty} a_n+\beta\sum_{n=1}^{\infty} b_n=\alpha A+\beta B.$$

例 6.2.4 求级数 $\sum_{n=0}^{\infty}\frac{(-1)^n+2^n}{3^{n+2}}$ 的和.

解 因 $\sum_{n=0}^{\infty}\frac{(-1)^n}{3^n}=\sum_{n=0}^{\infty}\left(\frac{-1}{3}\right)^n=\frac{3}{4},\sum_{n=0}^{\infty}\frac{2^n}{3^n}=\sum_{n=0}^{\infty}\left(\frac{2}{3}\right)^n=3.$

$$\sum_{n=0}^{\infty}\frac{(-1)^n+2^n}{3^{n+2}}=\frac{1}{3^2}\left[\sum_{n=0}^{\infty}\left(\frac{-1}{3}\right)^n+\sum_{n=0}^{\infty}\left(\frac{2}{3}\right)^n\right]=\frac{1}{9}\left(\frac{3}{4}+3\right)=\frac{5}{12}.$$

目前,对级数 $\sum_{n=1}^{\infty} a_n$ 敛散性的判定,还只能从级数的敛散性定义出发,为此必须求出部分和 s_n 的表达式. 若能求出 s_n 的表达式,不但能对级数的敛散性作出肯定性的判断,而且在收敛的情形下还能得到级数的和. 但能求出 s_n 的表达式的情形极少. 因此更多的情形应是从 s_n 的定义出发,运用极限理论建立确定级数敛散性的判别法.

6.2.3 正项级数的收敛性

定义 6.2.3 若级数 $\sum_{n=1}^{\infty} a_n$ 的通项 a_n 满足 $a_n\geqslant(\leqslant)0(n\in\mathbf{N}^+)$,则称级数 $\sum_{n=1}^{\infty} a_n$ 为正(负)项级数. 正项级数与负项级数统称为同号级数.

由定理 6.2.2 知,若存在正整数 N,使对一切 $n\geqslant N$,都有 $a_n\geqslant(\leqslant)0$,则级数 $\sum_{n=1}^{\infty} a_n$ 就可看成正(负)项级数. 只有那种既含有无穷个正项又含有无穷个负项的级数才称为变号级数. 因为若 $\sum_{n=1}^{\infty} a_n$ 为负项级数,则 $\sum_{n=1}^{\infty}(-a_n)$ 为正项级数. 且由定理 6.2.3 知它们有相同的敛散性. 所以对同号级数的敛散性,只要讨论正项级数的敛散性即可.

定理 6.2.5(积分判别法) 设正项级数 $\sum_{n=1}^{\infty} a_n$ 的各项可作为无穷区间$[1,+\infty)$上某正值且单调减少的连续函数 $f(x)$ 在点 $x=1,2,3,\cdots$ 处的函数值,即 $a_n=f(n)(n\in\mathbf{N}^+)$,则广义积分 $\int_1^{+\infty} f(x)\mathrm{d}x$ 与级数 $\sum_{n=1}^{\infty} a_n$ 的敛散性一致.

例 6.2.5 确定 p—级数 $\sum_{n=1}^{\infty}\frac{1}{n^p}$ 的敛散性($p>0$).

解 设函数 $f(x)=\frac{1}{x^p}$,则函数 $f(x)$ 在无穷区间$[1,+\infty)$上是正值且单调减少的函数. 由定理 6.2.5 知,级数 $\sum_{n=1}^{\infty}\frac{1}{n^p}$ 与广义积分 $\int_1^{+\infty}\frac{1}{x^p}\mathrm{d}x$ 的敛散性一致. 由例 5.3.2 知,广义积分 $\int_1^{+\infty}\frac{1}{x^p}\mathrm{d}x$ 当 $p>1$ 时收敛,当 $p\leqslant1$ 时发散;从而 p—级数 $\sum_{n=1}^{\infty}\frac{1}{n^p}$ 当 $p>1$ 时收敛,当 $p\leqslant1$ 时

发散.

6.2.4 交错级数及其审敛法

定义 6.2.4 若某级数的项是正负相间的,即该级数可以写成

$$\sum_{n=1}^{\infty}(-1)^{n-1}a_n \text{ 或 } \sum_{n=1}^{\infty}(-1)^n a_n$$

其中 $a_n>0$,则称该级数为交错级数.

显然,交错级数是一类特殊的变号级数.

定理 6.2.6(**莱布尼茨审敛法**) 若交错级数 $\sum_{n=1}^{\infty}(-1)^{n-1}a_n(a_n>0)$ 满足下列条件:

(1) $a_n \geqslant a_{n+1}(n=1,2,3,\cdots)$,即数列 $\{a_n\}$ 为单调减少数列,

(2) $\lim\limits_{n\to\infty} a_n=0$,

则此交错级数收敛,且其和 $s\leqslant a_1$;其余项 r_n 的绝对值不超过 a_{n+1},即

$$|r_n|\leqslant a_{n+1}.$$

例 6.2.6 确定级数 $\sum_{n=1}^{\infty}(-1)^{n-1}\frac{1}{n}$ 的敛散性.

解 因为 $a_n=\frac{1}{n}>\frac{1}{n+1}=a_{n+1}$ 和 $\lim\limits_{n\to\infty}a_n=\lim\limits_{n\to\infty}\frac{1}{n}=0$,由莱布尼茨审敛法知,交错级数 $\sum_{n=1}^{\infty}(-1)^{n-1}\frac{1}{n}$ 收敛.

6.2.5 绝对收敛和条件收敛

定义 6.2.5 若级数 $\sum_{n=1}^{\infty}|a_n|$ 收敛,则称级数 $\sum_{n=1}^{\infty}a_n$ 绝对收敛;若级数 $\sum_{n=1}^{\infty}|a_n|$ 发散,而级数 $\sum_{n=1}^{\infty}a_n$ 收敛,则称级数 $\sum_{n=1}^{\infty}a_n$ 条件收敛.

因此,所有收敛的变号级数可以分为绝对收敛级数和条件收敛级数两类.

例 6.2.7 由级数 $\sum_{n=1}^{\infty}\left|(-1)^{n-1}\frac{1}{n}\right|=\sum_{n=1}^{\infty}\frac{1}{n}$ 发散(参见例 6.2.5)和级数 $\sum_{n=1}^{\infty}(-1)^{n-1}\frac{1}{n}$ 收敛(参见例 6.2.6)知,级数 $\sum_{n=1}^{\infty}(-1)^{n-1}\frac{1}{n}$ 条件收敛.

定理 6.2.7 若级数 $\sum_{n=1}^{\infty}a_n$ 绝对收敛,则级数 $\sum_{n=1}^{\infty}a_n$ 收敛.

因所有收敛的变号级数分为绝对收敛级数和条件收敛级数两类,而由定理 6.2.7 知,为了判定 $\sum_{n=1}^{\infty}a_n$ 是否收敛,可先判定 $\sum_{n=1}^{\infty}|a_n|$ 是否收敛.

定理 6.2.8(**比值判别法(达朗贝尔(D'Alembert)判别法)**) 设 $\lim\limits_{n\to\infty}\frac{|a_{n+1}|}{|a_n|}=\lambda$,则

(1) 当 $\lambda<1$ 时,正项级数 $\sum_{n=1}^{\infty}|a_n|$ 收敛,从而级数 $\sum_{n=1}^{\infty}a_n$ 收敛;

(2)当 $\lambda>1$ 时,正项级数 $\sum\limits_{n=1}^{\infty}|a_n|$ 发散,同时级数 $\sum\limits_{n=1}^{\infty}a_n$ 也发散;特别地,当 $\lambda=+\infty$ 时,级数 $\sum\limits_{n=1}^{\infty}a_n$ 发散;

(3)当 $\lambda=1$ 时,比值判别法失效,此时,不能用比值判别法判定级数的敛散性.

例 6.2.8 确定下列各级数的敛散性:

(1) $\sum\limits_{n=1}^{\infty}\frac{n!}{a^n}(a>0)$;(2) $\sum\limits_{n=1}^{\infty}\frac{n^k}{n!}(k>0)$;(3) $\sum\limits_{n=1}^{\infty}(-1)^n\frac{n^n}{n!}$.

解 (1)因 $\lim\limits_{n\to\infty}\frac{|a_{n+1}|}{|a_n|}=\lim\limits_{n\to\infty}\left[\frac{(n+1)!}{a^{n+1}}\Big/\frac{n!}{a^n}\right]=\lim\limits_{n\to\infty}\frac{n+1}{a}=+\infty\ (a>0)$,故由比值判别法知,级数 $\sum\limits_{n=1}^{\infty}\frac{n!}{a^n}(a>0)$ 发散.

(2)因 $\lim\limits_{n\to\infty}\frac{|a_{n+1}|}{|a_n|}=\lim\limits_{n\to\infty}\left[\frac{(n+1)^k}{(n+1)!}\Big/\frac{n^k}{n!}\right]=\lim\limits_{n\to\infty}\frac{1}{n+1}\left(1+\frac{1}{n}\right)^k=0\cdot1=0<1$,故由比值判别法知,级数 $\sum\limits_{n=1}^{\infty}\frac{n^k}{n!}(k>0)$ 收敛.

(3)因 $\lim\limits_{n\to\infty}\frac{|a_{n+1}|}{|a_n|}=\lim\limits_{n\to\infty}\left[\frac{(n+1)^{n+1}}{(n+1)!}\Big/\frac{n^n}{n!}\right]=\lim\limits_{n\to\infty}\left(1+\frac{1}{n}\right)^n=\mathrm{e}>1$,故由比值判别法知,级数 $\sum\limits_{n=1}^{\infty}(-1)^n\frac{n^n}{n!}$ 发散.

6.2.6 思维拓展问题解答

思维拓展 6.2.1:在级数定义中,仅说将数列各项以“+”号顺次连接,而不说成是“相加”.是因为,若把“+”号理解为相加,则一方面它应该满足加法结合律与加法交换律,但实际上不一定满足;另一方面相加的结果还应该有一个和,但实际上可能得不到任何结果.然而为了叙述方便,仍然把“+”号读“相加”,将探求相加结果的问题称为求和.由定义 6.2.2 知,只有当级数收敛时,无限个数相加才有意义,且它们的和就是该级数部分和数列的极限;发散级数没有和,此时的式(6.2.1)仅是一个式子,没有任何意义.

6.2.7 知识拓展

拉贝(Raabe)判别法

比值判别法虽然简单易行,但有局限性,下面的拉贝判别法可用来进一步处理比值判别法中 $\frac{|a_{n+1}|}{|a_n|}<1$ 且→1 的情形.

定理 6.2.9(拉贝判别法) 若 $\lim\limits_{n\to\infty}n\left(1-\frac{|a_{n+1}|}{|a_n|}\right)=\rho$,则

(1) $\rho>1$ 时,级数 $\sum\limits_{n=1}^{\infty}|a_n|$ 收敛;

(2) $\rho<1$ 时,级数 $\sum\limits_{n=1}^{\infty}|a_n|$ 发散;

(3)当 $\rho=1$ 时,比值判别法失效.此时,不能用拉贝判别法判定级数的敛散性.

例 6.2.9　确定级数 $\sum_{n=1}^{\infty}\frac{\alpha(\alpha-1)(\alpha-2)\cdots(\alpha-n+1)}{n!}(\alpha>0)$ 的敛散性.

解　因 $\lim_{n\to\infty}\frac{|a_{n+1}|}{|a_n|}=\lim_{n\to\infty}\frac{|\alpha(\alpha-1)\cdots(\alpha-n)|}{(n+1)!}\Big/\frac{|\alpha(\alpha-1)\cdots(\alpha-n+1)|}{n!}=\lim_{n\to\infty}\frac{n-\alpha}{n+1}=1$,
所以不能用比值判别法确定它的敛散性.

而 $\lim_{n\to\infty}n\left(1-\frac{|a_{n+1}|}{|a_n|}\right)=\lim_{n\to\infty}n\left(1-\frac{n-\alpha}{n+1}\right)=\lim_{n\to\infty}\frac{n(1+\alpha)}{n+1}=1+\alpha>1$,

故由拉贝判别法知,级数 $\sum_{n=1}^{\infty}\frac{\alpha(\alpha-1)(\alpha-2)\cdots(\alpha-n+1)}{n!}(\alpha>0)$ 收敛.

6.2.8　习题 6.2

1. 依据级数收敛与发散的定义确定下列级数的敛散性:

(1) $\sum_{n=1}^{\infty}(\sqrt{n+1}-\sqrt{n})$;　(2) $\sum_{n=1}^{\infty}\frac{(n+1)^{\alpha}-n^{\alpha}}{[n(n+1)]^{\alpha}}(\alpha>0)$;

(3) $\sum_{n=1}^{\infty}\left(\frac{1}{2^n}+\frac{1}{3^n}\right)$;　(4) $\sum_{n=1}^{\infty}(-1)^{n-1}\frac{1+2n}{n(n+1)}$.

2. 判断下列级数的收敛性:

(1) $\sum_{n=1}^{\infty}\frac{n}{n+1}$;　(2) $\sum_{n=1}^{\infty}(-1)^{n-1}\left(\frac{2}{3}\right)^n$;

(3) $\sqrt{\frac{1}{2}}+\sqrt{\frac{2}{5}}+\sqrt{\frac{3}{10}}+\sqrt{\frac{4}{17}}+\cdots$;　(4) $(\frac{2}{5}-\frac{2}{7})+\left(\frac{2}{5^2}-\frac{2}{7^2}\right)+(\frac{2}{5^3}-\frac{2}{7^3})+\cdots$.

3. 用比值判别法判定下列级数的收敛性:

(1) $\sum_{n=1}^{\infty}\frac{n}{3^n}$;　(2) $\sum_{n=1}^{\infty}\frac{3^n}{n^2 2^n}$;

(3) $\sum_{n=1}^{\infty}\frac{a^n}{n!}(a>0)$;　(4) $1+\frac{1}{2^2}+\frac{1}{3^3}+\cdots\frac{1}{n^n}+\cdots$.

4. 判断级数 $\sum_{n=1}^{\infty}\frac{1}{1+a^n}(a>0)$ 的敛散性.

5. 判断下列交错级数的收敛性,若级数收敛,是绝对收敛还是条件收敛.

(1) $\sum_{n=1}^{\infty}(-1)^{n-1}\frac{1}{n\cdot 3^n}$;　(2) $\sum_{n=1}^{\infty}(-1)^{n-1}\frac{2^n}{2n-1}$;

(3) $\frac{1}{1\cdot 3}-\frac{1}{3\cdot 5}+\frac{1}{5\cdot 7}-\frac{1}{7\cdot 9}+\cdots$;　(4) $1-\frac{1}{\sqrt{2}}+\frac{1}{\sqrt{3}}-\frac{1}{\sqrt{4}}+\cdots$.

6. 判断级数 $\sum_{n=1}^{\infty}\frac{\sin n\alpha}{n^2}$($\alpha$ 为正常数)的收敛性.

7. 选择题:

(1)下列命题正确的是(　　).

A. 若 $\lim_{n\to\infty}u_n=0$,则级数 $\sum_{n=1}^{\infty}u_n$ 收敛　　B. 若 $\lim_{n\to\infty}u_n\neq 0$,则级数 $\sum_{n=1}^{\infty}u_n$ 发散

C. 若级数$\sum_{n=1}^{\infty} u_n$发散,则$\lim_{n\to\infty} u_n \neq 0$　　D. 若级数$\sum_{n=1}^{\infty} u_n$发散,则必有$\lim_{n\to\infty} u_n = \infty$

(2)下列命题正确的是(　　).

A. 若级数$\sum_{n=1}^{\infty} u_n$, $\sum_{n=1}^{\infty} v_n$都发散,则级数$\sum_{n=1}^{\infty} (u_n + v_n)$必发散

B. 若级数$\sum_{n=1}^{\infty} (u_n + v_n)$收敛,则级数$\sum_{n=1}^{\infty} u_n$, $\sum_{n=1}^{\infty} v_n$都收敛

C. 若级数$\sum_{n=1}^{\infty} u_n$收敛,$\sum_{n=1}^{\infty} v_n$发散,则级数$\sum_{n=1}^{\infty} (u_n + v_n)$必发散

D. 若级数$\sum_{n=1}^{\infty} (u_n + v_n)$发散,则级数$\sum_{n=1}^{\infty} u_n$, $\sum_{n=1}^{\infty} v_n$都发散

(3)下列命题正确的是(　　).

A. 若正项级数$\sum_{n=1}^{\infty} u_n$收敛,则$\lim_{n\to\infty} \frac{u_{n+1}}{u_n} = \lambda < 1$

B. 若正项级数$\sum_{n=1}^{\infty} u_n$收敛,则$\sum_{n=1}^{\infty} u_{2n}$必收敛

C. 若正项级数$\sum_{n=1}^{\infty} u_n$收敛,则必有$u_n < \frac{1}{n^2}$

D. 若$0 < u_n < \frac{1}{n}$,则级数$\sum_{n=1}^{\infty} u_n$必收敛

(4)下列命题正确的是(　　).

A. 若级数$\sum_{n=1}^{\infty} (u_{2n-1} + u_{2n})$收敛,则级数$\sum_{n=1}^{\infty} u_n$收敛

B. 若级数$\sum_{n=1}^{\infty} (u_{2n-1} + u_{2n})$收敛,则$\lim_{n\to\infty} u_n = 0$

C. 若级数$\sum_{n=1}^{\infty} (u_{2n-1} + u_{2n})$发散,则级数$\sum_{n=1}^{\infty} u_n$发散

D. 若$\lim_{n\to\infty} u_n = 0$,则级数$\sum_{n=1}^{\infty} (u_{2n-1} + u_{2n})$收敛

(5)对于级数$\sum_{n=1}^{\infty} (-1)^n \frac{1}{n^p}$,以下结论正确的是(　　).

A. 当$p > 1$时级数条件收敛　　B. 当$p > 1$时级数绝对收敛

C. 当$0 < p \leqslant 1$级数绝对收敛　　D. 当$0 < p \leqslant 1$时级数发散

(6)设$\sum_{n=1}^{\infty} v_n$为正项级数,k为正常数,以下命题正确的是(　　).

A. 若$\sum_{n=1}^{\infty} v_n$收敛,$|u_n| \leqslant kv_n$,则级数$\sum_{n=1}^{\infty} u_n$绝对收敛

B. 若$\sum_{n=1}^{\infty} v_n$收敛,$|u_n| \geqslant kv_n$,则级数$\sum_{n=1}^{\infty} u_n$条件收敛

C. 若$\sum_{n=1}^{\infty} v_n$发散,$|u_n| \geqslant kv_n$,则级数$\sum_{n=1}^{\infty} u_n$条件收敛

D. 若$\sum\limits_{n=1}^{\infty} v_n$发散,$|u_n| \geqslant kv_n$,则级数$\sum\limits_{n=1}^{\infty} u_n$发散

(7)设级数$\sum\limits_{n=1}^{\infty} a_n$, $\sum\limits_{n=1}^{\infty} b_n$, $\sum\limits_{n=1}^{\infty} c_n$,且$a_n < b_n < c_n (n=1,2,\cdots)$,则(　　)正确.

A. 若级数$\sum\limits_{n=1}^{\infty} b_n$收敛,则级数$\sum\limits_{n=1}^{\infty} a_n$必收敛

B. 若级数$\sum\limits_{n=1}^{\infty} b_n$发散,则级数$\sum\limits_{n=1}^{\infty} c_n$必发散

C. 若级数$\sum\limits_{n=1}^{\infty} a_n$、$\sum\limits_{n=1}^{\infty} c_n$都收敛,则级数$\sum\limits_{n=1}^{\infty} b_n$必收敛

D. 若级数$\sum\limits_{n=1}^{\infty} a_n$、$\sum\limits_{n=1}^{\infty} c_n$都发散,则级数$\sum\limits_{n=1}^{\infty} b_n$必发散

(8)正项级数$\sum\limits_{n=1}^{\infty} a_n$若满足条件(　　)必收敛.

A. $\lim\limits_{n\to\infty} a_n = 0$　　B. $\lim\limits_{n\to\infty} \dfrac{a_n}{a_{n+1}} < 1$　　C. $\lim\limits_{n\to\infty} \dfrac{a_{n+1}}{a_n} \leqslant 1$　　D. $\lim\limits_{n\to\infty} \dfrac{a_n}{a_{n+1}} = \lambda > 1$

6.3　幂级数

6.3.1　函数项级数的一般概念

前面讨论的是数项级数.若级数的各项都是定义在区间I上关于变量x的函数,则称该级数为函数项级数.其一般形式是

$$u_1(x) + u_2(x) + u_3(x) + \cdots = \sum_{n=1}^{\infty} u_n(x). \tag{6.3.1}$$

当变量x在区间I中取定某数值x_0时,级数(6.3.1)就成为一个数项级数,若数项级数$\sum\limits_{n=1}^{\infty} u_n(x_0)$收敛,则称函数项级数(6.3.1)在点$x_0$处收敛,且称点$x_0$为函数项级数(6.3.1)的一个收敛点;若数项级数$\sum\limits_{n=1}^{\infty} u_n(x_0)$发散,则称点$x_0$为函数项级数(6.3.1)的一个发散点.一个函数项级数的收敛(发散)点的全体称为它的收敛(发散)域.

对于收敛域内的任意一个数x,函数项级数都成为一个收敛的数项级数,因此有一个确定的和s.这样,在收敛域上,函数项级数的和是关于x的函数$s(x)$,通常称$s(x)$为函数项级数(6.3.1)的和函数,记做

$$s(x) = \sum_{n=1}^{\infty} u_n(x) = u_1(x) + u_2(x) + u_3(x) + \cdots,$$

其中x是收敛域内的任意一点.

若将函数项级数的前n项和记做$s_n(x)$,则在收敛域上有

$$s(x) = \lim_{n\to\infty} s_n(x).$$

6.3.2 幂级数及其敛散性

函数项级数

$$\sum_{n=0}^{\infty} a_n(x-x_0)^n = a_0 + a_1(x-x_0) + a_2(x-x_0)^2 + \cdots + a_n(x-x_0)^n + \cdots \tag{6.3.2}$$

称为 $x-x_0$ 的幂级数,其中 $a_0,a_1,a_2,\cdots,a_n,\cdots$称为幂级数的系数.

当 $x_0=0$ 时,式(6.3.2)变为

$$\sum_{n=0}^{\infty} a_n x^n = a_0 + a_1 x + a_2 x^2 + \cdots + a_n x^n + \cdots, \tag{6.3.3}$$

称为 x 的幂级数. 若作变换 $t=x-x_0$,则级数(6.3.2)就变为级数(6.3.3). 因此,只需讨论形如式(6.3.3)的幂级数.

对幂级数首先关心的问题仍是它的收敛与发散的判定问题. 幂级数(6.3.3)在点 $x=0$ 处一定收敛. 下面寻求该幂级数的收敛和发散的范围. 为此,考察幂级数(6.3.3)各项的绝对值所对应的级数

$$\sum_{n=0}^{\infty} |a_n x^n| = |a_0| + |a_1 x| + |a_2 x^2| + \cdots + |a_n x^n| + \cdots. \tag{6.3.4}$$

设 n 充分大时,$a_n \neq 0$,且$\lim\limits_{n\to\infty}\left|\dfrac{a_{n+1}}{a_n}\right| = L$,由比值判别法,得

$$\lim_{n\to\infty}\left|\frac{u_{n+1}}{u_n}\right| = \lim_{n\to\infty}\left|\frac{a_{n+1}x^{n+1}}{a_n x^n}\right| = \lim_{n\to\infty}\left|\frac{a_{n+1}}{a_n}\right| \cdot |x| = L|x|,$$

由比值判别法,当 $L\neq 0$ 时,若 $L|x|<1$,即$|x|<\dfrac{1}{L}=R$,则幂级数(6.3.3)绝对收敛,从而收敛;若 $L|x|>1$,即$|x|>\dfrac{1}{L}=R$,则幂级数(6.3.3)发散. 通常称

$$R = \frac{1}{L} = \lim_{n\to\infty}\left|\frac{a_n}{a_{n+1}}\right|$$

为幂级数(6.3.3)的收敛半径.

这表明,只要 L 是不为零的正数,就有一个以原点为中心的对称开区间$(-R,R)$,在这个开区间内幂级数(6.3.3)绝对收敛,在这个开区间外幂级数(6.3.3)发散. 须阐明的是:当$|x|=R$ 时,即在开区间$(-R,R)$的端点处,幂级数(6.3.3)可能收敛也可能发散,其敛散性须另行讨论. 通常称开区间$(-R,R)$为幂级数(6.3.3)的收敛区间. 由此可知,只要找到收敛半径 R,再考察一下级数$\sum\limits_{n=0}^{\infty} a_n(-R)^n$,$\sum\limits_{n=0}^{\infty} a_n R^n$ 的敛散性,就可以确定幂级数(6.3.3)的收敛域了. 因此,幂级数(6.3.3)收敛问题的讨论在于收敛半径的寻求.

当 $L=0$ 时,因$|x|L=0<1$,由比值判别法知,幂级数(6.3.3)对一切实数 x 都绝对收敛,此时规定收敛半径 $R=+\infty$,其收敛域为$(-\infty,+\infty)$.

如果幂级数(6.3.3)仅在点 $x=0$ 处收敛,则规定收敛半径 $R=0$,其收敛域为$\{0\}$.

综上所述,得出求幂级数(6.3.3)的收敛半径 R 的结论如下:

定理 6.3.1　若幂级数(6.3.3)的系数满足$\lim\limits_{n\to\infty}\left|\dfrac{a_{n+1}}{a_n}\right| = L$,则

(1) 当 $0<L<+\infty$ 时，$R=\dfrac{1}{L}$；

(2) 当 $L=0$ 时，$R=+\infty$；

(3) 当 $L=+\infty$ 时，$R=0$.

例 6.3.1　求下列各幂级数的收敛半径、收敛区间及收敛域：

(1) $\sum\limits_{n=1}^{\infty}\dfrac{x^n}{n!}$；(2) $\sum\limits_{n=1}^{\infty}n^nx^n$；(3) $\sum\limits_{n=1}^{\infty}nx^n$；(4) $\sum\limits_{n=1}^{\infty}\dfrac{x^n}{n^2}$；(5) $\sum\limits_{n=1}^{\infty}\dfrac{x^n}{n}$.

解　(1) 因 $L=\lim\limits_{n\to\infty}\left|\dfrac{a_{n+1}}{a_n}\right|=\lim\limits_{n\to\infty}\left[\dfrac{1}{(n+1)!}\Big/\dfrac{1}{n!}\right]=\lim\limits_{n\to\infty}\dfrac{1}{n+1}=0$，所以所给幂级数的收敛半径 $R=+\infty$，收敛区间与收敛域都是 $(-\infty,+\infty)$.

(2) 因 $L=\lim\limits_{n\to\infty}\left|\dfrac{a_{n+1}}{a_n}\right|=\lim\limits_{n\to\infty}\dfrac{(n+1)^{n+1}}{n^n}=\lim\limits_{n\to\infty}\left[(n+1)\cdot\left(1+\dfrac{1}{n}\right)^n\right]=+\infty$，所以所给幂级数的收敛半径 $R=0$，收敛域为 $\{0\}$.

(3) 因 $L=\lim\limits_{n\to\infty}\left|\dfrac{a_{n+1}}{a_n}\right|=\lim\limits_{n\to\infty}\dfrac{n+1}{n}=1$，故收敛半径 $R=1$，收敛区间为 $(-1,1)$；当 $x=-1$ 与 $x=1$ 时，所给幂级数变为发散级数 $\sum\limits_{n=1}^{\infty}n(-1)^n$ 与 $\sum\limits_{n=1}^{\infty}n$，故收敛域为 $(-1,1)$.

(4) 因 $L=\lim\limits_{n\to\infty}\left|\dfrac{a_{n+1}}{a_n}\right|=\lim\limits_{n\to\infty}\left[\dfrac{1}{(n+1)^2}\Big/\dfrac{1}{n^2}\right]=1$，故收敛半径 $R=1$，收敛区间为 $(-1,1)$；当 $x=-1$ 与 $x=1$ 时，所给幂级数变为收敛级数 $\sum\limits_{n=1}^{\infty}\dfrac{(-1)^n}{n^2}$ 与 $\sum\limits_{n=1}^{\infty}\dfrac{1}{n^2}$，故收敛域为 $[-1,1]$.

(5) 因 $L=\lim\limits_{n\to\infty}\left|\dfrac{a_{n+1}}{a_n}\right|=\lim\limits_{n\to\infty}\left[\dfrac{1}{(n+1)}\Big/\dfrac{1}{n}\right]=1$，故收敛半径 $R=1$，收敛区间为 $(-1,1)$；当 $x=-1$ 时，所给幂级数变为收敛级数 $\sum\limits_{n=1}^{\infty}\dfrac{(-1)^n}{n}$，当 $x=1$ 时，所给幂级数变为发散级数 $\sum\limits_{n=1}^{\infty}\dfrac{1}{n}$. 从而所给幂级数 $\sum\limits_{n=1}^{\infty}\dfrac{x^n}{n}$ 的收敛域为 $[-1,1)$.

思维拓展 6.3.1：如何求缺项的不完整的幂级数的收敛半径和收敛域？

6.3.3　思维拓展问题解答

思维拓展 6.3.1：因缺项的不完整的幂级数不同于幂级数(6.3.3)的标准形式，故不能直接应用定理 6.3.1. 此时应直接用比值判别法求其收敛半径和收敛域.

例 6.3.2　求下列幂级数的收敛半径和收敛域：

(1) $\sum\limits_{n=1}^{\infty}2^nx^{2n-1}$；　　　(2) $\sum\limits_{n=1}^{\infty}\dfrac{x^{2n}}{2^n\cdot(n+1)}$.

解　(1) $L=\lim\limits_{n\to\infty}\left|\dfrac{u_{n+1}}{u_n}\right|=\lim\limits_{n\to\infty}\left|\dfrac{2^{n+1}x^{2n+1}}{2^nx^{2n-1}}\right|=\lim\limits_{n\to\infty}2|x|^2=2|x|^2$. 当 $L<1$ 时，即 $|x|<\dfrac{\sqrt{2}}{2}$ 时，所给幂级数绝对收敛，从而所给幂级数收敛半径 $R=\dfrac{\sqrt{2}}{2}$. 而当 $x=-\dfrac{\sqrt{2}}{2}$ 和 $x=\dfrac{\sqrt{2}}{2}$ 时，所给幂级数变为发散级数 $\sum\limits_{n=1}^{\infty}(-\sqrt{2})$ 与 $\sum\limits_{n=1}^{\infty}\sqrt{2}$. 从而所给幂级数的收敛域为 $\left(-\dfrac{\sqrt{2}}{2},\dfrac{\sqrt{2}}{2}\right)$.

(2) $L=\lim\limits_{n\to\infty}\left|\dfrac{u_{n+1}}{u_n}\right|=\lim\limits_{n\to\infty}\left|\left[\dfrac{x^{2n+2}}{2^{n+1}(n+2)}\right]\Big/\left[\dfrac{x^{2n}}{2^n(n+1)}\right]\right|=\dfrac{|x^2|}{2}\lim\limits_{n\to\infty}\dfrac{n+1}{n+2}=\dfrac{|x|^2}{2}$. 当 $L<1$ 时,即 $|x|<\sqrt{2}$ 时,所给幂级数绝对收敛,从而所给幂级数的收敛半径 $R=\sqrt{2}$. 而当 $x=-\sqrt{2}$ 和 $x=\sqrt{2}$ 时,所给幂级数变为发散级数 $\sum\limits_{n=1}^{\infty}\dfrac{1}{n+1}$. 从而所给幂级数的收敛域为 $(-\sqrt{2},\sqrt{2})$.

6.3.4　知识拓展

1. 收敛幂级数及其和函数的性质

设幂级数(6.3.3)的收敛半径为 R,则它在收敛区间 $(-R,R)$ 内确定了一个和函数 $s(x)$,即

$$s(x)=\sum_{n=0}^{\infty}a_nx^n. \tag{6.3.5}$$

函数 $s(x)$ 具有以下一些基本性质.

定理 6.3.2(可加性与逐项可加性)　设两个幂级数 $\sum\limits_{n=0}^{\infty}a_nx^n$ 与 $\sum\limits_{n=0}^{\infty}b_nx^n$ 的收敛半径分别为 $R_1>0$ 和 $R_2>0$,且 $u(x)=\sum\limits_{n=0}^{\infty}a_nx^n, x\in(-R_1,R_1)$, $v(x)=\sum\limits_{n=0}^{\infty}b_nx^n, x\in(-R_2,R_2)$. 记 $R=\min\{R_1,R_2\}$,则在区间 $(-R,R)$ 上幂级数 $\sum\limits_{n=0}^{\infty}(a_n\pm b_n)x^n$ 收敛,且

$$\sum_{n=0}^{\infty}a_nx^n\pm\sum_{n=0}^{\infty}b_nx^n=\sum_{n=0}^{\infty}(a_n\pm b_n)x^n=u(x)\pm v(x). \tag{6.3.6}$$

这个性质表明,两个收敛幂级数在它们公共的收敛区间上的和函数之和是逐项相加后幂级数的和函数.

定理 6.3.3(可导性与逐项求导性)　设幂级数 $\sum\limits_{n=0}^{\infty}a_nx^n$ 的收敛半径 $R>0$,则其和函数 $s(x)$ 是收敛区间 $(-R,R)$ 内可导函数,且和函数的导数等于各项求导后所得新幂级数的和函数,即

$$s'(x)=\left(\sum_{n=0}^{\infty}a_nx^n\right)'=\sum_{n=0}^{\infty}(a_nx^n)'=\sum_{n=1}^{\infty}na_nx^{n-1}, x\in(-R,R). \tag{6.3.7}$$

这个性质表明,逐项求导后所得的新幂级数(6.3.7)与原幂级数有相同的收敛半径. 因此,还可以按逐项求导的方法求和函数 $s(x)$ 的二阶导数、三阶导数…,这就是说,幂级数的和函数在其收敛区间内具有任意阶导数.

定理 6.3.4(可积性与逐项可积性)　设幂级数 $\sum\limits_{n=0}^{\infty}a_nx^n$ 的收敛半径 $R>0$,则其和函数 $s(x)$ 是收敛区间 $(-R,R)$ 内可积函数,且和函数的积分等于各项积分后所得新幂级数的和函数,即

$$\int_0^x s(t)\,dt=\int_0^x\left(\sum_{n=0}^{\infty}a_nt^n\right)dt=\sum_{n=0}^{\infty}\int_0^x a_nt^n\,dt=\sum_{n=0}^{\infty}\frac{a_n}{n+1}x^{n+1}, x\in(-R,R). \tag{6.3.8}$$

这个性质表明,逐项积分后所得到的幂级数(6.3.8)与原幂级数有相同的收敛半径.

在求幂级数的和函数的过程中,经常会用到无穷递缩等比级数的和函数公式:

$$\sum_{n=0}^{\infty} x^n = \frac{1}{1-x}, x \in (-1,1) \text{或} \sum_{n=0}^{\infty} (-1)^n x^n = \frac{1}{1+x}, x \in (-1,1).$$

例6.3.3　求下列幂级数的和函数：

(1) $\sum_{n=0}^{\infty} \frac{x^{2n+1}}{2n+1}$；　(2) $\sum_{n=1}^{\infty} nx^{n-1}$.

解　(1)由 $L = \lim_{n\to\infty} \left| \frac{a_{n+1}}{a_n} \right| = \lim_{n\to\infty} \frac{2n+1}{2(n+1)+1} = 1$，得 $R=1$，收敛区间为$(-1,1)$.

设 $s(x) = \sum_{n=0}^{\infty} \frac{x^{2n+1}}{2n+1}, x \in (-1,1)$，

逐项求导得

$$s'(x) = \sum_{n=0}^{\infty} x^{2n} = \frac{1}{1-x^2}, x \in (-1,1).$$

从而　$$s(x) = \int_0^x s'(t)\,dt = \int_0^x \frac{1}{1-t^2}dt = \frac{1}{2}\ln\frac{1+x}{1-x},\ x \in (-1,1).$$

(2)由 $L = \lim_{n\to\infty} \left| \frac{a_{n+1}}{a_n} \right| = \lim_{n\to\infty} \frac{n+1}{n} = 1$，得 $R=1$，收敛区间为$(-1,1)$.

设 $s(x) = \sum_{n=1}^{\infty} nx^{n-1}, x \in (-1,1)$，

逐项积分得

$$\int_0^x s(t)\,dt = \sum_{n=1}^{\infty} x^n = \frac{x}{1-x}, x \in (-1,1).$$

从而　$$s(x) = \left(\int_0^x s(t)\,dt\right)' = \left(\frac{x}{1-x}\right)' = \frac{1}{1-x^2}, x \in (-1,1).$$

2. 函数的幂级数展开式

在理论分析及近似计算中，人们希望用比较简单的函数表示比较复杂的函数，以便对复杂的函数进行研究. 因幂级数不仅形式简单，且在其收敛区间内可以任意次逐项求导和求积分，所以，人们希望把一个给定的函数表示成幂级数的形式.

1）泰勒(Tayler)级数与泰勒公式

①泰勒级数.

因幂级数的和函数在其收敛区间内存在任意阶导数，所以只有对存在任意阶导数的函数(这是函数能展开成幂级数的必要条件)，才谈得上函数展开成幂级数的问题. 下面的讨论均认为所研究的函数满足这个条件.

设函数 $f(x)$ 在点 x_0 的邻域内可以表示成形如

$$f(x) = \sum_{n=0}^{\infty} a_n (x-x_0)^n \tag{6.3.9}$$

的幂级数，由定理6.3.3知，函数 $f(x)$ 在点 x_0 的邻域内任意阶可导，对式(6.3.9)两端逐次求导得

$$f(x_0) = \left[\sum_{n=0}^{\infty} a_n (x-x_0)^n\right]\Big|_{x=x_0} = a_0 \Rightarrow a_0 = f(x_0),$$

$$f'(x) = a_1 + 2a_2(x-x_0) + 3a_3(x-x_0)^2 + 4a_4(x-x_0)^3 + \cdots \Rightarrow a_1 = f'(x_0),$$

$$f''(x)=2a_2+3\cdot 2\cdot a_3(x-x_0)+4\cdot 3\cdot a_3(x-x_0)^2+\cdots \Rightarrow a_2=\frac{f''(x_0)}{2},$$

$$\cdots$$

$$f^{(n)}(x)=n!\ a_n+(n+1)!\ a_{n+1}\cdot(x-x_0)+\cdots \Rightarrow a_n=\frac{1}{n!}f^{(n)}(x_0).$$

将上面所求得的系数代入式(6.3.9),得

$$f(x)=\sum_{n=0}^{\infty}\frac{1}{n!}f^{(n)}(x_0)\cdot(x-x_0)^n. \tag{6.3.10}$$

式(6.3.10)表明:若函数$f(x)$能表示成形如式(6.3.10)的幂级数,则其系数可以用且只可以用函数$f(x)$及其各阶导数在点x_0处的函数值表示;函数$f(x)$若能表示成$(x-x_0)$的幂级数,则所得幂级数的表达式是唯一的.

通常称式(6.3.10)右端的幂级数为函数$f(x)$在点x_0处的泰勒级数,并且称系数

$$a_n=\frac{1}{n!}f^{(n)}(x_0)\,(n=0,1,2,\cdots)$$

为函数$f(x)$的泰勒系数.

因式(6.3.10)是在函数$f(x)$可展成形如式(6.3.9)的幂级数的假定下得出的,所以至此只解决了函数$f(x)$可展开成幂级数时的唯一性和形式问题,并没有解决函数$f(x)$能不能展开的问题. 这是因为,只要函数$f(x)$在点x_0处任意阶可导,就存在并能写出函数$f(x)$在点x_0处的泰勒级数. 至于这个泰勒级数是否收敛,收敛是否收敛于函数$f(x)$则是另一个问题.

于是产生这样的问题,函数$f(x)$要满足什么样的条件,才能保证它的泰勒级数收敛于本身? 即在什么条件下式(6.3.10)成立.

②泰勒公式.

将函数$f(x)$与其泰勒级数前$n+1$项部分和之差记做$R_n(x)$,称为余项,即

$$R_n(x)=f(x)-\sum_{k=0}^{n}\frac{f^{(k)}(x_0)}{k!}(x-x_0)^k. \tag{6.3.11}$$

由无穷级数收敛定义知,若在点x_0的邻域内有$\lim\limits_{n\to\infty}R_n(x)=0$,则函数$f(x)$在点$x_0$的泰勒级数一定收敛于函数$f(x)$. 这时,才可以把函数$f(x)$在点$x_0$处的泰勒级数称为函数$f(x)$在点$x_0$处的泰勒展开式,即式(6.3.10)成立.

这样一来,问题就转化为何时有$\lim\limits_{n\to\infty}R_n(x)=0$. 要确定$R_n(x)$的极限,必须知道$R_n(x)$的具体表达式,但因函数$f(x)$可以是任意的函数,所以要从式(6.3.11)直接确定$R_n(x)$的表达式是十分困难的. 下面的泰勒公式解决了这个问题.

定理6.3.5(泰勒公式) 设函数$f(x)$在(a,b)内有直至$n+1$阶导数,x_0,x是(a,b)内任意两点,则在x_0与x之间至少存在一点ξ,使

$$R_n(x)=\frac{f^{(n+1)}(\xi)}{(n+1)!}(x-x_0)^{n+1}, \tag{6.3.12}$$

即

$$f(x)=\sum_{k=0}^{n}\frac{f^{(k)}(x_0)}{k!}(x-x_0)^k+\frac{f^{(n+1)}(\xi)}{(n+1)!}(x-x_0)^{n+1}. \tag{6.3.13}$$

称式(6.3.13)为函数 $f(x)$ 在点 x_0 处的 n 阶泰勒公式，其中的和式

$$\sum_{k=0}^{n}\frac{f^{(k)}(x_0)}{k!}(x-x_0)^k$$

称为函数 $f(x)$ 在点 x_0 处的 n 阶泰勒多项式. 式(6.3.12)称为拉格朗日型余项. 从拉格朗日型余项可以看出，当 $x\to x_0$ 时，余项 $R_n(x)$ 是较 $|x-x_0|^n$ 更为高阶的无穷小量.

泰勒公式指出，在点 x_0 的邻域内，一个很复杂的函数 $f(x)$ 可用其泰勒多项式来近似地代替，且给出了误差的具体表达式. 因此泰勒公式是研究函数 $f(x)$ 在点 x_0 的邻域内的性态的有力工具. 此外，利用拉格朗日余项，可以在大范围内(而不是在一个给定的点的邻域内)来研究(估计)用泰勒多项式逼近函数 $f(x)$ 的误差.

定理 6.3.6　若存在正数 M，使对一切 $x\in(-\infty,+\infty)$ 及一切充分大的 $n\in\mathbf{N}^+$，均有

$$|f^{(n+1)}(x)|\leqslant M,$$

则函数 $f(x)$ 在区间 $(x_0-R,x_0+R)(R>0)$ 内可展开成泰勒级数.

2)将函数展开成幂级数(求函数的幂级数展开式)的方法

①直接展开法.

在实际应用中，往往考虑 $x_0=0$ 的情况. 此时的泰勒级数称为麦克劳林(Maclaurin)级数，相应地泰勒系数、泰勒展开式、泰勒公式、泰勒多项式也称为麦克劳林系数、麦克劳林泰展开式、麦克劳林公式、麦克劳林多项式.

把函数 $f(x)$ 展开成 x 的幂级数，也就是将函数 $f(x)$ 展开成麦克劳林级数或求函数 $f(x)$ 的麦克劳林展开式，可以按以下步骤进行：

第一步，求出函数 $f(x)$ 在点 $x=0$ 处的各阶导数 $f^{(n)}(0)(n=0,1,2,3,\cdots)$；

第二步，写出与函数 $f(x)$ 对应的麦克劳林级数，并确定其收敛区间 $(-R,R)$；

第三步，用拉格朗日型余项，对 $x\in(-R,R)$ 验证定理 6.3.6 是否满足. 若满足，则由式(6.3.10)所求得的幂级数就是函数 $f(x)$ 的幂级数幂开式.

例 6.3.4　求函数 $f(x)=\mathrm{e}^x$ 的的麦克劳林展开式.

解　由 $(\mathrm{e}^x)'=\mathrm{e}^x$，得 $f^{(n)}(x)=\mathrm{e}^x$，$f^{(n)}(0)=1,n=0,1,2,3,\cdots$，于是函数 e^x 的麦克劳林级数为 $\sum\limits_{n=0}^{\infty}\frac{1}{n!}x^n$. 由 $L=\lim\limits_{n\to\infty}\left|\frac{a_{n+1}}{a_n}\right|=\lim\limits_{n\to\infty}\frac{n!}{(n+1)!}=\lim\limits_{n\to\infty}\frac{1}{n+1}=0$ 知，$\sum\limits_{n=0}^{\infty}\frac{x^n}{n!}$ 收敛区间为 $(-\infty,+\infty)$. 因对一切 $n\in\mathbf{N}^+$，当 $|x|<R$(R 为任意正数)时，均有 $|(\mathrm{e}^x)^{(n+1)}|=\mathrm{e}^x<\mathrm{e}^R$. 所以据定理 6.3.6 知，等式 $\mathrm{e}^x=\sum\limits_{n=0}^{\infty}\frac{x^n}{n!}$ 在 $(-R,R)$ 上成立.

由 R 的任意性，知等式 $\mathrm{e}^x=\sum\limits_{n=0}^{\infty}\frac{x^n}{n!}$ 在 $(-\infty,+\infty)$ 上成立.

例 6.3.5　将函数 $f(x)=\sin x$ 展开成的幂级数.

解　因 $f'(x)=\cos x=\sin\left(x+\frac{\pi}{2}\right)$，$f''(x)=-\sin x=\sin\left(x+2\,\frac{\pi}{2}\right)$，

$$f'''(x)=-\cos x=\sin\left(x+3\,\frac{\pi}{2}\right),\cdots,f^{(n)}(x)=\sin\left(x+n\,\frac{\pi}{2}\right).$$

所以

$$f^{(n)}(0)=\sin\frac{n\pi}{2}=\begin{cases}0, & n=2k,\\(-1)^k, & n=2k+1.\end{cases}$$

于是函数 $\sin x$ 的麦克劳林级数为 $\sum\limits_{n=0}^{\infty}(-1)^n\dfrac{x^{2n+1}}{(2n+1)!}$.

由 $L=\lim\limits_{n\to\infty}\left|\dfrac{a_{n+1}}{a_n}\right|=\lim\limits_{n\to\infty}\dfrac{1}{2n+3}=0$ 知，$\sum\limits_{n=0}^{\infty}(-1)^n\dfrac{x^{2n+1}}{(2n+1)!}$收敛区间为$(-\infty,+\infty)$.

因对一切 $n\in\mathrm{N}^+$，当 $x\in(+\infty,-\infty)$时，均有$|(\sin x)^{(n+1)}|=\left|\sin\left(x+\dfrac{n+1}{2}\pi\right)\right|$，所以根据定理6.3.6，等式 $\sin x=\sum\limits_{n=0}^{\infty}(-1)^n\dfrac{x^{2n+1}}{(2n+1)!}$在区间$(-\infty,+\infty)$内成立.

②间接展开法.

由前面的例子可以看出，用直接展开法将函数$f(x)$展开成 x 的幂级数是很麻烦的. 且在很多情况下，n 阶导数的一般表达式不易写出，且验证定理6.3.6也是一件很困难的事. 因此应尽可能利用其他方法将函数$f(x)$展开成 x 的幂级数. 根据函数$f(x)$的幂级数表达式的唯一性，从已知展开式出发，利用函数间的关系、幂级数的运算性质（代数和、逐项求导、逐项求积分）以及变量替换等方法，将函数$f(x)$展开成 x 的幂级数将方便得多.

间接展开法1——逐项求导法（依据定理6.3.3）

例6.3.6 将函数$f(x)=\cos x$展开成 x 的幂级数.

解 $\cos x=(\sin x)'=\left(\sum\limits_{n=0}^{\infty}(-1)^n\dfrac{x^{2n+1}}{(2n+1)!}\right)'=\sum\limits_{n=0}^{\infty}\dfrac{(-1)^n}{(2n+1)!}(x^{2n+1})'$

$=\sum\limits_{n=0}^{\infty}(-1)^n\dfrac{x^{2n}}{(2n)!}, x\in(-\infty,+\infty)$.

间接展开法2——逐项积分法（依据定理6.3.4）

例6.3.7 将函数$f(x)=\ln(1+x)$展开成 x 的幂级数.

解 $\ln(1+x)=\int_0^x[\ln(1+t)]'\mathrm{d}t=\int_0^x\dfrac{1}{1+t}\mathrm{d}t$

$$=\int_0^x\left[\sum_{n=0}^{\infty}(-1)^n t^n\right]\mathrm{d}t=\sum_{n=0}^{\infty}(-1)^n\int_0^x t^n\mathrm{d}t$$

$$=\sum_{n=0}^{\infty}\frac{(-1)^n}{n+1}x^{n+1}, x\in(-1,1).$$

间接展开法3——变量代换与代数运算法（依据定理6.3.2）

例6.3.8 将函数$f(x)=\dfrac{1}{x^2-3x+2}$展开成 x 的幂级数.

解 因$f(x)=\dfrac{1}{x^2-3x+2}=\dfrac{1}{(1-x)(2-x)}=\dfrac{1}{1-x}-\dfrac{1}{2-x}$,

且 $$\frac{1}{1-x}=\sum_{n=0}^{\infty}x^n, x\in(-1,1),$$

$$\frac{1}{2-x}=\frac{1}{2}\frac{1}{1-\frac{x}{2}}=\frac{1}{2}\sum_{n=0}^{\infty}\left(\frac{x}{2}\right)^n=\sum_{n=0}^{\infty}\frac{1}{2^{n+1}}x^n, x\in(-2,2).$$

所以 $$\frac{1}{x^2-3x+2}=\sum_{n=0}^{\infty}x^n-\sum_{n=0}^{\infty}\frac{1}{2^{n+1}}x^n=\sum_{n=0}^{\infty}\left(1-\frac{1}{2^{n+1}}\right)x^n, x\in(-1,1).$$

6.3.5　习题 6.3

1. 求下列各幂级数的收敛半径、收敛区间及收敛域：

(1) $\sum_{n=1}^{\infty}\frac{(-1)^n}{\sqrt{(n+1)(n+2)}}x^n$；　(2) $\sum_{n=1}^{\infty}\frac{(2n-1)}{2^{2n-1}}x^n$；　(3) $\sum_{n=1}^{\infty}(-1)^n\frac{x^n}{n^2}$；

(4) $\sum_{n=1}^{\infty}\frac{x^n}{2\cdot 4\cdot 6\cdot\cdots\cdot 2n}$；　(5) $\sum_{n=1}^{\infty}n!\,x^n$；　(6) $\sum_{n=1}^{\infty}\frac{x^n}{n\cdot 4^n}$.

2. 求下列各幂级数的收敛域：

(1) $\sum_{n=1}^{\infty}\frac{(-1)^n}{\sqrt{n(n+1)}}(x+1)^n$；　(2) $\sum_{n=1}^{\infty}\frac{n^2}{3^n}x^{2n-1}$.

3. 求 $\sum_{n=0}^{\infty}(-1)^n\frac{1}{2n+1}x^{2n+1}$ 的和函数.

4. 将函数 $f(x)=\frac{1}{(3x+2)^2}$ 展开成 x 的幂级数.

5. 将函数 $f(x)=\ln(1-x-2x^2)$ 展开成 x 的幂级数.

6. 选择题：

(1)设幂级数 $\sum_{n=0}^{\infty}a_nx^n=a_0+a_1x+a_2x^2+\cdots+a_nx^n+\cdots$ 在点 $x=2$ 处收敛，则该级数在点 $x=-1$ 处(　　).

A. 绝对收敛　　B. 条件收敛　　C. 发散　　D. 敛散性不定

(2)设幂级数 $\sum_{n=0}^{\infty}a_nx^n=a_0+a_1x+a_2x^2+\cdots+a_nx^n+\cdots$ 在点 $x=x_0$ 处收敛，又 $R=\lim_{n\to\infty}\left|\frac{a_n}{a_{n+1}}\right|(R>0)$，则(　　).

A. $0\leqslant x_0\leqslant R$　　B. $x_0>R$　　C. $|x_0|\leqslant R$　　D. $|x_0|>R$.

(3)关于幂函数 $\sum_{n=1}^{\infty}\frac{x^n}{n}$，下列结论正确的是(　　).

A. 当且仅当 $|x|<1$ 时收敛　　B. 当 $|x|\leqslant 1$ 时收敛

C. 当 $-1\leqslant x<1$ 时收敛　　D. 当 $-1<x\leqslant 1$ 时收敛

(4)若幂函数 $\sum_{n=1}^{\infty}a_n(x+4)^n$ 在点 $x=-2$ 处收敛，则它在点 $x=2$ 处(　　).

A. 发散　　B. 条件收敛　　C. 绝对收敛　　D. 不能判断

6.4　傅里叶(Fourier)级数

6.4.1　三角级数

在自然界和科学技术中，经常遇到周期运动现象，如振动、电磁波、交流电的电压等. 由 1.2.4 知，周期函数能反映周期运动. 最简单的周期运动(也称简谐运动)可用正弦型函数 $y=A\sin(\omega t+\varphi)$ 来描述，其中 y 表示动点的位置，t 表示时间，A 为振幅，ω 为角频率，φ 为初相,周期为$\frac{2\pi}{\omega}$.

实际问题中,经常遇到反映较复杂周期运动的非正弦函数的周期函数,那如何研究非正弦周期函数呢?受6.3.4函数展开成幂级数的启示,可将非正弦周期函数展开成由正弦函数组成的级数,即将周期为T的函数$f(t)$用一系列以T为周期的正弦型函数$A_n\sin(n\omega t+\varphi_n)$组成的级数表示,即

$$f(t)=A_0+\sum_{n=1}^{\infty}A_n\sin(n\omega t+\varphi_n), \tag{6.4.1}$$

其中,$A_0,A_n,\varphi_n(n\in\mathbf{N}^+)$都是常数.

将周期函数按上述方式展开,它的物理意义是很明确的,就是把一个较复杂的周期运动看成是许多不同频率的简谐振动的叠加.因三角函数易于分析,所以这对研究周期性的物理现象是十分有用的.在物理学中,称这种展开为谐波分析.特别地,称一次谐波为基波.在谐波分析中,A_0称为函数$f(t)$的直流分量,$A_n\sin(n\omega t+\varphi_n)$称为$n$次谐波.

为讨论方便,将$A_n\sin(n\omega t+\varphi_n)$变形,得

$$A_n\sin(n\omega t+\varphi_n)=A_n\sin\varphi_n\cos n\omega t+A_n\cos\varphi_n\sin n\omega t.$$

令$\frac{a_0}{2}=A_0,a_n=A_n\sin\varphi_n,b_n=A_n\cos\varphi_n,\omega t=x$,得到级数

$$\frac{a_0}{2}+\sum_{n=1}^{\infty}(a_n\cos nx+b_n\sin nx). \tag{6.4.2}$$

形如式(6.4.2)的级数称为三角级数,其中$a_0,a_n,b_n(n=1,2,\cdots)$为常数.

本节要讨论的问题为:

(1)在什么条件下三角级数(6.4.2)收敛于函数$f(x)$;

(2)如何将函数$f(x)$展开成三角级数(6.4.2),即如何确定三角级数(6.4.2)中的系数a_0,a_n,b_n.

6.4.2 三角函数系的正交性

为研究三角级数收敛性以及函数$f(x)$如何展开成三角级数问题,先研究三角函数系

$$1,\cos x,\sin x,\cos 2x,\sin 2x,\cdots,\cos nx,\sin nx,\cdots \tag{6.4.3}$$

的一些特性.

首先,三角函数系(6.4.3)中所有函数都具有相同的周期2π;其次三角函数系(6.4.3)在区间$[-\pi,\pi]$上正交.所谓正交就是说,三角函数系(6.4.3)中任意两个不同的函数的乘积在区间$[-\pi,\pi]$上的积分等于零,即

$$\int_{-\pi}^{\pi}\cos nx\mathrm{d}x=0(n\in\mathbf{N}^+);\int_{-\pi}^{\pi}\sin nx\mathrm{d}x=0(n\in\mathbf{N}^+);\int_{-\pi}^{\pi}\sin kx\cos nx\mathrm{d}x=0(k,n\in\mathbf{N}^+);$$

$$\int_{-\pi}^{\pi}\cos kx\cos nx\mathrm{d}x=0(k,n\in\mathbf{N}^+;\text{且}\ k\neq n);\int_{-\pi}^{\pi}\sin kx\sin nx\mathrm{d}x=0(k,n\in\mathbf{N}^+;\text{且}\ k\neq n). \tag{6.4.4}$$

再者,在三角函数系(6.4.3)中,任意两个相同函数的乘积在区间$[-\pi,\pi]$上的积分不等于零,即

$$\int_{-\pi}^{\pi} dx = 2\pi; \int_{-\pi}^{\pi} \cos^2 nx dx = \pi; \int_{-\pi}^{\pi} \sin^2 nx dx = \pi. \tag{6.4.5}$$

6.4.3　周期为 2π 的周期函数展开成傅里叶级数

1. 以 2π 为周期的情形

设 $f(x)$ 是周期为 2π 的周期函数，且能展开成形如式(6.4.2)的三角级数，即

$$f(x) = \frac{a_0}{2} + \sum_{k=1}^{\infty} (a_k \cos kx + b_k \sin kx). \tag{6.4.6}$$

自然要问：系数 $a_0, a_1, b_1, \cdots$ 与函数 $f(x)$ 之间存在着怎样的关系？换句话说，如何利用 $f(x)$ 把 $a_0, a_1, b_1, \cdots$ 表达出来？为此，进一步假设式(6.4.6)右端的级数可以逐项积分.

先求 a_0，对式(6.4.6)从 $-\pi$ 到 π 积分，因假设式(6.4.6)右端的级数可以逐项积分，故有

$$\int_{-\pi}^{\pi} f(x) dx = \int_{-\pi}^{\pi} \frac{a_0}{2} dx + \sum_{k=1}^{\infty} \left[a_k \int_{-\pi}^{\pi} \cos kx dx + b_k \int_{-\pi}^{\pi} \sin kx dx \right].$$

由式(6.4.4)知，上式右端除第一项外，其余各项均为零，所以

$$\int_{-\pi}^{\pi} f(x) dx = \frac{a_0}{2} 2\pi,$$

于是

$$a_0 = \frac{1}{\pi} \int_{-\pi}^{\pi} f(x) dx.$$

其次求 a_n，用 $\cos nx$ 乘式(6.4.6)两端，再从 $-\pi$ 到 π 积分，得

$$\int_{-\pi}^{\pi} f(x) \cos nx dx = \frac{a_0}{2} \int_{-\pi}^{\pi} \cos nx dx + \sum_{k=1}^{\infty} \left[a_k \int_{-\pi}^{\pi} \cos kx \cos nx dx + b_k \int_{-\pi}^{\pi} \sin kx \cos nx dx \right],$$

由式(6.4.4)与式(6.4.5)知，上式右端除 $k = n$ 的一项外，其余各项均为零，所以

$$\int_{-\pi}^{\pi} f(x) \cos nx dx = a_n \int_{-\pi}^{\pi} \cos^2 nx dx = a_n \pi,$$

于是

$$a_n = \frac{1}{\pi} \int_{-\pi}^{\pi} f(x) \cos nx dx (n \in \mathbf{N}).$$

类似地，用 $\sin nx$ 乘式(6.4.6)两端，再从 $-\pi$ 到 π 积分，得

$$b_n = \frac{1}{\pi} \int_{-\pi}^{\pi} f(x) \sin nx dx (n \in \mathbf{N}^+).$$

由于当 $n = 0$ 时，a_n 的表达式正好给出 a_0，因此，上面结果可以合并写成

$$\begin{cases} a_n = \dfrac{1}{\pi} \displaystyle\int_{-\pi}^{\pi} f(x) \cos nx dx (n \in \mathbf{N}), \\ b_n = \dfrac{1}{\pi} \displaystyle\int_{-\pi}^{\pi} f(x) \sin nx dx (n \in \mathbf{N}^+). \end{cases} \tag{6.4.7}$$

由以上讨论可知，若函数 $f(x)$ 能表示为三角级数(6.4.2)，则三角级数(6.4.2)中的系数 a_n 和 b_n 与函数 $f(x)$ 必然满足式(6.4.7)（当然是在可以逐项积分的条件下）. 这样无论函数 $f(x)$ 能否表示为三角级数(6.4.2)，只要函数 $f(x)$ 在 $[-\pi, \pi]$ 上可积，就可以按照式(6.4.7)求出 a_n 和 b_n，称 a_n 和 b_n 为函数 $f(x)$ 的傅里叶系数，以函数 $f(x)$ 的傅里叶系数为系数作成的三角级数(6.4.2)称为函数 $f(x)$ 的傅里叶级数，记做

$$f(x) \sim \frac{a_0}{2} + \sum_{n=1}^{\infty} (a_n\cos nx + b_n\sin nx). \tag{6.4.8}$$

这里,用记号"～"表示"对应"的意思,而不是"相等".这是因为,尽管对$[-\pi,\pi]$上的可积函数$f(x)$总有对应的傅里叶级数,但只是形式上写出了函数$f(x)$的傅里叶级数,而没有解决函数$f(x)$的傅里叶级数的收敛问题.至于函数$f(x)$的傅里叶级数是否一定收敛?如果它收敛,是否一定收敛于函数$f(x)$?一般来说,这两个问题的答案都不是肯定的.那么在怎样的条件下,函数$f(x)$的傅里叶级数不但收敛,而且收敛于函数$f(x)$呢?也就是说,函数$f(x)$满足什么条件可以展开成傅里叶级数呢?

2. 收敛定理(狄利克雷充分条件)

定理 6.4.1 设$f(x)$是周期为2π的周期函数,若$f(x)$在区间$[-\pi,\pi]$上连续或只有有限个第一类间断点,并且至多只有有限个极值点,则$f(x)$的傅里叶级数收敛,且

(1)当x是$f(x)$的连续点时,$f(x)$的傅里叶级数收敛于$f(x)$;

(2)当x是$f(x)$的间断点时,$f(x)$的傅里叶级数收敛于$\frac{1}{2}[f(x-0)+f(x+0)]$;

(3)在区间两端点$x=-\pi,x=\pi$处级数收敛于$\frac{f(\pi^-)+f(-\pi^+)}{2}$.

若函数$f(x)$的傅里叶级数在点x处收敛于$f(x)$,则称函数$f(x)$在点x处可展开成傅里叶级数,此时,才将函数$f(x)$在点x处的傅里叶级数称为函数$f(x)$在点x处的傅里叶展开式,.即式(6.4.8)中的"～"号可以改为"="号,即式(6.4.8)成立.

例 6.4.1 设$f(x)$是周期为2π的函数,它在$[-\pi,\pi)$内的表达式为

$$f(x)=\begin{cases} x, -\pi \leqslant x<0, \\ 0, 0\leqslant x<\pi, \end{cases}$$

将函数$f(x)$展开成傅里叶级数.

解
$$a_n = \frac{1}{\pi}\int_{-\pi}^{\pi} f(x)\cos nx\mathrm{d}x = \frac{1}{\pi}\int_{-\pi}^{0} x\cos nx\mathrm{d}x = \frac{1}{\pi}\left[\frac{x\sin nx}{n}+\frac{\cos nx}{n^2}\right]_{-\pi}^{0}$$

$$= \frac{1}{n^2\pi}(1-\cos nx)\Big|_{-\pi}^{0} = \begin{cases} \frac{2}{n^2\pi}, & n=1,3,5,\cdots, \\ 0, & n=2,4,6,\cdots, \end{cases}$$

$$a_0 = \frac{1}{\pi}\int_{-\pi}^{\pi} f(x)\mathrm{d}x = \frac{1}{\pi}\int_{-\pi}^{0} x\mathrm{d}x = \frac{1}{\pi}\left[\frac{x^2}{2}\right]_{-\pi}^{0} = -\frac{\pi}{2},$$

$$b_n = \frac{1}{\pi}\int_{-\pi}^{\pi} f(x)\sin nx\mathrm{d}x = \frac{1}{\pi}\int_{-\pi}^{0} x\sin nx\mathrm{d}x = \frac{1}{\pi}\left[-\frac{x\cos nx}{n}+\frac{\sin nx}{n^2}\right]_{-\pi}^{0}$$

$$= -\frac{\cos n\pi}{n} = \frac{(-1)^{n+1}}{n}.$$

所给函数满足收敛定理的条件,它在点$x=(2k+1)\pi(k\in \mathbf{Z})$处间断.因此所给函数的傅里叶级数在间断点$x=(2k+1)\pi$处收敛于$\frac{f(\pi^-)+f(-\pi^+)}{2}=\frac{0-\pi}{2}=-\frac{\pi}{2}$;在连续点$x$ $(x\neq(2k+1)\pi,k\in \mathbf{Z})$处收敛于$f(x)$.从而所给函数的傅里叶级数为

$$f(x) = -\frac{\pi}{4}+\frac{2}{\pi}\sum_{n=1}^{\infty}\frac{1}{(2n-1)^2}\cos(2n-1)x+\sum_{n=1}^{\infty}\frac{(-1)^{n-1}}{n}\sin nx$$

$(x\neq(2k+1)\pi, k\in\mathbf{Z})$.

思维拓展6.4.1:计算傅里叶系数应该注意什么?

3. 周期延拓

如果函数$f(x)$只在$[-\pi,\pi]$上有定义,且满足收敛定理的条件,那么函数$f(x)$也可以展开成傅里叶级数.事实上,在$(-\pi,\pi]$或$[-\pi,\pi)$外补充函数$f(x)$的定义,使它拓广成为周期为2π的周期函数$F(x)$(这种拓广函数的定义域的过程称为周期延拓),即

$$F(x)=\begin{cases}f(x), & x\in(-\pi,\pi],\\ f(x-2k\pi), & x\in((2k-1)\pi,(2k+1)\pi]\end{cases}(k=\pm1,\pm2,\cdots).$$

将周期延拓所得的函数$F(x)$展开成傅里叶级数,然后限制x在$(-\pi,\pi)$内,此时函数$F(x)\equiv f(x)$,这样便得到函数$f(x)$的傅里叶展开式.根据收敛定理,函数$f(x)$的傅里叶级数在区间端点$x=\pm\pi$处收敛于$\dfrac{f(\pi^-)+f(-\pi^+)}{2}$.

实际展开时,因求傅里叶系数只涉及$[-\pi,\pi]$上的函数$f(x)$,故不必写出周期延拓后所得的函数$F(x)$的表达式,直接根据式(6.4.8)计算傅里叶系数,即可得所要求的傅里叶级数.

例6.4.2 将函数$f(x)=\begin{cases}-1, & -\pi\leqslant x<0\\ x, & 0\leqslant x\leqslant\pi\end{cases}$展开成傅里叶级数.

解
$$\begin{aligned}a_n&=\frac{1}{\pi}\int_{-\pi}^{\pi}f(x)\cos nx\mathrm{d}x=\frac{1}{\pi}\int_{-\pi}^{0}-\cos nx\mathrm{d}x+\frac{1}{\pi}\int_0^{\pi}x\cos nx\mathrm{d}x\\&=-\frac{1}{n\pi}[\sin nx]\Big|_{-\pi}^{0}+\frac{1}{\pi}\left[\frac{x\sin nx}{n}+\frac{\cos nx}{n^2}\right]\Big|_0^{\pi}\\&=\frac{1}{n^2\pi}(\cos n\pi-1)=\begin{cases}\dfrac{-2}{n^2\pi}, & n=1,3,5,\cdots,\\ 0, & n=2,4,6,\cdots.\end{cases}\end{aligned}$$

$$a_0=\frac{1}{\pi}\int_{-\pi}^{\pi}f(x)\mathrm{d}x=\frac{1}{\pi}\int_{-\pi}^{0}(-1)\mathrm{d}x+\frac{1}{\pi}\int_0^{\pi}x\mathrm{d}x=\frac{1}{\pi}(-x)\Big|_{-\pi}^{0}+\frac{1}{\pi}\left(\frac{x^2}{2}\right)\Big|_0^{\pi}=\frac{\pi}{2}-1.$$

$$\begin{aligned}b_n&=\frac{1}{\pi}\int_{-\pi}^{\pi}f(x)\sin nx\mathrm{d}x=\frac{1}{\pi}\int_{-\pi}^{0}(-\sin nx)\mathrm{d}x+\frac{1}{\pi}\int_0^{\pi}x\sin nx\mathrm{d}x\\&=\frac{1}{n\pi}[\cos nx]_{-\pi}^{0}+\frac{1}{\pi}\left[-\frac{x\cos nx}{n}+\frac{\sin nx}{n^2}\right]_0^{\pi}\\&=\frac{1}{n\pi}(1-\cos n\pi)-\frac{\cos n\pi}{n}=\begin{cases}\dfrac{1}{n}\left(1+\dfrac{2}{\pi}\right), & n=1,3,5,\cdots,\\ -\dfrac{1}{n}, & n=2,4,6,\cdots.\end{cases}\end{aligned}$$

所给函数满足收敛定理的条件,它的傅里叶级数在区间端点$x=\pm\pi$处都收敛于$\dfrac{f(\pi^-)+f(-\pi^+)}{2}=\dfrac{\pi-1}{2}$;在间断点$x=0$处收敛于$\dfrac{f(0^-)+f(0^+)}{2}=-\dfrac{1}{2}$.从而所给函数的傅里叶级数为

$$f(x)=\frac{\pi}{4}-\frac{1}{2}+\sum_{n=1}^{\infty}\Big[-\frac{2}{\pi(2n-1)^2}\cos(2n-1)x+\left(1+\frac{2}{\pi}\right)\frac{1}{(2n-1)}\sin(2n-1)x-$$

$$-\frac{1}{2n}\sin 2nx\Big], x\in(-\pi,0)\cup(0,\pi).$$

6.4.4 周期为 $2l$ 的函数的傅里叶级数

前面研讨了以 2π 为周期的函数,以及仅定义在$(-\pi,\pi]$上,然后做以 2π 为周期延拓的函数. 下面把研讨扩充到以 $2l$ 为周期的情形.

1. *以 $2l$ 为周期的情形*

设$f(x)$是周期为 $2l$ 的周期函数,做代换 $x=\frac{l}{\pi}t\left(t=\frac{\pi}{l}x\right)$,则$f(x)=f\left(\frac{l}{\pi}t\right)=F(t)$是周期为 2π 的(t 的)周期函数,若函数$f(x)$在$[-l,l]$上可积,则函数 $F(t)$在$[-\pi,\pi]$上也可积,这时函数 $F(t)$的傅里叶级数为

$$F(t)\sim\frac{a_0}{2}+\sum_{n=1}^{\infty}(a_n\cos nt+b_n\sin nt),$$

其中

$$a_n=\frac{1}{\pi}\int_{-\pi}^{\pi}F(t)\cos nt\mathrm{d}t, n=0,1,2,\cdots,$$

$$b_n=\frac{1}{\pi}\int_{-\pi}^{\pi}F(t)\sin nt\mathrm{d}t, n=1,2,\cdots.$$

将变量 t 换回为 x,则有

$$f(x)\sim\frac{a_0}{2}+\sum_{n=1}^{\infty}\left(a_n\cos\frac{n\pi x}{l}+b_n\sin\frac{n\pi x}{l}\right),\tag{6.4.9}$$

其中

$$\begin{cases}a_n=\dfrac{1}{l}\displaystyle\int_{-l}^{l}f(x)\cos\frac{n\pi x}{l}\mathrm{d}x\quad(n\in\mathbf{N}),\\ b_n=\dfrac{1}{l}\displaystyle\int_{-l}^{l}f(x)\sin\frac{n\pi x}{l}\mathrm{d}x\quad(n\in\mathbf{N}^+).\end{cases}\tag{6.4.10}$$

式(6.4.10)是以 $2l$ 为周期的函数$f(x)$的傅里叶系数公式,式(6.4.9)为$f(x)$的傅里叶级数. 至于狄利克雷收敛定理,只要将 $-\pi$ 换为 $-l$,π 换为 l,结论仍然成立.

例 6.4.3 设$f(x)$是周期为 4 的函数,它在$[-2,2)$内的表达式为

$$f(x)=\begin{cases}0, & -2\leqslant x<0,\\ k, & 0\leqslant x<2,\end{cases}\text{常数 } k\neq 0,$$

求函数$f(x)$的傅里叶展开式.

解 $a_0=\frac{1}{2}\int_{-2}^{2}f(x)\mathrm{d}x=\frac{1}{2}\int_0^2 k\mathrm{d}x=k$;$a_n=\frac{1}{2}\int_0^2 k\cos\frac{n\pi x}{2}\mathrm{d}x=0(n\in\mathbf{N}^+)$.

$$b_n=\frac{1}{2}\int_0^2 k\sin\frac{n\pi x}{2}\mathrm{d}x=\frac{k}{n\pi}(1-\cos n\pi)=\begin{cases}\dfrac{2k}{n\pi}, & n=1,3,5,\cdots,\\ 0, & n=2,4,6,\cdots.\end{cases}$$

所给函数满足收敛定理的条件,它在点 $x=2n(n\in\mathbf{Z})$处间断,因此所给函数的傅里叶级数在间断点 $x=2n(n\in\mathbf{Z})$处收敛于$\frac{f(-2^+)+f(2^-)}{2}=\frac{k}{2}$,在连续点 $x\neq 2n(n\in\mathbf{Z})$处收敛于$f(x)$,从而所给函数的傅里叶展开式为

$$f(x)=\frac{k}{2}+\frac{2k}{\pi}\sum_{n=1}^{\infty}\frac{1}{2n-1}\sin\frac{2n-1}{2}\pi x(-\infty<x<+\infty,x\neq 2n,n\in\mathbf{Z}).$$

2. 正弦级数与余弦级数

一般说来,一个函数的傅里叶级数既含有正弦项,也含有余弦项,但是也有一些函数的傅里叶级数只含有正弦项或只含有常数项和余弦项.

一般的,称只含正弦项的傅里叶级数为正弦级数;称只含常数项和余弦项的傅里叶级数为余弦级数.

当$f(x)$是以 $2l$ 为周期的偶函数时,在$[-l,l]$上$f(x)\cos\frac{n\pi x}{l}$也是偶函数,而$f(x)\sin\frac{n\pi x}{l}$为奇函数,因此由式(4.4.5)知函数$f(x)$的傅里叶系数公式(6.4.10)变为

$$a_n=\frac{1}{l}\int_{-l}^{l}f(x)\cos\frac{n\pi x}{l}dx=\frac{2}{l}\int_0^l f(x)\cos\frac{n\pi x}{l}dx(n\in\mathbf{N});b_n=0(n\in\mathbf{N}^+),\quad(6.4.11)$$

于是函数$f(x)$的傅里叶级数为

$$f(x)\sim\frac{a_0}{2}+\sum_{n=1}^{\infty}a_n\cos\frac{n\pi x}{l}.\quad(6.4.12)$$

同理,当$f(x)$是以 $2l$ 为周期的奇函数时,有

$$f(x)\sim\sum_{n=1}^{\infty}b_n\sin\frac{n\pi x}{l}.\quad(6.4.13)$$

其中

$$b_n=\frac{1}{l}\int_{-l}^{l}f(x)\sin\frac{n\pi x}{l}dx=\frac{2}{l}\int_0^l f(x)\sin\frac{n\pi x}{l}dx(n\in\mathbf{N}^+);$$

$$a_n=0(n\in\mathbf{N}).\quad(6.4.14)$$

例 6.4.4　设$f(x)$是周期为 2π 的函数,它在$[-\pi,\pi]$上的表达式为

$$f(x)=\begin{cases}1+\frac{2}{\pi}x,-\pi\leqslant x\leqslant 0\\ 1-\frac{2}{\pi}x,0<x\leqslant\pi\end{cases},$$

将函数$f(x)$展开为傅里叶级数.

解　因函数$f(x)$为偶函数,由式(6.4.11)有

$$b_n=0(n\in\mathbf{N}^+);a_0=\frac{2}{\pi}\int_0^{\pi}f(x)dx=\frac{2}{\pi}\int_0^{\pi}\left(1-\frac{2}{\pi}x\right)dx=0;$$

$$a_n=\frac{2}{\pi}\int_0^{\pi}f(x)\cos nxdx=\frac{2}{\pi}\int_0^{\pi}\left(1-\frac{2}{\pi}x\right)\cos nxdx=-\frac{4}{\pi^2}\int_0^{\pi}x\cos nxdx$$

$$=-\frac{4}{n^2\pi^2}\cos nx\Big|_0^{\pi}=\frac{4}{n^2\pi^2}[1-(-1)^n]=\begin{cases}\frac{8}{n^2\pi^2},n=1,3,5,\cdots,\\ 0,\quad n=2,4,6,\cdots.\end{cases}$$

因函数$f(x)$在$(-\infty,\infty)$内连续,满足收敛定理的条件,故$f(x)$的傅里叶级数处处收敛于$f(x)$,$f(x)$的傅里叶级数为

$$f(x)=\frac{8}{\pi^2}\sum_{n=1}^{\infty}\frac{1}{(2n-1)^2}\cos(2n-1)x,x\in(-\infty,+\infty).$$

3. 奇延拓、偶延拓

对于仅定义在$[0,l]$上的函数$f(x)$,因函数$f(x)$在$(-l,0)$上无任何限制,故可在$(-l,0)$上任意补充函数$f(x)$的定义.但通常,在$(-l,0)$上补充函数$f(x)$的定义,得到定义在$(-l,l]$上的函数$F(x)$,使$F(x)$在$(-l,l)$上成为奇函数(偶函数)(这种方式拓广函数$f(x)$定义域的过程称为奇延拓(偶延拓)).

将奇延拓(偶延拓)后所得的函数$F(x)$展开为傅里叶级数,这个级数必定是正弦级数(余弦级数),然后限制x在$[0,l]$上,此时函数$F(x)\equiv f(x)$,这样得到函数$f(x)$的正弦级数(余弦级数).

实际展开时,因奇函数(偶函数)的傅里叶系数的计算只涉及到$[0,l]$上的函数$f(x)$,故不必写出奇延拓(偶延拓)后所得的函数$F(x)$的表达式,直接根据式(6.4.11)或式(6.4.14)计算傅里叶系数,即可得到所要求的正弦级数或余弦级数.

奇延拓时,函数$F(x)=\begin{cases}f(x) & x\in(0,l],\\ 0 & x=0,\\ -f(-x) & x\in(-l,0),\end{cases}$ 在点$x=0,x=l$处函数$f(x)$的傅里叶级数都收敛于0.

偶延拓时,函数$F(x)=\begin{cases}f(x) & x\in[0,l],\\ f(-x) & x\in(-l,0),\end{cases}$ 函数$f(x)$的傅里叶级数,在点$x=0$处收敛于$f(0^+)$,在$x=l$处收敛于$f(l^-)$.

例 6.4.5 把函数$f(x)=x$在$(0,2]$内展开为:

(1)正弦级数; (2)余弦级数.

解 (1)对函数$f(x)$作奇延拓,于是$2l=4$,由式(6.4.14)有$a_n=0(n\in\mathbf{N})$;

$$b_n=\int_0^2 x\sin\frac{n\pi x}{2}\mathrm{d}x=-\frac{4}{n\pi}\cos n\pi=\frac{4}{n\pi}(-1)^{n+1}(n\in\mathbf{N}^+).$$

所给函数满足收敛定理的条件,它的正弦级数在点$x=0,x=2$都收敛于0,它的正弦级数为
$$f(x)=\frac{4}{\pi}\sum_{n=1}^{\infty}\frac{(-1)^{n+1}}{n}\sin\frac{n\pi x}{2},x\in(0,2).$$

(2)对函数$f(x)$作偶延拓,由式(6.4.11)有$b_n=0(n\in\mathbf{N}^+)$,$a_0=\int_0^2 x\mathrm{d}x=2$,

$$a_n=\int_0^2 x\cos\frac{n\pi x}{2}\mathrm{d}x=\frac{4}{n^2\pi^2}(\cos n\pi-1)=\begin{cases}-\dfrac{8}{n^2\pi^2}, & n=1,3,5,\cdots,\\ 0, & n=2,4,6,\cdots.\end{cases}$$

所给函数满足收敛定理条件,它的余弦级数在$x=0$收敛于$f(0^+)=0$,在$x=2$收敛于$f(2^-)=2$,它的余弦级数为$f(x)=1-\dfrac{8}{\pi^2}\sum_{n=1}^{\infty}\dfrac{1}{(2n-1)^2}\cos\dfrac{(2n-1)\pi x}{2}(x\in(0,2])$.

6.4.5 思维拓展问题解答

思维拓展 6.4.1:计算得傅里叶系数的一般项a_n,b_n后,要做两方面的工作:

(1)要查看能否根据n的奇偶对a_n,b_n进行化简,若能化简,则应化简;

(2)要查看是否有正整数n,使a_n,b_n无意义,若有则应单独计算a_n,b_n.

6.4.6　知识拓展

定义在区间$[a,b]$上的函数以$b-a$为周期的傅里叶级数

作代换$x=\dfrac{b(\pi+t)+a(\pi-t)}{2\pi}\left(t=\dfrac{\pi(2x-a-b)}{b-a}\right)$，

则
$$f(x)=f\left(\frac{b(\pi+t)+a(\pi-t)}{2\pi}\right)=F(t)$$

在区间$[-\pi,\pi]$上有定义，且当函数$f(x)$在$[a,b]$上可积时，函数$F(t)$在$[-\pi,\pi]$上可积，函数$F(t)$的傅里叶级数为

$$F(t)\sim\frac{a_0}{2}+\sum_{n=1}^{\infty}(a_n\cos nt+b_n\sin nt),$$

其中

$$a_n=\frac{1}{\pi}\int_{-\pi}^{\pi}F(t)\cos nt\mathrm{d}t(n\in\mathbf{N});b_n=\frac{1}{\pi}\int_{-\pi}^{\pi}F(t)\sin nt\mathrm{d}t(n\in\mathbf{N}^+).$$

将变量t换回为x，则有

$$f(x)\sim\frac{a_0}{2}+\sum_{n=1}^{\infty}\left(a_n\cos\frac{n\pi(2x-a-b)}{b-a}+b_n\sin\frac{n\pi(2x-a-b)}{b-a}\right),\tag{6.4.15}$$

其中

$$a_n=\frac{2}{b-a}\int_a^b f(x)\cos\frac{n\pi(2x-a-b)}{b-a}\mathrm{d}x,b_n=\frac{2}{b-a}\int_a^b f(x)\sin\frac{n\pi(2x-a-b)}{b-a}\mathrm{d}x.\tag{6.4.16}$$

式(6.4.16)与式(6.4.10)、式(6.4.7)相比，不仅形式上差异很大，而且计算量较大. 注意到式(6.4.15)、(6.4.16))的特点后，利用三角函数系$1,\cos\dfrac{2\pi x}{b-a},\sin\dfrac{2\pi x}{b-a},\cos\dfrac{4\pi x}{b-a},\sin\dfrac{4\pi x}{b-a},\cdots,\cos\dfrac{2n\pi x}{b-a},\sin\dfrac{2n\pi x}{b-a},\cdots$的正交性，并用与6.4.3类似的步骤得到

$$f(x)\sim\frac{a_0}{2}+\sum_{n=1}^{\infty}\left(a_n\cos\frac{2n\pi x}{b-a}+b_n\sin\frac{2n\pi x}{b-a}\right),\tag{6.4.17}$$

其中

$$a_n=\frac{2}{b-a}\int_a^b f(x)\cos\frac{2n\pi x}{b-a}\mathrm{d}x(n\in\mathbf{N});$$

$$b_n=\frac{2}{b-a}\int_a^b f(x)\sin\frac{2n\pi x}{b-a}\mathrm{d}x(n\in\mathbf{N}^+).\tag{6.4.18}$$

至于狄利克雷收敛定理，只要将$-\pi$换为a，π换为b，结论仍然成立.

例6.4.6　求函数$f(x)=10-x(5<x<15)$傅里叶级数.

解　$a_n=\dfrac{1}{5}\displaystyle\int_5^{15}(10-x)\cos\frac{n\pi x}{5}\mathrm{d}x=0(n\in\mathbf{N})$；

$$b_n=\frac{1}{5}\int_5^{15}(10-x)\sin\frac{n\pi x}{5}\mathrm{d}x=(-1)^n\frac{10}{n\pi}(n\in\mathbf{N}^+).$$

所给函数满足收敛定理条件，它的傅里叶级数在区间端点$x=5$和$x=15$处都收敛于

$$\frac{f(15^-)+f(5^+)}{2}=0,$$

傅里叶级数为$f(x)=\frac{10}{\pi}\sum_{n=1}^{\infty}\frac{(-1)^n}{n}\sin\frac{n\pi x}{5}=10-x,5<x<15.$

6.4.7 习题6.4

1. 设函数$f(x)=\begin{cases}0, & -\pi\leqslant x<0,\\ \pi-x, & 0\leqslant x<\pi,\end{cases}$将$f(x)$在$[-\pi,\pi]$上展开成傅里叶级数,并回答傅里叶级数在点$x=0$处收敛于什么?

2. 将函数$f(x)=\begin{cases}-x, & -\pi\leqslant x<0\\ x, & 0\leqslant x<\pi\end{cases}$展开成傅里叶级数.

3. $f(x)$是周期为2π的周期函数,它在$[-\pi,\pi]$上的表达式为

$$f(x)=\begin{cases}2x, & -\pi\leqslant x<0,\\ 1, & 0\leqslant x<\pi,\end{cases}$$

将函数$f(x)$展开成傅里叶级数.

4. 将分段函数$f(x)=\begin{cases}x, & 0\leqslant x\leqslant 1\\ 1, & 1<x\leqslant 2\end{cases}$分别展开为正弦级数和余弦级数.

5. 将函数$f(x)=x+1\ (0\leqslant x\leqslant\pi)$分别展开为正弦级数和余弦级数.

第 7 章　多元函数微积分

当代数与几何分道扬镳时，它们的进展很缓慢，应用也有限. 但是，这两门学科一旦联袂而行，它们就相互从对方吸收新鲜的活力，从而大踏步地走向各自的完美.

——拉格朗日(法)

前面各章讨论的函数均为只限于一个自变量的函数，称为一元函数. 但在许多实际问题中遇到的往往是两个和多于两个自变量的函数，即多元函数. 多元函数微积分与一元函数微积分有许多相似的地方，但是在某些方面存在着本质上的差别. 本章重点讨论二元函数，有关概念均可类推到二元以上的函数.

7.1　空间解析几何基本知识

7.1.1　空间直角坐标系

空间解析几何与平面解析几何一样，是用代数方法研究几何问题. 要把几何与代数联系起来，需在空间引进坐标系，使空间的点与数组对应起来，这样就可以用方程表示图形.

在空间内取定一点 O，过 O 点作三条具有相同的长度单位，且两两互相垂直的数轴 x 轴、y 轴和 z 轴，这样就建立了空间直角坐标系 $Oxyz$. 点 O 称为坐标原点，x 轴、y 轴和 z 轴统称为坐标轴，又分别叫做横轴、纵轴和竖轴. 通常规定 x 轴、y 轴和 z 轴的正向要遵循右手法则，即以右手握住 z 轴，当右手的四个手指从 x 轴正向以$\frac{\pi}{2}$角度转向 y 轴正向时，大拇指的指向是 z 轴的正向(图 7.1.1).

建立了空间直角坐标系 $Oxyz$ 后，空间中的任意一点 M 与有序的三个数的数组(x,y,z)就有了一一对应关系(图 7.1.2). 事实上，若过点 M 作三个平面分别垂直于 x 轴、y 轴、z 轴，它们与各坐标轴的交点依次为 P,Q,R，这三点在 x 轴、y 轴、z 轴上的坐标依次为 x,y,z，则空间一点 M 就唯一地确定了有序数组(x,y,z). 反之，已知有序数组(x,y,z)，可在 x 轴上取坐

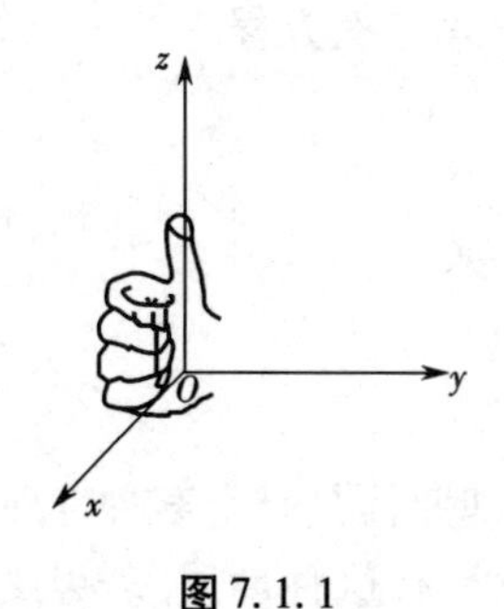

图 7.1.1

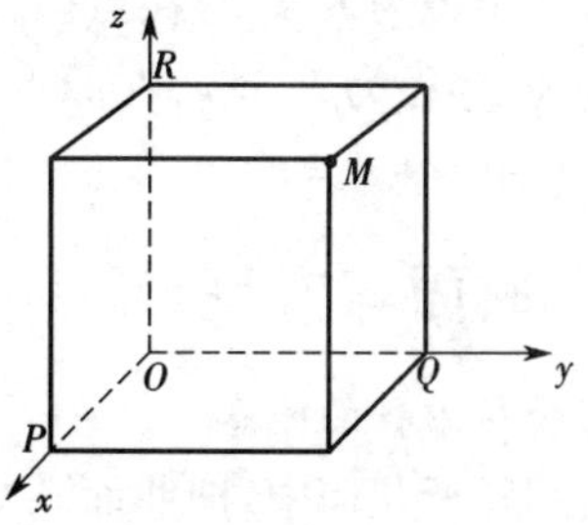

图 7.1.2

标为 x 的点 P,在 y 轴上取坐标为 y 的点 Q,在 z 轴上取坐标为 z 的点 R,然后过点 P,Q,R 分别作 x 轴、y 轴、z 轴的垂直平面,这三个平面唯一的交点 M 便是有序数组(x,y,z)所确定的空间的一点. 因此,三元数组(x,y,z)与空间的一点 M 一一对应,(x,y,z)称为点 M 的坐标,记做 $M(x,y,z)$. 三个数 x,y,z 分别称为点 M 的横坐标、纵坐标、竖坐标.

由任意两条坐标轴确定的平面称为坐标平面. 由 x 轴和 y 轴,y 轴和 z 轴,z 轴和 x 轴所确定的坐标平面分别叫做 xOy 面,yOz 面和 zOx 面.

思维拓展 7.1.1:坐标轴和坐标平面上点的坐标如何表示?

三个坐标平面把空间分隔成八个部分,每个部分称为一个卦限,依次叫做第一至第八卦限,用罗马数字Ⅰ,Ⅱ,…,Ⅷ表示,第一至第四卦限是在 xOy 面的上方,第五至第八卦限在 xOy 面的下方,都是按逆时针方向排定.

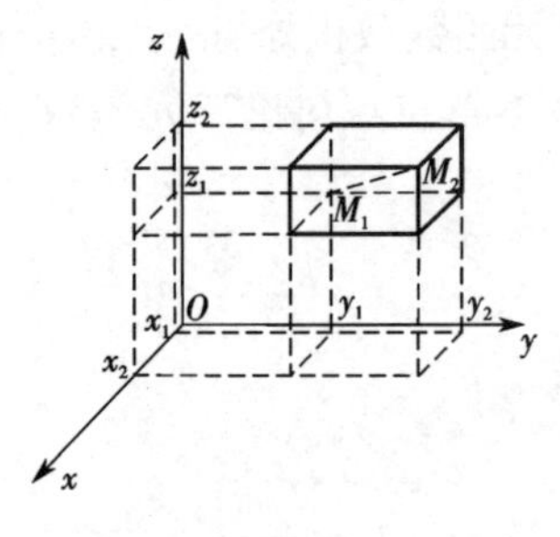

图 7.1.3

与平面解析几何类似,如图 7.1.3 所示,空间中两点 $M_1(x_1,y_1,z_1)$ 和 $M_2(x_2,y_2,z_2)$ 间的距离为

$$|M_1M_2| = \sqrt{(x_2-x_1)^2+(y_2-y_1)^2+(z_2-z_1)^2}. \tag{7.1.1}$$

特别地,点 $M(x,y,z)$ 到原点 $O(0,0,0)$ 的距离为

$$|OM| = \sqrt{x^2+y^2+z^2}.$$

作为距离公式(7.1.1)的应用,求平面方程与球面方程.

例 7.1.1 求与两定点 $M_1(1,-1,1)$ 与 $M_2(2,1,-1)$ 等距离的点 $M(x,y,z)$ 的轨迹方程.

解 因 $|M_1M|=|M_2M|$,故

$$\sqrt{(x-1)^2+(y+1)^2+(z-1)^2} = \sqrt{(x-2)^2+(y-1)^2+(z+1)^2},$$

化简得点 M 的轨迹方程为 $2x+4y-4z-3=0$.

由立体几何知,所求轨迹应为线段 M_1M_2 的中垂面,此平面的方程为三元一次方程. 实际上,平面的一般方程为

$$Ax+By+Cz+D=0.$$

例 7.1.2 求与定点 $M_0(x_0,y_0,z_0)$ 的距离等于定长 R 的动点 $M(x,y,z)$ 的轨迹方程.

解 因 $|MM_0|=R$(定长),故

$$\sqrt{(x-x_0)^2+(y-y_0)^2+(z-z_0)^2}=R,$$

即

$$(x-x_0)^2+(y-y_0)^2+(z-z_0)^2=R^2,$$

这就是半径为 R,球心在点(x_0,y_0,z_0)的球面方程,它是三元二次方程.

特别地,半径为 R,球心在原点的球面方程是

$$x^2+y^2+z^2=R^2.$$

7.1.2 曲面与方程

1. 曲面与方程的概念

在空间解析几何中,把曲面 S 看做是空间点的几何轨迹,即曲面是具有某种性质的点的集合. 在这曲面上的点具有这种性质,不在这曲面上的点就不具有这种性质. 若以 x,y,z 表示该曲面上任意一点的横坐标、纵坐标、竖坐标,则 x,y,z 之间必然满足一种确定的关系,这

样,含有三个变量的方程 $F(x,y,z)=0$ 就与空间曲面 S 建立了对应关系.

定义 7.1.1　若空间曲面 S(图7.1.4)与三元方程 $F(x,y,z)=0$ 之间有如下关系:

(1)曲面 S 上任一点的坐标 (x,y,z) 都满足该方程,

(2)不在曲面 S 上的点的坐标 (x,y,z) 都不满足该方程,

则方程

$$F(x,y,z)=0$$

称为曲面 S 的方程,而曲面 S 称为方程 $F(x,y,z)=0$ 的图形. 此时,曲面是方程所代表的几何图形,方程则是曲面的代数表示(图7.1.4).

2. 几种特殊曲面

1)柱面

若动直线 L 沿定曲线 C 移动,且始终与定直线 l 平行,则称动直线 L 的轨迹为柱面. 定曲线 C 叫做柱面的准线,动直线 L 叫做柱面的母线. 本节讨论母线平行于坐标轴的柱面.

若定直线是 z 轴,准线是 xOy 平面上的曲线 $F(x,y)=0$,则动直线 L 生成的是母线平行于 z 轴的柱面(图7.1.5),其方程是 $F(x,y)=0$. 该方程中不含 z,这表明,空间一点 $M(x,y,z)$,只要它的横坐标 x、纵坐标 y 满足该方程,则点 M 就在该柱面上.

类似地,方程 $f(x,z)=0$ 与 $f(y,z)=0$ 分别表示母线平行于 y 轴与 x 轴的柱面.

图7.1.4　　　　图7.1.5

例如,方程 $x^2+y^2=a^2$ 表示母线平行于 z 轴,准线是 xOy 面上的圆周 $x^2+y^2=a^2$ 的圆柱面(图7.1.6);

方程 $z=-x^2+1$ 表示母线平行于 y 轴,准线是 zOx 面上的抛物线 $z=-x^2+1$ 的抛物柱面(图7.1.7).

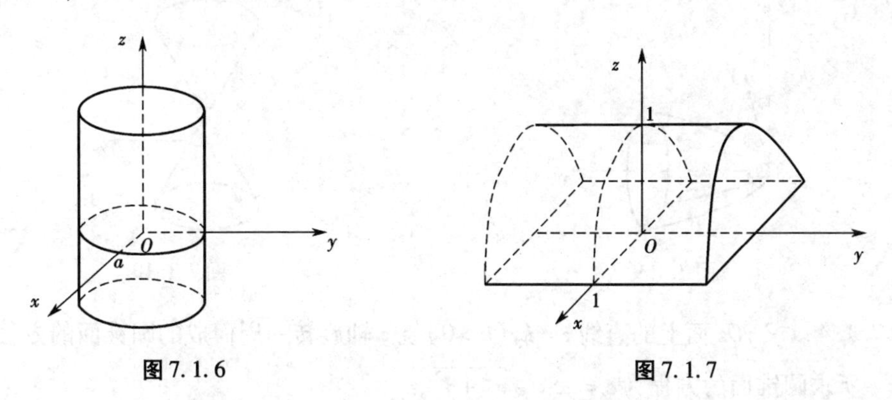

图7.1.6　　　　图7.1.7

2)旋转曲面

一条平面曲线 C 绕该平面上一条定直线 l 旋转一周所生成的曲面称为旋转曲面. 曲线 C 叫做旋转曲面的母线,定直线 l 叫做旋转曲面的轴(或称旋转轴).

本节讨论母线是坐标面上的平面曲线,旋转轴是该坐标面上的一条坐标轴的旋转曲面.

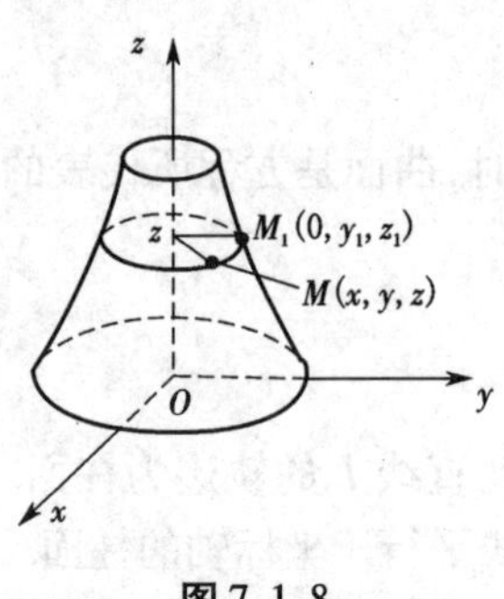

图 7.1.8

设旋转曲面 S 的母线是 yOz 面上的平面曲线 $C:f(y,z)=0$,旋转轴是 z 轴,点 $M(x,y,z)$ 是曲面 S 上任意一点,它是由曲线 C 上一点 $M_1(0,y_1,z_1)$ 旋转而来的(图 7.1.8). 显然,$z=z_1$,又点 M 到 z 轴的距离与点 M_1 到 z 轴的距离相等,即有

$$\sqrt{x^2+y^2}=|y_1|.$$

由于点 $M_1(0,y_1,z_1)$ 在曲线 C 上,故 $f(y_1,z_1)=0$,所以,点 $M(x,y,z)$ 的坐标满足方程 $f(\pm\sqrt{x^2+y^2},z)=0$. (7.1.2)

容易看出,不在曲面 S 上的点的坐标不会满足(7.1.2)式,因此(7.1.2)式就是以曲线 C 为母线,z 轴为旋转轴的曲面 S 的方程.

类似地,在曲线 C 的方程中,变量 y 保持不变,将 z 变量换成 $\pm\sqrt{x^2+z^2}$,得方程

$$f(y,\pm\sqrt{x^2+z^2})=0,$$

便是曲线 C 绕 y 轴旋转而成的曲面的方程.

其他坐标面上的曲线,绕该坐标面上的一条坐标轴旋转而成的旋转曲面的方程也可用类似的方法得到.

例 7.1.3 求 xOy 面上的抛物线 $x=ay^2\ (a>0)$ 绕 x 轴旋转所形成的旋转抛物面(图 7.1.9)的方程.

解 方程 $x=ay^2$ 中的 x 不变,y 换成 $\pm\sqrt{y^2+z^2}$,便得到旋转抛物面的方程为

$$x=a(y^2+z^2).$$

直线 L 绕另一条与它相交的直线 l 旋转一周,所形成的旋转曲面称为圆锥面(图 7.1.10). 两直线的交点叫做圆锥面的顶点,两直线的夹角叫做圆锥面的半顶角.

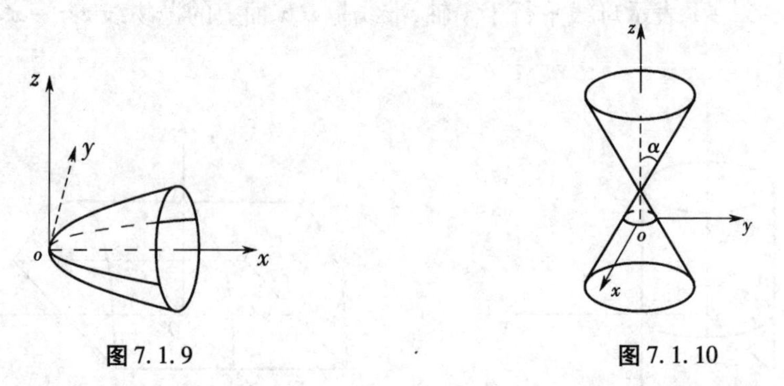

图 7.1.9　　图 7.1.10

例 7.1.4 求 yOz 面上的直线 $z=ky\ (k>0)$ 绕 z 轴旋转一周而成的圆锥面的方程.

解 所求圆锥面的方程为 $z=\pm k\sqrt{x^2+y^2}$,

即 $$z^2=k^2(x^2+y^2).$$

3. 二次曲面

三元二次方程表示的曲面称为二次曲面,下面用截痕法来研究给定的三元二次方程所表示曲面的形状和特征. 所谓截痕法就是用坐标平面或平行于坐标平面的平面去截曲面,考察它们的交线(即截痕)的形状,然后了解曲面的形状和特征. 现将常见的二次曲面列成表 7.1.1.

表 7.1.1　常见的二次曲面

椭球面 $\frac{x^2}{a^2}+\frac{y^2}{b^2}+\frac{z^2}{c^2}=1$

所用截平面	截痕
$//xOy$ 面	椭圆
$//yOz$ 面	椭圆
$//zOx$ 面	椭圆

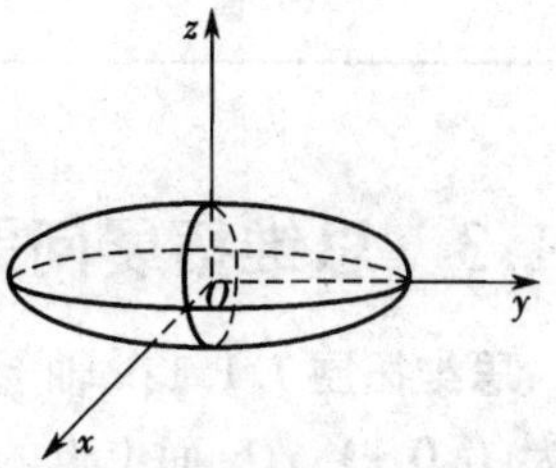

单叶双曲面 $\frac{x^2}{a^2}+\frac{y^2}{b^2}-\frac{z^2}{c^2}=1$

所用截平面	截痕
$//xOy$ 面	椭圆
$//yOz$ 面	双曲线
$//zOx$ 面	双曲线

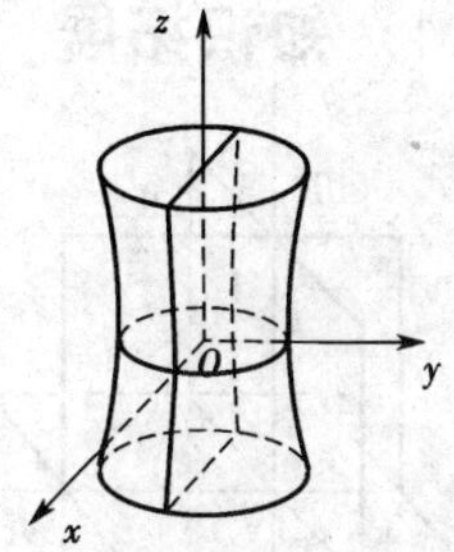

双叶双曲面 $-\frac{x^2}{a^2}-\frac{y^2}{b^2}+\frac{z^2}{c^2}=1$

所用截平面	截痕
$//xOy$ 面	椭圆
$//yOz$ 面	双曲线
$//zOx$ 面	双曲线

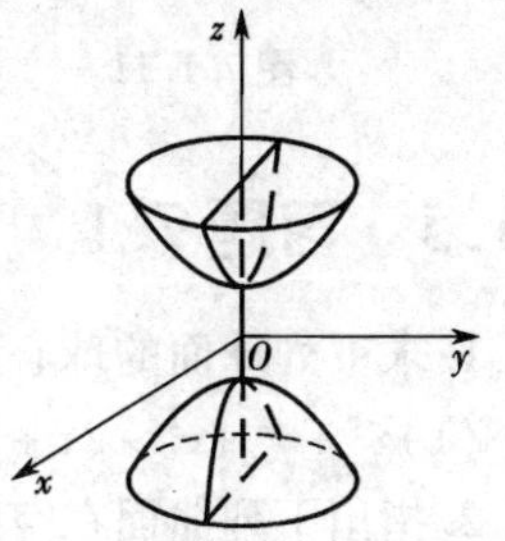

椭圆抛物面 $z=\frac{x^2}{a^2}+\frac{y^2}{b^2}$

所用截平面	截痕
$//xOy$ 面	椭圆
$//yOz$ 面	抛物线
$//zOx$ 面	抛物线

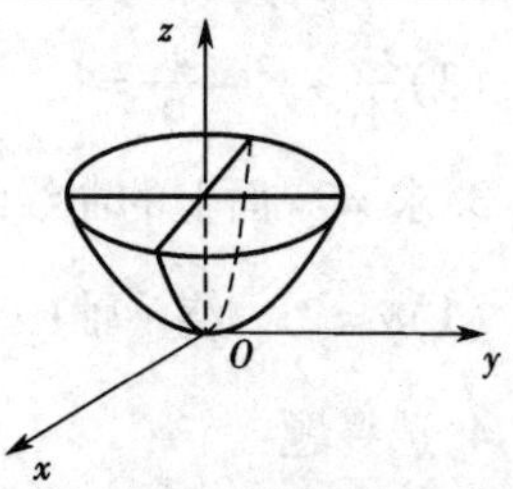

续表

双曲抛物面 R		
所用截平面	截痕	
$//xOy$ 面	双曲线	
$//yOz$ 面	抛物线	
$//zOx$ 面	抛物线	

7.1.3 思维拓展问题解答

思维拓展 7.1.1:x 轴上点的坐标为$(x,0,0)$,y 轴上点的坐标为$(0,y,0)$,z 轴上点的坐标为$(0,0,z)$;xOy 面上点的坐标为$(x,y,0)$,yOz 面上点的坐标为$(0,y,z)$,zOx 面上点的坐标为$(x,0,z)$;原点 O 的坐标为$(0,0,0)$.

7.1.4 知识拓展

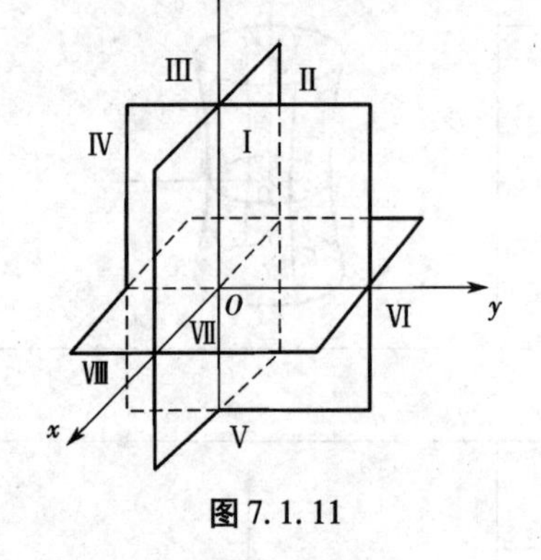

图 7.1.11

八个卦限中(图 7.1.11),点的坐标有如下特点:

第一卦限 $x>0,y>0,z>0$;

第二卦限 $x<0,y>0,z>0$;

第三卦限 $x<0,y<0,z>0$;

第四卦限 $x>0,y<0,z>0$;

第五卦限 $x>0,y>0,z<0$;

第六卦限 $x<0,y>0,z<0$;

第七卦限 $x<0,y<0,z<0$;

第八卦限 $x>0,y<0,z<0$.

7.1.5 习题 7.1

1. 求下列球面的球心坐标及半径:

(1)$x^2+y^2+z^2-2x+2y-4z+2=0$; (2)$x^2+y^2+z^2-4y+2z-20=0$.

2. 指出下列曲面在空间直角坐标系中表示的曲面名称:

(1)$x^2+y^2+z^2-4x=0$; (2)$x^2+\frac{y^2}{4}+\frac{z^2}{9}=1$;

(3)$\frac{x^2}{4}+y^2-\frac{z^2}{9}=1$; (4)$x^2+y^2=4$; (5)$z=x^2+y^2$.

3. 求 xOy 面上的曲线绕指定轴旋转所形成的旋转面的方程.

(1)$y=2x^2$,绕 y 轴; (2)$\frac{x^2}{4}+\frac{y^2}{9}=1$,绕 x 轴.

4. 选择题:

在空间直角坐标系中,方程 $2x^2+2y^2=z$ 表示的图形为( ).

A. 圆锥面　　B. 椭球面　　C. 旋转抛物面　　D. 单叶双曲面

7.2　多元函数的基本概念

为讨论多元函数的微分学和积分学,须先介绍多元函数、极限和连续这些基本概念.

7.2.1　二元函数的概念

同一元函数一样,二元函数也是从实际问题中抽象出来的数学概念. 下面首先考察两个实例.

例 7.2.1　圆柱体的体积公式为 $V=\pi r^2 h$. 当对底面半径 $r(r>0)$ 与高度 $h(h>0)$ 每给定一组数值时,体积 V 的值也就随之确定.

例 7.2.2　某产品的销售收入 R 与销量 Q 及销售价格 P 之间的关系为 $R=QP$. 当对销量 Q、销售价格 P 每给定一组数值时,销售收入就会有一个确定的数值与之对应.

上面两个例子,虽然来自不同的实际问题,但是都说明,在一定的条件下,三个变量之间存在着一种依赖关系. 这种关系给出了一个变量与另两个变量之间的对应法则. 依照这个对应法则,当其中两个变量在允许的范围内取定一组数值时,第三个变量会有唯一确定的数值与之对应. 由这些共性,便得到以下二元函数的定义.

定义 7.2.1　设 D 是 xOy 面上的一个点集,如果对于 D 内任意一点 $P(x,y)$,变量 z 按照某一确定的对应法则总有唯一确定的值与之对应,则称 z 是变量 x,y 的二元函数,记做

$$z=f(x,y),$$

点集 D 称为函数的定义域,x、y 称为自变量,z 也称为因变量,数集

$$\{z \mid z=f(x,y),(x,y)\in D\}$$

称为该函数的值域.

按照定义,在例 7.2.1 和例 7.2.2 中,V 是 r 和 h 的函数,R 是 Q 和 P 的函数,它们的定义域都是由实际问题来确定的. 当二元函数是用算式表示时,定义域规定为使每个算式有意义的点的集合.

二元函数的定义域一般是由若干条曲线所围成的一个部分平面,称为平面区域. 围成该平面区域的曲线称为该平面区域的边界. 若一个平面区域 D 能包含在一个以原点为圆心的圆内,即存在平面点集 $E=\{(x,y)\mid \sqrt{x^2+y^2}<R\}$,使 $D\subset E$,则称 D 为有界区域,否则称 D 为无界区域. 包括全部边界的平面区域叫闭区域,不包括边界上任一点的平面区域叫开区域. 在以下叙述中,若不需要区分有界区域、无界区域、闭区域时,则统称为区域,通常用 D 表示.

例 7.2.3　求函数 $z=\ln(x+y)$ 的定义域.

解　根据对数的定义,x、y 必须满足不等式

$$x+y>0,$$

所以函数 $z=\ln(x+y)$ 的定义域是平面点集

$$\{(x,y)\mid x+y>0\}.$$

在几何上其图形是 xOy 平面上位于直线 $y=-x$ 上方的半平面,但不包括直线 $y=-x$ 本身,它是一个无界开区域(图 7.2.1).

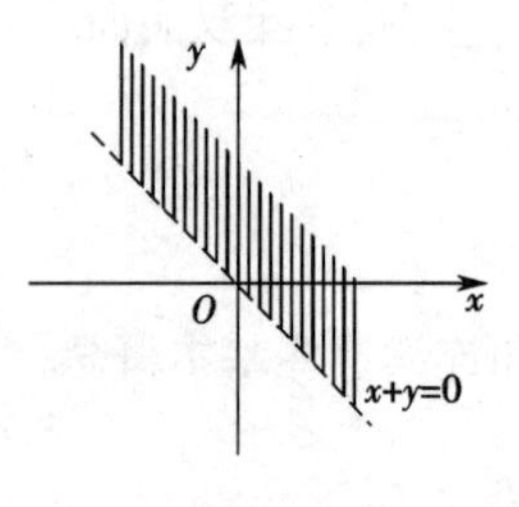

图 7.2.1

例 7.2.4 求函数 $z=\dfrac{1}{\sqrt{1-x^2-y^2}}$的定义域.

解 因分母有二次根式,所以 x,y 必须满足不等式

$$1-x^2-y^2>0,$$

所以函数 $z=\dfrac{1}{\sqrt{1-x^2-y^2}}$的定义域是平面点集

$$\{(x,y)\mid x^2+y^2<1\}.$$

在几何上其图形是 xOy 平面上以原点为圆心不包括边界的单位圆的内部,它是一个有界开区域(图 7.2.2).

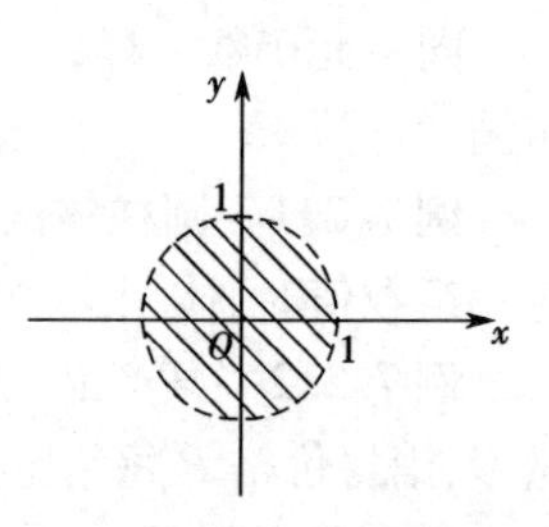

图 7.2.2

例 7.2.5 求函数 $z=\arcsin\dfrac{x}{5}+\arcsin\dfrac{y}{4}$的定义域.

解 根据反正弦函数的定义,x,y 必须满足不等式

$$-1\leqslant\frac{x}{5}\leqslant1,\ -1\leqslant\frac{y}{4}\leqslant1,$$

所以函数 $z=\arcsin\dfrac{x}{5}+\arcsin\dfrac{y}{4}$的定义域为平面点集

$$\{(x,y)\mid -5\leqslant x\leqslant5,\ -4\leqslant y\leqslant4\}.$$

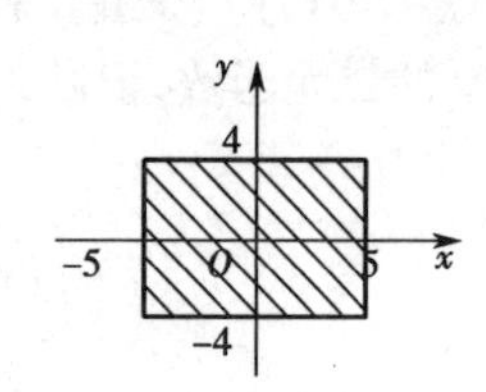

图 7.2.3

在几何上其图形是 xOy 平面上由直线 $x=-5$,$x=5$ 与直线 $y=-4$,$y=4$ 所围成的矩形(包括边界),它是一个有界闭区域(图 7.2.3).

7.2.2 二元函数的几何表示

对函数 $z=f(x,y)$,$(x,y)\in D$,D 是 xOy 平面上的区域,给定 D 中一点 $P(x,y)$,就有一个实数 z 与之对应,从而就可确定空间一点 $M(x,y,z)$(图 7.2.4). 当点 P 在区域 D 中移动,并经过 D 中所有点时,与之对应的动点 M 就在空间形成一张曲面. 由此可知:二元函数 $z=f(x,y)$,$(x,y)\in D$,其图形是空间直角坐标系下一张空间曲面,该曲面在 xOy 平面上的投影区域就是该函数的定义域 D(图 7.2.5).

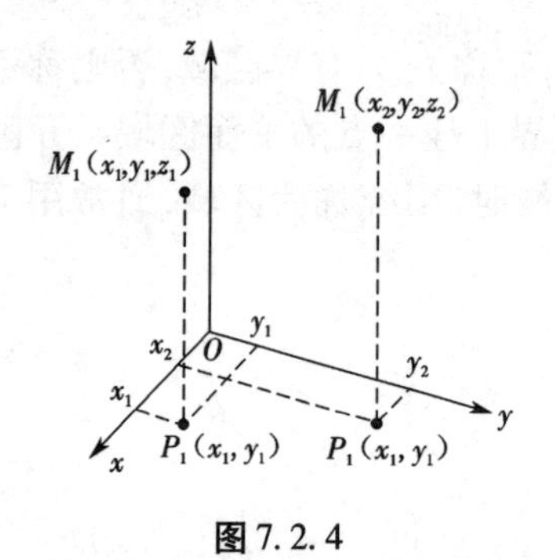

图 7.2.4

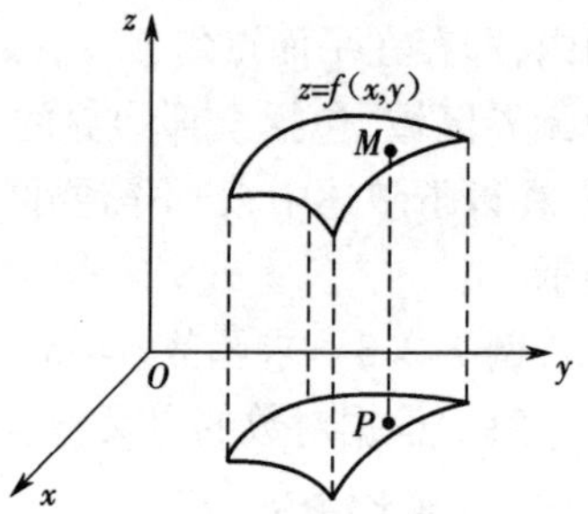

图 7.2.5

7.2.3　二元函数的极限

为了给出二元函数极限的定义,需先把一元函数中邻域的概念推广到二元函数中.

在 xOy 平面上,以定点 $P_0(x_0,y_0)$ 为圆心,以 $\delta(>0)$ 为半径的开圆(即不含圆周),称为点 P_0 的 δ 邻域,记做 $U(P_0,\delta)$,即

$$U(P_0,\delta)=\{(x,y)\mid(x-x_0)^2+(y-y_0)^2<\delta^2\}.$$

在讨论问题时,若不需要强调邻域的半径,点 P_0 的邻域可简记为 $U(P_0)$.

定义 7.2.2　设二元函数 $z=f(x,y)$ 在点 $P_0(x_0,y_0)$ 的某个邻域 $U(P_0)$ 内有定义(P_0 可以除外),点 $P(x,y)$ 是 $U(P_0)$ 内异于 P_0 的任意一点. 若当点 $P(x,y)$ 以任意方式无限接近于 $P_0(x_0,y_0)$ 时,对应的函数值无限地接近于某个确定的常数 A,则称当 $x\to x_0,y\to y_0$(或称当 $(x,y)\to(x_0,y_0)$)时,函数 $f(x,y)$ 的极限为 A,记做

$$\lim_{\substack{x\to x_0\\y\to y_0}}f(x,y)=A\left(\text{或}\lim_{(x,y)\to(x_0,y_0)}f(x,y)=A\right).$$

上述定义的二元函数的极限又叫做二重极限. 二重极限是一元函数极限的推广,有关一元函数极限的运算法则和定理,都可以直接类推到二重极限,这里不详细叙述.

二元函数极限的定义表明,只有当点 $P(x,y)$ 以任何方式无限接近于点 $P_0(x_0,y_0)$ 时,对应函数值 $f(x,y)$ 都无限接近于确定的常数 A,才能说函数 $f(x,y)$ 有极限 A. 因此,即使点 $P(x,y)$ 以某几种特殊的方式趋于 $P_0(x_0,y_0)$ 时,函数值 $f(x,y)$ 都趋于同一个常数,也不能得出函数 $f(x,y)$ 有极限的结论. 但是,若点 $P(x,y)$ 以两种特殊方式趋于 $P_0(x_0,y_0)$ 时,函数值 $f(x,y)$ 趋于不同的常数,则函数 $f(x,y)$ 的极限肯定不存在.

例 7.2.6　考察函数 $f(x,y)=\dfrac{xy}{x^2+y^2}$ 在点 $(0,0)$ 处的极限.

解　因 $f(0,y)=0$,所以当点 $P(x,y)$ 沿着直线 $x=0$ 趋于 $(0,0)$ 时,有 $\lim\limits_{y\to0}f(0,y)=0$.

因 $f(x,0)=0$,所以当点 $P(x,y)$ 沿着直线 $y=0$ 趋于 $(0,0)$ 时,有 $\lim\limits_{x\to0}f(x,0)=0$. 当点 $P(x,y)$ 沿直线 $y=kx$ 趋于点 $(0,0)$ 时,因 $f(x,y)=f(x,kx)=\dfrac{kx^2}{x^2+(kx)^2}=\dfrac{k}{1+k^2}$,所以有 $\lim\limits_{\substack{(x,y)\to(0,0)\\y=kx}}\dfrac{xy}{x^2+y^2}=\dfrac{k}{1+k^2}$. 由此可见,当点 $P(x,y)$ 沿着不同的直线(即 $y=kx$ 中的 k 取不同的值)趋于原点时,函数 $f(x,y)$ 趋于不同的值. 因此,函数 $f(x,y)$ 在点 $(0,0)$ 处的极限不存在.

7.2.4　二元函数的连续性

定义 7.2.3　设二元函数 $f(x,y)$ 在点 $P_0(x_0,y_0)$ 的某邻域 $U(P_0)$ 内有定义,若

$$\lim_{(x,y)\to(x_0,y_0)}f(x,y)=f(x_0,y_0),$$

则称函数 $f(x,y)$ 在点 $P_0(x_0,y_0)$ 处连续,并称点 $P_0(x_0,y_0)$ 是函数 $f(x,y)$ 的连续点. 否则,称函数 $f(x,y)$ 在点 $P_0(x_0,y_0)$ 处间断,并称点 $P_0(x_0,y_0)$ 是函数 $f(x,y)$ 的间断点.

若函数 $f(x,y)$ 在区域 D 内的每一点都连续,则称函数 $f(x,y)$ 在区域 D 内连续,或称函数 $f(x,y)$ 为 D 内的连续函数. 连续的二元函数 $f(x,y)$ 在几何上表示一张无孔无隙的曲面.

例 7.2.7　虽然函数 $f(x,y)=\begin{cases}\dfrac{xy}{x^2+y^2}, & (x,y)\neq(0,0)\\0, & (x,y)=(0,0)\end{cases}$ 在点 $(0,0)$ 有定义,但例 7.2.6 推

得了极限 $\lim\limits_{(x,y)\to(0,0)} f(x,y)$ 不存在,所以点 $O(0,0)$ 是函数 $f(x,y)$ 的间断点.

思维拓展 7.2.1:二元函数只可能有间断点吗?

二元连续函数的性质与一元连续函数的性质类似. 关于一元连续函数的四则运算性质,复合函数的连续性,以及闭区间上连续函数的最大值、最小值定理,有界定理和介值定理等均可推广到二元函数. 不过,对二元函数 $f(x,y)$ 而言,闭区间应相应推广到有界闭区域.

同一元函数一样,一般常见的二元函数是由变量 x,y 的基本初等函数经过有限次四则运算和复合而成的,称为二元初等函数. 关于二元初等函数,我们还有如下重要结论.

二元初等函数在其定义区域内都是连续函数. 这里的定义区域是指包含在二元函数定义域内的区域.

例 7.2.8 由函数 $f(x,y)=\sqrt{x^2+y^2}$ 是初等函数与点 $(0,0)$ 是其定义域内的一点知,函数 $f(x,y)=\sqrt{x^2+y^2}$ 在点 $(0,0)$ 处是连续的.

二元函数极限的定义,连续性的定义可以完全平行地推广至二元以上的多元函数.

7.2.5 思维拓展问题解答

思维拓展 7.2.1: 二元函数除了可能有间断点外,还可能有间断线.

例 7.2.9 函数 $z=\dfrac{1}{\sqrt{1-x^2-y^2}}$ 在圆周 $x^2+y^2=1$ 上的每一点都是间断的. 这是因为在此圆周上函数无定义,所以圆周 $x^2+y^2=1$ 是该函数的一条间断线.

7.2.6 习题 7.2

1. 求下列函数的定义域:

(1) $z=\dfrac{1}{x^2+y^2}$;　　(2) $z=\dfrac{1}{\sqrt{x+y}}+\dfrac{1}{\sqrt{x-y}}$;

(3) $z=\dfrac{\arcsin y}{\sqrt{x}}$;　　(4) $z=\dfrac{\sqrt{4x-y^2}}{\ln(1-x^2-y^2)}$.

2. 求下列极限:

(1) $\lim\limits_{\substack{x\to1\\y\to0}}\dfrac{\ln(x+e^y)}{x^2+y^2}$;　　(2) $\lim\limits_{\substack{x\to0\\y\to0}}\dfrac{\sin(x^2+y^2)}{\sqrt{x^2+y^2}}$;

(3) $\lim\limits_{\substack{x\to0\\y\to0}}\dfrac{3-\sqrt{x^2+y^2+9}}{x^2+y^2}$;　　(4) $\lim\limits_{\substack{x\to0\\y\to0}}\dfrac{xy}{\sqrt{xy+2}-\sqrt{2}}$.

3. 下列函数在何处间断.

(1) $z=\dfrac{x+y}{y-2x^2}$;　　(2) $z=\sin\dfrac{1}{x+y}$;　　(3) $z=\dfrac{1}{\sqrt{x^2+y^2-1}}$.

4. 选择题:

(1) 函数 $z=\arcsin\dfrac{x-y}{2}+\ln(y-x)$ 的定义域是(　　).

A. $0<y-x\leqslant1$　　B. $0\leqslant y-x\leqslant2$　　C. $0\leqslant x-y\leqslant2$　　D. $-2\leqslant x-y<0$

(2) 若 $f(x,y)=\dfrac{x^2-y^2}{2xy}$,则 $f(-y,-x)=($　　$)$.

A. $-\frac{x^2-y^2}{2xy}$　　B. $\frac{x^2-y^2}{2xy}$　　C. $\frac{x^2+y^2}{2xy}$　　D. 0

(3)极限$\lim\limits_{\substack{x\to\infty\\y\to\infty}}\left(1-\frac{1}{x^2+y^2}\right)^{x^2+y^2}$的值为(　　).

A. 1　　B. 不存在　　C. e^{-1}　　D. ∞

(4)极限$\lim\limits_{\substack{x\to0\\y\to0}}\frac{xy}{x^2+y^2}$的值为(　　).

A. 1　　B. 不存在　　C. ∞　　D. 0

7.3　偏导数

在 xOy 面内,当点 $P(x,y)$ 沿不同方向变化时,函数 $f(x,y)$ 有沿各个方向的变化率. 本节只限于讨论,当点 $P(x,y)$ 沿着平行于 x 轴和平行于 y 轴这两个特殊方向变动时,函数 $f(x,y)$ 的变化率问题. 这就是下面要讨论的偏导数问题.

7.3.1　偏导数

1. 偏导数的定义

定义 7.3.1　设二元函数 $z=f(x,y)$ 在点 $P_0(x_0,y_0)$ 的某邻域 $U(P_0)$ 内有定义,若极限

$$\lim_{\Delta x\to0}\frac{\Delta_x z}{\Delta x}=\lim_{\Delta x\to0}\frac{f(x_0+\Delta x,y_0)-f(x_0,y_0)}{\Delta x}$$

存在,则称此极限值为二元函数 $z=f(x,y)$ 在点 $P_0(x_0,y_0)$ 处关于 x 的偏导数,记做

$$f_x(x_0,y_0)\text{或}z_x|_{(x_0,y_0)}\text{或}\left|\frac{\partial f}{\partial x}\right|_{(x_0,y_0)}\text{或}\frac{\partial z}{\partial x}\bigg|_{(x_0,y_0)},$$

其中

$$\Delta_x z=f(x_0+\Delta x,y_0)-f(x_0,y_0)$$

称为二元函数 $z=f(x,y)$ 在点 $P_0(x_0,y_0)$ 处关于 x 的偏增量.

同理,

$$\Delta_y z=f(x_0,y_0+\Delta y)-f(x_0,y_0)$$

称为二元函数 $z=f(x,y)$ 在点 $P_0(x_0,y_0)$ 处关于 y 的偏增量.

若极限

$$\lim_{\Delta y\to0}\frac{\Delta_y z}{\Delta y}=\lim_{\Delta y\to0}\frac{f(x_0,y_0+\Delta y)-f(x_0,y_0)}{\Delta y}$$

存在,则称此极限值为 $z=f(x,y)$ 在点 $P_0(x_0,y_0)$ 处关于 y 的偏导数,记做

$$f_y(x_0,y_0)\text{或}z_y|_{(x_0,y_0)}\text{或}\frac{\partial f}{\partial y}\bigg|_{(x_0,y_0)}\text{或}\frac{\partial z}{\partial y}\bigg|_{(x_0,y_0)}.$$

思维拓展 7.3.1:偏导数记号中为什么用“∂”代替“d”?

若二元函数 $z=f(x,y)$ 在区域 D 内每一点 $P(x,y)$ 都有对 x(或对 y)的偏导数,就得到了二元函数 $z=f(x,y)$ 在区域 D 内对 x(或对 y)的偏导函数,记做

$$f_x(x,y)\text{或}z_x\text{或}\frac{\partial f}{\partial x}\text{或}\frac{\partial z}{\partial x}\left(f_y(x,y)\text{或}z_y\text{或}\frac{\partial f}{\partial y}\text{或}\frac{\partial z}{\partial y}\right),$$

偏导函数是关于 x,y 的函数,简称偏导数.

二元函数 $z=f(x,y)$ 在点 $P_0(x_0,y_0)$ 处对 x(或对 y)的偏导数 $f_x(x_0,y_0)$(或 $f_y(x_0,y_0)$)是偏导函数 $f_x(x,y)$(或 $f_y(x,y)$)在点 $P_0(x_0,y_0)$ 处的函数值.

既然偏导数的实质是把一个自变量固定,而将二元函数 $z=f(x,y)$ 看成另一自变量的一元函数的导数. 因此,求二元函数的偏导数与求一元函数的导数没有差异,不需要新的方法,从而一元函数的求导法则与求导公式完全适用于求二元函数的偏导数,只要记住对一个自变量求导时,把另一个自变量暂时看做常量即可.

例 7.3.1 求函数 $f(x,y)=x^4+2x^2y-y^2$ 在点(1,3)处的偏导数.

解 视 y 为常量,对 x 求偏导数,得 $f_x(x,y)=4x^3+4xy$.

视 x 为常量,对 y 求偏导数,得 $f_y(x,y)=2x^2-2y$.

将 $x=1,y=3$ 代入上两式,得函数在点(1,3)处的偏导数为

$$f_x(1,3)=(4x^3+4xy)|_{(1,3)}=16, f_y(1,3)=(2x^2-2y)|_{(1,3)}=-4.$$

例 7.3.2 求函数 $z=x^y(x>0)$ 的偏导数.

解 视 y 为常量,对 x 求偏导数,这时 x^y 是幂函数,得 $\frac{\partial z}{\partial x}=yx^{y-1}$.

视 x 为常量,对 y 求偏导数,这时 x^y 是指数函数,得 $\frac{\partial z}{\partial y}=x^y\ln x$.

例 7.3.3 求函数 $z=x^2\cos\frac{y}{x}$ 的偏导数.

解 视 y 为常量,对 x 求偏导数,并用一元函数乘积的求导法则,得

$$\frac{\partial z}{\partial x}=(x^2)'_x\cos\frac{y}{x}+x^2\left(\cos\frac{y}{x}\right)'_x=2x\cos\frac{y}{x}+x^2\left(-\sin\frac{y}{x}\right)\cdot\left(-\frac{y}{x^2}\right)$$

$$=2x\cos\frac{y}{x}+y\sin\frac{y}{x}.$$

视 x 为常量,对 y 求偏导数,得

$$\frac{\partial z}{\partial y}=x^2\left(\cos\frac{y}{x}\right)'_y=x^2\left(-\sin\frac{y}{x}\right)\cdot\frac{1}{x}=-x\sin\frac{y}{x}.$$

2. 偏导数的几何意义

二元函数 $z=f(x,y)$ 的图形一般是一张曲面,它在点 $P_0(x_0,y_0)$ 处对 x 的偏导数相当于一元函数 $z=f(x,y_0)$ 在点 x_0 处的导数. 一元函数 $z=f(x,y_0)$ 的图形可看成是平面 $y=y_0$ 上的曲线,即曲面 $z=f(x,y)$ 和平面 $y=y_0$ 的交线. 由一元函数导数几何意义知,偏导数 $f_x(x_0,y_0)$ 表示曲线 $\begin{cases}z=f(x,y)\\y=y_0\end{cases}$ 在点 $M_0(x_0,y_0,f(x_0,y_0))$ 处的切线关于 x 轴的斜率(图 7.3.1). 同样,偏导数 $f_y(x_0,y_0)$ 表示曲线 $\begin{cases}z=f(x,y)\\x=x_0\end{cases}$ 在点 $M_0(x_0,y_0,f(x_0,y_0))$ 处的切线关于 y 轴的斜率(图 7.3.2).

7.3.2 高阶偏导数

二元函数 $z=f(x,y)$ 的偏导数 $\frac{\partial z}{\partial x},\frac{\partial z}{\partial y}$ 一般仍是关于 x,y 的函数,若它们关于 x 和 y 的偏

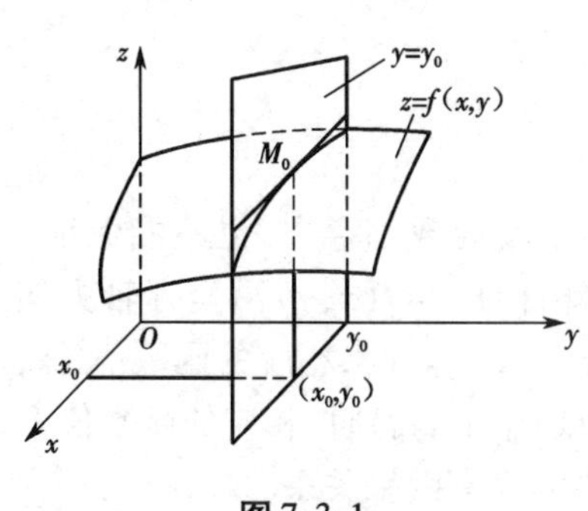

图 7.3.1

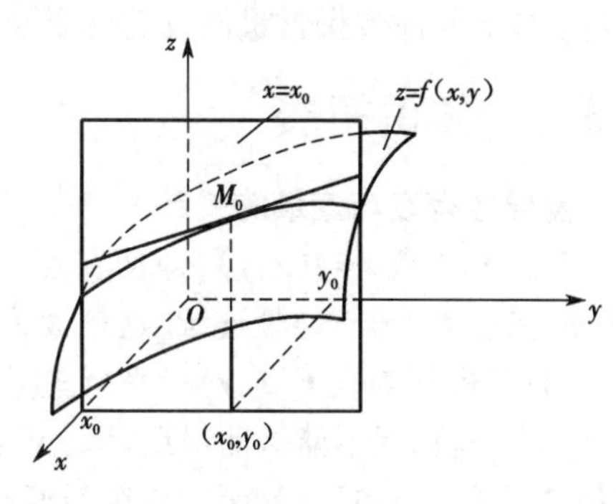

图 7.3.2

导数仍存在,则将$\frac{\partial z}{\partial x},\frac{\partial z}{\partial y}$对 x 和对 y 的偏导数,称为二元函数 $z=f(x,y)$的二阶偏导数. 二元函数 $z=f(x,y)$的二阶偏导数,依对变量求导次序不同,共有以下四个:

$$\frac{\partial}{\partial x}\left(\frac{\partial z}{\partial x}\right)=\frac{\partial^2 z}{\partial x^2}=z_{xx}=f_{xx}(x,y)\ ;\quad \frac{\partial}{\partial y}\left(\frac{\partial z}{\partial y}\right)=\frac{\partial^2 z}{\partial y^2}=z_{yy}=f_{yy}(x,y)\ ;$$

$$\frac{\partial}{\partial x}\left(\frac{\partial z}{\partial y}\right)=\frac{\partial^2 z}{\partial y\partial x}=z_{yx}=f_{yx}(x,y)\ ;\frac{\partial}{\partial y}\left(\frac{\partial z}{\partial x}\right)=\frac{\partial^2 z}{\partial x\partial y}=z_{xy}=f_{xy}(x,y).$$

其中,$f_{xx}(x,y)$是对 x 求二阶偏导数;$f_{yy}(x,y)$是对 y 求二阶偏导数;$f_{xy}(x,y)$是先对 x 求偏导数,所得结果再对 y 求偏导数;$f_{yx}(x,y)$是先对 y 求偏导数,然后再对 x 求偏导数. $f_{xy}(x,y)$和 $f_{yx}(x,y)$称为二阶混合偏导数. 一般来说,两个二阶混合偏导数并不相等. 但下面的定理表明,在二阶混合偏导数连续的条件下,它与求导的次序无关.

定理 7.3.1　若二元函数 $z=f(x,y)$的两个二阶混合偏导数 $f_{xy}(x,y)$,$f_{yx}(x,y)$在区域 D 内连续,则在区域 D 内 $f_{xy}(x,y)=f_{yx}(x,y)$.

例 7.3.4　求函数 $z=x^3y-3x^2y^3$ 的二阶偏导数.

解　$\frac{\partial z}{\partial x}=3x^2y-6xy^3,\frac{\partial z}{\partial y}=x^3-9x^2y^2$,

所以　$\frac{\partial^2 z}{\partial x^2}=6xy-6y^3,\frac{\partial^2 z}{\partial y^2}=-18x^2y,\frac{\partial^2 z}{\partial x\partial y}=3x^2-18xy^2,\frac{\partial^2 z}{\partial y\partial x}=3x^2-18xy^2.$

例 7.3.5　求函数 $z=x\ln(x+y)$的二阶偏导数.

解　$\frac{\partial z}{\partial x}=\ln(x+y)+\frac{x}{x+y},\frac{\partial z}{\partial y}=\frac{x}{x+y}$,

所以　$\frac{\partial^2 z}{\partial x^2}=\frac{1}{x+y}+\frac{x+y-x}{(x+y)^2}=\frac{x+2y}{(x+y)^2},\qquad \frac{\partial^2 z}{\partial y^2}=-\frac{x}{(x+y)^2},$

$$\frac{\partial^2 z}{\partial x\partial y}=\frac{1}{x+y}-\frac{x}{(x+y)^2}=\frac{y}{(x+y)^2},\qquad \frac{\partial^2 z}{\partial y\partial x}=\frac{x+y-x}{(x+y)^2}=\frac{y}{(x+y)^2}.$$

二阶偏导数的偏导数称为三阶偏导数. 一般地,$n-1$ 阶偏导数的偏导数称为 n 阶偏导数. 二阶及二阶以上的偏导数统称为高阶偏导数. 二阶以上偏导数的记号可类比二阶偏导数的记号给出,且二阶以上的混合偏导数连续时,求导的结果也与求导次序无关.

7.3.3　思维拓展问题解答

思维拓展 7.3.1:偏导数记号中用“∂”代替“d”,是因为求对 x 或对 y 的偏导数时,需把

变量 y 或 x 暂时看做常量而仅对自变量 x 或 y 求导,以区别于一元函数的导数记号.

7.3.4 知识拓展

偏导数存在与连续的关系

对二元函数 $z=f(x,y)$,即使在点 $P_0(x_0,y_0)$ 处的两个偏导数都存在,也不能保证 $z=f(x,y)$ 在点 $P_0(x_0,y_0)$ 处连续. 这是因为偏导数存在,只能保证 $z=f(x,y)$ 沿坐标轴方向连续,即只能保证当点 $P(x,y)$ 沿平行坐标轴的方向趋于点 $P_0(x_0,y_0)$ 时,相应的函数值 $f(x,y)$ 趋于 $f(x_0,y_0)$,但不能保证当点 $P(x,y)$ 以任何方式趋于点 $P_0(x_0,y_0)$ 时,相应的函数值 $f(x,y)$ 都趋于 $f(x_0,y_0)$. 二元函数连续与偏导数存在这两者之间没有因果关系.

例如,对二元函数 $f(x,y)=\begin{cases}\dfrac{xy}{x^2+y^2},(x,y)\neq(0,0)\\0, \quad (x,y)=(0,0)\end{cases}$ 由例 7.2.7 知该函数在点(0,0)处不连续. 但由 $f_x(0,0)=\lim\limits_{x\to0}\dfrac{f(x,0)-f(0,0)}{x}=0$, $f_y(0,0)=\lim\limits_{y\to0}\dfrac{f(0,y)-f(0,0)}{y}=0$ 知该函数在点(0,0)处的两个偏导数都存在.

例如,对二元函数 $f(x,y)=\sqrt{x^2+y^2}$,由例 7.2.8 知该函数在点(0,0)处连续. 但由函数 $f(x,0)=|x|$ 在点 $x=0$ 处不可导,知该函数在点(0,0)处对 x 的偏导数不存在. 同理,该函数在点(0,0)处对 y 的偏导数也是不存在的.

7.3.5 习题 7.3

1. 求下列函数的偏导数:

(1) $z=\dfrac{x}{y}+\dfrac{y}{x}$; (2) $z=e^{xy}$; (3) $z=\dfrac{x-y}{x+y}$;

(4) $z=\sqrt{x^2+y^2}$; (5) $z=\ln\tan\dfrac{x}{y}$; (6) $z=\arcsin(y\sqrt{x})$.

2. 求下列函数在指定点的偏导数:

(1) 设 $f(x,y)=x+y-\sqrt{x^2+y^2}$,求 $f_x(3,4)$.

(2) 设 $f(x,y)=\ln\left(x+\dfrac{y}{2x}\right)$,求 $f_y(1,0)$.

(3) 设 $f(x,y)=\arctan\dfrac{y}{x}$,求 $f_x(1,1)$, $f_y(1,1)$.

(4) 设 $f(x,y)=y+(x-1)\arcsin\sqrt{\dfrac{y}{x}}$,求 $f_y(1,0)$.

3. 求下列函数的二阶偏导数:

(1) $z=x^3+3x^2y+y^4+5$; (2) $z=e^x\cos y$; (3) $z=\dfrac{x}{\sqrt{x^2+y^2}}$.

4. 设 $z=e^{-\left(\frac{1}{x}+\frac{1}{y}\right)}$,求证: $x^2\dfrac{\partial z}{\partial x}+y^2\dfrac{\partial z}{\partial y}=2z$.

5. 设 $z=e^x(\cos y+x\sin y)$,求 (1) $\left.\dfrac{\partial^2 z}{\partial x^2}\right|_{\substack{x=0\\y=\frac{\pi}{2}}}$; (2) $\left.\dfrac{\partial^2 z}{\partial y\partial x}\right|_{\substack{x=0\\y=\frac{\pi}{3}}}$.

6. 选择题：

(1) 设$f_x(x_0,y_0)=3$，则$\lim\limits_{\Delta x\to 0}\dfrac{f(x_0-\Delta x,y_0)-f(x_0,y_0)}{\Delta x}=$(　　).

A. 3　　B. -3　　C. ∞　　D. 不存在

(2) 设函数$f(x,y)$在点(x_0,y_0)处的偏导数存在，则$\lim\limits_{h\to 0}\dfrac{f(x_0+2h,y_0)-f(x_0-h,y_0)}{h}=$(　　).

A. 0　　B. $f'_x(x_0,y_0)$　　C. $2f'_x(x_0,y_0)$　　D. $3f'_x(x_0,y_0)$

7.4　全微分

7.4.1　全增量

设二元函数$z=f(x,y)$在点$P_0(x_0,y_0)$的某邻域$U(P_0)$内有定义，记$z_0=f(x_0,y_0)$，当自变量x和y分别有增量Δx和Δy时，二元函数$z=f(x,y)$随之取得增量Δz，即

$$\Delta z=f(x_0+\Delta x,y_0+\Delta y)-f(x_0,y_0),$$

这个增量称为二元函数$z=f(x,y)$在点$P_0(x_0,y_0)$处的全增量.

二元函数$z=f(x,y)$在一点处连续的定义，也可以用增量形式表示. 记$x=x_0+\Delta x$，$y=y_0+\Delta y$，定义7.2.3中的等式$\lim\limits_{(x,y)\to(x_0,y_0)}f(x,y)=f(x_0,y_0)$则等价于$\lim\limits_{\substack{\Delta x\to 0\\ \Delta y\to 0}}\Delta z=0$，即

$$\lim_{\substack{\Delta x\to 0\\ \Delta y\to 0}}[f(x_0+\Delta x,y_0+\Delta y)-f(x_0,y_0)]=0.$$

于是得到与定义7.2.3等价的另一个定义.

定义7.4.1　设二元函数$z=f(x,y)$在点$P_0(x_0,y_0)$的某一邻域$U(P_0)$内有定义，若

$$\lim_{\substack{\Delta x\to 0\\ \Delta y\to 0}}\Delta z=0,\tag{7.4.1}$$

则称二元函数$z=f(x,y)$在点$P_0(x_0,y_0)$处连续.

在平面上，虽然点$P(x,y)$趋于点$P_0(x_0,y_0)$的方式可以是各种各样的，但不管采用哪种方式，只要点$P(x,y)$趋于点$P_0(x_0,y_0)$，就有点$P(x,y)$与点$P_0(x_0,y_0)$间的距离

$$\rho=|PP_0|=\sqrt{(x-x_0)^2+(y-y_0)^2}=\sqrt{(\Delta x)^2+(\Delta y)^2}\to 0.$$

而$\rho\to 0$时，必有$\Delta x\to 0$，$\Delta y\to 0$，反之亦然. 因此，(7.4.1)式又可写成

$$\lim_{\rho\to 0}\Delta z=0.\tag{7.4.2}$$

7.4.2　全微分

1. 全微分的概念

定义7.4.2　设二元函数$z=f(x,y)$在点$P_0(x_0,y_0)$的某邻域$U(P_0)$内有定义，若二元函数$z=f(x,y)$在点$P_0(x_0,y_0)$处的全增量Δz可表示为

$$\Delta z=A\Delta x+B\Delta y+o(\rho),\tag{7.4.3}$$

其中A，B仅与点$P_0(x_0,y_0)$有关，而与增量Δx、Δy无关，而$o(\rho)$是当$\rho\to 0$时，比ρ高阶的无穷小，则称二元函数$z=f(x,y)$在点$P_0(x_0,y_0)$处可微；并称$A\Delta x+B\Delta y$为二元函数

$z=f(x,y)$在点$P_0(x_0,y_0)$处的全微分,记做

$$dz|_{(x_0,y_0)},即\ dz|_{(x_0,y_0)}=A\Delta x+B\Delta y.$$

思维拓展 7.4.1:二元函数可微与连续的关系如何?

2. 函数可微与偏导数存在之间的关系

定理 7.4.1 若二元函数$z=f(x,y)$在点$P_0(x_0,y_0)$处可微,则函数$z=f(x,y)$在点$P_0(x_0,y_0)$处的两个偏导数存在,且

$$A=f_x(x_0,y_0),B=f_y(x_0,y_0).$$

由定理 7.4.1 知,若二元函数$z=f(x,y)$在点$P_0(x_0,y_0)$处可微,则在点$P_0(x_0,y_0)$处的全微分可写成

$$dz|_{(x_0,y_0)}=f_x(x_0,y_0)\Delta x+f_y(x_0,y_0)\Delta y.$$

规定自变量的增量等于自变量的微分,即$\Delta x=dx,\Delta y=dy$,所以二元函数$z=f(x,y)$在点(x_0,y_0)处的全微分又可写成

$$dz|_{(x_0,y_0)}=f_x(x_0,y_0)dx+f_y(x_0,y_0)dy.$$

若二元函数$z=f(x,y)$在区域D内每一点都可微,则称$z=f(x,y)$在区域D内可微,$z=f(x,y)$在区域D内任一点$P(x,y)$处的全微分记做

$$dz=f_x(x,y)dx+f_y(x,y)dy.$$

定理 7.4.1 说明,二元函数的偏导数存在是其全微分存在的必要条件,但不是充分条件.

下面定理给出了常见的二元函数一般都满足的全微分存在的充分条件.

定理 7.4.2 若二元函数$z=f(x,y)$在点$P_0(x_0,y_0)$的某邻域$U(P_0)$内存在偏导数$f_x(x,y),f_y(x,y)$,且这两个偏导数都在点$P_0(x_0,y_0)$处连续,则二元函数$z=f(x,y)$在点$P_0(x_0,y_0)$处可微.

例 7.4.1 求函数$z=\ln(x^2+y^3)$的全微分.

解 $\frac{\partial z}{\partial x}=\frac{2x}{x^2+y^3};\frac{\partial z}{\partial y}=\frac{3y^2}{x^2+y^3}$,故$dz=\frac{2x}{x^2+y^3}dx+\frac{3y^2}{x^2+y^3}dy.$

例 7.4.2 求函数$z=e^{xy}$在点$(2,1)$处的全微分.

解 $\frac{\partial z}{\partial x}=ye^{xy};\frac{\partial z}{\partial y}=xe^{xy}$,所以$\left.\frac{\partial z}{\partial x}\right|_{\substack{x=2\\y=1}}=e^2;\left.\frac{\partial z}{\partial y}\right|_{\substack{x=2\\y=1}}=2e^2$,

$$dz|_{(2,1)}=e^2dx+2e^2dy.$$

7.4.3 思维拓展问题解答

思维拓展 7.4.1:若二元函数$z=f(x,y)$在点$P_0(x_0,y_0)$处可微,则由(7.4.3)式知,当$\rho\to0$时,有$\lim\limits_{\rho\to0}\Delta z=0$,故二元函数$z=f(x,y)$在点$P_0(x_0,y_0)$处连续.

7.4.4 习题 7.4

1. 求下列函数的全微分:

(1)$z=\sqrt{\frac{x}{y}}$;　　　　(2)$z=\ln(3x-2y)$;

(3) $z=\arctan\dfrac{y}{x}$;　　(4) $z=e^{x+y}\cos(x-y)$.

2. 求函数 $z=\ln\sqrt{1+x^2+y^2}$ 在 $x=1, y=2$ 处的全微分.

3. 求函数 $z=2x^2+3y^2$ 当 $x=10, y=8, \Delta x=0.2, \Delta y=0.3$ 时的全微分和全增量.

4. 选择题：

(1) 函数 $z=f(x,y)$ 在点 (x,y) 处的全微分(　　).

A. 与 $x, y, \Delta x$ 和 Δy 都有关　　B. 只与 x 和 y 有关

C. 只与 Δx 和 Δy 有关　　D. 以上三种说法都不对

(2) 函数 $z=f(x,y)$ 在点 $P_0(x_0,y_0)$ 处的两个偏导数 $\dfrac{\partial z}{\partial x}$ 和 $\dfrac{\partial z}{\partial y}$ 存在，则它在 P_0 处(　　).

A. 连续　　B. 可微　　C. 不一定连续　　D. 一定不连续

(3) 函数 $z=f(x,y)$ 在点 $P_0(x_0,y_0)$ 处的两个偏导数 $\dfrac{\partial z}{\partial x}$ 和 $\dfrac{\partial z}{\partial y}$ 都存在，是它在 P_0 点处可微的(　　).

A. 充分条件　　B. 必要条件　　C. 充要条件　　D. 无关条件

7.5　多元复合函数的偏导数

7.5.1　多元复合函数的求导法则

在多元函数中有与一元函数的复合函数导数法则极其类似的公式. 不过由于多元复合函数的构成比较复杂，故需分不同的情形讨论. 下面以两个中间变量、两个自变量的情形为例进行阐述.

定理 7.5.1　若二元函数 z 为变量 u, v 的函数 $z=f(u,v)$，变量 u, v 是自变量 x, y 的二元函数 $u=\varphi(x,y)$，$v=\chi(x,y)$，且满足条件：

(1) 二元函数 $u=\varphi(x,y)$，$v=\chi(x,y)$ 在点 $P(x,y)$ 处存在偏导数 $\dfrac{\partial u}{\partial x}, \dfrac{\partial v}{\partial x}, \dfrac{\partial u}{\partial y}, \dfrac{\partial v}{\partial y}$，

(2) 二元函数 $f(u,v)$ 在点 $P(x,y)$ 的相应点可微，

则有
$$\frac{\partial z}{\partial x}=\frac{\partial f}{\partial u}\frac{\partial u}{\partial x}+\frac{\partial f}{\partial v}\frac{\partial v}{\partial x},\ \frac{\partial z}{\partial y}=\frac{\partial f}{\partial u}\frac{\partial u}{\partial y}+\frac{\partial f}{\partial v}\frac{\partial v}{\partial y},\tag{7.5.1}$$
或写成
$$\frac{\partial z}{\partial x}=\frac{\partial z}{\partial u}\frac{\partial u}{\partial x}+\frac{\partial z}{\partial v}\frac{\partial v}{\partial x},\ \frac{\partial z}{\partial y}=\frac{\partial z}{\partial u}\frac{\partial u}{\partial y}+\frac{\partial z}{\partial v}\frac{\partial v}{\partial y}.\tag{7.5.2}$$

思维拓展 7.5.1：对于函数 $z=f(u,v)$，当 $u=\chi(x)$，$v=\varphi(x)$ 时，z 对 x 的导数如何表示？

例 7.5.1　设函数 $z=u^2-v^2$，其中 $u=x\sin y$，$v=x\cos y$，求偏导数 $\dfrac{\partial z}{\partial x}, \dfrac{\partial z}{\partial y}$.

解　由 $\dfrac{\partial z}{\partial u}=2u$，$\dfrac{\partial z}{\partial v}=-2v$；$\dfrac{\partial u}{\partial x}=\sin y$，$\dfrac{\partial u}{\partial y}=x\cos y$，$\dfrac{\partial v}{\partial x}=\cos y$，$\dfrac{\partial v}{\partial y}=-x\sin y$.

由式(7.5.2)，得
$$\frac{\partial z}{\partial x}=2u\cdot\sin y-2v\cdot\cos y=2x\sin^2 y-2x\cos^2 y=-2x\cos 2y,$$

$$\frac{\partial z}{\partial y}=2u\cdot x\cos y+2v\cdot x\sin y=2x^2\sin y\cos y+2x^2\cos y\sin y=2x^2\sin 2y.$$

例 7.5.2 求函数 $z=(x^2-y^2)\mathrm{e}^{\frac{x^2-y^2}{xy}}$ 的一阶偏导数.

解 令 $u=x^2-y^2,v=xy$,则 $z=u\mathrm{e}^{\frac{u}{v}}$,且

$$\frac{\partial z}{\partial u}=\left(1+\frac{u}{v}\right)\mathrm{e}^{\frac{u}{v}},\frac{\partial z}{\partial v}=-\frac{u^2}{v^2}\mathrm{e}^{\frac{u}{v}};\frac{\partial u}{\partial x}=2x,\frac{\partial v}{\partial x}=y;\frac{\partial u}{\partial y}=-2y,\frac{\partial v}{\partial y}=x.$$

由式(7.5.2),得

$$\frac{\partial z}{\partial x}=2x\left(1+\frac{u}{v}\right)\mathrm{e}^{\frac{u}{v}}-y\frac{u^2}{v^2}\mathrm{e}^{\frac{u}{v}}=\frac{2x^3y+x^4-y^4}{x^2y}\mathrm{e}^{\frac{x^2-y^2}{xy}},$$

$$\frac{\partial z}{\partial y}=-2y\left(1+\frac{u}{v}\right)\mathrm{e}^{\frac{u}{v}}-x\frac{u^2}{v^2}\mathrm{e}^{\frac{u}{v}}=\frac{y^4-x^4-2xy^3}{xy^2}\mathrm{e}^{\frac{x^2-y^2}{xy}}.$$

7.5.2 思维拓展问题解答

思维拓展 7.5.1:当 $u=\varphi(x),v=\chi(x)$ 时,z 是 x 的一元函数 $z=f[\varphi(x),\chi(x)]$. 这时由于 z,u,v 三个函数都是一元函数,所以它们对 x 的导数应写做$\frac{\mathrm{d}z}{\mathrm{d}x},\frac{\mathrm{d}u}{\mathrm{d}x},\frac{\mathrm{d}v}{\mathrm{d}x}$,因此有

$$\frac{\mathrm{d}z}{\mathrm{d}x}=\frac{\partial f}{\partial u}\frac{\mathrm{d}u}{\mathrm{d}x}+\frac{\partial f}{\partial v}\frac{\mathrm{d}v}{\mathrm{d}x}, \tag{7.5.3}$$

或

$$\frac{\mathrm{d}z}{\mathrm{d}x}=\frac{\partial z}{\partial u}\frac{\mathrm{d}u}{\mathrm{d}x}+\frac{\partial z}{\partial v}\frac{\mathrm{d}v}{\mathrm{d}x}. \tag{7.5.4}$$

这里函数 z 是通过二元函数 $z=f(u,v)$ 而成为自变量 x 的一元函数的,因此当自变量 x 发生变化时,是通过两个中间变量 u,v 而引起函数 z 的变化的,所以函数 z 对自变量 x 的导数称为函数 z 对自变量 x 的全导数,求全导数的过程借助偏导数来完成.

例 7.5.3 设函数 $z=u^2v,u=\cos x,v=\sin x$,求导数$\frac{\mathrm{d}z}{\mathrm{d}x}$.

解 由式(7.5.4),得$\frac{\mathrm{d}z}{\mathrm{d}x}=2uv(-\sin x)+u^2\cos x$,

将 $u=\cos x,v=\sin x$ 代入,得

$$\frac{\mathrm{d}z}{\mathrm{d}x}=\cos^3x-2\sin^2x\cos x.$$

7.5.3 习题 7.5

1. 设 $z=u^2\ln v$,而 $u=\frac{x}{y},v=3x-2y$,求$\frac{\partial z}{\partial x}$和$\frac{\partial z}{\partial y}$.

2. 设 $z=\ln(\mathrm{e}^u+v)$,而 $u=xy,v=x^2-y^2$,求$\frac{\partial z}{\partial x}$和$\frac{\partial z}{\partial y}$.

3. 设 $z=\arctan\frac{x}{y}$,而 $x=u+v,y=u-v$,验证:$\frac{\partial z}{\partial u}+\frac{\partial z}{\partial v}=\frac{u-v}{u^2+v^2}$.

4. 设 $z=\mathrm{e}^{uv}$,而 $u=\sin t,v=\cos t$,求$\frac{\mathrm{d}z}{\mathrm{d}t}$.

5. 求函数 $z=f(x^2-y^2,\mathrm{e}^{xy})$ 的一阶偏导数,其中 f 具有一阶连续偏导数.

6. 设 $z=f(x+y,xy)$，其中 f 具有二阶连续偏导数，求 $\frac{\partial^2 z}{\partial x\partial y}$.

7.6　多元函数的极值

7.6.1　多元函数的极值

1. 极值定义

定义 7.6.1　设二元函数 $z=f(x,y)$ 在点 $P_0(x_0,y_0)$ 的某邻域 $U(P_0)$ 内连续，点 $P(x,y)$ 是 $U(P_0)$ 内异于点 $P_0(x_0,y_0)$ 的任意一点，若恒有

$$f(x,y)\leqslant(\geqslant)f(x_0,y_0),$$

则称点 $P_0(x_0,y_0)$ 是函数 $f(x,y)$ 的极大(小)值点，称 $f(x_0,y_0)$ 是函数 $f(x,y)$ 的极大(小)值.

极大值点与极小值点统称为极值点，极大值与极小值统称为极值.

2. 极值的求法

定理 7.6.1(极值存在的必要条件)　设二元函数 $z=f(x,y)$ 在点 $P_0(x_0,y_0)$ 处取得极值，且函数在点 $P_0(x_0,y_0)$ 处的两个偏导数存在，则 $f_x(x_0,y_0)=0,f_y(x_0,y_0)=0$.

由定义 7.6.1 可知，若二元函数 $z=f(x,y)$ 的两个偏导数存在，且点 $P_0(x_0,y_0)$ 是极值点，则点 $P_0(x_0,y_0)$ 的坐标必然满足方程组 $\begin{cases}f_x(x,y)=0,\\ f_y(x,y)=0.\end{cases}$ 满足上面方程组的点称为函数 $f(x,y)$ 的驻点，但驻点不一定是极值点. 此外，一阶偏导数不存在的点也可能是极值点.

定理 7.6.1 表明，在一阶偏导数存在的条件下，二元函数若有极值点，则极值点一定是驻点，求二元函数的极值点只需在二元函数的驻点中去寻找.

定理 7.6.2(极值存在的充分条件)　设二元函数 $z=f(x,y)$ 在点 $P_0(x_0,y_0)$ 的某邻域 $U(P_0)$ 内连续，且有连续的二阶偏导数，又 $f_x(x_0,y_0)=0,f_y(x_0,y_0)=0$(即点 $P_0(x_0,y_0)$ 是驻点)，记

$$A=f_{xx}(x_0,y_0),B=f_{xy}(x_0,y_0),C=f_{yy}(x_0,y_0),\Delta=AC-B^2,$$

则(1)当 $\Delta>0$ 时，函数 $z=f(x,y)$ 在点 $P_0(x_0,y_0)$ 处有极值，且当 $A<0$ 时，有极大值；当 $A>0$时，有极小值；

(2)当 $\Delta<0$ 时，函数 $z=f(x,y)$ 在点 $P_0(x_0,y_0)$ 处没有极值；

(3)当 $\Delta=0$ 时，函数 $z=f(x,y)$ 在点 $P_0(x_0,y_0)$ 处可能有极值也可能没有极值.

例 7.6.1　求函数 $f(x,y)=x^3-y^3+3x^2+3y^2-9x$ 的极值.

解　(1)函数 $f(x,y)$ 的定义域为 $\{(x,y)\mid x\in\mathbf{R},y\in\mathbf{R}\}$；

(2) $\begin{cases}f_x(x,y)=3x^2+6x-9=0\\ f_y(x,y)=-3y^2+6y=0\end{cases}\Rightarrow$ 驻点为 $(1,0),(1,2),(-3,0),(-3,2)$；

(3) $f_{xx}(x,y)=6x+6,f_{xy}(x,y)=0,f_{yy}(x,y)=-6y+6$；

(4)列表；

驻点	(1,0)	(1,2)	(-3,0)	(-3,2)
A	12	12	-12	-12
B	0	0	0	0
C	6	-6	6	-6
$\Delta=AC-B^2$	+	-	-	+
$f(x,y)$	极小值 -5	无极值	无极值	极大值 31

(5)结论:函数的极小值为 $f(1,0)=-5$;函数的极大值为 $f(-3,2)=31$.

由定理 7.6.1 和定理 7.6.2 以及例 7.6.1 知,若二元函数 $z=f(x,y)$ 具有二阶连续的偏导数,求其极值的步骤是:

(1)求出函数 $z=f(x,y)$ 的定义域;

(2)解方程组 $\begin{cases}f_x(x,y)=0,\\ f_y(x,y)=0,\end{cases}$ 求出函数的驻点;

(3)求函数 $z=f(x,y)$ 的二阶偏导数 $f_{xx}(x,y),f_{xy}(x,y),f_{yy}(x,y)$;

(4)列表判断;

(5)得出结论.

3. 最大值与最小值问题

为了求出连续函数 $f(x,y)$ 在闭区域 D 上的最值,必须计算出函数 $f(x,y)$ 在闭区域 D 上的所有驻点处、一阶偏导数不存在的点处的函数值,以及函数 $f(x,y)$ 在闭区域 D 的边界上的最大值和最小值,将它们进行比较,其中数值最大和最小者,即为函数 $f(x,y)$ 在区域 D 上的最大值和最小值.

对于实际应用问题,若已知可微函数 $f(x,y)$ 在区域 D 的内部确实有最大值或最小值,且函数 $f(x,y)$ 在区域 D 内只有一个驻点,则此驻点必是函数 $f(x,y)$ 在区域 D 内的最大值点或最小值点.

例 7.6.2 要做一个容积为 32 cm^3 的无盖长方体箱子,问长、宽、高各为多少时,才能使所用材料最省?

解 设长方体箱子的长、宽分别为 x 和 y(单位:cm),则由题设,箱子的高为$\frac{32}{xy}$. 箱子所用材料的面积(长方体的表面积)为

$$S=xy+\frac{64}{x}+\frac{64}{y},\{(x,y)|x>0,y>0\}.$$

当箱子的表面积 S 最小时,所用的材料最省.

令 $\begin{cases}S_x=y-\dfrac{64}{x^2}=0\\ S_y=x-\dfrac{64}{y^2}=0\end{cases}$ $\Rightarrow$驻点为(4,4).

因为已知箱子的面积 S 的最小值是存在的,且在区域 $D=\{(x,y)|x>0,y>0\}$ 内取得,而在区域 D 内 S 只有唯一的驻点(4,4),所以点(4,4)是函数 S 的最小值点,即当 $x=4,y=4$ 时,面积 S 最小. 此时,高为$\frac{32}{4\times4}=2$(m). 因此,箱子的长、宽、高分别为 4 cm,4 cm 和 2 cm

时,所用材料最省.

7.6.2　条件极值

若函数的自变量除了限定在定义域内之外,再没有其他限制,则这种极值问题称为无条件极值. 但在实际问题中,自变量经常受到某些条件的约束,这种对自变量有约束条件的极值问题称为条件极值,或约束最优化. 关于条件极值的求法,有以下两种方法.

1. 转化为无条件极值

对一些简单条件极值问题,往往可利用附加条件,消去函数中的某些自变量,转化为无条件极值. 例如,例 7.6.2 中的问题,实际上是求长方体的表面积 $S=xy+2yz+2xz$(设高为 z)在条件 $xyz=32$ 下的极值. 在解的过程中,是利用条件 $z=\dfrac{32}{xy}$,消去 S 中的变量 z 后,转化为求二元函数 $S=xy+\dfrac{64}{x}+\dfrac{64}{y}$ 的极值,这时自变量 x,y 不再有附加条件的限制,因此就转化为无条件极值问题.

2. 拉格朗日乘数法

将一般的条件极值问题直接转化为无条件极值往往是比较困难的. 下面介绍一种直接求条件极值的方法——拉格朗日乘数法.

定义 7.6.2　函数 $F(x,y,\lambda)=f(x,y)+\lambda\varphi(x,y)$ 称为函数 $z=f(x,y)$ 在约束条件 $\varphi(x,y)=0$ 下的拉格朗日函数,其中变量 λ 称为拉格朗日乘数.

定理 7.6.3　若点 (x_0,y_0,λ_0) 为拉格朗日函数 $F(x,y,\lambda)=f(x,y)+\lambda\varphi(x,y)$ 的极值点,则点 (x_0,y_0) 为函数 $z=f(x,y)$ 在约束条件 $\varphi(x,y)=0$ 下的极值点.

用拉格朗日乘数法求函数 $z=f(x,y)$ 在约束条件 $\varphi(x,y)=0$ 下取极值的基本步骤:

(1)作拉格朗日函数 $F(x,y,\lambda)=f(x,y)+\lambda\varphi(x,y)$,其中变量 λ 为拉格朗日乘数;

(2)求出函数 $F(x,y,\lambda)$ 的所有一阶偏导数并令其等于零,联立得方程组

$$\begin{cases} F_x=f_x(x,y)+\lambda\varphi_x(x,y)=0, \\ F_y=f_y(x,y)+\lambda\varphi_y(x,y)=0, \\ F_\lambda=\varphi(x,y)=0; \end{cases}$$

(3)解所得方程组. 一般是设法消去 λ,解出 x_0 和 y_0,则点 (x_0,y_0) 就是函数 $z=f(x,y)$ 在条件 $\varphi(x,y)=0$ 下的驻点,是可能的极值点;

(4)判断所求得的点 (x_0,y_0) 是否为极值点. 通常根据实际问题的具体情况来判别.

这样,即将条件极值问题化成了无条件极值问题. 注意在拉格朗日乘数法中,变量 x,y,λ 都看做独立的自变量,相互间不存在函数关系.

例 7.6.3　某农场欲围一个面积为 60 m^2 的矩形场地,正面所用材料每米造价 10 元,其余三面每米造价 5 元,求场地长、宽各多少米时,所用的材料费最少?

解　设场地的长为 x m,宽为 y m,则总造价为

$$f(x,y)=10x+5(2y+x)=15x+10y.$$

于是问题归结为求函数 $f(x,y)=15x+10y$ 在约束条件 $xy=60$ 下的最小值.

作拉格朗日函数　$F(x,y,\lambda)=15x+10y+\lambda(xy-60)$,

求 F 的各一阶偏导数,并令其等于零得

$$\begin{cases}F_x=15+\lambda y=0,\\F_y=10+\lambda x=0,\\F_\lambda=xy-60=0,\end{cases}$$

解之得 $\lambda=-\frac{1}{2}\sqrt{10},x=2\sqrt{10},y=3\sqrt{10}.$

因为该实际问题的最小值确实存在,且只有唯一的一个驻点,因此驻点$(2\sqrt{10},3\sqrt{10})$是最小值点,最小值为

$$f(2\sqrt{10},3\sqrt{10})=15\times2\sqrt{10}+10\times3\sqrt{10}=60\sqrt{10}\approx189.74,$$

即场地长为$2\sqrt{10}$ m,宽为$3\sqrt{10}$ m时,所用材料费最省,约为189.74元.

7.6.3 习题7.6

1. 求下列个函数的极值:

(1)$f(x,y)=x^2+xy+y^2+x-y+1$;　　(2)$f(x,y)=(6x-x^2)(4y-y^2)$;

(3)$f(x,y)=3xy-x^3-y^3$;　　(4)$f(x,y)=e^{2x}(x+y^2+2y)$.

2. 证明函数$z=x^2-(y-1)^2$无极值.

3. 求函数$z=x^2+y^2$在条件$2x+y=2$下的极值.

4. 要制造一个无盖的长方形水槽,已知它的底部造价为18元/m^{2}侧面造价为6元/m^{2}设计的总造价为216元,问如何选取尺寸,才能使水槽容积最大?

7.7 二重积分

7.7.1 二重积分的概念

1. 曲顶柱体的体积

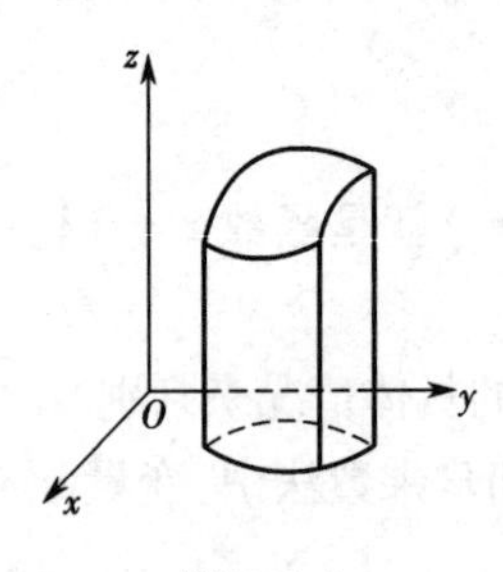

图7.7.1

设二元函数$z=f(x,y)$在有界闭区域D上非负且连续. 以曲面$z=f(x,y)$为顶,xOy面上的区域D为底,区域D的边界线为准线,母线平行于z轴的柱面为侧面的几何体称为曲顶柱体(图7.7.1).

因曲顶柱体的高$f(x,y)$在区域D上是连续变动的,故在小范围内它的变化不大,可以近似地看成不变. 因此可用类似于求曲边梯形面积的方法,按下列步骤求出曲顶柱体的体积.

(1)分割:将曲顶柱体分为n个小曲顶柱体.

将区域D任意分成n个小区域$\Delta\sigma_1,\Delta\sigma_2,\cdots,\Delta\sigma_n$. 这里,$\Delta\sigma_i$ $(i=1,2,\cdots,n)$既表示第i个小区域,又表示第i个小区域的面积. 这时,曲顶柱体也相应地被分成n个小曲顶柱体,其体积分别记做$\Delta V_1,\Delta V_2,\cdots,\Delta V_n$. 记$\lambda=\max\limits_{1\leqslant i\leqslant n}\{\lambda_i|\lambda_i$为$\Delta\sigma_i$的直径$\}$(区域$\Delta\sigma_i$的直径是指有界闭区域$\Delta\sigma_i$上任意两点间的最大距离).

(2)近似代替:用小平顶柱体的体积代替曲顶柱体的体积.

因函数$f(x,y)$是连续的,在分割相当细的情况下,$\Delta\sigma_i(i=1,2,\cdots,n)$很小,因而曲顶的变化也就很小. 于是,可将小曲顶柱体近似地看成平顶柱体. 因此在$\Delta\sigma_i$上任取一点$(\xi_i,$

η_i)，第 i 个小曲顶柱体的体积就可以用底面积为 $\Delta\sigma_i$、高为 $f(\xi_i,\eta_i)$ 的平顶柱体的体积 $f(\xi_i,\eta_i)\Delta\sigma_i$ 来近似表示(图 7.7.2)，即

$$\Delta V_i \approx f(\xi_i,\eta_i)\Delta\sigma_i (i=1,2,\cdots,n).$$

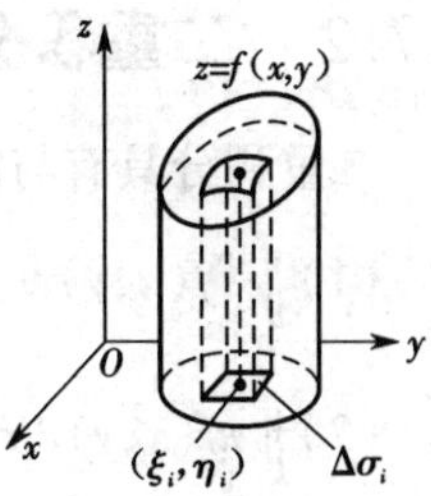

(3)求和：求 n 个小平顶柱体体积之和.

将这些小曲顶柱体体积的近似值 $f(\xi_i,\eta_i)\Delta\sigma_i$ 加起来，得到所求的曲顶柱体体积 V 的近似值，即

$$V=\sum_{i=1}^{n}\Delta V_i \approx \sum_{i=1}^{n} f(\xi_i,\eta_i)\Delta\sigma_i.$$

图 7.7.2

(4)取极限：由近似值过渡到精确值.

一般地，若将区域 D 分得越细，则上述和式就越接近于曲顶柱体体积 V，当将区域 D 无限细分时，即当所有小区域的最大直径 $\lambda\to 0$ 时，则上述和式的极限就是所求曲顶柱体的体积 V，即

$$V=\lim_{\lambda\to 0}\sum_{i=1}^{n} f(\xi_i,\eta_i)\Delta\sigma_i.$$

事实上，有很多实际问题的解决都是采取分割、近似代替、求和、取极限的方法，而最后都归结为这样一种结构的和式的极限，所以有必要一般地研究这种和式的极限. 抛开问题的实际内容，只从数量关系的共性加以概括和抽象，由上述和式的极限就得到了二重积分的概念.

2. 二重积分定义

定义 7.7.1　设二元函数 $z=f(x,y)$ 在有界闭区域 D 上有定义且有界. 将区域 D 任意分割为 n 个小区域 $\Delta\sigma_i$($i=1,2,\cdots,n$，$\Delta\sigma_i$ 同时又表示其面积). 在每个小区域 $\Delta\sigma_i$ 上任取一点(ξ_i,η_i)，作和式 $\sum\limits_{i=1}^{n} f(\xi_i,\eta_i)\Delta\sigma_i$. 若当各 $\Delta\sigma_i$ 的直径中的最大值 λ 趋于零时，这个和式的极限存在，则称此极限值为二元函数 $z=f(x,y)$ 在闭区域 D 上的二重积分，记做

$$\iint\limits_D f(x,y)\,\mathrm{d}\sigma,$$

即

$$\iint\limits_D f(x,y)\,\mathrm{d}\sigma=\lim_{\lambda\to 0}\sum_{i=1}^{n} f(\xi_i,\eta_i)\Delta\sigma_i, \tag{7.7.1}$$

其中 $f(x,y)$ 称为被积函数，$f(x,y)\mathrm{d}\sigma$ 称为被积表达式，$\mathrm{d}\sigma$ 称为面积元素，x 和 y 称为积分变量，D 称为积分区域.

式(7.7.1)中的极限存在时，二重积分才存在，这时也称函数 $f(x,y)$ 在区域 D 上是可积的. 与定积分的存在定理类似，当被积函数 $f(x,y)$ 在区域 D 上连续时，式(7.7.1)的极限必存在，即在区域 D 上连续的函数 $f(x,y)$ 一定可积. 以后讨论中，总假设函数 $f(x,y)$ 在有界闭区域 D 上连续，故二重积分 $\iint\limits_D f(x,y)\,\mathrm{d}\sigma$ 存在.

据二重积分定义，曲顶柱体的体积就是曲顶柱体的变高 $f(x,y)$ 在区域 D 上的二重积分

$$V=\iint\limits_D f(x,y)\,\mathrm{d}\sigma.$$

这就是二重积分的几何意义.

7.7.2 二重积分的性质

二重积分具有与定积分类似的性质,举例如下(假设所讨论的二重积分都是存在的).

(1) $\iint\limits_{D}[f(x,y)\pm g(x,y)]\mathrm{d}\sigma=\iint\limits_{D}f(x,y)\mathrm{d}\sigma\pm\iint\limits_{D}g(x,y)\mathrm{d}\sigma$.

(2) $\iint\limits_{D}kf(x,y)\mathrm{d}\sigma=k\iint\limits_{D}f(x,y)\mathrm{d}\sigma$($k$ 是常数).

(3)二重积分对积分区域 D 的可加性:若积分区域 D 被一曲线分成两个部分区域 D_1 和 D_2,则

$$\iint\limits_{D}f(x,y)\mathrm{d}\sigma=\iint\limits_{D_1}f(x,y)\mathrm{d}\sigma+\iint\limits_{D_2}f(x,y)\mathrm{d}\sigma.$$

(4)若在区域 D 上,恒有 $f(x,y)\leqslant g(x,y)$,则

$$\iint\limits_{D}f(x,y)\mathrm{d}\sigma\leqslant\iint\limits_{D}g(x,y)\mathrm{d}\sigma.$$

(5)若 M 与 m 分别是函数 $f(x,y)$ 在区域 D 上的最大值与最小值,σ 是区域 D 的面积,则

$$m\sigma\leqslant\iint\limits_{D}f(x,y)\mathrm{d}\sigma\leqslant M\sigma.$$

(6)二重积分的中值定理:若函数 $f(x,y)$ 在有界闭区域 D 上连续,σ 是区域 D 的面积,则在区域 D 上至少存在一点 (ξ,η),使得

$$\iint\limits_{D}f(x,y)\mathrm{d}\sigma=\sigma f(\xi,\eta).$$

7.7.3 二重积分计算

直接通过二重积分的定义与性质来计算二重积分一般是很困难的. 下面根据二重积分的几何意义,通过计算曲顶柱体的体积来导出二重积分的计算公式.

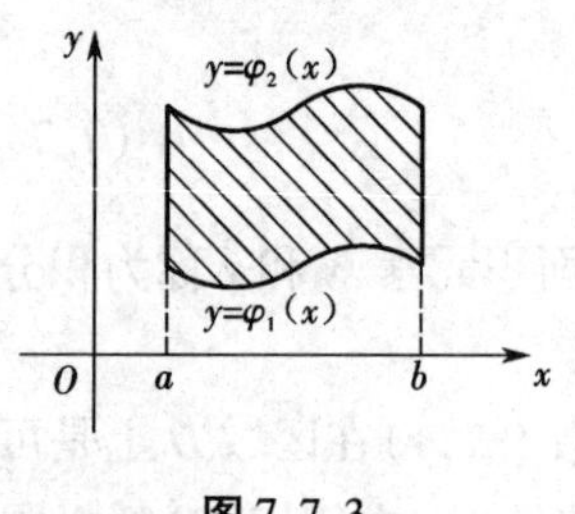

图 7.7.3

设二元函数 $z=f(x,y)\geqslant 0$ 在有界闭区域 D 上连续,而积分区域 D 是由两条平行直线 $x=a,x=b(a<b)$ 与两条曲线 $y=\varphi_1(x),y=\varphi_2(x)(\varphi_1(x)\leqslant\varphi_2(x))$ 所围成的闭区域 D(图 7.7.3),可表示为

$$D=\{(x,y)\mid\varphi_1(x)\leqslant y\leqslant\varphi_2(x),a\leqslant x\leqslant b\},$$

也可直接用不等式表示为

$$D:\varphi_1(x)\leqslant y\leqslant\varphi_2(x),a\leqslant x\leqslant b.$$

其中函数 $\varphi_1(x),\varphi_2(x)$ 在闭区间 $[a,b]$ 上连续,这样的区域称为 X-型区域,其特点是:穿过 D 内部且平行于 y 轴的直线与边界相交至多不超过两个点.

由二重积分的几何意义,$\iint\limits_{D}f(x,y)\mathrm{d}\sigma$ 等于以 D 为底,以曲面 $z=f(x,y)$ 为顶的曲顶柱体(图 7.7.4)的体积. 另一方面,这个曲顶柱体的体积也可按"平行截面面积为已知的立体的体积"的计算方法来求得. 具体求法是:作平行于坐标平面 yOz 的平面 $x=x_0$,它与曲顶柱体相交所得截面,是以区间 $[\varphi_1(x_0),\varphi_2(x_0)]$ 为底,以 $z=f(x_0,y)$ 为曲边的曲边梯形(图 7.7.4

中阴影部分).

由定积分的几何意义知,这一截面面积为

$$A(x_0)=\int_{\varphi_1(x_0)}^{\varphi_2(x_0)} f(x_0,y)\,\mathrm{d}y.$$

由 x_0 的任意性,过区间 $[a,b]$ 上任意一点 x,且平行于坐标面 yOz 的平面与曲顶柱体相交所得截面的面积为

$$A(x)=\int_{\varphi_1(x)}^{\varphi_2(x)} f(x,y)\,\mathrm{d}y.$$

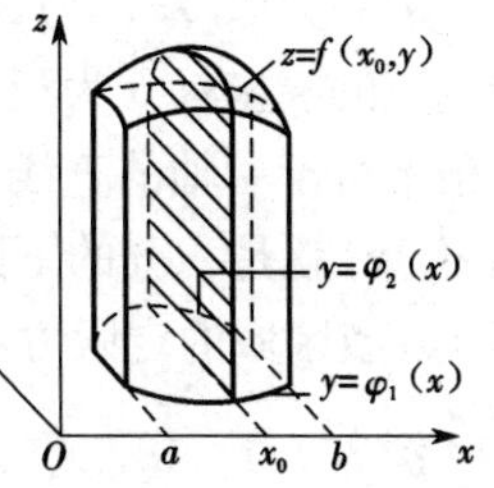

图 7.7.4

上式中,y 是积分变量,x 在积分时保持不变. 所得截面的面积 $A(x)$,一般应是 x 的函数. 根据定积分中已知平行截面面积为 $A(x)$ 的立体的体积公式,所求曲顶柱体的体积为

$$V=\int_a^b A(x)\,\mathrm{d}x=\int_a^b\left[\int_{\varphi_1(x)}^{\varphi_2(x)} f(x,y)\,\mathrm{d}y\right]\mathrm{d}x,$$

从而有 $$\iint\limits_D f(x,y)\,\mathrm{d}\sigma=\int_a^b\left[\int_{\varphi_1(x)}^{\varphi_2(x)} f(x,y)\,\mathrm{d}y\right]\mathrm{d}x,$$

或写成 $$\iint\limits_D f(x,y)\,\mathrm{d}\sigma=\int_a^b \mathrm{d}x\int_{\varphi_1(x)}^{\varphi_2(x)} f(x,y)\,\mathrm{d}y. \tag{7.7.2}$$

公式(7.7.2)表明,二重积分可以化为先对 y、后对 x 的二次积分来计算. 先对 y 积分时,应将 $f(x,y)$ 中的 x 看做常数,即将 $f(x,y)$ 只看做 y 的函数,求从 $\varphi_1(x)$ 到 $\varphi_2(x)$ 的定积分,然后把算得的结果(不含 y,是 x 的函数)再对 x 求从 a 到 b 的定积分.

类似地,若积分区域 D 可用不等式

$$\psi_1(y)\leqslant x\leqslant\psi_2(y),\ c\leqslant y\leqslant d$$

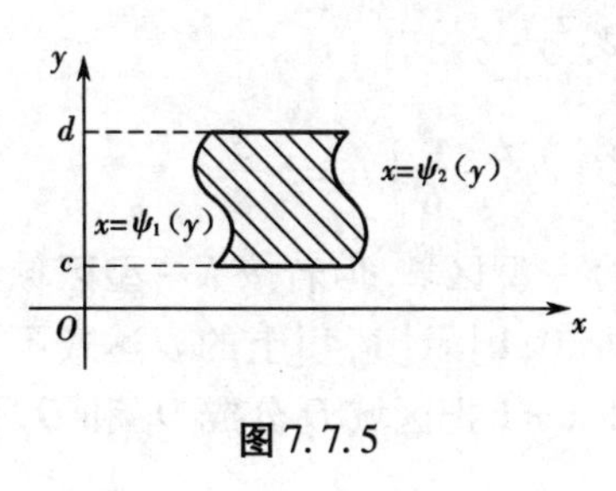

图 7.7.5

来表示(图 7.7.5),其中 $\psi_1(y)$,$\psi_2(y)$ 在区间 $[c,d]$ 上连续,这样的区域称为 Y-型区域,其特点是:穿过 D 内部且平行于 x 轴的直线与 D 的边界相交不多于两点,则有

$$\iint\limits_D f(x,y)\,\mathrm{d}\sigma=\int_c^d\left[\int_{\psi_1(y)}^{\psi_2(y)} f(x,y)\,\mathrm{d}x\right]\mathrm{d}y=\int_c^d \mathrm{d}y\int_{\psi_1(y)}^{\psi_2(y)} f(x,y)\,\mathrm{d}x. \tag{7.7.3}$$

公式(7.7.3)是把二重积分化为先对 x、后对 y 的二次积分来计算.

推导中借助几何直观,假设 $f(x,y)\geqslant 0$,事实上这个公式的成立并不受此条件限制.

二重积分化为二次积分时,采用不同的积分次序,往往对计算过程带来不同的影响,应注意根据具体情况,选择恰当的积分次序. 由于二重积分取决于被积函数 $f(x,y)$ 和积分区域 D,而二元函数 $f(x,y)$ 可以有多种情形,xOy 平面上的区域 D 有各种形状,所以将二重积分化为二次积分选择积分次序时,既要根据区域 D 的形状,又要注意被积函数的特点. 若根据区域 D 的形状选择积分次序,最好是能在 D 上直接计算. 若必须将 D 分成部分区域时,应使 D 尽量少的分成部分区域. 将 D 分成部分区域时,须用平行于 x 轴或平行于 y 轴的直线进行. 若从被积函数着眼选择积分次序,应以计算较简便或者使积分能够进行运算为原则.

将二重积分化为二次积分,关键是确定积分限. 为此,应先画出积分区域图. 若区域是

X - 型区域(图7.7.3),对 x 的积分限是:区域 D 的最左端端点的横坐标 a 为积分下限,最右端端点的横坐标 b 为积分上限;对 y 的积分限是:在区间$[a,b]$上任意取定一点 x,过此点作一条平行于 y 轴的直线,顺着 y 轴正向看去,点 A 是所作直线穿入区域 D 的点,A 点的纵坐标 $\varphi_1(x)$ 就是积分的下限;点 B 是穿出区域的点,它的纵坐标 $\varphi_2(x)$ 是积分的上限. 同理可得 Y - 型区域的定限方法.

例 7.7.1 求二重积分 $\iint\limits_D xe^{xy}\mathrm{d}x\mathrm{d}y$,其中 D 是矩形域:$0\leqslant x\leqslant 1$, $-1\leqslant y\leqslant 0$.

解 $\iint\limits_D xe^{xy}\mathrm{d}x\mathrm{d}y=\int_0^1\mathrm{d}x\int_{-1}^0 xe^{xy}\mathrm{d}y=\int_0^1 e^{xy}\Big|_{-1}^0\mathrm{d}x=\int_0^1(1-e^{-x})\mathrm{d}x=(x+e^{-x})\Big|_0^1=\dfrac{1}{e}.$

虽然矩形域上连续函数的二重积分化为二次积分时,既可化为先对 y 后对 x 的积分,也可以化为先对 x 后对 y 的积分. 但本题若先对 x 后对 y 积分,则需用分部积分法,计算过程比先对 y 后对 x 积分烦琐.

例 7.7.2 求二重积分 $\iint\limits_D xy\mathrm{d}\sigma$,其中 D 是由抛物线 $y^2=x$ 及直线 $y=x-2$ 所围的平面区域.

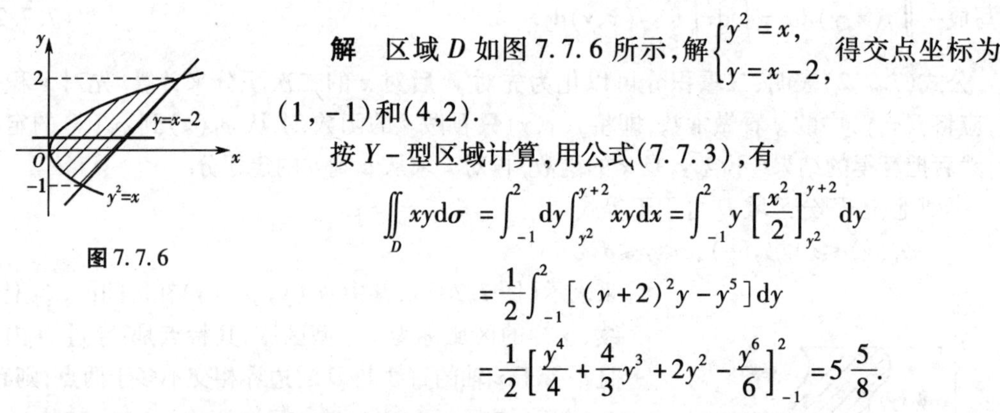

图 7.7.6

解 区域 D 如图 7.7.6 所示,解 $\begin{cases}y^2=x,\\ y=x-2,\end{cases}$ 得交点坐标为 $(1,-1)$ 和 $(4,2)$.

按 Y - 型区域计算,用公式(7.7.3),有

$$\begin{aligned}\iint\limits_D xy\mathrm{d}\sigma&=\int_{-1}^2\mathrm{d}y\int_{y^2}^{y+2}xy\mathrm{d}x=\int_{-1}^2 y\left[\frac{x^2}{2}\right]_{y^2}^{y+2}\mathrm{d}y\\&=\frac{1}{2}\int_{-1}^2[(y+2)^2y-y^5]\mathrm{d}y\\&=\frac{1}{2}\left[\frac{y^4}{4}+\frac{4}{3}y^3+2y^2-\frac{y^6}{6}\right]_{-1}^2=5\frac{5}{8}.\end{aligned}$$

本题区域 D 虽然既可看成是 X - 型区域,也可看成是 Y - 型区域. 但若按 X - 型区域计算,用公式(7.7.2),则由于下方边界曲线 $y=\varphi_1(x)$ 在区间$[0,1]$及$[1,4]$上的表达式不一致,所以要用经过两曲线交点$(1,-1)$且平行与 y 轴的直线 $x=1$ 把区域 D 分成 D_1 和 D_2 两部分,因此若按 X - 型区域计算,计算过程较繁琐.

例 7.7.3 求二重积分 $\iint\limits_D \dfrac{\sin y}{y}\mathrm{d}x\mathrm{d}y$,其中 D 由 $y=x$, $x=y^2$ 所围的平面区域.

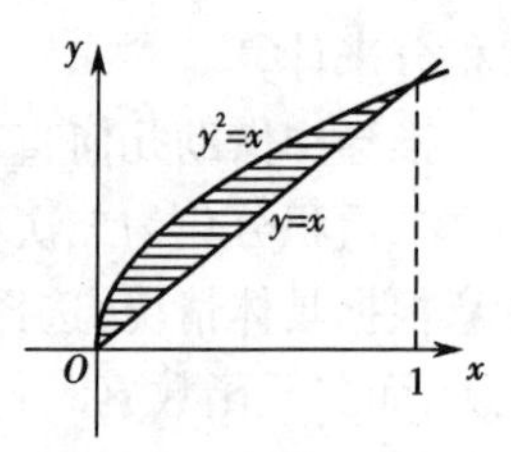

图 7.7.7

解 区域 D 如图 7.7.7 所示,解 $\begin{cases}y^2=x,\\ y=x-2,\end{cases}$

得交点坐标为$(0,0)$和$(1,1)$.

按 Y - 型区域计算,用公式(7.7.3),有

$$\begin{aligned}\iint\limits_D\frac{\sin y}{y}\mathrm{d}x\mathrm{d}y&=\int_0^1\mathrm{d}y\int_{y^2}^{y}\frac{\sin y}{y}\mathrm{d}x=\int_0^1\frac{\sin y}{y}(y-y^2)\mathrm{d}y\\&=\int_0^1(1-y)\sin y\mathrm{d}y=\int_0^1(y-1)\mathrm{d}(\cos y)\end{aligned}$$

$$=[(y-1)\cos y]_0^1-\int_0^1\cos y\mathrm{d}y=1-\sin 1.$$

本题区域 D 虽然既可看成是 X－型区域，也可看成是 Y－型区域. 但若按 X－型区域计算，用公式(7.7.1)就要先求定积分 $\int_x^{\sqrt{x}}\frac{\sin y}{y}\mathrm{d}y$，因 $\frac{\sin y}{y}$ 的原函数不是初等函数，故定积分 $\int_x^{\sqrt{x}}\frac{\sin y}{y}\mathrm{d}y$ 无法用牛顿—莱布尼茨公式算出. 本例表明，二次积分次序的不同选择直接关系到能否算得二重积分的结果.

例 7.7.4　求二重积分 $I=\iint\limits_D ye^{xy}\,\mathrm{d}x\mathrm{d}y$，其中 $D=\left\{(x,y)\middle|\frac{1}{x}\leqslant y\leqslant 2,1\leqslant x\leqslant 2\right\}$.

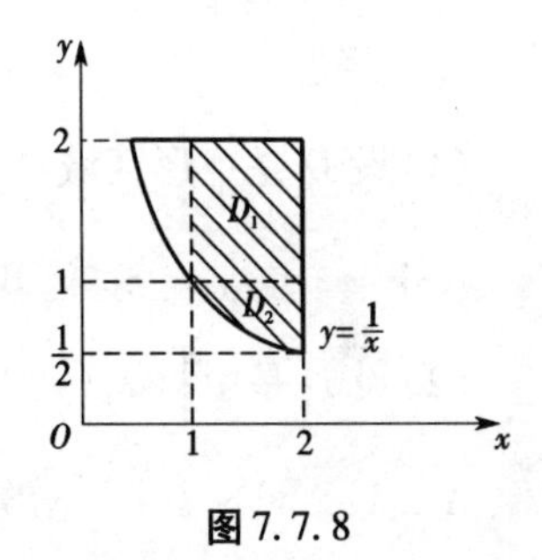

图7.7.8

解　区域如图7.7.8所示，由被积函数结构知应按 Y－型区域计算. 用直线 $y=1$ 将 D 分成 D_1 和 D_2，则

$$D_1=\{(x,y)\mid 1\leqslant x\leqslant 2,1\leqslant y\leqslant 2\},$$

$$D_2=\left\{(x,y)\mid\frac{1}{y}\leqslant x\leqslant 2,\frac{1}{2}\leqslant y\leqslant 1\right\}.$$

用公式(7.7.3)有

$$I=\iint\limits_{D_2}ye^{xy}\mathrm{d}x\mathrm{d}y+\iint\limits_{D_1}ye^{xy}\mathrm{d}x\mathrm{d}y=\int_{\frac{1}{2}}^1\mathrm{d}y\int_{\frac{1}{y}}^2 ye^{xy}\mathrm{d}x+\int_1^2\mathrm{d}y\int_1^2 ye^{xy}\mathrm{d}x$$

$$=\int_{\frac{1}{2}}^1 e^{xy}\Big|_{\frac{1}{y}}^2\mathrm{d}y+\int_1^2 e^{xy}\Big|_1^2\mathrm{d}y=\int_{\frac{1}{2}}^1(e^{2y}-e)\mathrm{d}y+\int_1^2(e^{2y}-e^y)\mathrm{d}y=\frac{1}{2}e^4-e^2.$$

本题若依区域 D 的形状选择积分次序，应按 X－型区域计算，虽然区域 D 不需分块，但需用两次分部积分法，计算过程较繁琐. 本题依被积函数的结构按 Y－型区域计算，尽管区域 D 需分块，但积分运算却极为简便.

7.7.4　习题7.7

1. 计算二重积分 $I=\iint\limits_D xy^2\mathrm{d}x\mathrm{d}y$，其中 D 是由直线 $x=0,x=1,y=1$ 和 $y=2$ 所围的平面区域.

2. 计算二重积分 $I=\iint\limits_D\left(1-\frac{x}{3}-\frac{y}{5}\right)\mathrm{d}\sigma$，其中 D 是由 $|x|\leqslant 1$ 和 $|y|\leqslant 2$ 所围的平面区域.

3. 计算二重积分 $I=\iint\limits_D(x^2+y^2)\mathrm{d}\sigma$，其中 D 是由 $y=x^2,x=1$ 和 $y=0$ 所围的平面区域.

4. 计算二重积分 $I=\iint\limits_D\frac{x^2}{y^2}d\sigma$，其中 D 是由 $y=x^2,y=\frac{1}{x}$ 及 $x=2$ 所围的平面区域.

5. 计算二重积分 $I=\iint\limits_D\sin\frac{x}{y}\mathrm{d}x\mathrm{d}y$，其中 D 是由 $y=x$ 和 $y=\sqrt{x}$ 所围的平面区域.

6. 计算二重积分 $I=\iint\limits_D 3x^2y^2\mathrm{d}x\mathrm{d}y$，其中 D 是由 $y=1-x^2$ 与 x 轴所围的平面区域.

7. 计算二重积分 $I=\int_0^1 dx\int_x^1 e^{-y^2}dy$.

8. 交换积分次序：

(1) $I=\int_0^2 dy\int_{y^2}^{2y} f(x,y)dx$； (2) $I=\int_{-6}^2 dx\int_{\frac{x^2}{4}-1}^{2-x} f(x,y)dy$；

(3) $I=\int_1^2 dy\int_1^y f(x,y)dx+\int_2^4 dy\int_{\frac{y}{2}}^2 f(x,y)dx$；

(4) $I=\int_0^1 dx\int_0^x f(x,y)dy+\int_1^2 dx\int_0^{2-x} f(x,y)dy$.

9. 选择题：

(1) 设 D 是矩形区域：$|x|\leqslant 2,|y|\leqslant 1$，则 $\iint\limits_D dxdy=($　　$)$.

A. 4　　B. 8　　C. 2　　D. -4

(2) 设 D 是由 $\left\{(x,(y)|\frac{x}{4}^2+y^2\leqslant 1\right\}$ 所确定的闭区域，则 $\iint\limits_D dxdy=($　　$)$.

A. 2π　　B. 4π　　C. $4\pi^2$　　D. 16π

(3) 设 D 是由 $\{(x,(y)|1^2\leqslant x^2+y^2\leqslant 3^2\}$ 所确定的闭区域，则 $\iint\limits_D dxdy=($　　$)$.

A. 9π　　B. 2π　　C. 4π　　D. 8π

(4) 设 D 是由直线 $y=x,y=\frac{1}{2}x,y=2$ 所围成的闭区域，则 $\iint\limits_D dxdy=($　　$)$.

A. $\frac{1}{4}$　　B. $\frac{1}{2}$　　C. 1　　D. 2

(5) 设 D 是由直线 $y=1,y=0,x=1$ 及 $x=0$ 所围成的闭区域，则 $\iint\limits_D dxdy=($　　$)$.

A. $\frac{1}{4}$　　B. 2　　C. 1　　D. $\frac{1}{2}$

(6) 交换积分次序：$\int_0^1 dx\int_0^{\sqrt{x}} f(x,y)dy=($　　$)$.

A. $\int_0^1 dy\int_{y^2}^1 f(x,y)dx$　B. $\int_0^1 dy\int_0^{y^2} f(x,y)dx$　C. $\int_0^1 dy\int_0^{\sqrt{y}} f(x,y)dx$　D. $\int_0^1 dy\int_{\sqrt{y}}^1 f(x,y)dx$

(7) 设函数 $f(x,y)$ 连续，则 $\int_1^2 dx\int_x^2 f(x,y)dy+\int_1^2 dy\int_y^{4-y} f(x,y)dx$ 可化为(　　).

A. $\int_1^2 dx\int_1^{4-y} f(x,y)dy$　B. $\int_1^2 dx\int_x^{4-x} f(x,y)dy$　C. $\int_1^2 dy\int_1^{4-y} f(x,y)dx$　D. $\int_1^2 dy\int_y^2 f(x,y)dx$

第 8 章　概率与统计初步

起源于为碰运气而取胜的游戏的研究所产生的一门科学(概率论),竟成为人类知识的最重要的内容,这实在是值得注意的.

——拉普拉斯(法)

概率论与数理统计是研究随机现象统计规律的一门科学,概率模型既是统计模型的抽象、概括和推广,又是统计分析和统计推断的理论基础.本章将从随机事件及其概率两个概率论的基本概念入手,介绍随机事件及其概率计算,随机变量及其概率分布,随机变量的数字特征以及点估计、直方图和一元线性回归分析等基本知识及简单应用.

8.1　随机事件及其概率

8.1.1　随机现象与随机事件

1.随机现象与随机事件

客观世界中,人们通常把观察到的现象分为两类,一类是确定性现象,一类是随机现象.例如,同性电荷必然会相互排斥;放置在室温下的铁一定不会熔化等,是在一定条件下必然发生或必然不发生的现象,这类现象叫做确定性现象.而抛掷一枚均匀硬币,落地后的结果可能正面向上,也可能反面向上;买一张彩票可能中奖,也可能不中奖等,这类在一定条件下,其可能结果不止一个,而且事先不能断言会出现哪种结果的现象叫做随机现象.表面上看随机现象的发生具有偶然性和不确定性,但在相同条件下进行大量的重复试验时,结果会呈现出某种规律性.

为寻求随机现象的内在规律性,要对其进行大量重复观察.我们把一次观察称为一次随机试验,简称试验.试验具有以下三个特点:

(1)可以在相同条件下重复进行;

(2)每次试验的可能结果不止一个,但事先明确知道试验的所有可能结果;

(3)每次试验之前不能确定会出现哪一个结果.

试验中每一个可能发生的结果称为随机事件,简称事件,通常用 A,B,C 表示.试验中不能再分解的随机事件称为基本事件.例如,对 10 环靶进行一次射击,“脱靶”“射中 1 环”“射中 2 环”…“射中 10 环”各是一个随机事件,由于它们不能再分解,故它们都是基本事件;而“射中 8 环以上”“射中环数不足 3 环”各是一个随机事件,由于它们能再分解,所以它们都不是基本事件.显然,“射中 8 环以上”是由“射中 9 环”和“射中 10 环”两个基本事件复合而成的.

每次试验中一定发生的事件称为必然事件,记为 Ω.必然事件也可以看做是一个试验的所有基本事件构成的集合,又称为样本空间.每次试验中一定不发生的事件称为不可能事件,记为$\varnothing$. 必然事件和不可能事件都属于确定性现象. 为研究方便,通常把它们视为随机事件的两种极端情况.

2. 事件间的关系与运算

(1)包含关系.

若事件A发生必然导致事件B发生,即属于A的每一个基本事件也都属于B,则称事件B包含事件A,记做

$$B \supset A.$$

(2)相等关系.

若事件A包含事件B,事件B也包含事件A,即$A \supset B$,$B \supset A$同时成立,则称事件A与事件B相等,记做

$$A = B.$$

显然相等关系下事件A与事件B中包含的基本事件完全相同.

(3)和事件.

由两个事件A,B中至少有一个事件发生所构成的事件叫做事件A与B的和,记做

$$A + B.$$

显然,和事件是由属于A或B的所有基本事件构成的事件.

(4)积事件.

由两个事件A与B同时发生所构成的事件叫做事件A与B的积,记做

$$AB.$$

显然,积事件是由既属于A又属于B的所有公共基本事件构成的事件.

(5)互斥关系.

若事件A与B不能同时发生,则称事件A与事件B互斥,即A与B没有公共基本事件,记做

$$AB = \varnothing.$$

(6)对立关系.

若事件A,B满足:$A + B = \Omega$,$AB = \varnothing$,则称事件A与事件B对立,记做

$$B = \bar{A}.$$

$\bar{A}$事件是样本空间中所有不属于A的基本事件构成的事件,称为A的逆事件. 显然,

$$A + \bar{A} = \Omega, A\bar{A} = \varnothing.$$

8.1.2 随机事件的概率与性质

历史上人们为了观察抛掷一枚硬币,落地时“正面向上”这一事件发生的概率的大小,曾做过大量的试验,其结果如表 8.1.1 所示.

表 8.1.1

试验者	试验次数 n	“正面向上”的次数 m	频率 m/n
德摩根	2 048	1 061	0.518 1
蒲丰	4 040	2 048	0.506 9

续表

试验者	试验次数 n	“正面向上”的次数 m	频率 m/n
皮尔逊	12 000	6 019	0.501 6
皮尔逊	24 000	12 012	0.500 5
维尼	30 000	14 994	0.499 8

从上表可以看出,事件“正面向上”发生的次数 m 与试验次数 n 之比 $\frac{m}{n}$(称为事件)总在 0.5 附近摆动,且随着抛掷次数的增加,摆动的幅度越来越小,呈现出一种稳定状态.

定义 8.1.1(概率的统计定义)　在相同条件下,重复进行 n 次试验,若事件 A 发生的频率稳定在某一常数 p 附近,且 n 越大,摆动幅度越小,则把常数 p 称为事件 A 的概率,记做 $P(A)$,即

$$P(A)=p.$$

因数字 p 是在大量重复试验中通过统计得出的,故称此定义为概率的统计定义.

由定义 8.1.1 可知,事件 A 的概率具有以下基本性质:

(1)任意事件的概率都在 0 与 1 之间,即 $0 \leqslant P(A) \leqslant 1$;

(2)必然事件的概率为 1,即 $P(\Omega)=1$;

(3)不可能事件的概率为 0,即 $P(\varnothing)=0$.

概率虽以频率的稳定性为基础,但并不是说概率由试验决定.一个事件发生的概率完全决定于事件本身的结构,是客观存在的一个数值.

思维拓展 8.1.1:随机事件的频率与概率两个概念的区别与联系是什么?

8.1.3　随机事件概率的计算

1. 古典概型

古典概型是概率论中一种最简单的随机试验,它具有如下特征:

(1)有限性:试验的基本事件总数有限;

(2)等可能性:每次试验中,各个基本事件发生的可能性都相同.

定义 8.1.2(概率的古典定义)　在古典概型中,若试验的基本事件总数为 n,事件 A 中包含的基本事件个数为 m,则事件 A 发生的概率为

$$P(A)=\frac{m}{n}.$$

例 8.1.1　盒中有 3 个白球,2 个红球,依次标有序号 a_1,a_2,a_3 和 b_1,b_2,从中任取一球,求基本事件的总数及事件“取得红球”的概率.

解　“从盒中每次任取一球”为一次试验,基本事件总数为

$$n=C_5^1=5.$$

设事件 A =“取得红球”,事件 A 中包含的基本事件个数为

$$m=C_2^1=2,$$

则

$$P(A)=\frac{2}{5}.$$

例 8.1.2 盒中有 20 个球,其中有 X 个白球、17 个黑球,从中任取 2 个,求至少有一个白球的概率.

解 "从盒中每次任取 2 个球"为一次试验,基本事件总数为

$$n = C_{20}^2 = 190.$$

事件 A 表示"2 个球中至少有一个白球",事件 A 包含的基本事件个数为

$$m = C_3^1 C_{17}^1 + C_3^2 C_{17}^0 = 54,$$

所以 $$P(A) = \frac{C_3^1 C_{17}^1 + C_3^2 C_{17}^0}{C_{20}^2} = \frac{27}{95}.$$

例 8.1.3(续例 8.1.2) 将例 8.1.2 的试验条件改为,每次从盒中任取一个球,有放回地取两次,求取到的两个球都是白球的概率.

解 "从盒中每次任取一个球,有放回地取两次"为一次试验,基本事件总数为

$$n = C_{20}^1 C_{20}^1 = 400.$$

用 B 表示"取到的两个球都是白球",事件 B 包含的基本事件个数为

$$m = C_3^1 C_3^1 = 9,$$

所以 $$P(B) = \frac{C_3^1 C_3^1}{C_{20}^1 C_{20}^1} = \frac{9}{400}.$$

2. 概率的加法公式

1)任意事件概率的加法公式

对于任意两个事件 A,B,有

$$P(A+B) = P(A) + P(B) - P(AB).$$

2)互斥事件概率的加法公式

若事件 A 与 B 互斥,即 $AB = \varnothing$,则

$$P(A+B) = P(A) + P(B).$$

3)对立事件的概率公式

$$P(A) = 1 - P(\bar{A}).$$

例 8.1.4 用概率的加法公式求解例 8.1.2.

解 事件 A_i 表示"2 个球中有 i 个白球"$(i=0,1,2)$,因 A_1, A_2 两两互斥,且

$$A = A_1 + A_2,$$

所以 $$P(A) = P(A_1) + P(A_2) = \frac{C_3^1 C_{17}^1}{C_{20}^2} + \frac{C_3^2 C_{17}^0}{C_{20}^2} = \frac{27}{95};$$

或用互逆事件的概率公式,$\bar{A}$ 表示"没有取到白球",

$$P(A) = 1 - P(\bar{A}) = 1 - \frac{C_3^0 C_{17}^2}{C_{20}^2} = \frac{27}{95}.$$

例 8.1.5 某商家为了了解市场对空调的需求情况,对 400 个用户进行调查,其结果为拥有柜机的 163 户,拥有壁挂机的 190 户,两者兼有的 71 户,求"拥有空调的用户"的概率.

解 设事件 A = "拥有柜机的用户",B = "拥有壁挂机的用户",AB = "兼有柜机和壁挂机的用户",则

$$C = \text{“拥有空调的用户”} = A + B,$$

于是

$$P(C)=P(A+B)=P(A)+P(B)-P(AB)=\frac{163}{400}+\frac{190}{400}-\frac{71}{400}=0.705.$$

3. 概率的乘法公式

(1)事件的独立性.

若两个事件 A 与 B,其中任何一个事件是否发生,都不影响另一事件发生的概率,则称事件 A 与 B 相互独立. 两事件是否独立,通常需根据具体问题的实际意义来判断.

(2)独立事件的概率乘法公式.

若事件 A 与事件 B 独立,则

$$P(AB)=P(A)P(B).$$

例 8.1.6　用概率的乘法公式求解例 8.1.3.

解　用 B_i 表示事件"第 i 次取到白球"$(i=1,2)$,因 B_1, B_2 相互独立,且

$$B=B_1B_2,$$

故
$$P(B)=P(B_1B_2)=P(B_1)P(B_2)=\frac{C_3^1}{C_{20}^1}\cdot\frac{C_3^1}{C_{20}^1}=\frac{9}{400}.$$

例 8.1.7　异地的两名考生考大学,甲考上的概率为 0.7,乙考上的概率为 0.8,求:(1)"甲、乙两人都考上"的概率;(2)"甲、乙至少一人考上"的概率.

解　设事件 A = "甲考上大学",B = "乙考上大学",则

$$P(A)=0.7, P(B)=0.8,$$

显然"甲、乙两人都考上" $=AB$,"甲、乙至少一人考上" $=A+B$,且 A、B 相互独立,所以

(1) $P(AB)=P(A)P(B)=0.7\times0.8=0.56$;

(2) $P(A+B)=P(A)+P(B)-P(AB)=0.7+0.8-0.56=0.94$.

8.1.4　思维拓展问题解答

思维拓展 8.1.1:频率与概率均反映了随机事件发生的可能性,概率是大量重复试验中频率的稳定值. 两者的区别在于,频率是随机的,而概率是确定的,与试验的次数无关.

8.1.5　知识拓展

条件概率

在某些问题中,确定事件 A 的概率时,有时不仅依赖于我们所知道的关于事件 A 的信息,而且另一事件 B 的发生也有可能影响事件 A 发生的概率. 在事件 B 已经发生的条件下,事件 A 发生的概率,称为事件 A 在事件 B 下的条件概率,简称为 A 对 B 的条件概率,记做 $P(A|B)$.

条件概率的计算公式为

$$P(A|B)=\frac{P(AB)}{P(B)}(P(B)>0);P(B|A)=\frac{P(AB)}{P(A)}(P(A)>0).$$

例 8.1.3 中,试验条件改为"不放回地取球两次",则第 2 次取到白球的概率受第 1 次取球结果的影响,"第 1 次取到白球"的概率

$$P(B_1)=\frac{C_3^1}{C_{20}^1},$$

"第1次取到白球后第2次取到白球"的概率

$$P(B_2|B_1)=\frac{C_2^1}{C_{19}^1},$$

则"取到的两只都是白球"的概率

$$P(B)=P(B_1B_2)=P(B_1)P(B_2|B_1)=\frac{C_3^1}{C_{20}^1}\cdot\frac{C_2^1}{C_{19}^1}=\frac{3}{190}.$$

8.1.6 习题8.1

1. 现有3个人,将他们等可能地分到5间房中去,求恰有3间房中各有一人的概率.

2. 掷两枚均匀的骰子,求下列事件的概率:

(1)"点数和为1";(2)"点数和为5";(3)"点数和为12";

(4)"点数和大于10";(5)"点数和不超过11".

3. 有10件产品,其中两件次品,从中任取3件,求:

(1)这3件产品都是正品的概率;(2)这3件中恰有两件次品的概率.

4. 某班会讲英语的学生占45%,会讲日语的学生占30%,既会讲英语又会讲日语的学生占15%,问该班会讲外语的学生占多少?

5. 打靶中若命中10环的概率为0.4,命中8环或9环的概率为0.45,求最多命中7环的概率.

6. 设甲、乙两人射击同一目标,甲、乙击中目标的概率分别为0.8和0.5,求两人都击中目标的概率.

7. 甲、乙两人各投篮一次,设甲投中的概率为0.7,乙投中的概率为0.8,求:

(1)两人都投中的概率;(2)至少有一人投中的概率;(3)恰有一人投中的概率.

8. 甲、乙、丙三台自动机床独立工作,由一位工人照管,某段时间内这三台机床不需要工人照管的概率分别是0.8,0.9和0.85,求在这段时间内三台机床都不需要工人照管的概率.

9. 选择题:

(1)两个班进行篮球比赛,设事件A=甲胜,则事件$\bar{A}$=(　　).

A. 甲负　　B. 甲乙平局

C. 甲负或甲乙平局　　D. 甲胜或甲乙平局

(2)设两个独立事件A与B发生的概率分别为p_1和p_2,则两个事件恰有一个发生的概率为(　　).

A. p_1+p_2　　B. $p_1(1-p_2)$

C. $p_2(1-p_1)$　　D. $p_1(1-p_2)+p_2(1-p_1)$

(3)已知事件A与B相互独立,$P(\bar{A})=0.5$,$P(\bar{B})=0.6$,则$P(A+B)$=(　　).

A. 0.9　　B. 0.7　　C. 0.1　　D. 0.2

(4)若(　　),则$P(\overline{A+B})=[1-P(A)][1-P(B)]$.

A. A与B互为对立事件　　B. A与B相互独立

C. $A\subset B$　　D. A与B互斥

8.2　随机变量及其分布

为了便于深入地研究随机现象,需要把随机试验的结果数量化,为此引入随机变量的概念.

8.2.1　随机变量及其分布函数

1. 随机变量

例 8.2.1　在10件同类型产品中,有3件次品,现任取2件,则该试验的结果即随机事件有三类,可用A_i表示"两件中有$i(i=0,1,2)$件次品". 现从另一角度,用变量Y表示"2件中的次品数",则Y有三种可能取值,分别为0,1,2,Y的三个可能值与三类随机事件相对应,描述了该试验的全部结果,Y取每一个数值的概率可表示为

$$P(Y=i)=P(A_i)=\frac{C_3^iC_7^{2-i}}{C_{10}^2}(i=0,1,2).$$

例8.2.1中,变量Y所有可能的取值在试验前是可以预知的,但具体取何值在试验前是不能确定的,只有当试验结果确定后,变量Y的取值才能随之确定. 即变量取哪一个值是随机的,并且取各个数值的概率也是一定的. 这种用不同的取值代表不同的随机事件的变量称为随机变量.

例 8.2.2　考察某车间工人完成某道工序的时间这一试验. 用ξ表示"完成该道工序所需要的时间",ξ随着试验的结果不同可在$(0,+\infty)$上取不同的值,当试验结果确定后,ξ的取值也就随之确定了. 显然,ξ是在区间$(0,+\infty)$上取值的变量,不同的取值代表不同的试验结果(随机事件),且取哪一个值是随机的;另外,每个工人的技术水平是一定的,则他们各自完成该道工序的时间也是一定的,因此ξ取各个数值的概率也是一定的. 这样的变量ξ也称为随机变量.

一般地,对于随机试验,若其试验的每一个结果(随机事件)都可以用一个变量的不同取值表示,这个变量的取值又带有随机性,并且取这些值的概率是确定的,则称这样的变量为随机变量.

引入随机变量后,可使随机事件数量化. 如例8.2.1中,事件"两件中没有次品"可用$Y=0$表示;事件"至少取到一件次品"可用$Y\geqslant1$表示;事件"至多取到两件次品"可用$Y\leqslant2$表示. 而例8.2.2中,事件"完成这道工序的时间至多不超过1分钟"可用$0\leqslant\xi\leqslant15$表示. 这样,对随机事件的研究完全可以转化为对随机变量的研究.

若随机变量X的所有可能取值可以一一列举(可能取值是有限个或无限可列个),这样的随机变量称为离散型随机变量.

在某一个或若干个有限或无限区间上取值的随机变量称为连续型随机变量. 其所有可取值不可以一一列出.

思维拓展 8.2.1:试比较随机变量与普通变量的异同点.

2. 随机变量的分布函数

由于随机变量的取值不一定能一一列举出来,一般情况下,要研究随机变量取值的规律,需研究随机变量取值落在某区间上的概率,即求$P(x_1<X\leqslant x_2)$. 由于

$$P(x_1 < X \leqslant x_2) = P(X \leqslant x_2) - P(X \leqslant x_1),$$

所以对于任意给定的实数 x,若 $P(X \leqslant x)$ 确定的话,则 $P(x_1 < X \leqslant x_2)$ 即可随之确定.

若随机变量 X,对任意实数 x,函数

$$F(x) = P(X \leqslant x)$$

称为随机变量 X 的分布函数,即事件 $X \leqslant x$ 的概率 $P(X \leqslant x)$,$F(x)$ 是实变量 x 的函数,它反映了 X 取不同数值时概率的分布情况.

如例 8.2.1 中,求"次品数不多于 1 件"的概率,即求

$$F(1) = P(X \leqslant 1) = P(X = 0) + P(X = 1);$$

例 8.2.2 中,求"完成该道工序不超过 4 分钟"的概率,即求

$$F(4) = P(X \leqslant 4).$$

对于随机变量,我们不仅关心它取什么值,而且关心它取这些值的可能性的大小,即取值的概率. 通常把随机变量取值的概率称为随机变量的分布.

8.2.2 离散型随机变量的分布

1. 离散型随机变量的概率分布

定义 8.2.1 设离散型随机变量 X 的所有取值为 $x_1, x_2, \cdots, x_k, \cdots$,并且 X 取各个可能值的概率分别为 $P(X = x_k) = p_k (k = 1, 2, \cdots)$,则把 $P(X = x_k) = p_k (k = 1, 2, \cdots)$ 称为离散型随机变量的概率分布,简称分布列. 随机变量 k 的概率分布见表 8.2.1.

表 8.2.1

n	x_1	…	x_k	…
P	p_1	…	p_k	…

分布列具有的性质:

(1) $0 \leqslant p_k \leqslant 1 (k = 1, 2, \cdots)$;

(2) $p_1 + p_2 + \cdots + p_k + \cdots = 1$.

例 8.2.1 中,"2 件中的次品数"Y 的分布列可写为(表 8.2.2)

表 8.2.2

Y	0	1	2
P	$\frac{7}{15}$	$\frac{7}{15}$	$\frac{1}{15}$

或

$$P(Y = i) = P(A_i) = \frac{C_3^i C_7^{2-i}}{C_{10}^2} (i = 0, 1, 2)$$

并可求出 $P(Y \geqslant 1)$ 和 $P(Y < 2)$ 分别为

$$P(Y \geqslant 1) = P(Y = 1) + P(Y = 2) = \frac{7}{15} + \frac{1}{15} = \frac{8}{15};$$

$$P(Y<2)=P(Y=0)+P(Y=1)=\frac{7}{15}+\frac{7}{15}=\frac{14}{15}.$$

2. 离散型随机变量的函数的分布

实际问题中,某些试验不能直接测得人们所需要的随机变量,只能测得与之有一定关系的随机变量,这时可将两者建立函数关系,以得到所需的随机变量.

定义 8.2.2　若离散型随机变量 X 的取值为 x 时,随机变量 Y 的取值由函数 $y=f(x)$ 确定,则随机变量 Y 就叫做随机变量 X 的函数,记做

$$Y=f(X).$$

例 8.2.3　已知随机变量 X 的概率分布(表 8.2.3),求

(1)参数 k;(2)$Y_1=X^2$ 的概率分布.

表 8.2.3

X	-1	0	1	2
P	0.2	0.3	0.4	k

解　(1)根据分布列的性质可知　$0.2+0.3+0.4+k=1\Rightarrow k=0.1$;

(2)因为 X 的取值分别为 $-1,0,1,2$,所以 $Y_1=X^2$ 的取值分别为 $0,1,4$,并且

$P(Y_1=0)=P(X=0)=0.3$,$P(Y_1=1)=P(X=-1)+P(X=1)=0.6$,

$P(Y_1=4)=P(X=2)=0.1$,故 $Y_1=X^2$ 的概率分布为(表 8.2.4)

表 8.2.4

Y_1	0	1	4
P	0.3	0.6	0.1

3. 几种常见离散型随机变量的概率分布

1)两点分布

一个试验若只有两种可能结果:A 与 $\bar{A}$,且 $P(A)=p$,$P(\bar{A})=1-p$.

此时可设

$$X=\begin{cases}1,\text{若 } A \text{ 发生},\\0,\text{若 } \bar{A} \text{ 发生},\end{cases}$$

则随机变量 X 的概率分布为

$$P(X=k)=p^k(1-p)^{1-k}(k=0,1)(\text{其中 } p \text{ 满足 } 0<p<1),$$

或

X	0	1
P	$1-p$	p

此时称 X 服从两点分布.

因两点分布的一次试验只有两种结果 A、$\bar{A}$,故常用两点分布来描述对立事件发生的规律.

2)二项分布

在相同条件下重复进行 n 次试验,若每次试验的结果互不影响,且每次试验的结果只有两个,每个结果在各次试验中发生的概率总保持不变,则称该 n 次试验为 n 重独立试验,或称 n 重伯努利概型.

n 重伯努利概型中,若事件 A 在每次试验中发生的概率为 $p(0\leqslant p\leqslant 1)$,则事件 A 恰好发生 k 次的概率为

$$P_n(k)=C_n^k p^k q^{n-k}(q=1-p,k=0,1,2,\cdots,n).$$

若随机变量 X 为"n 重伯努利概型中事件 A 出现的次数",则 X 的概率分布由

$$P_n(k)=C_n^k p^k q^{n-k}(q=1-p,k=0,1,2,\cdots,n)$$

给出,于是称随机变量 X 服从参数为 n,p 的二项分布,记做

$$X\sim B(n,p),$$

即

$$P(X=k)=P_n(k)=C_n^k p^k(1-p)^{n-k}(k=0,1,2,\cdots,n).$$

特别地,当 $n=1$ 时,二项分布为

$$P(X=k)=p^k(1-p)^{1-k}(k=0,1),$$

即为两点分布.

例 8.2.4 相同条件下某运动员投篮 4 次,每次投中的概率都是 90%,则投篮 4 次,2 次投中的概率是多少?若设 X 为"4 次投篮,投中的次数",求 X 的概率分布.

解 设 A 表示"投中",则 $P(A)=90\%$,每次投中的概率相同,并且各次投篮结果互不影响,于是,"投篮 4 次 2 次投中"的概率为

$$P_4(2)=C_4^2 0.9^2(1-0.9)^{4-2}=0.0486.$$

4 次投篮,$n=4$,X 为"4 次投篮,投中的次数",X 的所有可能取值为 0,1,2,3,4,则

$$X\sim B(4,0.9),$$

于是,X 的概率分布为

$$P(X=k)=C_4^k 0.9^k(1-0.9)^{4-k}(k=0,1,2,3,4).$$

8.2.3 连续型随机变量及其分布

对于连续型随机变量,它的取值不能一一列出,随机变量 X 只可以取某一区间内的任意实数,因此不考虑 X 在区间内某一点的取值概率,只有确知其在某一区间上取值的概率时,才能掌握其取值的概率分布情况.

1. 连续型随机变量的概率密度

定义 8.2.3 对于连续型随机变量 X,若在实数集上存在非负可积函数 $f(x)$,使得对于任意实数 $a,b(a<b)$,都有

$$P(a<X\leqslant b)=\int_a^b f(x)\mathrm{d}x,$$

则称函数 $f(x)$ 为随机变量 X 的概率密度函数,简称为概率密度或密度函数. 概率密度曲线如图 8.2.1 所示.

由定义 8.2.3 知,概率密度 3 具有性质:

(1) $f(x)\geqslant 0, x\in(-\infty,+\infty)$;

(2) $\int_{-\infty}^{+\infty}f(x)\,\mathrm{d}x=1.$

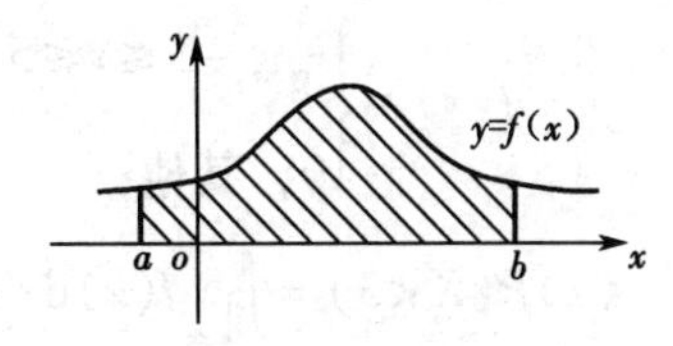

图 8.2.1

同时,可以得到三个结论:

(1)连续型随机变量 X 取区间内任一值的概率为零,即 $P(X=C)=0$;

(2)连续型随机变量 X 在任一区间上取值的概率与是否包含区间端点无关,即

$$P(a<X\leqslant b)=P(a<X<b)=P(a\leqslant X<b)=P(a\leqslant X\leqslant b)=\int_a^b f(x)\,\mathrm{d}x;$$

(3) X 落在区间 $(a,b]$ 上的概率 $P(a<X\leqslant b)$ 等于曲线 $y=f(x)$ 在区间 $(a,b]$ 上的曲边梯形面积,因此,介于曲线 $y=f(x)$ 与 x 轴之间的面积等于 1.

例 8.2.5　设连续型随机变量 X 的概率密度为 $f(x)=\begin{cases}Ax^2, & 0<x<1,\\ 0, & \text{其他},\end{cases}$

求:(1)系数 A;(2) X 落在区间 $(-1,0.5)$ 内的概率.

解　(1)由 $\int_{-\infty}^{+\infty}f(x)\,\mathrm{d}x=1$,

得
$$\int_{-\infty}^{0}f(x)\,\mathrm{d}x+\int_0^1 f(x)\,\mathrm{d}x+\int_1^{+\infty}f(x)\,\mathrm{d}x=1\Rightarrow\int_0^1 Ax^2\,\mathrm{d}x=1\Rightarrow A=3.$$

(2) $P(-1<X<0.5)=\int_{-1}^{0.5}f(x)\,\mathrm{d}x=\int_0^{0.5}3x^2\,\mathrm{d}x=0.125.$

2. 几种常见的连续型随机变量的概率分布

1)均匀分布

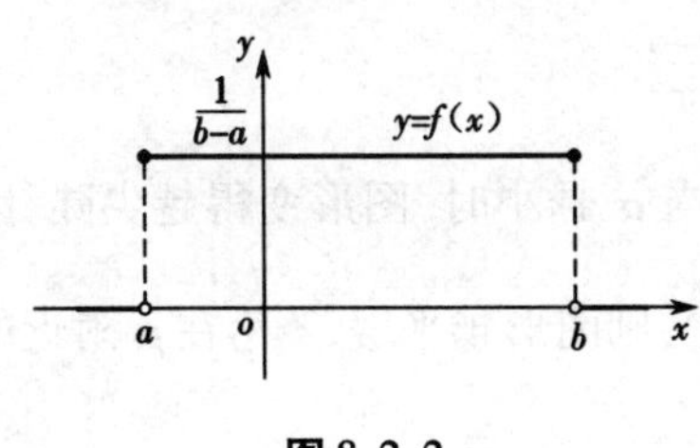

图 8.2.2

若连续型随机变量 X 的概率密度是

$$f(x)=\begin{cases}\dfrac{1}{b-a} & a\leqslant x\leqslant b,\\ 0 & \text{其他},\end{cases}$$

则称 X 在区间 $[a,b]$ 上服从均匀分布,记做

$$X\sim U[a,b].$$

均匀分布的密度曲线如图 8.2.2 所示.

若连续型随机变量 X 在区间 $[a,b]$ 上服从均匀分布,则对于任意满足 $a\leqslant c<d\leqslant b$ 的常数 c,d,有

$$P(c\leqslant X\leqslant d)=\int_c^d f(x)\,\mathrm{d}x=\frac{d-c}{b-a}.$$

这表明:连续型随机变量 X 取值于区间 $[a,b]$ 中任一小区间的概率,只依赖于该区间的长度,而与该区间的位置无关,即 X 的取值是均匀的.

例 8.2.6　设随机变量 $X\sim U[-3,5]$. 求:

(1)概率密度 $f(x)$;(2) $P(X<3)$;(3) $P(X\geqslant 4)$.

解　(1)由均匀分布的定义知,概率密度为

$$f(x)=\begin{cases}\frac{1}{8}, & -3\leqslant x\leqslant 5,\\ 0, & \text{其他};\end{cases}$$

(2) $P(X<3)=\int_{-\infty}^{3}f(x)\,\mathrm{d}x=\int_{-3}^{3}\frac{1}{8}\mathrm{d}x=\frac{3}{4}$;

(3) $P(X\geqslant 4)=\int_{4}^{+\infty}f(x)\,\mathrm{d}x=\int_{4}^{5}\frac{1}{8}\mathrm{d}x=\frac{1}{8}$.

2)正态分布

在概率论及数理统计的理论研究及实际应用中,服从正态分布的随机变量起着重要的作用,大量的随机变量都服从或近似服从正态分布.例如,一个地区男性成年人的身高,海洋波浪的高度,半导体或电子管等器件的热噪声,学生的考试成绩等,都服从正态分布.

定义 8.2.4 若连续型随机变量 X 的概率密度为

$$f(x)=\frac{1}{\sigma\sqrt{2\pi}}\mathrm{e}^{-\frac{(x-\mu)^2}{2\sigma^2}}\ (-\infty<x<+\infty),$$

其中 $\mu,\sigma(\sigma>0)$ 为常数,则称随机变量 X 服从参数为 μ,σ 的正态分布,记做

$$X\sim N(\mu,\sigma^2).$$

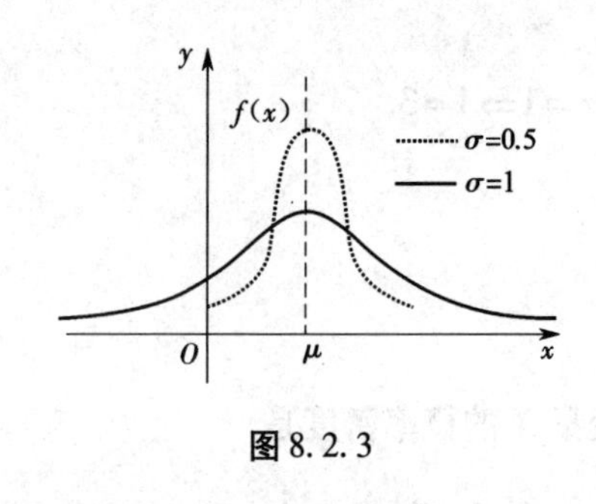

图 8.2.3

正态分布概率密度曲线 $f(x)$ 如图 8.2.3 所示.

正态分布概率密度 $f(x)$ 具有以下性质:

(1)概率密度曲线关于直线 $x=\mu$ 对称,即对于任意常数 $h>0$,有

$$P(\mu-h<X\leqslant\mu)=P(\mu<X\leqslant\mu+h);$$

(2)当 $x=\mu$ 时,$f(x)$ 取到最大值,即

$$f(\mu)=\frac{1}{\sigma\sqrt{2\pi}};$$

(3)若固定 μ,改变 σ,由于最大值是 $f(\mu)=\frac{1}{\sigma\sqrt{2\pi}}$,当 σ 越小时,图形变得越尖陡,因而 X 落在 μ 附近的概率越大,即 X 的分布越集中于 μ;反之,则图形越平缓,X 落在 μ 附近的概率越小,即 X 的分布越分散;

(4)密度曲线 $f(x)$ 在区间 $(-\infty,\mu)$ 内严格上升,在区间 $(\mu,+\infty)$ 内严格下降.

特别地,当 $\mu=0,\sigma=1$ 时,称 X 服从标准正态分布,记做

$$X\sim N(0,1),$$

其概率密度记为

$$\varphi(x)=\frac{1}{\sqrt{2\pi}}\mathrm{e}^{-\frac{x^2}{2}}\ (-\infty<x<+\infty).$$

标准正态分布 $X\sim N(0,1)$ 的概率密度函数 $\varphi(x)$ 是偶函数,其图像关于 y 轴对称(图 8.2.4),即

$$\varphi(-x)=\varphi(x).$$

如果 $X\sim N(0,1)$,由标准正态分布的概率密度函数 $\varphi(x)$,可以计算 X 在任一区间上取值的概率,其在区间 $(-\infty,x]$ 上取值的概率为 $P(X\leqslant x)$.

概率分布函数记做

$$\Phi(x)=P(X\leqslant x)=\int_{-\infty}^{x}\frac{1}{\sqrt{2\pi}}e^{-\frac{t^2}{2}}dt.$$

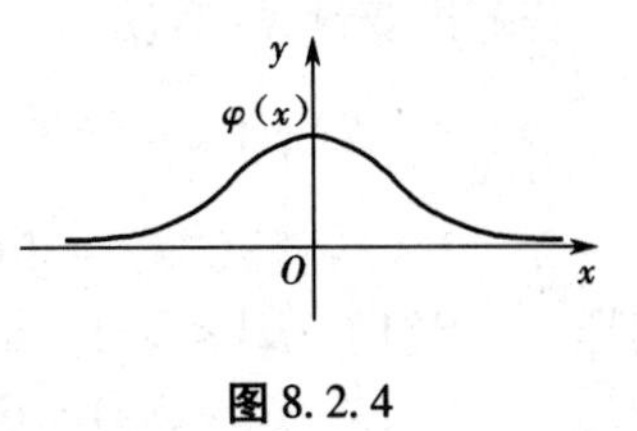

图8.2.4

因计算 $\Phi(x)$ 是很困难的,为此人们编制了 $\Phi(x)$ 的函数值表供查用. 附表中 x 的取值范围为[0,3.09]. 当 $x\in[0,3.09]$时,可直接查表;当 $x>3.09$ 时,取 $\Phi(x)\approx1$. 有关计算公式如下:

(1) $\Phi(-x)=1-\Phi(x)$;

(2) 当 $x=0$ 时, $\Phi(0)=0.5$;

(3) $P(X\geqslant x)=1-P(X<x)=1-\Phi(x)$;

(4) $P(a<X<b)=\Phi(b)-\Phi(a)$.

可见,若随机变量 $X\sim N(0,1)$,则求 X 在任一区间上取值的概率均可化为求 $\Phi(x)$ 的值来解决.

对一般正态分布 $X\sim N(\mu,\sigma^2)$ 来说,其概率计算可转化为标准正态分布 $X\sim N(0,1)$ 的概率计算来解决. 相关计算公式如下:

(1) $P(X<x)=\Phi\left(\frac{x-\mu}{\sigma}\right)$;

(2) $P(X>x)=1-\Phi\left(\frac{x-\mu}{\sigma}\right)$;

(3) $P(x_1<X\leqslant x_2)=\Phi\left(\frac{x_2-\mu}{\sigma}\right)-\Phi\left(\frac{x_1-\mu}{\sigma}\right)$.

例 8.2.7　设随机变量 $X\sim N(1,0.2^2)$,求 $P(X<1.2)$, $P(0.7\leqslant X<1.1)$.

解　由已知　$\mu=1,\sigma=0.2$,所以

$$P(X<1.2)=\Phi\left(\frac{1.2-1}{0.2}\right)=\Phi(1)=0.8413;$$

$$\begin{aligned}P(0.7\leqslant X<1.1)&=\Phi\left(\frac{1.1-1}{0.2}\right)-\Phi\left(\frac{0.7-1}{0.2}\right)=\Phi(0.5)-\Phi(-1.5)\\&=\Phi(0.5)-[1-\Phi(1.5)]=\Phi(0.5)+\Phi(1.5)-1\\&=0.6915+0.9332-1=0.6247.\end{aligned}$$

例 8.2.8　某年某地高等学校入学考试的数学成绩近似服从正态分布 $X\sim N(70,10^2)$,若85分以上为优秀,问数学成绩为优秀的考生占总数的百分之几?

解　设考生的数学成绩为随机变量 X,那么 $X\sim N(70,10^2)$,所以

$$P(X\geqslant85)=1-P(X<85)=1-\Phi\left(\frac{85-70}{10}\right)=1-\Phi(1.5)=1-0.9332=0.0668,$$

因此数学成绩为优秀的考生约占总数的7%.

8.2.4　思维拓展问题解答

思维拓展 8.2.1:一是随机变量的取值不确定,具有随机性;二是随机变量取每一个值都具有确定的概率,取值具有统计规律性.

8.2.5　知识拓展

正态分布的"3σ"原则

若随机变量 $X \sim N(\mu,\sigma^2)$，则

$$P(|X-\mu|<\sigma)=P(\mu-\sigma<X<\mu+\sigma)=\Phi\left(\frac{\mu+\sigma-\mu}{\sigma}\right)-\Phi\left(\frac{\mu-\sigma-\mu}{\sigma}\right)$$
$$=\Phi(1)-\Phi(-1)=2\Phi(1)-1=2\times0.841\,3-1=0.682\,6;$$

同理 $P(|X-\mu|<2\sigma)=\Phi(2)-\Phi(-2)=2\Phi(2)-1=2\times0.977\,2-1=0.954\,4;$

$$P(|X-\mu|<3\sigma)=\Phi(3)-\Phi(-3)=2\Phi(3)-1=2\times0.998\,7-1=0.997\,4.$$

此特性称为正态分布的"3σ"原则，它表明：若随机变量 $X\sim N(\mu,\sigma^2)$，则 X 取值落入区间 $(\mu-3\sigma,\mu+3\sigma)$ 内几乎是必然的，而落在区间 $(\mu-3\sigma,\mu+3\sigma)$ 之外的概率仅为 0.26%.

8.2.6 习题 8.2

1. 设随机变量 X 的分布规律为 $P(X=k)=\dfrac{k}{15}(k=1,2,3,4,5)$，求：

(1) $P(X=1$ 或 $X=2)$；(2) $P\left(\dfrac{1}{2}<X\leqslant\dfrac{3}{2}\right)$；(3) $P(0<X\leqslant3)$.

2. 设连续型随机变量 X 的概率密度为 $f(x)=\begin{cases}k\mathrm{e}^{-3x} & (x\geqslant0),\\ 0 & (x<0).\end{cases}$

(1) 确定常数 k；(2) 求 $P(-2\leqslant X<4)$；(3) 求 $P(X>1)$.

3. 甲市到乙市的长途公共汽车每隔 20 min 发出一班，某旅客随机到车站乘车，求该旅客候车时间不超过 5 min 的概率.

4. 设 ξ 服从 $\xi\sim N(0,1)$，计算：

(1) $P(\xi<2.35)$；(2) $P(\xi<-1.24)$；(3) $P(|\xi|<1.54)$.

5. 由自动车床生产的零件长度 X(min) 服从正态分布 $X\sim N(50,7.5^2)$，如果规定零件的长度在 $E(x)$min 之间为合格品，求生产的零件是合格品的概率.

6. 某商店购进一批灯泡，其使用寿命 $X\sim N(\mu,\sigma^2)$，其中 $\mu=1\,000$ h，$\sigma=50$ h，求任取一只灯泡，其使用寿命为：

(1) 950 ~ 1 050 h 的概率；(2) 1 150 h 以上的概率.

7. 公共汽车车门的高度是按成人男子与车门顶碰头的机会在 0.01 以下设计的. 若成人男子的身高 X 服从 $\mu=170$ cm，$\sigma=6$ cm 的正态分布，即 $X\sim N(170,6^2)$，问车门的高度应如何确定？

8. 选择题：

(1) 下列各表中可作为某随机变量分布律的是（　　）.

A.

ξ	1	1	2
P	0.5	0.2	−0.1

B.

ξ	1	1	2
P	0.3	0.5	0.1

C.

ξ	1	1	2
P	1/3	2/5	4/15

D.

ξ	1	1	2
P	1/2	1/3	1/4

(2)下列函数中,可作为某随机变量概率密度的是(　　).

A. $f(x)=\begin{cases}2x, & 0<x<1,\\ 0, & \text{其他}\end{cases}$　　B. $f(x)=\begin{cases}\frac{1}{2}, & 0<x<1,\\ 0, & \text{其他}\end{cases}$

C. $f(x)=\begin{cases}3x^2, & 0<x<1,\\ -1, & \text{其他}\end{cases}$　　D. $f(x)=\begin{cases}4x^3, & -1<x<1,\\ 0, & \text{其他}\end{cases}$

8.3 随机变量的数字特征

从前面的学习可知,只要知道了随机变量的概率分布,就能完整地刻画随机变量的性质. 然而在许多实际问题中确定随机变量的概率分布常常比较困难,有些时候也并不需要知道随机变量的完整性质,而只需要了解随机变量的某种特征就可以了. 用来描述随机变量某种特征的量称之为随机变量的数字特征. 本节介绍两种随机变量的数字特征:数学期望与方差.

8.3.1 数学期望

1. 离散型随机变量的数学期望

定义 8.3.1 设离散型随机变量 X 的概率分布 $P(X=x_k)=p_k(k=1,2,\cdots)$,把 X 的所有可能取值 $x_k(k=1,2,\cdots)$ 与其对应的概率 p_k 乘积之和,称为离散型随机变量 X 的数学期望,简称期望或均值,记做 $E(X)$,即

$$E(x)=\sum_{k=1}^{\infty}x_kp_k(\text{级数}\sum_{k=1}^{\infty}x_kp_k\text{ 绝对收敛}).$$

对于离散型随机变量 X 的函数 $Y=f(X)$ 的数学期望有如下公式:

$$E(Y)=E[f(x)]=\sum_{k=1}^{\infty}f(x_k)p_k(k=1,2,\cdots).$$

例 8.3.1 离散型随机变量 X 的概率分布见表 8.3.1,求 $E(X)$, $E(X^2)$.

表 8.3.1

X	-1	0	2	3
P	$\frac{1}{8}$	$\frac{1}{4}$	$\frac{3}{8}$	$\frac{1}{4}$

解 $E(X)=(-1)\times\frac{1}{8}+0\times\frac{1}{4}+2\times\frac{3}{8}+3\times\frac{1}{4}=\frac{11}{8}$;

$E(X^2)=(-1)^2\times\frac{1}{8}+0^2\times\frac{1}{4}+2^2\times\frac{3}{8}+3^2\times\frac{1}{4}=\frac{31}{8}$.

例 8.3.2 某商业部门在两个居民区中选取地址建连锁店,对这两个居民区的人均收入情况进行抽样调查,各抽查 10 户居民,结果见表 8.3.2.

表 8.3.2

人均收入 X_1	560	620	700	880
概率 P_{X_1}	0.2	0.4	0.2	0.2
人均收入 X_2	430	480	700	1020
概率 P_{X_2}	0.2	0.3	0.2	0.3

试比较两个居民区的人均收入状况.

解 依题意,只需计算两个居民区的人均收入的数学期望值.

$$E(X_1)=560\times0.2+620\times0.4+700\times0.2+880\times0.2=676(\text{元});$$

$$E(X_2)=430\times0.2+480\times0.3+700\times0.2+1\,020\times0.3=676(\text{元});$$

显然 $E(X_1)=E(X_2)$,故两个居民区的人均收入的平均水平相同,说明人均收入差距不大.

2. 连续型随机变量的数学期望

定义 8.3.2 设连续型随机变量 X 的概率密度为 $f(x)$,若积分 $\int_{-\infty}^{+\infty}xf(x)\,dx$ 绝对收敛(即极限 $\lim_{n\to\infty}\int_{-n}^{n}|x|f(x)\,dx$ 存在),则积分

$$\int_{-\infty}^{+\infty}xf(x)\,dx$$

称为连续型随机变量 X 的数学期望,记做 $E(x)$,即

$$E(x)=\int_{-\infty}^{+\infty}xf(x)\,dx.$$

对于连续型随机变量 X 的函数 $Y=g(x)$ 的数学期望有如下公式:

$$E(Y)=E[g(x)]=\int_{-\infty}^{+\infty}g(x)f(x)\,dx.$$

例 8.3.3 设连续型随机变量 X 服从均匀分布,其概率密度为

$$f(x)=\begin{cases}\dfrac{1}{a}, & 0\leqslant x\leqslant a,\\ 0, & \text{其它}.\end{cases}$$

求 X 及 $Y=X^2$ 的数学期望.

解 $E(x)=\int_{-\infty}^{+\infty}xf(x)\,dx=\int_0^a x\dfrac{1}{a}dx=\dfrac{a}{2}$,

$$E(X^2)=\int_{-\infty}^{+\infty}x^2f(x)\,dx=\int_0^a x^2\frac{1}{a}dx=\frac{a^2}{3}.$$

由定义 8.3.2 可知,数学期望是一个确定的常量,它是随机变量 X 的所有可能取值以各自的概率为权重的加权平均值. 在例 8.3.2 中,用数学期望比较出两个居民区的人均收入差距不大,但这种比较很片面,还应进一步比较其取值的稳定程度,即随机变量的取值与数学期望的偏离程度——方差.

8.3.2 方差

定义 8.3.3 设 X 是一个随机变量,若 $E[X-E(X)]^2$ 存在,则称

$$D(X)=E[X-E(X)]^2$$

为 X 的方差,方差的平方根 $\sqrt{D(X)}$ 称为 X 的标准差.

若 X 是离散型随机变量,其概率分布为 $P(X=x_k)=p_k(k=1,2,\cdots)$,则其方差为

$$D(x)=\sum_{k=1}^{\infty}[x_k-E(X)]^2p_k;$$

若 X 是连续型随机变量,其概率密度 $f(x)$,则其方差为

$$D(X)=\int_{-\infty}^{+\infty}[x-E(X)]^2f(x)\mathrm{d}x.$$

计算方差可利用如下公式:

$$D(X)=E(X^2)-E^2(X).$$

例 8.3.4　续例 8.3.1,求:$D(X)$.

解　由前例计算得 $E(X)=\frac{11}{8},E(X^2)=\frac{31}{8}$,

所以　$D(X)=E(X^2)-E^2(X)=\frac{31}{8}-\left(\frac{11}{8}\right)^2=\frac{127}{64}$.

例 8.3.5　续例 8.3.3,求 $D(X)$.

解　由前例计算得 $E(X)=\frac{a}{2},E(X^2)=\frac{1}{3}a^2$,

所以　$D(X)=E(X^2)-E^2(X)=\frac{a^2}{3}-\left(\frac{a}{2}\right)^2=\frac{a^2}{12}$.

由定义 8.3.3 知,$|X-E(X)|$越小,方差就越小,X 的取值越集中在数学期望附近;$|X-E(X)|$越大,方差就越大,X 的取值越偏离数学期望值,即 X 取值越分散.

例 8.3.6　续例 8.3.2,由前例计算得 $E(X_1)=E(X_2)=676$.

又　$E(X_1^2)=560^2\times0.2+620^2\times0.4+700^2\times0.2+880^2\times0.2=469\ 360$,

$E(X_2^2)=430^2\times480^2\times0.3+700^2+1020^2\times0.3=516\ 220$;

所以　$D(X_1)=E(X_1^2)-E^2(X_1)=469\ 360-676^2=12\ 348$,

$D(X_2)=E(X_2^2)-E^2(X_2)=516\ 220-676^2=59\ 244$;

即　$E(X_1)=E(X_2),D(X_1)<D(X_2)$.

此结果表明,虽然两个居民区的人均收入的数学期望值相同,即人均收入差距不大,但第二个居民区的人均收入的方差较大,说明其人均收入差异较大.

常用随机变量 X 的概率分布及数字特征见表 8.3.3.

思维拓展 8.3.1:**$D(X)$ 是考察随机变量 X 的取值与数学期望 $E(X)$ 的偏离程度的量,计算上为何不用$[X-E(X)]$,而用$[X-E(X)]$求 $D(X)$?**

8.3.3　思维拓展问题解答

思维拓展 8.3.1:$D(X)$ 反映 X 取值时以 $E(X)$ 为中心的分散程度,通常用$[X-E(X)]^2$来计量 X 与 $E(X)$ 的偏差,这里取平方的目的是要消除$[X-E(X)]$的符号,因为不论正偏差大还是负偏差大,同样都认为是分散程度大. 由于$[X-E(X)]^2$ 也是一个随机变量,所以,通常用它的数学期望 $E[X-E(X)]^2$ 来计算 X 取值时以它的数学期望 $E(X)$ 为中心的分散程度,即方差.

几类常用分布的数学期望与方差见表 8.3.3.

表 8.3.3

分布名称	概率分布	期望	方差
两点分布 $X \sim B(1,p)$	$P(X=k)=p^k q^{1-k}(k=0,1)$ 其中:$0<p<1, q=1-p$	p	pq
二项分布 $X \sim B(n,p)$	$P(X=k)=C_n^k p^k q^{n-k}(k=0,1,2,\cdots n)$ 其中:$0<p<1, q=1-p$	np	npq
均匀分布 $X \sim U(a,b)$	$f(x)=\begin{cases}\frac{1}{b-a} & a \leqslant x \leqslant b \\ 0 & 其他\end{cases}$	$\frac{a+b}{2}$	$\frac{(b-a)^2}{12}$
正态分布 $X \sim N(0,1)$	$f(x)=\frac{1}{\sigma\sqrt{2\pi}}e^{-\frac{(x-\mu)^2}{2\sigma^2}}$	μ	σ^2
标准正态分布 $X \sim N(0,1)$	$f(x)=\frac{1}{\sqrt{2\pi}}e^{\frac{x^2}{2}}$	0	1

8.3.4 知识拓展

相关关系描述

对于两个随机变量 X,Y,它们的数学期望与方差反映的是它们各自的均值,以及它们关于各自期望的偏离程度,但均不能反映两者之间的关系,协方差

$$\mathrm{Cov}(X,Y)=E[(X-E(X))(Y-E(Y))]$$

可以反映 X,Y 两者之间的关系.

实际问题中,变量之间存在的关系大致分为两类:一类是确定性关系,即函数关系;另一类是非确定性关系,称为相关关系.例如,变量圆的面积 S 与半径 r 有确定的函数关系 $S=\pi r^2$;而对人的身高和体重这两个变量,一般来说,身材较高的人,体重较重,但身高相同的人,体重未必相同,即人的身高和体重这两个变量虽然存在着某种联系,但又不能用一个函数表达式表达出来,故人的身高和体重这两个变量两者之间是相关关系.

相关系数计算公式为

$$\rho=\frac{\mathrm{Cov}(X,Y)}{\sqrt{D(x)}\sqrt{D(Y)}}. \tag{8.3.1}$$

两个变量之间相关关系的密切程度可以用相关系数准确度量.

一般地,若 $\rho>0$,X 与 Y 正相关;若 $\rho<0$,X 与 Y 为负相关.$|\rho|=1$,两者成线性关系 $Y=a+bX$.$|\rho|$ 越接近于 1,线性相关程度越大;$|\rho|$ 越接近于 0,线性相关程度越小;$|\rho|=0$,X 与 Y 不相关.

8.3.5 习题 8.3

1. 设随机变量 ξ 的分布列见表 8.3.4,求:

(1)$E(\xi)$;(2)$E(1-\xi)$;(3)$E(\xi^2)$;(4)$D(\xi)$.

表 8.3.4

ξ	-1	0	$\frac{1}{2}$	1	2
P	$\frac{1}{3}$	$\frac{1}{6}$	$\frac{1}{6}$	$\frac{1}{12}$	$\frac{1}{4}$

2. 一批产品有一、二、三等品、等外品及废品五种,相应的概率分别为 0.7,0.1,0.1,0.06,0.04,若其产值分别为 6 元,5.4 元,5 元,4 元及 0 元,试求产品的平均产值.

3. 在某次体育彩票的发行办法中,规定每 1 000 张彩票中有头奖 1 个,奖金 100 元;有二等奖 2 个,奖金各为 50 元;有三等奖 10 个,奖金各为 10 元;有纪念奖 100 个,奖金各为 1 元. 某人购买了 10 张彩票他中奖的期望值是多少?

4. 某人有两个科研产品项目 A 和 B,能从中获利(万元)的概率如下所示:

项目 A

获利	4	8
概率	0.8	0.2

项目 B

获利	2	4	6	8	12
概率	0.4	0.2	0.2	0.1	0.1

求:(1)两个项目获利的平均值;(2)哪个项目的标准差大?

5. 设随机变量 X 的概率密度为 $f(x)=\begin{cases}2(1-x), & 0<x<1,\\ 0, & 其他,\end{cases}$ 试求 $E(X),E(X^2),D(X)$.

6. 设随机变量 X 的概率密度为 $f(x)=\begin{cases}2x, & 0\leqslant x\leqslant 1,\\ 0, & 其他,\end{cases}$ 求 $E(X),E(X^2),D(X)$.

7. 设 X 的概率密度为 $f(x)=\begin{cases}1+x, & -1\leqslant x\leqslant 0,\\ 1-x, & 0<x\leqslant 1,\\ 0, & 其他,\end{cases}$ 求方差 $D(X)$.

8. 选择题:

(1)设离散型随机变量的概率分布见表 8.3.5,则 $E(X)$ 和 $D(X)$ 分别为(　　).

表 8.3.5

X	-2	0	2
P	0.4	0.3	0.3

A. -0.2,2.76　　B. -0.4,1.84　　C. 0.4,2.76　　D. 0.4,2.24

(2)已知 X 的概率密度为 $f(x)=\frac{1}{2\sqrt{2\pi}}e^{-\frac{(x-1)^2}{8}}(-\infty<x<+\infty)$,则 $D(x)=($　　$)$.

A. 1　　B. 4　　C. 2　　D. 8

(3)设 $X\sim N(0,3^2)$,则下列各式中不成立的是(　　).

A. $E(X)=0$　　B. $D(X)=9$　　C. $P(X=1)=0$　　D. $P(X>0)=\frac{1}{2}$.

(4)两个品种的水稻单位产量分别为随机变量 X 与 Y,且 $E(X)=\mu_1,D(X)=\sigma_1^2$,$E(Y)=\mu_2,D(Y)=\sigma_2^2$,当条件(　　)满足时,可以认为品种 X 不次于品种 Y.

A. $\mu_1 \leqslant \mu_2$　　B. $\sigma_1^2 \leqslant \sigma_2^2$

C. $\mu_1 \geqslant \mu_2$ 且 $\sigma_1^2 \leqslant \sigma_2^2$　　D. $\mu_1 \geqslant \mu_2$ 且 $\sigma_1^2 > \sigma_2^2$

8.4 数理统计初步

8.4.1 数理统计简介

数理统计是从数量关系上研究随机现象规律性的数学分支. 其解决问题的一个重要方法是随机抽样法,即从要研究对象的全体中抽取某一部分进行观察和研究,从而对整体进行推断.

例如,某钢铁厂每天生产 10 000 根钢筋,规定抗拉强度小于 52 kg/mm 就算作次品,怎样确定钢筋的次品率 p 呢? 要研究钢筋的抗拉强度,可从 10 000 根钢筋中随机抽取一部分,如 50 根作为代表,对这 50 根进行检测,看有多少根次品. 然后根据 50 根的次品率对 10 000 根的次品率 p 的真实值进行推断.

因为局部是整体的一部分,所以在某种程度上局部的特性能够反映整体的特性,但却不能完全精准地反映整体的特性. 因此随机抽样法不仅要研究如何合理有效地收集到便于处理的信息,即抽样方法问题;还要研究如何对抽样的结果(一批数据)进行合理的分析,做出科学判断的数据处理问题,即所谓统计推断问题. 这两方面有着紧密的联系,研究抽样方法时,必须考虑抽样得到的数据能进行分析. 若抽查量太大,不仅费时费力,有些破坏性试验,浪费过大,更是无法进行;而抽查量太小,又信息不全,得不到可靠的结论. 若抽查方法不合理(如抽样的数据缺乏代表性),则同样不能得到可靠的结论. 所以,一个合理的抽样方法,不仅要求它简便易行,更重要的是要有良好的后果,即对抽样得到的原始数据能用比较简单的方法进行数据处理,并据此进行推断,得出科学的结论. 因此,实际应用中应两者兼顾.

统计推断是数理统计的核心部分,目标是尽可能地充分利用样本观测值中的信息,对总体作出较为准确的估计和判断,从而解决那些总体分布函数已知而其中的若干参数未知,以及总体分布函数未知,而只需知道总体中某些数字特征的问题. 数理统计针对不同的实际问题,发展出了不同的统计推断方法. 本书只介绍一些最基本的概念及最基本的统计推断方法.

8.4.2 数理统计的基本概念

1. 总体、个体与样本

在实际问题中,要研究全部对象的性质,不能对每个对象逐一研究,只能研究其中的一部分,并据此推断全部对象的性质,这就引出了总体、个体和样本的概念.

通常,把所要研究的对象的全体称为总体,组成总体的每个对象称为个体. 数理统计中,往往要研究对象的某一项或某几项数值指标. 因此,把总体中每个对象的该项数值指标作为个体,把所有对象的该项数值指标所组成的集合作为总体,并用随机变量 X 来表示它,称为总体 X.

从总体 X 中取出来的部分个体称为样本或子样,记做 $X_1, X_2, \cdots, X_n$. 一个样本中所含有

个体的数目 n 称为样本容量. 从总体 X 中抽取一个容量为 n 的样本,将每一次抽取所得到的具体数据,称为容量为 n 的样本值,记做 $x_1, x_2, \cdots, x_n$. 为方便起见,今后对样本和样本值在记号上不加区分,统一记为 $x_1, x_2, \cdots, x_n$,其意义可从上下文加以确定.

如前例中,考察的某钢铁厂每天生产的钢筋构成总体,每根钢筋作为一个个体. 由于反映钢筋的质量指标可有多个,现在考察的质量指标是钢筋抗拉的强度,则每根钢筋的抗拉强度值就作为一个个体. 10 000 根钢筋的抗拉强度值组成的集合构成一个总体,记做 Y. 从总体中抽取出来的 50 根钢筋就作为一个样本,则样本容量为 50,检测到的 50 个抗拉强度值即为容量为 50 的样本值,其样本和样本值可记做 $y_1, y_2, \cdots, y_{50}$.

2. 样本的数字特征(统计量)

样本是总体的代表和反映,但在抽取样本之后,并不能直接利用样本来推断未知总体,而需要对样本进行"加工提炼". 把样本中包含的我们所关心的信息集中起来,这个过程往往是从样本的某些数字特征入手来推断总体的数字特征. 所谓样本的数字特征,是指表征样本分布的指标性数值.

设从总体 X 中抽取了一个容量为 n 的样本,一次抽取所得到的样本值为 $x_1, x_2, \cdots, x_n$,据此可得到最重要、最常用的样本的数字特征.

(1)样本均值记做 $\bar{x}$(样本均值反映了样本数据的平均水平),其计算公式为

$$\bar{x} = \frac{1}{n}\sum_{i=1}^{n} x_i;$$

(2)样本方差记做 s^2(样本方差反映了样本数据对样本均值的偏离程度),其计算公式为

$$s^2 = \frac{1}{n-1}\sum_{i=1}^{n} (x_i - \bar{x})^2,$$

样本方差的平方根 $s = \sqrt{s^2}$ 称为样本均方差(或样本标准差).

显然,上述样本的数字特征均是关于样本的函数. 数理统计中,将关于样本的不含有未知参数(允许含有已知参数)的一个函数称为一个统计量.

例 8.4.1　某厂生产的一批钢筋,从中随机抽取 10 根,测得其抗拉强度指标依次为:110,120,120,125,135,130,130,125,140,135. 计算该批钢筋的样本均值、样本方差及标准差.

解　样本容量　$n = 10$.

样本均值

$$\bar{x} = \frac{110+120+120+125+135+130+130+125+140+135}{10} = 127;$$

样本方差

$$s^2 = \frac{1}{9}[(110-127)^2 + (120-127)^2 + \cdots + (135-127)^2] = \frac{1}{9} \times 710 \approx 78.89;$$

样本标准差　$s \approx 8.88$.

思维拓展 8.4.1:样本的均值与总体的均值,样本的方差与总体的方差有何区别与联系?

8.4.3　频率直方图

为了对总体进行估计和推断,必须对测得的样本值进行整理,通过对数据进行整理分

类,以发掘其中所包含的特征规律,了解数据的分布情况. 频率直方图是处理数据常用的方法. 下面结合例题说明如何作频率直方图.

例 8.4.2 从某厂生产的220 V、25 W 的灯泡中,随机地取出 120 个,测得其光通量的数据如表 8.4.1(单位:lm). 试画出其光通量的密度曲线的大致形状.

表 8.4.1

数据(样本观察值)									
216	203	197	208	206	209	206	208	202	203
206	213	218	207	208	202	194	203	213	211
193	213	208	208	204	206	204	206	208	209
213	203	206	207	196	201	208	207	213	208
210	208	223	211	211	214	226	211	216	224
211	209	218	214	219	211	208	221	221	218
218	190	219	211	208	199	214	207	207	214
206	217	214	201	212	213	211	212	217	206
210	216	204	221	208	209	214	214	199	204
211	201	216	211	209	208	209	202	211	207
202	206	206	216	206	213	206	207	200	198
200	202	203	208	216	206	222	213	209	217

解

(1)找最值、求极差.

找出数据中最大值 M 与最小值 m,并计算最大值与最小值之差,称为极差,记做 R,即

$R = M - m$.

本例中,$M = 226$,$m = 190$,$R = M - m = 226 - 190 = 36$,这组数据的分布范围 $[190,226]$.

(2)将数据分组. 一般采取等距分组,组距

$$h = \frac{\text{极差}}{\text{组数}} = \frac{M - m}{k}.$$

分组不宜过多,组数 k 可根据需要和样本容量的大小参考表 8.4.2 确定.

本例中,可取 $k = 10$,则组距 $h = \frac{36}{10} = 3.6 \approx 4$.

表 8.4.2

样本容量 n	50 ~ 100	100 ~ 250	250 ~ 500
组数 k	6 ~ 10	7 ~ 12	10 ~ 20

确定每组的上、下限:第一组的下限,应不大于给定数据的最小值 m,记做 a. 最后一组的上限,应大于给定数据的最大值 M,记做 b.

本例中 $a=189, b=229$. 按组距 4,将所给数据分成以下 10 个组(见表 8.4.3 第二列).

(3)进行频数统计,求出频率分布表.

统计 120 个数据中分别属于以上各组的数据,称属于第 $i(i=1,2,\cdots,10)$ 组数据的个数为该组的频数,记做 f_i 称

$$\frac{f_i}{n}(n \text{ 是数据的总个数,本例中 } n=120)$$

为第 i 组数据的频率,记做 p_i.

在统计时,若一组数据恰是某一组的上限(它必是下一组的下限),则应将其放在下一组中.

表 8.4.3

编号	组距	频数 f_i	频率 $p_i=f_i/n$	频率/组距 p_i/h
1	189 ~ 193	1	0.008	0.208×10^{-2}
2	193 ~ 197	3	0.025	0.625×10^{-2}
3	197 ~ 201	6	0.050	1.250×10^{-2}
4	201 ~ 205	17	0.142	3.542×10^{-2}
5	205 ~ 209	34	0.283	7.083×10^{-2}
6	209 ~ 213	22	0.183	4.583×10^{-2}
7	213 ~ 217	21	0.175	4.375×10^{-2}
8	217 ~ 221	9	0.075	1.875×10^{-2}
9	221 ~ 225	6	0.050	1.250×10^{-2}
10	225 ~ 229	1	0.008	0.208×10^{-2}

(4)作出频率直方图.

在平面直角坐标系中,取光通量(单位:lm)为横轴,频率与组距的比为纵轴. 在横轴上标出各组的分点. 以每两点间线段,即每组的组距作为矩形的底,以该组的频率/组距作为矩形的高,画出 k 个矩形,所得到的柱状图形(图 8.4.1)称为频率直方图.

本例中,120 个原来看不出规律的数据,用频率直方图进行整理后,成为中间高、两边低的图形,直观地反映了光通量的分布情况.

画一条曲线,让它大致经过各小矩形上边的中点,便可得到随机变量光通量 X 的密度曲线的近似曲线. 据此可估计该厂白炽灯的光通量 X 服从正态分布.

8.4.4　点估计

概率论研究随机变量时,总是假定随机变量的概率分布或某些数字特征是已知的,而在实际问题中,这些随机变量的概率分布或某些数字特征是不知道的或知之甚少的,通常人们只关心总体的一些重要数字特征,比如均值、方差等,而参数估计就是利用样本的信息来推断总体的这些数字特征的. 参数估计包括点估计和区间估计两类,本书只介绍点估计.

总体 X 的均值、方差及标准差分别用 μ, σ^2 和 σ 表示,用概率分布来描述总体时,有 $\mu=$

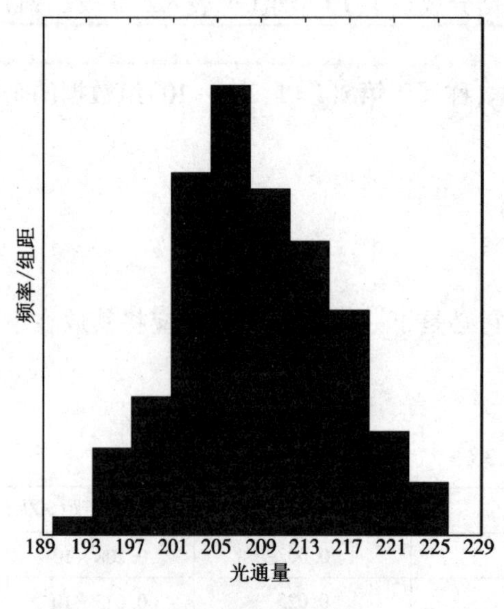

图 8.4.1

$E(x)$，$\sigma^2=D(x)$，$\sigma=\sqrt{D(x)}$. $X\sim N(\mu,\sigma^2)$ 和 σ^2 是客观存在的，但通常我们很难得到 μ 和 σ^2 的精确值. 实际问题中，人们用样本均值 $\bar{x}$ 和样本方差 s^2 作为总体均值 μ 和总体方差 σ^2 的估计值，这是对总体均值与总体方差进行点估计的一种方法.

把样本均值 $\bar{x}=\frac{1}{n}\sum_{i=1}^{n}x_i$ 作为总体均值 μ 的估计值，记做 $\hat{\mu}$；

把样本方差 $s^2=\frac{1}{n-1}\sum_{i=1}^{n}(x_i-\bar{x})^2$ 作为总体方差 σ^2 的估计值，记做 $\hat{\sigma}^2$；

把样本均方差 $s=\sqrt{s^2}$ 作为总体均方差 σ 的估计值，记做 $\hat{\sigma}$.

例 8.4.3 估计例 8.4.1 中那批钢筋的抗拉强度的均值 μ，方差 σ^2 及均方差 σ.

解 由例 8.4.1 中计算结果可知这批钢筋的抗拉强度的均值 μ，方差 σ^2 及均方差 σ 的估计值分别为

$$\hat{\mu}=\bar{x}=127;\hat{\sigma}^2=s^2\approx 78.89;\hat{\sigma}=s\approx 8.88.$$

例 8.4.4 某果园有 1 000 株果树，欲估计果树的总产量. 随机抽选了 10 株，产量(kg)分别为：161，68，45，102，38，87，100，92，76，90. 假设果树的产量服从正态分布，求果树产量的均值与标准差的估计值，由此估计总产量以及一株果树产量超过 100 kg 的概率.

解 设 X =“果树的产量”，则 10 株果树产量的值为一个样本，样本容量 $n=10$.

样本的均值

$$\bar{x}=\frac{1}{10}(161+68+45+102+38+87+100+92+76+90)=85.9;$$

样本的标准差

$$s=\sqrt{\frac{1}{10-1}\sum_{i=1}^{10}(x_i-85.9)^2}=34.22;$$

所以 X 的均值的估计值为

$$\hat{\mu}=\bar{x}=85.9\text{ kg},$$

标准差的估计值为

$$\hat{\sigma}=s=34.22\text{ kg};$$

总产量可依据均值计算，即总产量估计为

$$1\,000\hat{\mu}=85\,900\text{ kg};$$

利用参数的估计值得到总体的具体分布

$$X\sim N(85.9,34.22^2),$$

于是所求概率为

$$P(X>100)=1-\Phi\left(\frac{100-85.9}{34.22}\right)=1-\Phi(0.41)=0.3409.$$

其中从附表 1 查得 $\Phi(0.41)=0.6591$.

计算表明,一株果树产量超过 100 kg 的可能性为 34%.

8.4.5 一元线性回归分析

回归分析是寻找变量间相关关系的数学关系式并进行统计推断的一种方法. 通过对试验数据的处理,找出变量间相关关系的定量数学表达式——经验公式;借助于概率统计知识进行分析,判明所建立的经验公式的有效性;在一定的置信度下,根据一个或几个变量的值,预报或控制另一个变量的值,这就是回归分析法主要解决的问题. 研究两个变量间相关关系的方法称为一元回归分析. 如果两个变量间关系是线性的,这就是一元线性回归问题,近似描述两个变量间线性相关关系的函数关系称为一元线性回归方程. 下面结合例题说明如何建立一元线性回归方程.

例 8.4.5　为了研究家庭消费 y(千元)与收入 x(千元)的关系,经调查获得 10 对数据(表 8.4.4),试求家庭消费 y 与收入 x 的线性回归方程.

表 8.4.4

x	0.8	1.2	2.0	3.0	4.0	5.0	7.0	9.0	10.0	12.0
y	0.77	1.1	1.3	2.2	2.1	2.7	3.8	3.9	5.5	6.6

解　(1)作出散点图.

根据测得的 n 对数据,在平面直角坐标系中,画出 n 个散落的点

$$(x_i,y_i)(i=1,2,\cdots,n),$$

这样的图形称为散点图. 图 8.4.2 即是本例的散点图. 若 n 个散点大体在一条直线 $y=a+bx$(回归直线)的周围,则可直观判定 x 与 y 具有线性关系. 从本例的散点图可以看出,散点图大致分布在一条直线附近,该 10 个散落的点大致呈线性相关关系.

(2)写出回归方程.

通过散点图可以直观判断两个变量间有无相关关系,并对变量间的相关关系做出大致的描述. 但这种描述较为粗糙,不能准确地反映变量之间相关关系的密切程度. 为使回归直线能"最佳"地反映散点分布的状态,即使直线与散点拟合得最好,应用最小二乘估计法,得到参数 a,b 的求解公式:

$$a=\bar{y}-b\bar{x}, \tag{8.4.1}$$

$$b=\frac{\sum_{i=1}^{n}x_iy_i-n\bar{x}\bar{y}}{\sum_{i=1}^{n}x_i^2-n\bar{x}^2}, \tag{8.4.2}$$

进而可以得到线性回归方程

$$y=a+bx. \tag{8.4.3}$$

根据表 8.4.4 中的数据,由公式(8.4.1)和(8.4.2)计算得

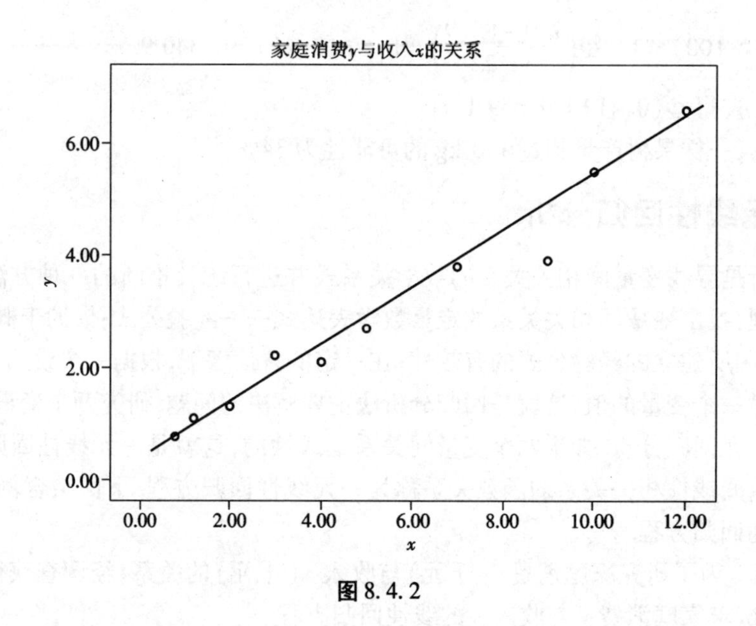

图 8.4.2

$$b=\frac{\sum_{i=1}^{10}x_iy_i-10\bar{x}\bar{y}}{\sum_{i=1}^{10}x_i^2-10\bar{x}^2}\approx 0.484\ 532, a=\bar{y}-b\bar{x}\approx 0.380\ 527\ 2,$$

所求样本回归方程为

$$y=0.380\ 527\ 2+0.484\ 532x,$$

其中,样本容量 $n=10$,$\bar{x}=5.4$,$\bar{y}=2.997$.

(3)利用相关系数判断两个变量之间相关关系的密切程度.

相关系数的计算公式(式(8.3.1))中的期望、方差,可利用测得的样本数据计算.

本例的相关系数为

$$\rho\approx 0.982\ 6,$$

说明家庭消费与收入两个变量高度线性相关.

8.4.6 思维拓展问题解答

思维拓展 8.4.1:样本的均值 $\bar{x}=\frac{1}{n}\sum_{i=1}^{n}x_i$ 是 n 个个体 $x_1,x_2,\cdots,x_n$ 的算术平均值,总体的均值 $\mu=E(x)$ 是总体所含全部个体的概率的加权平均值,$\bar{x}$ 的值随所选取的样本的不同而不同,而 $E(x)$ 是确定的、不变的.

样本的方差 $s^2=\frac{1}{n-1}\sum_{i=1}^{n}(x_i-\bar{x})^2$ 反映了 n 个个体 $x_1,x_2,\cdots,x_n$ 与其均值 $\bar{x}$ 的总体偏离程度,它随所选取的样本的不同而取不同的值,总体的方差 $\sigma^2=D(x)$ 反映了总体所含全部个体与其均值 $E(x)$ 的总体偏离程度,它的值是确定的、不变的.

8.4.7 习题 8.4

1. 抽测两种品牌袋装食用盐重量(标准包为 500 g/袋),甲、乙品牌各抽测 5 袋,抽测重量(单位:g)见表 8.4.5,试比较两组数的数字特征.

表 8.4.5

甲	501	502	499	498	500
乙	505	493	497	503	502

2. 某车间第一组有 10 名工人,日生产零件的个数如下:73,74,75,75,75,76,76,78,78,80,问:

(1)这 10 名工人日生产零件个数的均值和方差是多少?

(2)试估计该车间全体工人日生产零件个数的均值、方差和均方差?

3. 设人体身高 $X \sim N(\mu,\sigma^2)$,现从某班学生中随机抽取 6 名学生,测得身高(单位:cm)分别为:178,172,182,168,169,175. 试估计该班学生身高的平均水平和方差.

4. 某医院抽测新生婴儿体重(单位:g)数据见表 8.4.6,作出新生婴儿体重的频率直方图.

表 8.4.6

2 580	2 770	2 600	2 720	2 660	2 750	3 000	2 860	2 820	3 500
2 980	3 020	3 180	2 920	2 950	3 180	3 250	3 290	2 710	2 830

5. 某班一次数学测验,成绩(单位:分)见表 8.4.7,问:

(1)班级成绩分布的总体情况;(2)大部分学生成绩处于哪个分数段?

表 8.4.7

73	65	78	92	87	66	57	90	82	85
43	68	93	72	83	77	65	89	81	78
62	79	95	65	88	87	85	72	68	81
91	77	79	80	83	67	46	96	87	72

6. 为研究汽车配件销售额 Y(万元)与汽车拥有量 X(万辆)之间的关系,经过调查得 10 个地区汽车拥有量与汽车配件的销售额的统计数据见表 8.4.8,求 Y 与 X 之间的回归方程.

表 8.4.8

X	13.4	15	17.9	10.5	18.8	16.4	20.1	12.1	15.4	17.7
Y	1 353	1 697	1 984	1 016	2 146	1 754	2 203	1 247	1 508	1 842

7. 选择题:

(1)在检验不同产品某一指标质量时,若不同产品的被检验指标平均水平一样,则(　　).

A. 方差越大,产品质量越好　　B. 方差越大,产品质量越差

C. 方差大小与产品质量无关　　D. 方差大小与产品质量关系不确定

(2)样本方差和总体方差的关系是(　　).

A. 样本方差大于总体方差　　B. 样本方差等于总体方差

C. 样本方差小于总体方差　　D. 样本方差与总体方差大小不确定

第9章　线性规划模型

缺乏必要的数学知识，就无法理解最简单的自然现象；若要深入洞悉自然奥秘，那就非得同时研究数学方法不可.

——杨格(美)

运筹学是第二次世界大战期间发展起来的，是运用数学方法对需要进行管理的问题进行统筹规划并做出决策的一门应用科学. 线性规划则是运筹学中研究早、发展快、应用广泛、方法成熟的一个重要分支. 本章将在简介矩阵与线性方程组概念的基础上，重点介绍线性规划模型的建立方法. 至于线性规划模型的求解，将交由软件 MATLAB7.0(第10章)去完成.

9.1　矩阵的概念

矩阵是现代科学技术不可缺少的数学工具，特别是在计算机技术高速发展的今天，矩阵的应用已经非常广泛. 尤其在多元线性分析中，矩阵以一张简洁明了的矩形数表，提取并凸显了被淹没在繁杂标记海洋中的全部关键信息，成为进行多元线性分析最有效的工具.

9.1.1　矩阵的定义

定义 9.1.1　由 $m \times n$ 个数 $a_{ij}(i=1,2,\cdots,m;j=1,2,\cdots,n)$ 排成的 m 行、n 列(横排的叫行，竖排的叫列)的矩形数表

$$\begin{bmatrix} a_{11} & a_{12} & \cdots & a_{1n} \\ a_{21} & a_{22} & \cdots & a_{2n} \\ \vdots & \vdots & & \vdots \\ a_{m1} & a_{m2} & \cdots & a_{mn} \end{bmatrix} \text{或} \begin{pmatrix} a_{11} & a_{12} & \cdots & a_{1n} \\ a_{21} & a_{22} & \cdots & a_{2n} \\ \vdots & \vdots & & \vdots \\ a_{m1} & a_{m2} & \cdots & a_{mn} \end{pmatrix}$$

称为一个 $m \times n$ 矩阵，简记做 $\boldsymbol{A}_{m \times n}$ 或 $(a_{ij})_{m \times n}$. 其中 a_{ij} 称为该矩阵的第 i 行第 j 列的元素，简称为该矩阵的 (i,j) 元素.

特别的，当 $m=n$ 时，矩阵 $\boldsymbol{A}=(a_{ij})_{n \times n}$，即

$$\boldsymbol{A}=\begin{bmatrix} a_{11} & a_{12} & \cdots & a_{1n} \\ a_{21} & a_{22} & \cdots & a_{2n} \\ \vdots & \vdots & & \vdots \\ a_{n1} & a_{n2} & \cdots & a_{nn} \end{bmatrix}$$

称为 n 阶方阵或 n 阶矩阵. 并且，称元素 $a_{11},a_{22},\cdots,a_{nn}$ 所在的对角线为方阵 $\boldsymbol{A}$ 的主对角线，而称元素 $a_{1n},a_{2,n-1},\cdots,a_{n1}$ 所在的对角线为方阵 $\boldsymbol{A}$ 的副(或次)对角线.

习惯上，把一阶方阵 $[a]$ 写为 $\boldsymbol{a}$，即把一阶方阵与一个数不加区分.

定义 9.1.2　若矩阵 $\boldsymbol{A}$ 与矩阵 $\boldsymbol{B}$ 的行数与列数均相等，则称矩阵 $\boldsymbol{A}$ 与矩阵 $\boldsymbol{B}$ 为同型矩

阵.

定义 9.1.3 若矩阵 $\boldsymbol{A}=(a_{ij})_{m\times n}$ 与矩阵 $\boldsymbol{B}=(b_{ij})_{m\times n}(i=1,2,\cdots,m;j=1,2,\cdots,n)$ 为同型矩阵,且它们对应位置的元素都相等,即

$$a_{ij}=b_{ij}(i=1,2,\cdots,m;j=1,2,\cdots,n),$$

则称矩阵 $\boldsymbol{A}$ 与矩阵 $\boldsymbol{B}$ 为相等的矩阵,记做 $\boldsymbol{A}=\boldsymbol{B}$.

例 9.1.1 已知 $\begin{bmatrix} a+b & 4 \\ 0 & d \end{bmatrix}=\begin{bmatrix} 2 & a-b \\ c & 3 \end{bmatrix}$,求 a,b,c,d 的值.

解 由矩阵相等的定义(定义 9.1.3)得

$$a+b=2;a-b=4;c=0;d=3,$$

所以 $a=3;b=-1;c=0;d=3.$

定义 9.1.4 对于矩阵 $\boldsymbol{A}=(a_{ij})_{m\times n}$,将矩阵 $\boldsymbol{A}$ 中的每一元素均取相反数得到矩阵 $\boldsymbol{B}$,即

$$\boldsymbol{B}=(-a_{ij})_{m\times n}=\begin{bmatrix} -a_{11} & -a_{12} & \cdots & -a_{1n} \\ -a_{21} & -a_{22} & \cdots & -a_{2n} \\ \vdots & \vdots & & \vdots \\ -a_{m1} & -a_{m2} & \cdots & -a_{mn} \end{bmatrix},$$

则称矩阵 $\boldsymbol{B}$ 为矩阵 $\boldsymbol{A}$ 的负矩阵,记做 $\boldsymbol{B}=-\boldsymbol{A}$.

显然,$\boldsymbol{B}=-\boldsymbol{A}\Leftrightarrow\boldsymbol{A}=-\boldsymbol{B}$.

定义 9.1.5 把 $m\times n$ 矩阵

$$\boldsymbol{A}=\begin{bmatrix} a_{11} & a_{12} & \cdots & a_{1n} \\ a_{21} & a_{22} & \cdots & a_{2n} \\ \vdots & \vdots & & \vdots \\ a_{m1} & a_{m2} & \cdots & a_{mn} \end{bmatrix}$$

的行依次换成列(或列依次换成行)所得到的 $n\times m$ 矩阵,称为矩阵 $\boldsymbol{A}$ 的转置矩阵,记为 $\boldsymbol{A}^{\mathrm{T}}$(或 $\boldsymbol{A}'$),即

$$\boldsymbol{A}^{\mathrm{T}}=\begin{bmatrix} a_{11} & a_{21} & \cdots & a_{m1} \\ a_{12} & a_{22} & \cdots & a_{m2} \\ \vdots & \vdots & & \vdots \\ a_{1n} & a_{2n} & \cdots & a_{mn} \end{bmatrix}.$$

9.1.2 一些特殊的 $m\times n$ 矩阵

1. 零矩阵

定义 9.1.6 所有元素均为零的 $m\times n$ 矩阵,称为 $m\times n$ 零矩阵,记做 $\boldsymbol{O}_{m\times n}$ 或 $\boldsymbol{O}$,即

$$\boldsymbol{O}=\begin{bmatrix} 0 & 0 & \cdots & 0 \\ 0 & 0 & \cdots & 0 \\ \vdots & \vdots & & \vdots \\ 0 & 0 & \cdots & 0 \end{bmatrix}.$$

需注意的是,两个零矩阵不一定相等,因为他们不一定是同型矩阵.

2. 行矩阵

定义 9.1.7　仅有一行的 $1\times n$ 矩阵

$$[a_1 \quad a_2 \quad \cdots \quad a_n]$$

称为一个行矩阵或 n 维行向量.

3. 列矩阵

定义 9.1.8　仅有一列的 $m\times 1$ 矩阵

$$\begin{pmatrix} b_1 \\ b_2 \\ \vdots \\ b_m \end{pmatrix}$$

称为一个列矩阵或 m 维列向量. 为了书写方便,通常写做$[b_1 b_2 \cdots b_m]^{\mathrm{T}}$.

4. 阶梯形矩阵

若矩阵中的某一行元素全为零,则称该行为零行,反之称为非零行. 在矩阵的某一行中,左侧第一个不为零的元素称为首非零元.

定义 9.1.9　称满足下列两个条件的 $m\times n$ 矩阵为阶梯形矩阵:

(1)如果存在零行,则零行都在非零行的下边;

(2)每一个首非零元所在的列中,位于这个首非零元下边的元素都是零.

例 9.1.2　矩阵$\begin{bmatrix} 1 & 2 & 0 & 3 & 2 & 1 \\ 0 & 1 & 2 & 3 & 0 & 5 \\ 0 & 0 & 0 & 2 & 5 & 8 \\ 0 & 0 & 0 & 0 & 6 & 0 \\ 0 & 0 & 0 & 0 & 0 & 0 \end{bmatrix}$即为一个 5×6 的阶梯形矩阵.

9.1.3　一些特殊的方阵

1. 单位矩阵

定义 9.1.10　主对角线上的元素都是 1,而其余元素都是零的方阵,即

$$\begin{bmatrix} 1 & 0 & \cdots & 0 \\ 0 & 1 & \cdots & 0 \\ \vdots & \vdots & & \vdots \\ 0 & 0 & \cdots & 1 \end{bmatrix}$$

称为 n 阶单位矩阵,记做 $\boldsymbol{E}$ 或 $\boldsymbol{I}$. 有时为了明确其阶数,也记做 $\boldsymbol{E}_n$ 或 $\boldsymbol{I}_n$.

2. 上(下)三角矩阵

定义 9.1.11　主对角线下(或上)方的元素都是零的 n 阶矩阵,即

$$\begin{bmatrix} a_{11} & a_{12} & \cdots & a_{1n} \\ 0 & a_{22} & \cdots & a_{2n} \\ \vdots & \vdots & & \vdots \\ 0 & 0 & \cdots & a_{mn} \end{bmatrix} \text{或} \begin{bmatrix} a_{11} & 0 & \cdots & 0 \\ a_{21} & a_{22} & \cdots & 0 \\ \vdots & \vdots & & \vdots \\ a_{m1} & a_{m2} & \cdots & a_{mn} \end{bmatrix}$$

称为上(下)三角矩阵.

3. 对角矩阵

定义 9.1.12 除主对角线以外的元素都是零的 n 阶矩阵,即

$$\begin{bmatrix} d_1 & 0 & \cdots & 0 \\ 0 & d_2 & \cdots & 0 \\ \vdots & \vdots & & \vdots \\ 0 & 0 & \cdots & d_n \end{bmatrix}$$

称为 n 阶对角矩阵,简记做

$$\boldsymbol{D}(\text{或}\boldsymbol{\Lambda}) = \mathrm{diag}\{d_1, d_2, \cdots, d_n\}.$$

显然,单位矩阵是一种特殊的对角矩阵.

4. 对称矩阵

定义 9.1.13 若矩阵 $\boldsymbol{A}$ 中的元素满足 $a_{ij}=a_{ji}(i=1,2,\cdots,n;j=1,2,\cdots,n)$,则称此矩阵为对称矩阵.

显然,只有方阵才有可能成为对称矩阵,或者说对称矩阵必为方阵.

5. 反对称矩阵

定义 9.1.14 若矩阵 $\boldsymbol{A}$ 中的元素满足 $a_{ij}=-a_{ji}(i=1,2,\cdots,n;j=1,2,\cdots,n)$,则称此矩阵为反对称矩阵.

同对称矩阵类似,反对称矩阵也一定是方阵. 由反对称矩阵的定义易知,其主对角线上的元素必为零.

9.1.4 习题 9.1

1. 设矩阵 $\boldsymbol{A}=\begin{bmatrix} 5 & 1 & 0 \\ a+b & -2 & 5 \\ -2 & 9 & 6 \end{bmatrix}$,$\boldsymbol{B}=\begin{bmatrix} a-b & 1 & 0 \\ 1 & -2 & 5 \\ -2 & 9 & 6 \end{bmatrix}$,且 $\boldsymbol{A}=\boldsymbol{B}$,求 a,b 的值.

2. 设矩阵 $\boldsymbol{A}=\begin{bmatrix} 2 & -1 & 3 & y \\ 1 & x+y & -5 & 2 \end{bmatrix}$,$\boldsymbol{B}=\begin{bmatrix} z-1 & -1 & 3 & 7 \\ 1 & 0 & -5 & 2 \end{bmatrix}$,且 $\boldsymbol{A}=\boldsymbol{B}$,求 x,y,z 的值.

9.2 矩阵的运算

9.2.1 矩阵的加、减法

定义 9.2.1 设矩阵 $\boldsymbol{A}=(a_{ij})_{m\times n}$ 与矩阵 $\boldsymbol{B}=(b_{ij})_{m\times n}$ 为同型矩阵,规定由矩阵 $\boldsymbol{A}$ 与矩阵 $\boldsymbol{B}$ 的对应位置元素的和或差构成的矩阵,称为矩阵 $\boldsymbol{A}$ 与矩阵 $\boldsymbol{B}$ 的和或差,记做 $\boldsymbol{A}\pm\boldsymbol{B}$,即

$$\boldsymbol{A}\pm\boldsymbol{B}=(a_{ij}\pm b_{ij})_{m\times n}(i=1,2,\cdots,m;j=1,2,\cdots,n).$$

特别的,有

$$\boldsymbol{A}+\boldsymbol{O}=\boldsymbol{A};\boldsymbol{A}+(-\boldsymbol{A})=\boldsymbol{A}-\boldsymbol{A}=\boldsymbol{O}.$$

同时,可以证明,矩阵的加法满足交换律与结合律,即

(1)$\boldsymbol{A}+\boldsymbol{B}=\boldsymbol{B}+\boldsymbol{A}$;

(2)$(\boldsymbol{A}+\boldsymbol{B})+\boldsymbol{C}=\boldsymbol{A}+(\boldsymbol{B}+\boldsymbol{C})$.

例9.2.1 若$A=\begin{bmatrix}1&0&1\\-1&1&0\end{bmatrix}$,$B=\begin{bmatrix}0&1&1\\2&0&1\end{bmatrix}$,求$A+B$,$A-B$.

解 $A+B=\begin{bmatrix}1+0&0+1&1+1\\-1+2&1+0&0+1\end{bmatrix}=\begin{bmatrix}1&1&2\\1&1&1\end{bmatrix}$;

$A-B=\begin{bmatrix}1-0&0-1&1-1\\-1-2&1-0&0-1\end{bmatrix}=\begin{bmatrix}1&-1&0\\-3&1&-1\end{bmatrix}$.

9.2.2 数与矩阵的乘法

定义9.2.2 设矩阵$A=(a_{ij})_{m\times n}$,k为常数,规定k与A的乘积即是用k去乘以矩阵A中的每一个元素,所得到的新的$m\times n$矩阵记做

$$kA=(ka_{ij})_{m\times n}.$$

例9.2.2 若$A=\begin{bmatrix}0&1&1\\2&0&1\end{bmatrix}$,求$5A$.

解 $5A=\begin{bmatrix}5\times0&5\times1&5\times1\\5\times2&5\times0&5\times1\end{bmatrix}=\begin{bmatrix}0&5&5\\10&0&5\end{bmatrix}$.

例9.2.3 已知$A=\begin{bmatrix}1&0&2\\-1&1&0\end{bmatrix}$,$B=\begin{bmatrix}1&1&0\\2&1&1\end{bmatrix}$,若$2A-3X=B$,求$X$.

解 由矩阵方程$2A-3X=B$,得

$$X=\frac{2}{3}A-\frac{1}{3}B=\frac{2}{3}\begin{bmatrix}1&0&2\\-1&1&0\end{bmatrix}-\frac{1}{3}\begin{bmatrix}1&1&0\\2&1&1\end{bmatrix}.$$

于是有

$$X=\begin{bmatrix}\frac{2}{3}&0&\frac{4}{3}\\-\frac{2}{3}&\frac{2}{3}&0\end{bmatrix}-\begin{bmatrix}\frac{1}{3}&\frac{1}{3}&0\\\frac{2}{3}&\frac{1}{3}&\frac{1}{3}\end{bmatrix}=\begin{bmatrix}\frac{1}{3}&-\frac{1}{3}&\frac{4}{3}\\-\frac{4}{3}&\frac{1}{3}&-\frac{1}{3}\end{bmatrix}.$$

容易验证,对于数k,l和矩阵$A=(a_{ij})_{m\times n}$,$B=(b_{ij})_{m\times n}$,数乘矩阵运算满足以下运算规律:

(1)数对矩阵的分配律:$k(A+B)=kA+kB$;

(2)矩阵对数的分配律:$(k+l)A=kA+lA$;

(3)数与矩阵的结合律:$k(lA)=l(kA)=(kl)A$;

(4)$kA=O\Leftrightarrow k=0$ 或 $A=O$.

9.2.3 矩阵的乘法

定义9.2.3 设矩阵$A=(a_{ij})_{m\times s}$,$B=(a_{ij})_{s\times n}$,规定矩阵A与B的乘积为$C=(c_{ij})_{m\times n}$,记做$AB=C$. 其中

$$c_{ij}=a_{i1}b_{1j}+a_{i2}b_{2j}+\cdots+a_{is}b_{sj}=\sum_{k=1}^{s}a_{ik}b_{kj}(i=1,2,\cdots,m;j=1,2,\cdots,n),$$

即$C=AB$的第i行第j列的元素为A的第i行的元素与B的第j列的对应元素的乘积之和.

由定义 9.2.3 可知,不是任意两个矩阵都可以相乘.两个矩阵进行乘积运算时,只有在左边矩阵的列数与右边矩阵的行数相等的情况下才可以完成.因此,矩阵相乘时有左乘与右乘的区别.一般的,将 AB 称为用 $\boldsymbol{A}$ 左乘 $\boldsymbol{B}$,或称为用 $\boldsymbol{B}$ 右乘 $\boldsymbol{A}$.

矩阵乘法满足下列运算律:

(1)单位矩阵的作用:$\boldsymbol{E}_m\boldsymbol{A}_{m\times n}=\boldsymbol{A}_{m\times n}\boldsymbol{E}_n=\boldsymbol{A}_{m\times n}$;

(2)乘法结合律:$(\boldsymbol{AB})\boldsymbol{C}=\boldsymbol{A}(\boldsymbol{BC})$;

(3)数乘结合律:$(k\boldsymbol{A})\boldsymbol{B}=\boldsymbol{A}(k\boldsymbol{B})=k(\boldsymbol{AB})$($k$ 为常数);

(4)左乘分配律:$\boldsymbol{A}(\boldsymbol{B}+\boldsymbol{C})=\boldsymbol{AB}+\boldsymbol{AC}$;

(5)右乘分配律:$(\boldsymbol{B}+\boldsymbol{C})\boldsymbol{A}=\boldsymbol{BA}+\boldsymbol{CA}$.

例 9.2.4 设矩阵

$$\boldsymbol{A}=\begin{bmatrix}1&0&1\\2&-1&1\end{bmatrix},\boldsymbol{B}=\begin{bmatrix}0&1\\2&-1\\1&2\end{bmatrix},$$

求 $\boldsymbol{AB}$.

解
$$\boldsymbol{AB}=\begin{bmatrix}1&0&1\\2&-1&1\end{bmatrix}\begin{bmatrix}0&1\\2&-1\\1&2\end{bmatrix}$$

$$=\begin{bmatrix}1\times0+0\times2+1\times1&1\times1+0\times(-1)+1\times2\\2\times0+(-1)\times2+1\times1&2\times1+(-1)\times(-1)+1\times2\end{bmatrix}=\begin{bmatrix}1&3\\-1&5\end{bmatrix}.$$

思维拓展 9.2.1:设矩阵 C 为矩阵 $A_{n\times s}$ 与矩阵 $B_{m\times n}$($m\neq s$)的乘积,那么矩阵 C 的行数与列数分别是多少?

例 9.2.5 设矩阵

$$\boldsymbol{A}=\begin{bmatrix}1&0\\1&0\end{bmatrix},\boldsymbol{B}=\begin{bmatrix}0&0\\1&1\end{bmatrix},\boldsymbol{C}=\begin{bmatrix}0&0\\2&3\end{bmatrix}$$

求 $\boldsymbol{AB}$,$\boldsymbol{BA}$ 和 $\boldsymbol{AC}$.

解
$$\boldsymbol{AB}=\begin{bmatrix}1&0\\1&0\end{bmatrix}\begin{bmatrix}0&0\\1&1\end{bmatrix}=\begin{bmatrix}0&0\\0&0\end{bmatrix}=\boldsymbol{O};$$

$$\boldsymbol{BA}=\begin{bmatrix}0&0\\1&1\end{bmatrix}\begin{bmatrix}1&0\\1&0\end{bmatrix}=\begin{bmatrix}0&0\\2&0\end{bmatrix};$$

$$\boldsymbol{AC}=\begin{bmatrix}1&0\\1&0\end{bmatrix}\begin{bmatrix}0&0\\2&3\end{bmatrix}=\begin{bmatrix}0&0\\0&0\end{bmatrix}=\boldsymbol{O}.$$

例 9.2.6 设列矩阵 $\boldsymbol{A}=[a_1\quad a_2\quad a_3]^{\mathrm{T}}$,求 $\boldsymbol{AA}^{\mathrm{T}}$ 与 $\boldsymbol{A}^{\mathrm{T}}\boldsymbol{A}$.

解 由 $\boldsymbol{A}=[a_1\quad a_2\quad a_3]^{\mathrm{T}}$ 知,$\boldsymbol{A}^{\mathrm{T}}=[a_1\quad a_2\quad a_3]$.

所以
$$\boldsymbol{AA}^{\mathrm{T}}=\begin{bmatrix}a_1\\a_2\\a_3\end{bmatrix}[a_1\quad a_2\quad a_3]=\begin{bmatrix}a_1^2&a_1a_2&a_1a_3\\a_2a_1&a_2^2&a_2a_3\\a_3a_1&a_3a_2&a_3^2\end{bmatrix}(\text{三阶对称矩阵});$$

$$\boldsymbol{A}^{\mathrm{T}}\boldsymbol{A}=[a_1\quad a_2\quad a_3]\begin{bmatrix}a_1\\a_2\\a_3\end{bmatrix}=a_1^2+a_2^2+a_3^2(\text{一个数}).$$

由例 9.2.5 与例 9.2.6 可知：

(1)通常 $\boldsymbol{AB} \neq \boldsymbol{BA}$，即矩阵乘法不满足交换律；

(2)即使 $\boldsymbol{A} \neq \boldsymbol{O}, \boldsymbol{B} \neq \boldsymbol{O}$，但也可能有 $\boldsymbol{AB} = \boldsymbol{O}$；所以由 $AB = O$ 不能推出 $A = O$ 或 $B = O$.

(3)即使 $AB = AC$ 且 $A \neq O$，也不一定有 $B = C$，即矩阵乘法不满足消去律.

9.2.4 思维拓展问题解答

思维拓展 9.2.1：由于矩阵 $\boldsymbol{A}_{n\times s}$ 的行数与矩阵 $\boldsymbol{B}_{m\times n}$ 的列数相等，又知 $m \neq s$，所以若矩阵 $\boldsymbol{C}$ 为矩阵 $\boldsymbol{A}_{n\times s}$ 与矩阵 $\boldsymbol{B}_{m\times n}$ 的乘积，则只可能有 $\boldsymbol{C} = \boldsymbol{B}_{m\times n}\boldsymbol{A}_{n\times s}$. 因此，矩阵 $\boldsymbol{C}$ 为 $m \times s$ 矩阵，即矩阵 $\boldsymbol{C}$ 为 m 行 s 列的矩阵.

9.2.5 习题 9.2

1. 设矩阵 $\boldsymbol{A} = \begin{bmatrix} -1 & 2 & 3 \\ 0 & 3 & -2 \end{bmatrix}, \boldsymbol{B} = \begin{bmatrix} 4 & 3 & 2 \\ 5 & -3 & 0 \end{bmatrix}$，求矩阵 $\boldsymbol{A} + \boldsymbol{B}, \boldsymbol{A} - \boldsymbol{B}$.

2. 设矩阵 $\boldsymbol{A} = \begin{bmatrix} 1 & -1 & 2 \\ 5 & 0 & 3 \\ -2 & 4 & 6 \end{bmatrix}, \boldsymbol{B} = \begin{bmatrix} 3 & 1 & 0 \\ -2 & 1 & 4 \\ 1 & 0 & -3 \end{bmatrix}$，求矩阵 $2\boldsymbol{A} - 3\boldsymbol{B}$.

3. 设矩阵 $\boldsymbol{A} = \begin{bmatrix} 1 & -2 & -1 \\ -3 & -1 & 0 \end{bmatrix}, \boldsymbol{B} = \begin{bmatrix} 1 & 1 & 5 \\ 0 & 10 & -3 \end{bmatrix}$，求矩阵 $\boldsymbol{X}$，使得 $\boldsymbol{A} + 3\boldsymbol{X} = \boldsymbol{B}$.

4. 设矩阵 $\boldsymbol{A} = \begin{bmatrix} -2 & 4 \\ 1 & -2 \end{bmatrix}, \boldsymbol{B} = \begin{bmatrix} 2 & 4 \\ -3 & -6 \end{bmatrix}, \boldsymbol{C} = \begin{bmatrix} -2 & 0 \\ -5 & -8 \end{bmatrix}$，求矩阵 $\boldsymbol{AB}, \boldsymbol{BA}, \boldsymbol{AC}$.

9.3 线性方程组

线性方程组是刻画多个变量同时按多个线性约束关系运行的数学模型. 求解线性方程组则是系统运行状态分析的基本要求. 在实际问题中，变量和条件往往很多，这必然导致方程组规模庞大、下标林立. 引入线性方程组的矩阵表示，可以很好地解决这个问题，同时也为利用计算机软件来求解线性方程组提供了可能.

9.3.1 线性方程组的概念

定义 9.3.1 形如

$$a_0 + a_1x_1 + a_2x_2 + \cdots + a_nx_n = 0 \text{（或 } a_1x_1 + a_2x_2 + \cdots + a_nx_n = b\text{）}$$

的方程称为 n 元线性方程. 其中，$a_1, a_2, \cdots, a_n$ 为不全为零的常数，$x_1, x_2, \cdots, x_n$ 为 n 个未知量，常数 a_0（或 b）称为常数项.

n 元线性方程一般简写为

$$\sum_{i=1}^{n} a_ix_i = b.$$

定义 9.3.2 由 m 个 n 元线性方程构成的方程组称为 n 元线性方程组，其一般形式为

$$\begin{cases} a_{11}x_1 + a_{12}x_2 + \cdots + a_{1n}x_n = b_1, \\ a_{21}x_1 + a_{22}x_2 + \cdots + a_{2n}x_n = b_2, \\ \vdots \\ a_{m1}x_1 + a_{m2}x_2 + \cdots + a_{mn}x_n = b_m, \end{cases} \tag{9.3.1}$$

其中 $x_1, x_2, \cdots, x_n$ 为未知量，a_{ij}是第 i 个方程中未知量 x_j 的常数系数($i=1,2,\cdots,m; j=1,2,\cdots,n$)，$b_i(i=1,2,\cdots,m)$称为常数项.

若 $b_i=0(i=1,2,\cdots,m)$，即

$$\begin{cases} a_{11}x_1 + a_{12}x_2 + \cdots + a_{1n}x_n = 0, \\ a_{21}x_1 + a_{22}x_2 + \cdots + a_{2n}x_n = 0, \\ \vdots \\ a_{m1}x_1 + a_{m2}x_2 + \cdots + a_{mn}x_n = 0, \end{cases} \tag{9.3.2}$$

则称方程组(9.3.2)为齐次线性方程组.

若 $b_i(i=1,2,\cdots,m)$不全为零，则称方程组(9.3.1)为非齐次线性方程组.

9.3.2 线性方程组与矩阵

1. 线性方程组的系数矩阵与增广矩阵

由方程组(9.3.1)的未知量的系数组成的 $m \times n$ 矩阵

$$\boldsymbol{A} = \begin{bmatrix} a_{11} & a_{12} & \cdots & a_{1n} \\ a_{21} & a_{22} & \cdots & a_{2n} \\ \vdots & \vdots & & \vdots \\ a_{m1} & a_{m2} & \cdots & a_{mn} \end{bmatrix}$$

称为线性方程组(9.3.1)的系数矩阵.

由方程组(9.3.1)的常数项 $b_i(i=1,2,\cdots,m)$组成的列矩阵

$$\boldsymbol{b} = \begin{bmatrix} b_1 \\ b_2 \\ \vdots \\ b_m \end{bmatrix}$$

称为线性方程组(9.3.1)的常数项矩阵.

由方程组(9.3.1)的系数矩阵 $\boldsymbol{A}$ 与常数项矩阵 $\boldsymbol{b}$ 组成的矩阵

$$\overline{\boldsymbol{A}} = \begin{bmatrix} a_{11} & a_{12} & \cdots & a_{1n} & b_1 \\ a_{21} & a_{22} & \cdots & a_{2n} & b_2 \\ \vdots & \vdots & & \vdots & \vdots \\ a_{m1} & a_{m2} & \cdots & a_{mn} & b_m \end{bmatrix} (\text{即 } \overline{\boldsymbol{A}} = [\boldsymbol{A} \quad \boldsymbol{b}])$$

称为线性方程组(9.3.1)的增广矩阵. 显然，增广矩阵完全确定了线性方程组.

2. 线性方程组的解

定义 9.3.3 如果存在一组常数 $a_1, a_2, \cdots, a_n$，使得当把 $x_1=a_1, x_2=a_2, \cdots, x_n=a_n$ 代入线性方程组(9.3.1)后，方程组中的每个方程都成为了恒等式，则称

$$x_1 = a_1, x_2 = a_2, \cdots, x_n = a_n$$

为线性方程组(9.3.1)的解,记做

$$x = [x_1 \quad x_2 \quad \cdots \quad x_n]^{\mathrm{T}} = [a_1 \quad a_2 \quad \cdots \quad a_n]^{\mathrm{T}}.$$

在线性方程组(9.3.1)中,每一个方程就是未知量所需要满足的一个条件.求解方程组,实质上就是要将满足所有方程条件的未知量的取值找出来.因此,对于有 n 个未知量的方程组来说,至少要有 n 个方程才有可能使方程组有唯一解.在一个方程组中,由于方程的个数(m 个)与未知量的个数(n 个)都是不固定的,而且各方程所代表的条件也可能是重复的甚至是矛盾的,所以线性方程组(9.3.1)的解会有三种可能,即:有无穷多组解、有唯一解和无解.

容易验证的是,由于齐次线性方程组(9.3.2)的常数项矩阵为零矩阵,所以其必有零解.同理可知,非齐次线性方程组必没有零解,只可能有非零解.

例 9.3.1　由于线性方程组 $\begin{cases} 2x_1 + 3x_2 + 5x_3 = 0 \\ x_1 - 3x_2 + x_3 = 4 \\ 2x_1 - 6x_2 + 2x_3 = 8 \end{cases}$ 的第二个和第三个方程是一样的条件,所以该方程组实质上只有两个方程,而未知量却有三个.因此,该方程组有无穷多组解.

例 9.3.2　由于线性方程组 $\begin{cases} 2x_1 + 3x_2 + 5x_3 = 0 \\ x_1 - 3x_2 + x_3 = 4 \\ 2x_1 - 6x_2 + 2x_3 = 6 \end{cases}$ 的第二个和第三个方程显然是矛盾的条件,所以该方程组无解.

例 9.3.3　由于线性方程组 $\begin{cases} 2x_1 + 3x_2 + 5x_3 = 0 \\ x_1 - 3x_2 + x_3 = 4 \\ x_1 - 5x_2 - 2x_3 = 6 \end{cases}$ 中有三个方程,既没有条件重复的方程,也没有条件矛盾的方程,而未知量又恰好有3个,所以该方程组有唯一解.

对于线性方程组(9.3.1),当未知量的个数 n 与方程的个数 m 数值比较大的时候,求方程组的解就成为了一项比较复杂的工作.甚至于,就连判断该方程组解的情况(有无穷多组解、有唯一解和无解)都是一件比较困难的事情.

对于线性方程组的解的问题,本书不再做进一步的讨论.

3.线性方程组的矩阵形式

对于由 m 个方程、n 个未知量组成的线性方程组(9.3.1),根据矩阵相等的定义(定义9.1.3),可以把方程组(9.3.1)写成

$$\begin{bmatrix} a_{11}x_1 + a_{12}x_2 + \cdots + a_{1n}x_n \\ a_{21}x_1 + a_{22}x_2 + \cdots + a_{2n}x_n \\ \vdots \\ a_{m1}x_1 + a_{m2}x_2 + \cdots + a_{mn}x_n \end{bmatrix} = \begin{bmatrix} b_1 \\ b_2 \\ \vdots \\ b_m \end{bmatrix}, \tag{9.3.3}$$

再根据矩阵乘法的定义(定义9.2.3),又可以将式(9.3.3)写成

$$\begin{bmatrix} a_{11} & a_{12} & \cdots & a_{1n} \\ a_{21} & a_{22} & \cdots & a_{2n} \\ \vdots & \vdots & & \vdots \\ a_{m1} & a_{m2} & \cdots & a_{mn} \end{bmatrix} \begin{bmatrix} x_1 \\ x_2 \\ \vdots \\ x_n \end{bmatrix} = \begin{bmatrix} b_1 \\ b_2 \\ \vdots \\ b_m \end{bmatrix}, \tag{9.3.4}$$

记矩阵

$$\boldsymbol{A} = \begin{bmatrix} a_{11} & a_{12} & \cdots & a_{1n} \\ a_{21} & a_{22} & \cdots & a_{2n} \\ \vdots & \vdots & & \vdots \\ a_{m1} & a_{m2} & \cdots & a_{mn} \end{bmatrix}, \boldsymbol{x} = \begin{bmatrix} x_1 \\ x_2 \\ \vdots \\ x_n \end{bmatrix}, \boldsymbol{b} = \begin{bmatrix} b_1 \\ b_2 \\ \vdots \\ b_m \end{bmatrix},$$

则线性方程组(9.3.1)可表示为

$$\boldsymbol{Ax} = \boldsymbol{b}. \tag{9.3.5}$$

称式(9.3.5)为线性方程组(9.3.1)的矩阵形式,其中 $\boldsymbol{A}$ 为系数矩阵,$\boldsymbol{b}$ 为常数项矩阵,$\boldsymbol{x} = [x_1 \quad x_2 \quad \cdots \quad x_n]^{\mathrm{T}}$ 为未知量矩阵.

例 9.3.4 用矩阵表示线性方程组

$$\begin{cases} x_1 - 2x_2 + x_3 = 1, \\ 2x_1 - x_2 + x_3 = 0, \\ x_1 + x_2 - x_3 = 2. \end{cases}$$

解 方程组的矩阵形式为

$$\boldsymbol{Ax} = \boldsymbol{b},$$

其中

$$\boldsymbol{A} = \begin{bmatrix} 1 & -2 & 1 \\ 2 & -1 & 1 \\ 1 & 1 & -1 \end{bmatrix}, \boldsymbol{x} = \begin{bmatrix} x_1 \\ x_2 \\ x_3 \end{bmatrix}, \boldsymbol{b} = \begin{bmatrix} 1 \\ 0 \\ 2 \end{bmatrix}.$$

例 9.3.5 某个线性方程组的增广矩阵为

$$\overline{\boldsymbol{A}} = \begin{bmatrix} 1 & -2 & 3 & -4 & 4 \\ 0 & 1 & -1 & 1 & -3 \\ 1 & 3 & 0 & 1 & 1 \\ 0 & -7 & 3 & 1 & -3 \end{bmatrix},$$

写出它所代表的线性方程组.

解 此增广矩阵所代表的线性方程组为

$$\begin{cases} x_1 - 2x_2 + 3x_3 - 4x_4 = 4, \\ x_2 - x_3 + x_4 = -3, \\ x_1 + 3x_2 + x_4 = 1, \\ -7x_2 + 3x_3 + x_4 = -3. \end{cases}$$

9.3.3 习题 9.3

1. 用矩阵表示线性方程组

$$\begin{cases}3x_1+2x_2+6x_3=6,\\3x_1+5x_2+9x_3=9,\\6x_1+4x_2+15x_3=6.\end{cases}$$

2. 某个线性方程组的增广矩阵为

$$\overline{A}=\begin{bmatrix}1&-1&1&-2&2\\2&0&-1&4&4\\3&2&1&0&-1\\-1&2&-1&2&-4\end{bmatrix},$$

写出它所代表的线性方程组.

9.4　线性规划模型

经营管理中如何有效地利用现有人力、物力完成更多的任务,或在预定的任务目标下,如何耗用最少的人力、物力去实现目标,这些都属于统筹规划类的问题.线性规划即是一种比较常见的,也是比较简单的统筹规划类问题.

线性规划所研究的,是在线性约束条件下,解决线性目标函数的极值问题的数学理论和方法.线性规划的英文为 Linear Programming,常缩写为 LP. 在这一节里,我们将通过案例介绍线性规划问题及其数学模型、运输问题的数学模型以及线性整数规划模型.

9.4.1　线性规划问题及其数学模型

模型是对现实世界的事物、现象、过程和系统等这些“原型”的简化描述,也可以是对“原型”中部分属性的模仿.笼统地说,模型就是对实际问题的抽象概括和严格的逻辑表达.模型可以分为很多种,如直观模型、物理模型、符号模型等.其中,数学模型则是由数字、字母或其他数学符号组成的,描述现实对象规律的数学公式、图形或算法.本节讨论的线性规划模型即是一种数学模型,是对线性规划问题所做的一种数学表述.

1. 线性规划问题

下面先考察一个线性规划问题的案例.

例 9.4.1　某工厂可生产甲、乙两种产品,需消耗煤、电、油三种资源,有关数据见表 9.4.1. 试拟订使总收入最大的生产计划方案.

表 9.4.1

资源单耗 / 产品 / 资源	甲	乙	资源限量
煤	9	4	360
电	4	5	200
油	3	10	300
单位产品价格	7	12	

为解决这一问题,我们首先要根据问题欲达到的目标(总收入最大)选取适当的变量.

因为产品的价格是固定的,那么影响总收入的变化量就是产品的产量了,因此可以选取甲、乙产品的计划产量作为变量,称之为决策变量. 这样,就可以将问题的目标表示成决策变量的函数形式了,我们称这个函数为目标函数. 由于资源消耗必然影响着实际总收入,因此将各种资源消耗作为限制条件也用决策变量的等式或不等式表达出来,称之为约束条件. 这样就构造出了解决这一问题的数学模型,具体如下.

解 设安排甲、乙产量分别为 x_1, x_2(决策变量),显然其中蕴涵了一个约束条件,即

$$x_1, x_2 \geqslant 0.$$

再设总收入为 z,则有总收入函数(目标函数)

$$z = 7x_1 + 12x_2.$$

为体现追求总收入最大化这一目标,在 z 的前面冠以"max",即

$$\max z = 7x_1 + 12x_2.$$

煤、电、油三种资源的消耗作为约束条件,即

$$\begin{cases} 9x_1 + 4x_2 \leqslant 360, \\ 4x_1 + 5x_2 \leqslant 200, \\ 3x_1 + 10x_2 \leqslant 300. \end{cases}$$

所以,解决本问题的数学模型为

$$\max z = 7x_1 + 12x_2,$$

$$\text{s. t.} \begin{cases} 9x_1 + 4x_2 \leqslant 360 \\ 4x_1 + 5x_2 \leqslant 200 \\ 3x_1 + 10x_2 \leqslant 300 \\ x_1, x_2 \geqslant 0 \end{cases}.$$

其中,s. t. (subject to)意为"受约束于",是指代"约束条件"的一种固定表示方法.

定义 9.4.1 当变量连续取值时,如果目标函数和约束条件均为线性式,则称这类数学模型为线性规划模型.

显然,解决例 9.4.1 的过程中,我们最终建立的数学模型即是一个线性规划模型.

由定义 9.4.1 知,线性规划模型的一个基本特点是,目标函数和约束条件均为变量的线性表达式. 也就是说,如果模型中出现如

$$x_1^2 + 2\ln x_2 - \frac{1}{x_3}$$

这样的非线性表达式,则不属于线性规划模型.

例 9.4.1 中的线性规划模型除了具有线性特点之外,模型中显然还包含了下面三个要素.

(1)决策变量:需决策的量,即待求的未知数.

(2)目标函数:需优化的量,即欲达的目标,用决策变量的函数表达式表示.

(3)约束条件:为实现优化目标需受到的限制,用决策变量的等式或不等式表示.

那么,这种建立线性规划模型的方法是否对其他线性规划问题也具有普遍适用性呢?我们用这种方法继续考察下面的问题.

例 9.4.2 某市今年要兴建大量住宅,已知有三种住宅体系可以大量兴建,各体系资源用量及今年供应量见表 9.4.2. 要求在充分利用各种资源的条件下使建造住宅的总面积最

大,求建造方案.

表 9.4.2

住宅体系 \ 资源	造价(元/m^2)	钢材(kg/m^2)	水泥(kg/m^2)	砖(块/m^2)	人工(工日/m^2)
砖混住宅	105	12	110	210	4.5
壁板住宅	135	30	190	—	3.0
大模住宅	120	25	180	—	3.5
资源限量	110 000(千元)	20 000(吨)	150 000(吨)	147 000(千块)	4 000(千工日)

在本例中,使建造住宅的总面积最大是欲达到的目标,而分别修建砖混、壁板和大模住宅的面积显然是影响目标达成的决策变量. 至于来自资源造价、钢材、水泥、砖、人工限量等几个方面的条件限制,则必然成为约束条件.

解　设今年计划修建砖混、壁板、大模住宅的面积分别为 x_1, x_2, x_3,显然其中蕴涵了一个约束条件,即

$$x_1, x_2, x_3 \geqslant 0.$$

再设总面积为 z,则本问题的目标函数为

$$z = x_1 + x_2 + x_3.$$

为体现追求总面积最大化这一目标,在 z 的前面冠以"max",即

$$\max z = x_1 + x_2 + x_3.$$

来自资源造价、钢材、水泥、砖、人工限量等几个方面的条件限制作为约束条件,即

$$\begin{cases} 0.105x_1 + 0.135x_2 + 0.120x_3 \leqslant 110\,000, \\ 0.012x_1 + 0.030x_2 + 0.025x_3 \leqslant 20\,000, \\ 0.110x_1 + 0.190x_2 + 0.180x_3 \leqslant 150\,000, \\ 0.210x_1 \leqslant 147\,000, \\ 0.004\,5x_1 + 0.003x_2 + 0.003\,5x_3 \leqslant 4\,000. \end{cases}$$

所以,解决本问题的数学模型为

$$\max z = x_1 + x_2 + x_3,$$

$$s.t. \begin{cases} 0.105x_1 + 0.135x_2 + 0.120x_3 \leqslant 110\,000, \\ 0.012x_1 + 0.030x_2 + 0.025x_3 \leqslant 20\,000, \\ 0.110x_1 + 0.190x_2 + 0.180x_3 \leqslant 150\,000, \\ 0.210x_1 \leqslant 147\,000, \\ 0.004\,5x_1 + 0.003x_2 + 0.003\,5x_3 \leqslant 4\,000, \\ x_1, x_2, x_3 \geqslant 0. \end{cases}$$

显然,例 9.4.1 中建立数学模型的方法平移至本例中仍然适用. 这就表明,这种用以解决线性规划问题的数学模型——线性规划模型,对于线性规划问题的解决是具有普适性的. 事实上,前苏联的尼古拉也夫斯克城的住宅兴建计划就是采用了上述模型,其中共用了 12 个决策变量和 10 个约束条件. 因此,将数学规划模型进行一般化的总结整理,显然是具有实用价值的.

2. 线性规划问题的数学模型——线性规划模型

从前面的案例分析结果不难看出，线性规划模型由决策变量、目标函数和约束条件三部分构成，且目标函数和约束条件必须是决策变量的线性表达式. 在模型中，目标函数既可以求最大，也可以求最小；约束条件既可以是不等式，也可以是等式；决策变量的约束必须是非负约束.

因此，可以总结出线性规划模型的一般形式，即

$$\max(\text{或}\ \min)z = c_1x_1 + \cdots + c_nx_n = \sum_{i=1}^{n} c_ix_i,$$

$$s.t.\begin{cases} a_{11}x_1 + \cdots + a_{1n}x_n \leqslant (\text{或} =, \text{或} \geqslant) b_1, \\ \vdots \\ a_{m1}x_1 + \cdots + a_{mn}x_n \leqslant (\text{或} =, \text{或} \geqslant) b_m, \\ x_1, \cdots, x_n \geqslant 0, \end{cases}$$

其中，$x_1,\cdots,x_n$ 为决策变量；$z = \sum\limits_{i=1}^{n} c_ix_i$ 为目标函数；常数 $c_1,\cdots,c_n$ 为价格系数；常数 $a_{ij}(i = 1,\cdots,m;j = 1,\cdots,n)$ 为技术系数；常数 $b_1,\cdots b_m$ 为资源限制值（即约束条件取值）.

为了记述的形式更加简洁，类似于线性方程组的矩阵形式表示，线性规划模型也可以表示成矩阵形式.

将由决策变量构成的列矩阵记做 $\boldsymbol{X}$，即

$$\boldsymbol{X} = [x_1 \quad x_2 \quad \cdots \quad x_n]^{\mathrm{T}},$$

称列矩阵 $\boldsymbol{X}$ 为决策变量向量，则

$$\boldsymbol{X} \geqslant 0$$

即表示对决策变量的非负约束.

将由价格系数构成的行矩阵记做 $\boldsymbol{C}$，即

$$\boldsymbol{C} = [c_1 \quad c_2 \quad \cdots c_n],$$

称行矩阵 $\boldsymbol{C}$ 为价格系数向量，则

$$z = \boldsymbol{CX}$$

即为目标函数的矩阵形式.

将由技术系数构成的 $m \times n$ 矩阵记做 $\boldsymbol{A}$，即

$$\boldsymbol{A} = (a_{ij})_{m \times n} = \begin{bmatrix} a_{11} & a_{12} & \cdots & a_{1n} \\ a_{21} & a_{22} & \cdots & a_{2n} \\ \vdots & \vdots & & \vdots \\ a_{m1} & a_{m2} & \cdots & a_{mn} \end{bmatrix},$$

称矩阵 $\boldsymbol{A}$ 为技术系数矩阵；再将由资源限制值构成的列矩阵记做 $\boldsymbol{b}$，即

$$\boldsymbol{b} = [b_1 \quad b_2 \quad \cdots \quad b_m]^{\mathrm{T}},$$

称列矩阵 $\boldsymbol{b}$ 为资源限制向量，那么，由资源限制构成的约束条件即可表示为

$$\boldsymbol{AX} \leqslant (\text{或} =, \text{或} \geqslant) \boldsymbol{b}.$$

所以，线性规划模型的矩阵形式可表示为

$$\max(\text{或}\ \min)z = CX,$$

$$s.t.\begin{cases} \boldsymbol{AX} \leqslant (\text{或} =, \text{或} \geqslant) b \\ \boldsymbol{X} \geqslant 0 \end{cases}.$$

线性规划模型为解决线性规划问题提供了一般性的方法,是具有普适性的. 由于线性规划问题涉及社会生活与经济活动中的多种不同问题,是具有多样性的. 因此,线性规划模型在具体应用时,也会因为不同类型问题的特点不同而体现出一些个性化的特点. 下面,我们将对一些有代表性的线性规划问题的数学模型进行进一步探讨.

9.4.2　运输问题及其数学模型

在生产活动和日常生活中,人们常需要将某些物品(包括人们自身)由一个空间位置移动到另一个空间位置,这就产生了运输. 随着社会和经济的发展,"运输"变得越来越复杂,运输量有时非常巨大,科学组织运输显得十分必要.

习惯上,把这种将某种物资从若干供应点运往一些需求点,并在供需量约束条件下使总费用最小(或总利润最大)的问题,称为运输问题.

1. 运输问题

现有一批货物,从 m 个仓库运往 n 个销售地,S_i 处有货物 a_i t,D_j 处需货物 b_j t,从 S_i 到 D_j 的运价为 c_{ij}元/t. 问如何安排,既可满足各销地需要,又使总运费最小?

上述问题即是一个由多个产地供应多个销地的物品运输问题(图 9.4.1),表 9.4.3 是产销平衡表,表 9.4.4 是单位运价表.

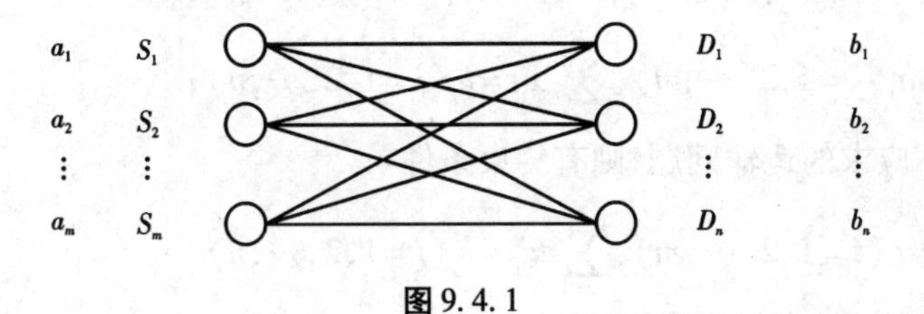

图 9.4.1

表 9.4.3

销地 产地	D_1	D_2	…	D_n	产量
S_1	x_{11}	x_{12}	…	x_{1n}	a_1
S_2	x_{21}	x_{22}	…	x_{2n}	a_2
$\vdots$	$\vdots$	$\vdots$		$\vdots$	$\vdots$
S_m	x_{m1}	x_{m2}	…	x_{mm}	a_m
销量	b_1	b_2	…	b_n	$\sum\limits_{i=1}^{m} a_i = \sum\limits_{j=1}^{n} b_j$

表 9.4.4

销地 产地	D_1	D_2	…	D_n
S_1	c_{11}	c_{12}	…	c_{1n}
S_2	c_{21}	c_{22}	…	c_{2n}
$\vdots$	$\vdots$	$\vdots$		$\vdots$
S_m	c_{m1}	c_{m2}	…	c_{mn}

在运输问题中,若总产量等于其总销量,即

$$\sum_{i=1}^{m} a_i = \sum_{j=1}^{n} b_j ,$$

则称该运输问题为产销平衡运输问题;反之,则称为产销不平衡运输问题. 产销不平衡的运输问题又可以分为供过于求和供不应求两种情况.

运输问题是一类线性规划问题,因此可以采用线性规划模型. 具体如下.

以从产地 i 运往销地 j 的运输量为决策变量 $x_{ij}(i=1,\cdots,m;j=1,\cdots,n)$,以总运费为目标函数 z,欲达目标为"使总运费最小",结合表 9.4.4 中的数据得

$$\begin{aligned}\min z &= c_{11}x_{11}+c_{12}x_{12}+\cdots+c_{1n}x_{1n}+c_{21}x_{21}+c_{22}x_{22}+\cdots+c_{2n}x_{2n}\\&\quad+\cdots\cdots+c_{m1}x_{m1}+c_{m2}x_{m2}+\cdots+c_{mn}x_{mn}\\&=\sum_{i=1}^{m}\sum_{j=1}^{n}c_{ij}x_{ij}.\end{aligned}$$

显然,对决策变量 $x_{ij}(i=1,\cdots,m;j=1,\cdots,n)$应有非负约束

$$x_{ij}\geqslant 0(i=1,\cdots,m;j=1,\cdots,n).$$

再根据产销平衡的不同情况,结合表 9.4.3 中的数据得到其余约束条件,即

(1)若为供销平衡运输问题,则有约束条件

$$\sum_{j=1}^{n}x_{ij}=a_i(i=1,2,\cdots,m),\sum_{i=1}^{n}x_{ij}=b_j(j=1,2,\cdots,n);$$

(2)若为供过于求运输问题,则有约束条件

$$\sum_{j=1}^{n}x_{ij}\leqslant a_i(i=1,2,\cdots,m),\sum_{i=1}^{m}x_{ij}=b_j(j=1,2,\cdots,n);$$

(3)若为供不应求的运输问题,则有约束条件

$$\sum_{j=1}^{n}x_{ij}\geqslant a_i(i=1,2,\cdots,m),\sum_{i=1}^{m}x_{ij}=b_j(j=1,2,\cdots,n).$$

至此,可以得到运输问题的数学模型.

2. 运输问题的数学模型——运输模型

(1)供销平衡的运输问题

$$\min z=\sum_{i=1}^{m}\sum_{j=1}^{n}c_{ij}x_{ij},$$

$$s.t.\begin{cases}\sum_{j=1}^{n}x_{ij}=a_i(i=1,\cdots,m),\\\sum_{i=1}^{m}x_{ij}=b_j(j=1,\cdots,n),\\x_{ij}\geqslant 0(i=1,\cdots,m;j=1,\cdots,n).\end{cases}$$

(2)供过于求的运输问题

$$\min z=\sum_{i=1}^{m}\sum_{j=1}^{n}c_{ij}x_{ij},$$

$$s.t.\begin{cases}\sum_{j=1}^{n}x_{ij}\leqslant a_i(i=1,\cdots,m),\\\sum_{i=1}^{m}x_{ij}=b_j(j=1,\cdots,n),\\x_{ij}\geqslant 0(i=1,\cdots,m;j=1,\cdots,n).\end{cases}$$

(3)供不应求的运输问题

$$\min z=\sum_{i=1}^{m}\sum_{j=1}^{n}c_{ij}x_{ij},$$

$$s.t.\begin{cases}\sum_{j=1}^{n}x_{ij}\geqslant a_i(i=1,\cdots,m),\\ \sum_{i=1}^{m}x_{ij}=b_j(j=1,\cdots,n),\\ x_{ij}\geqslant 0(i=1,\cdots,m;j=1,\cdots,n).\end{cases}$$

例 9.4.3　设有两个水泥厂 A_1,A_2,每年生产水泥分别为 40 t 与 50 t,它们供应三个工区 B_1、B_2、B_3,其需要量分别为 25 万 t、35 万 t、30 万 t,各产地与销地之间的单位运价(万元/万 t)如表 9.4.5 所示,怎样调运才能使总运费最少?试建立线性规划模型.

表 9.4.5

销地 产地	B_1	B_2	B_3	发量
A_1	10	12	9	40
A_2	8	11	13	50
收量	25	35	30	合计 90

显然,这是一个产销平衡的运输问题. 因为总发量与总收量相等,均为 90,所以套用前面供销平衡运输问题模型即可建立本问题的线性规划模型.

解　设 x_{ij} 表示产地 A_i 运往销地 B_j 的运量($i=1,2;j=1,2,3$),z 为总运费,则有

$$\min S=10x_{11}+12x_{12}+9x_{13}+8x_{21}+11x_{22}+13x_{23},$$

$$s.t.\begin{cases}x_{11}+x_{12}+x_{13}=40,\\ x_{21}+x_{22}+x_{23}=50,\\ x_{11}+x_{21}=25,\\ x_{12}+x_{22}=35,\\ x_{13}+x_{23}=30,\\ x_{ij}\geqslant 0(i=1,2;j=1,2,3).\end{cases}$$

对比线性规划模型的一般形式,尽管运输模型仍然是线性规划模型,但不论是决策变量的表示方式,还是目标函数的表达式,再到约束条件的表达式,运输模型都体现出了明显的"个性". 而且,在具体使用运输模型时,还必须注意分清运输的供销类型.

9.4.3　线性整数规划及其数学模型

1. 线性整数规划

定义 9.4.2　要求一部分或全部决策变量必须取整数的线性规划问题称为线性整数规划.

针对"一部分或全部决策变量必须取整数"这一特殊要求,线性整数规划问题又可以细

分为三类.

(1)纯整数线性规划:指全部决策变量都必须取整数值的线性整数规划;

(2)混合整数线性规划:指部分决策变量必须取整数值的线性整数规划,即决策变量中一部分取整数,其余部分是连续变量;

(3)0-1 整数线性规划:指不仅限定决策变量取整数,而且只允许取 0 和 1 两个值的线性整数规划.

定义 9.4.3 若变量只能取值 0 或 1,则称其为 0-1 变量.

0-1 变量作为逻辑变量,常被用来表示系统是否处于某个特定状态,或者决策时是否取某个特定方案. 例如

$$x=\begin{cases}1, & \text{当决策取方案 } P \text{ 时},\\ 0, & \text{当决策不取方案 } P \text{ 时}.\end{cases}$$

当问题含有多项要素,而每项要素皆有两种选择时,可用一组 0-1 变量来描述. 0-1 变量不仅广泛应用于科学技术问题,在经济管理问题中也有十分重要的应用.

由定义 9.4.2 可知,线性整数规划问题与一般线性规划问题的区别,仅仅在于对决策变量的约束上. 因此,只需将线性规划模型中对决策变量部分的约束稍加改动,即约束一部分或全部决策变量必须取整数,即可得到关于线性整数规划问题的数学模型.

2. 线性整数规划问题的数学模型——线性整数规划模型

线性整数规划模型的一般形式为

$$\max(\text{或 } \min) z=\sum_{j=1}^{n} c_j x_j,$$

$$s.t.\begin{cases}\sum\limits_{j=1}^{n} a_{ij}x_j \leqslant (\text{或} =,\text{或} \geqslant) b_i,(i=1,2,\cdots,m)\\ x_j \geqslant 0 \quad (j=1,2,\cdots,n),\\ x_j \in \mathbf{N}^+ (j=1,2,\cdots,k \text{ 且 } 0<k\leqslant n, k\in \mathbf{N}^+).\end{cases}$$

针对前述线性整数规划的三种不同情况,线性整数规划模型又可细分为纯整数规划模型、混合整数规划模型和 0-1 整数规划模型这三种类型.

(1)纯整数规划模型.

$$\max(\text{或 } \min) z=\sum_{j=1}^{n} c_j x_j,$$

$$s.t.\begin{cases}\sum\limits_{j=1}^{n} a_{ij}x_j \leqslant (\text{或} =,\text{或} \geqslant) b_i (i=1,2,\cdots,m)\\ x_j \in \mathbf{N}^+ (j=1,2,\cdots,n)\end{cases}$$

(2)混合整数规划模型.

$$\max(\text{或 } \min) z=\sum_{j=1}^{n} c_j x_j,$$

$$s.t.\begin{cases}\sum\limits_{j=1}^{n} a_{ij}x_j \leqslant (\text{或} =,\text{或} \geqslant) b_i (i=1,2,\cdots,m)\\ x_j \geqslant 0 \quad (j=1,2,\cdots,n)\\ x_j \in \mathbf{N}^+ (j=1,2,\cdots,k \text{ 且 } 0<k<n, k\in \mathbf{N}^+)\end{cases}$$

(3)0－1 整数规划模型.

$$\max(\text{或}\min)z=\sum_{j=1}^{n}c_jx_j,$$

$$s.t.\begin{cases}\sum_{j=1}^{n}a_{ij}x_j\leqslant(\text{或}=,\text{或}\geqslant)b_i(i=1,2,\cdots,m),\\x_j=0\text{ 或 }1(j=1,2,\cdots,n).\end{cases}$$

例 9.4.4　某厂拟用集装箱托运甲乙两种货物,每箱的体积、重量、可获利润以及托运受限制如表 9.4.6 所示,问两种货物各托运多少箱,可使获得利润最大?

表 9.4.6

货物	体积每箱(m^3)	重量每箱(50 kg)	利润每箱(百元)
甲	5	2	20
乙	4	5	10
限制	24	13	

显然应选取甲、乙两种货物的托运箱数为决策变量. 由于托运时是不允许拆箱的,也就是说要整箱托运,故所有决策变量均应为正整数. 所以这是一个纯整数线性规划问题,因此,可以套用纯整数规划模型.

解　设甲货物托运 x_1 箱,乙货物托运 x_2 箱,利润为 z,则有

$$\max z=20x_1+10x_2,$$

$$s.t.\begin{cases}5x_1+4x_2\leqslant24,\\2x_1+5x_2\leqslant13,\\x_1,x_2\geqslant0,\\x_1,x_2\text{ 整数}.\end{cases}$$

例 9.4.5　投资项目选择问题.

现有资金总额为 B,可供选择的投资项目有 n 个,项目 j 所需投资和预期收益分别为 a_j 和 c_j. 此外,由于种种原因,有三个附加条件:第一,若选择项目 1,就必须同时选择项目 2,反之,则不一定;第二,项目 3 和项目 4 中至少选择一个;第三,项目 5、项目 6 和项目 7 中恰好选择两个. 应当怎样选择投资项目,才能使总预期收益最大?

对于这种选择问题,由于对于每一个待选项目来说,只有选择与不选择这两种情况,所以适宜引入 0－1 变量,进而建立 0－1 整数规划模型.

解　设决策变量 $x_j=\begin{cases}1 & \text{投资项目 } j\\0 & \text{不投资项目 } j\end{cases}(j=1,2,\cdots,n)$,

再设总预期收益为 z,则

$$z=\sum_{j=1}^{n}c_jx_j.$$

由于若选择项目 1,就必须同时选择项目 2,反之,则不一定,所以有

$$x_2\geqslant x_1;$$

由于项目 3 和 4 中至少选择一个,所以有约束条件

$x_3+x_4\geqslant 1$;

由于项目5,6和7中恰好选择两个,所以有

$x_5+x_6+x_7=2$.

则该问题的0－1整数规划模型为

$$\max z=\sum_{j=1}^{n}c_jx_j,$$

$$s.t.\begin{cases}\sum_{j=1}^{n}a_jx_j\leqslant B,\\x_2\geqslant x_1,\\x_3+x_4\geqslant 1,\\x_5+x_6+x_7=2,\\x_j=0\text{ 或 }1(j=1,2,\cdots,n).\end{cases}$$

例9.4.6 运动员选拔问题

4×100 m混合泳接力是观众最感兴趣的游泳项目之一.现在从实例出发,研究混合泳运动员的选拔问题.

甲、乙、丙、丁是4名游泳运动员,他们各种姿势的100 m游泳成绩见表9.4.7,为组成一个4×100 m混合泳接力队,怎么样选派运动员,才能使接力队的游泳成绩最好?

表9.4.7

运动员	仰泳	蛙泳	蝶泳	自由泳
甲	75.5	86.8	66.6	58.4
乙	65.8	66.2	57.0	52.8
丙	67.6	84.3	77.8	59.1
丁	74.0	69.4	60.8	57.0

由于选派运动员即是一种选择问题,故引入0－1变量,选择0－1整数规划模型.

解 设$x_{ij}=0$或$1,(i,j=1,2,3,4)$,若选派运动员i参加泳姿j的比赛,记$x_{ij}=1$,否则记$x_{ij}=0$.

设接力队的游泳成绩为y,则

$$y=\sum_{i=1}^{4}\sum_{j=1}^{4}c_{ij}x_{ij}$$

由于每人只能入选4种泳姿之一,所以有约束条件

$$\sum_{j=1}^{4}x_{ij}=1;$$

由于每种泳姿必须有1人而且只能有1人入选,所以有

$$\sum_{i=1}^{4}x_{ij}=1.$$

则该问题的0－1规划模型为

$$\min y=75.5x_{11}+86.8x_{12}+66.6x_{13}+58.4x_{14}$$

$$+65.8x_{21}+66.2x_{22}+57.0x_{23}+52.8x_{24}$$
$$+67.6x_{31}+84.3x_{32}+77.8x_{33}+59.1x_{34}$$
$$+74.0x_{41}+69.4x_{42}+60.8x_{43}+57.0x_{44},$$

$$s.t.\begin{cases}x_{1j}+x_{2j}+x_{3j}+x_{4j}=1\,(j=1,2,3,4),\\ x_{i1}+x_{i2}+x_{i3}+x_{i4}=1\,(i=1,2,3,4),\\ x_{ij}=0\text{ 或 }1,\,(i,j=1,2,3,4).\end{cases}$$

9.4.4　习题9.4

1. 某工厂生产甲、乙两种产品,产品市场价格分别为7万元/件和12万元/件. 根据这个工厂的技术条件和过去的经验知道,生产这两种产品需三种主要资源:原材料、电力、劳动力. 已知工厂现有这三种资源的可用数量和每件产品所需消耗的资源数量,相关数据如表9.4.8所示. 在这种条件下应生产甲、乙两种产品各多少,才能使所获得的总产值最大?试建立线性规划模型.

表9.4.8

产品	所需资源			产品单价（万元/件）
	原料(吨/件)	电力(万度/件)	劳力(千时/件)	
甲	9	4	3	7
乙	4	5	10	12
现有资源数	360(吨)	200(万度)	300(千时)	

2. 某畜牧厂每日要为牲畜购买饲料以使其获取 A,B,C,D 四种养分. 市场上可选择的饲料有 M,N 两种. 有关数据见表9.4.9. 试决定买 M 与 N 两种饲料各多少千克而使支出的总费用为最少?

表9.4.9

	售价(元/kg)	每千克含营养成分			
		A	B	C	D
M	10	0.1	0	0.1	0.2
N	4	0	0.1	0.2	0.1
牲畜每日每头需要量		0.4	0.6	2.0	1.7

3. 一个徒步旅行者要在背包中选择一些最有价值的物品携带,他最多能携带115 kg的物品. 现共有5件物品,分别重54 kg,35 kg,57 kg,46 kg,19 kg,其价值依次为7,5,9,6,3. 问该旅行者携带哪些物品,使总价值最大?

4. 某部门有3个生产同类产品的工厂(产地),生产的产品由4个销售点(销地)出售,各工厂的生产量、各销售点的销售量(假定单位均为t)以及各个工厂到各销售点的单位运价(元/t)如表9.4.10所示,要求研究产品如何调运才能使总运费最少?

表 9.4.10

产地 \ 销地	B_1	B_2	B_3	B_4	产量
A_1	4	12	4	11	16
A_2	2	10	3	9	10
A_3	8	5	11	6	22
销量	8	14	12	14	48

5. 某钻井队要从以下 10 个可供选择的井位中确定 5 个钻井探油，使总的钻探费用为最小. 若 10 个井位的代号为 $A_1,\cdots,A_{10}$，相应的钻探费用为 $C_1,\cdots,C_{10}$，并且井位选择要满足下列限制条件：

(1) A_1,A_5,A_6 只能选其中之一；

(2) 选 A_2 或 A_3 就不能选 A_4，反之亦然；

(3) 在 A_7,A_8,A_9,A_{10} 中最多只能选两个.

试建立线性规划模型.

第 10 章　软件 MATLAB 入门

给我一个支点,我可以撬动地球.

——阿基米德(古希腊)

软件 MATLAB 是一个集数值计算、符号分析、图像显示、文字处理于一体的大型集成化软件. 1984 年由美国的 MathWorks 公司推出的数学软件 MATLAB,其优秀的数值计算能力和数据可视化能力使它很快在数学软件中脱颖而出. 经过十几年的市场竞争和发展,软件 MATLAB 已发展成为在自动控制、生物医学工程、信号分析处理、语言处理、图像信号处理、雷达工程、统计分析、计算机技术、金融界和数学界等各行各业中都有极其广泛应用的数学软件. 软件 MATLAB 之所以成为在校大学生、硕士生、博士生所热衷的基本数学软件,正是因为其具有易学、适用范围广、功能强、开放性强、网络资源丰富等特点.

软件 MATLAB 不仅可以使不同专业的学生借助计算机进行科学研究和科学计算,而且在数学实验和数学建模教学中也占有重要地位. 在本书中,我们将介绍软件 MATLAB 在数学中的最简单实用的部分内容,目的是使各个专业的学生能够很快掌握数学软件 MATLAB 的主要功能,并能用它去解决在专业学习或实际工作中遇到的问题.

10.1　软件 MATLAB 7.0 基本操作

10.1.1　软件 MATLAB 7.0 的启动

启动软件 MATLAB 7.0 有多种方式. 最常用的方法是双击系统桌面的软件 MATLAB 7.0 图标,也可以在开始菜单的程序选项中选择软件 MATLAB 7.0 快捷方式. 初次启动软件 MATLAB 7.0 后,将进入软件 MATLAB 7.0 默认设置的桌面平台(图 10.1.1).

10.1.2　软件 MATLAB 7.0 的常用窗口

软件 MATLAB 7.0 默认桌面有三个最常用的窗口:命令窗口(CommandWindow)、工作间管理窗口(Workspace)、历史窗口(CommandHistory). 在窗口的左下角有开始(Start)按钮. 在缺省情况下,还有一个只能看见窗口名的常用交互窗口:当前目录窗口(CurrentDirectory).

命令窗口(CommandWindow),窗口中的“> >”作为命令提示符,其后输入命令,按回车键执行计算,并输出运算结果.

工作间管理窗口(Workspace),显示所有目前内存中的软件 MATLAB 7.0 变量名(Name)、值(Value)、尺寸(Size)、字节数(Bytes)和类型(Class),并可以直接进行变量的编辑.

历史窗口(CommandHistory),列出在命令窗口执行过的输入记录.

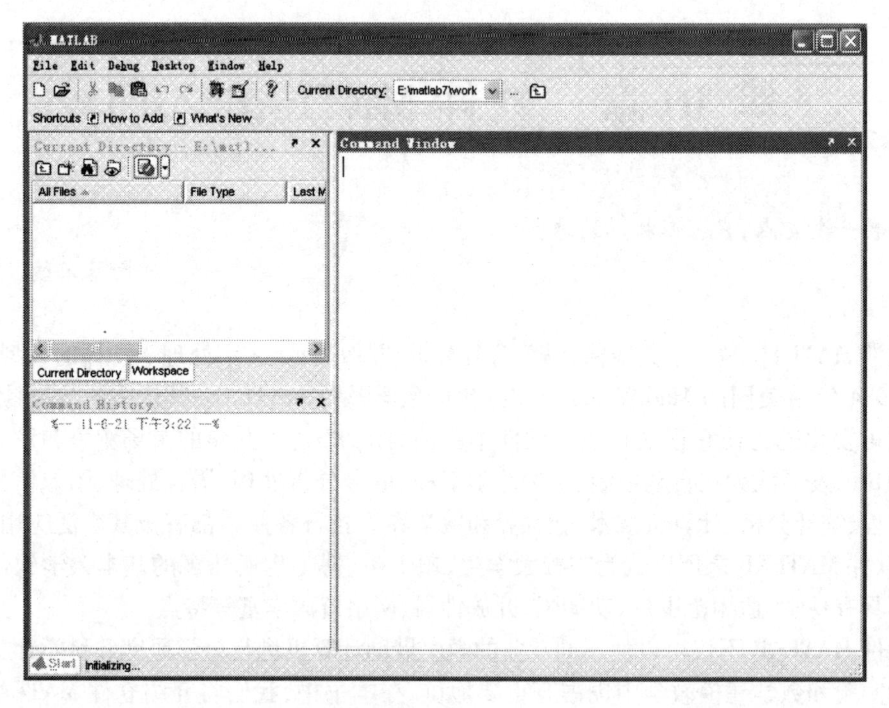

图 10.1.1

当前目录窗口(CurrentDirectory),用于显示及设置当前工作目录,同时显示当前工作目录下的文件名、文件类型及目录的修改时间等信息.

10.1.3 软件 MATLAB 7.0 常用工具栏

File:New:M. file——单击 M. file 选项新建 M 文件;

File:Import——导入数据文件(Mat 文件)到软件 MATLAB 7.0 工作空间;

File:SaveWorkspaceAs——将工作空间所有变量和数据保存为数据 Mat 文件;

File:SetPath——设置软件 MATLAB 7.0 文件搜索路径;

File:Preferences——设置软件 MATLAB 7.0 选项,如数据显示格式,字体等;

Desktop:DesktopLayout——窗口布局选择,一般使用默认.

10.1.4 软件 MATLAB 7.0 中的变量名规则

变量名必须是不含空格的单个词并且区分大小写;变量名最多不超过 19 个字母,必须以字母开头,之后可以是任意字母、数字或下划线;变量名中不允许使用标点符号.还有一些为永久变量,如表 10.1.1 所示.

表 10.1.1

变量名	含义
syms	符号变量的说明函数
ans	系统默认的变量名

续表

变量名	含义
eps	机器零阈值
pi	圆周率 π
Inf 或 inf	无穷大
NaN	非数(Not a number)
i,j	虚数单位

10.1.5 软件 MATLAB 7.0 中的特殊符号和运算符

1. 特殊符号

软件 MATLAB 7.0 的每条命令后,若为逗号或无标点符号,则显示命令的结果;若命令后为分号,则禁止显示结果;"%"后面所有文字为注释;"…"表示续行.

2. 运算符

表 10.1.2

运算符	含义	运算符	含义
+	加法	^	幂
-	减法	.*	数组乘
*	乘法	./	数组除
/	除法	.^	数组的幂

10.1.6 软件 MATLAB 7.0 中的常用函数

表 10.1.3

	函数名称	功　能	函数名称	功　能
三角函数	sin	正弦	cot	余切
	asin	反正弦	acot	反余切
	cos	余弦	sec	正割
	acos	反余弦	asec	反正割
	tan	正切	csc	余割
	atan	反正切	acsc	反余割
指数函数	exp	以 e 为底的指数	log	自然对数
	log10	以 10 为底的对数	sqrt	开平方
复数函数	abs	绝对值或复数的模	imag	复数的虚部
	conj	复数的共轭	real	复数的实部
取整函数	round	四舍五入到最近的数	fix	朝零方向取整
	floor	朝负无穷(-∞)方向取整	mod	余数
	ceil	朝正无穷(+∞)方向取整	sign	符号函数

10.1.7 利用软件 MATLAB 7.0 作图

1. 利用软件 MATLAB 7.0 作一般函数图形

通过图形加深对函数性质的认识与理解,通过函数图形的变化趋势理解函数的极限,掌握用软件 MATLAB7.0 作平面曲线的方法.

表 10.1.4

命令	功能
x = a:t:b	构造一维等差数组,初值 a:增值 t:终值 b
plot(x,y,'s')	绘制出以向量 x 为横坐标、y 为纵坐标的二维曲线,s 是线形
ezplot(f,[a,b])	表示在[a,b]绘制显函数 f 的图形

例 10.1.1 作出符号函数 $y=\operatorname{sgn} x$ 的图形.

```
>>ezplot('sign(x)',[-2,2])
```

结果显示见图 10.1.2.

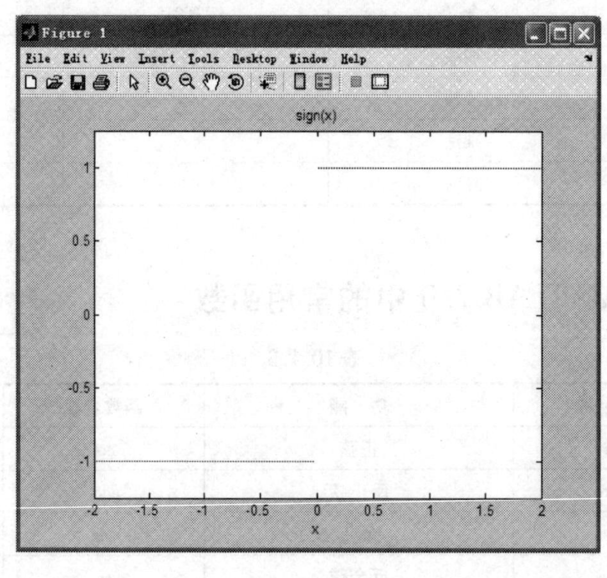

图 10.1.2

2. 利用条件语句作分段函数图形

分段函数的定义用到条件语句,而条件语句根据具体条件分支的方式不同,可有多种不同形式的 if 语句块.这里仅给出较为简单的三种条件语句块.

(1)if <条件表达式>

　　语句体

　end

(2)if <条件表达式>

　　语句体 1

```
    else
      语句体 2
    end
(3)if <条件表达式 1>
      语句体 1
    elseif <条件表达式 2>
      语句体 2
    else
      语句体 3
    end
```

例 10.1.2　作出分段函数$f(x)=\begin{cases} x, & x<1 \\ -2x-1, & 1<x<3 \\ e^x, & x\geqslant 3 \end{cases}$的图形.

```
>>x = -5:0.1:5;
>>if  x<1
y = x;
elseif  x>=1&x<3
y = -2*x-1;
else
y = exp(x);
end
>>plot(x,y)
```

结果显示见图 10.1.3.

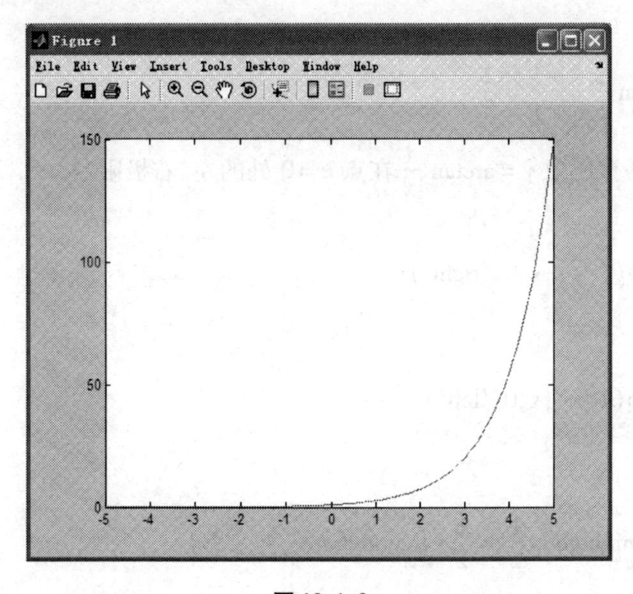

图 10.1.3

说明:

在软件 MATLAB 7.0 中的平面坐标系并不是标准的平面直角坐标系,很多时候 x 轴与 y 轴上的零点位置并不重合,而且在两坐标轴上的单位长度也不总相同.这就导致使用软件 MATLAB 7.0 所作的一元函数图像,与我们在标准的平面直角坐标系中所作的一元函数图像并不一定吻合.

10.2 软件 MATLAB 7.0 在极限中的应用

通过计算与作图,加深对数列极限及函数极限概念的理解,掌握用软件 MATLAB 7.0 计算极限的方法.

表 10.2.1

命令	功能
limit(P)	表达式 P 中自变量趋于零时的极限
limit(P,a)	表达式 P 中自变量趋于 a 时的极限
limit(P,x,a,'left')	表达式 P 中自变量 x 趋于 a 时的左极限
limit(P,x,a,'right')	表达式 P 中自变量 x 趋于 a 时的右极限

例 10.2.1 求极限 $\lim\limits_{n\to\infty}\dfrac{2n^3+1}{5n^3+1}$.

```
>>syms n
>>limit((2*n^3+1)/(5*n^3+1),n,inf)
ans =
2/5
```

计算结果为 $\lim\limits_{n\to\infty}\dfrac{2n^3+1}{5n^3+1}=\dfrac{2}{5}$.

例 10.2.2 考察函数 $y=\arctan\dfrac{1}{x}$ 在点 $x=0$ 处的左、右极限.

```
>>syms x
>>limit(atan(1/x),x,0,'right')
ans =
  1/2*pi
>>limit(atan(1/x),x,0,'left')
ans =
  -1/2*pi
```

计算结果为 $\lim\limits_{x\to0^+}\arctan\dfrac{1}{x}=\dfrac{\pi}{2}$; $\lim\limits_{x\to0^-}\arctan\dfrac{1}{x}=-\dfrac{\pi}{2}$.

10.3　软件 MATLAB 7.0 在导数中的应用

深入理解一元函数导数与微分的概念,导数的几何意义,函数的极值,多元函数的偏导数.掌握用软件 MATLAB 7.0 求导数、高阶导数、函数的极值以及多元函数的偏导数的方法.

表 10.3.1

命令	功能
diff(S)	求表达式 S 的微分
diff(S,v)	求表达式 S 对变量 v 的一阶导数
diff(S,v,n)	求表达式 S 对变量 v 的 n 阶导数.
diff(f(x,y,z),x)	求 $f(x,y,z)$ 对 x 的偏导数
diff(f(x,y,z),x,2)	求 $f(x,y,z)$ 对 x 的二阶偏导数
diff(diff(f(x,y,z),x),y)	求 $f(x,y,z)$ 对 x,y 的混合偏导数
x = fminbnd(fun,x1,x2)	求 fun 在区间 $[x_1,x_2]$ 上的极小值点
[x,y] = fminbnd(fun,x1,x2)	求 fun 在区间 $[x_1,x_2]$ 上的极小值

例 10.3.1　已知 $y=\frac{\ln x}{x^2}$,求 y 的一阶导数、二阶导数,并计算 y 的二阶导数在点 $x=1.5$ 处的值.

```
>>symsx
>>dydx = diff('log(x)/x^2')
dydx =
  1/x^3 -2 * log(x)/x^3
>>dydx2 = diff('log(x)/x^2',2)
dydx2 =
  -5/x^4 +6 * log(x)/x^4
>>zhi = subs(dydx2,'(1.5)')
zhi =
  -5/(1.5)^4 +6 * log((1.5))/(1.5)^4
>>eval(zhi)
ans =
  -0.5071
```

计算结果为 $y'=\frac{1}{x^3}-\frac{2\ln x}{x^3}$;$y''=-\frac{5}{x^4}+\frac{6\ln x}{x^4}$;$y''(1.5)=-0.5071$.

说明:

(1)subs(f,old,new),是对符号表达式中的变量进行替换,即用 new 替换 old 字符串.subs(dydx2,'(1.5)'),即用 1.5 替换 x.

(2)Eval(f),将符号表达式 f 替换成数值表达式.

例 10.3.2 求函数 $f(x)=(x-3)^2-1$ 在区间(0,5)内的极小值点和极小值.

```
>>f='(x-3)^2-1';
>>fminbnd(f,0,5)
ans =
  3
```

计算结果为函数的极小值点为 $x=3$.

```
>>[x,y]=fminbnd(f,0,5)
x =
  3
y =
  -1
```

计算结果为函数在点 $x=3$ 处取得极小值 $f(3)=-1$.

> 说明:
> 命令 fminbnd(f)是求函数 f 的极小值.若要求函数 f 的极大值,只需求 $-f$ 的极小值即可.

例 10.3.3 已知 $z=\left(\frac{x}{y}+\frac{y}{x}\right)e^{x^2+y^2}$,求 $\frac{\partial z}{\partial x},\frac{\partial^2 z}{\partial x^2},\frac{\partial^2 z}{\partial x\partial y}$.

```
>>syms  x  y
>>z='(x^2+y^2)*exp((x^2+y^2)/(x*y))'
z =
  (x^2+y^2)*exp((x^2+y^2)/(x*y)
>>diff(z,x)
ans =
  2*exp(x^2+y^2)/y+2*(x^2+y^2)*exp(x^2+y^2)/y-(x^2+y^2)*exp(x^2+y^
2)/x^2/y
>>diff(z,x,2)
ans =
  8*x*exp(x^2+y^2)/y+4*(x^2+y^2)*x*exp(x^2+y^2)/y-2/x*exp(x^2+y^
2)/y-
  2*(x^2+y^2)*exp(x^2+y^2)/x/y+2*(x^2+y^2)*exp(x^2+y^2)/x^3/y
>>diff(diff(z,x),y)
ans =
  8*exp(x^2+y^2)-2*exp(x^2+y^2)/y^2+4*(x^2+y^2)*exp(x^2+y^2)-2*(x
^2+y^2)*exp(x^2+y^2)/y^2-2*exp(x^2+y^2)/x^2-2*(x^2+y^2)*exp(x^2+y^2)/x^2
+(x^2+y^2)*exp(x^2+y^2)/x^2/y^2
```

计算结果为 $\frac{\partial z}{\partial x}=\frac{2e^{x^2+y^2}}{y}+\frac{2(x^2+y^2)e^{x^2+y^2}}{y}-\frac{(x^2+y^2)e^{x^2+y^2}}{x^2y}$;

$$\frac{\partial^2 z}{\partial x^2}=\frac{8xe^{x^2+y^2}}{y}+\frac{4x(x^2+y^2)e^{x^2+y^2}}{y}-\frac{2}{x}\frac{e^{x^2+y^2}}{y}-\frac{2(x^2+y^2)e^{x^2+y^2}}{xy}+\frac{2(x^2+y^2)e^{x^2+y^2}}{x^3y};$$

$$\frac{\partial^2 z}{\partial x\partial y}=8\mathrm{e}^{x^2+y^2}-\frac{2\mathrm{e}^{x^2+y^2}}{y^2}+4(x^2+y^2)\mathrm{e}^{x^2+y^2}-\frac{2(x^2+y^2)\mathrm{e}^{x^2+y^2}}{y^2}-\frac{2\mathrm{e}^{x^2+y^2}}{x^2}$$
$$-\frac{2(x^2+y^2)\mathrm{e}^{x^2+y^2}}{x^2}+\frac{(x^2+y^2)\mathrm{e}^{x^2+y^2}}{x^2y^2}.$$

说明：

命令 diff 所求出的函数的导数，通常不是最简形式. 而且，软件的一些表示方法与我们通常的一些习惯有时是不一样的. 例如，$x/y/z$ 的含义是$\frac{x}{yz}$.

10.4　软件 MATLAB 7.0 在积分中的应用

深入理解定积分的概念和几何意义，理解变上限积分的概念，掌握用软件 MATLAB 7.0 计算定积分、不定积分及重积分的方法.

表 10.4.1

命令	功能
int(P)	对表达式 P 进行不定积分
int(P,v)	以 v 为积分变量对 P 进行不定积分
int(P,v,a,b)	以 v 为积分变量，以 a 为下限，b 为上限对 P 进行定积分

例 10.4.1　求不定积分$\int\frac{-2x}{(1+x^2)^2}\mathrm{d}x$.

```
>>syms x
>>int('-2*x/(1+x^2)^2',x)
ans =
  1/(1+x^2)
```

计算结果为$\int\frac{-2x}{(1+x^2)^2}\mathrm{d}x=\frac{1}{1+x^2}+C$.

说明：

在用 MTATLAB 软件求不定积分时，求出的结果没有加上积分常数 C.

例 10.4.2　求定积分$\int_0^1 x\ln(1+x)\mathrm{d}x$.

```
>>syms x
>>int('x*log(1+x)',0,1)
ans =
  1/4
```

计算结果为$\int_0^1 x\ln(1+x)\mathrm{d}x=\frac{1}{4}$.

例 10.4.3　求$\frac{\mathrm{d}}{\mathrm{d}x}\int_0^{\cos^2(x)} w(x)\mathrm{d}x$.

```
> >diff(int('w(x)',0,(cos(x))^2))
ans =
  -2 * cos(x) * sin(x) * w(cos(x)^2)
```

计算结果为$\frac{d}{dx}\int_0^{\cos^2(x)} w(x)\,dx = -2\cos x \cdot \sin x \cdot w(\cos^2(x))$.

例 10.4.5 求二重积分$\int_0^1\int_y^{\sqrt{y}} x\sin x\,dx\,dy$.

```
> >syms  x  y
> >f='x * sin(x)';
> >int(int(f,x,y,sqrt(y)),y,0,1)
ans =
 5 * sin(1) -4 * cos(1) -2
```

计算结果为$\int_0^1\int_y^{\sqrt{y}} x\sin x\,dx\,dy = 5\sin 1 - 4\cos 1 - 2$.

例 10.4.6 求曲线$g(x) = x\sin^2 x(0 \leqslant x \leqslant \pi)$与$x$轴所围成的图形分别绕$x$轴和$y$轴旋转所形成的旋转体体积.

在图形绕x轴旋转时,体积$V_x = \int_0^{\pi} \pi g^2(x)\,dx$;

在图形绕y轴旋转时,体积$V_y = \int_0^{\pi} 2\pi x g(x)\,dx$.

```
> >ezplot('x * sin(x)^2',[0,pi])
```

执行后,观察得到的$g(x)$的图形(图 10.4.1).

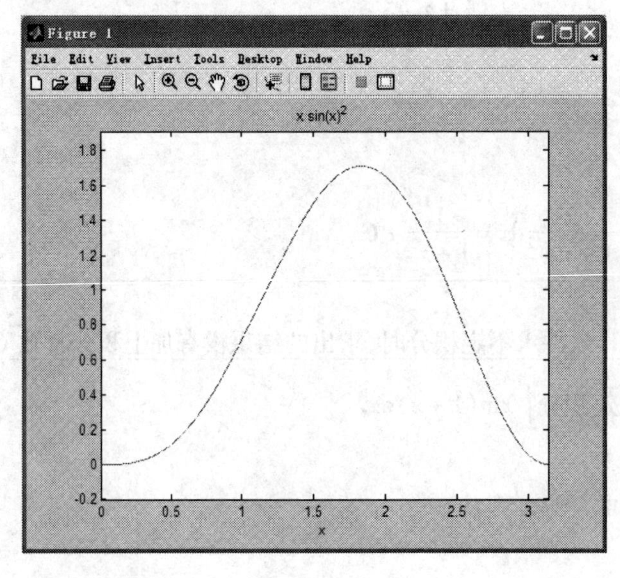

图 10.4.1

```
> >symsx
> >int('pi * (x * sin(x))^2)^2',x,0,pi)
ans =
```

```
    1/8 * pi^4 - 15/64 * pi^2
```

计算结果为 $V_x = \frac{\pi^4}{8} - \frac{15\pi^2}{64}$.

```
>> syms x
>> int('2 * x^2 * pi * sin(x)^2', x, 0, pi)
ans =
    1/3 * pi^4 - 1/2 * pi^2
```

计算结果为 $V_y = \frac{\pi^4}{3} - \frac{\pi^2}{2}$.

10.5　软件 MATLAB 7.0 在无穷级数中的应用

掌握用软件 MATLAB 7.0 求无穷级数的和与展开函数为幂级数的方法.

表 10.5.1

命令	功能
symsum(S)	对通项 S 求和,其中 k 为变量且从 0 变到 $k-1$
symsum(S,v)	对通项 S 求和,指定其中 v 为变量且 v 从 0 变到 $v-1$
symsum(S,a,b)	对通项 S 求和,其中 k 为变量且从 a 变到 b
symsum(S,v,a,b)	对通项 S 求和,指定其中 v 为变量且 v 从 a 变到 b
taylor(y,x)	求 y 对 x 的五阶麦克劳林展开式
taylor(f,n,a)	求 f 在 $x=a$ 处的 $n-1$ 阶泰勒展开式

例 10.5.1　求 $\sum_{k=0}^{10} k^2$ 的值.

```
>> symsum(k^2, 0, 10)
ans =
    385
```

计算结果为 $\sum_{k=0}^{10} k^2 = 385$.

例 10.5.2　求 e^{-x} 的 5 阶麦克劳林展开式.

```
>> talyor(exp(-x))
ans =
    1 - x + 1/2 * x^2 - 1/6 * x^3 + 1/24 * x^4 - 1/120 * x^5
```

计算结果为 $e^{-x} = 1 - x + \frac{1}{2}x^2 - \frac{1}{6}x^3 + \frac{1}{24}x^4 - \frac{1}{120}x^5$.

例 10.5.3　求函数 $f(x) = \sin x$ 在点 $x = \frac{\pi}{2}$ 处的 4 阶泰勒级数.

```
>> taylor(sin(x), 5, pi/2)
ans =
```

```
1 - 1/2 * (x - 1/2 * pi)^2 + 1/24 * (x - 1/2 * pi)^4
```

计算结果为 $\sin x = 1 - \frac{1}{2}\left(x - \frac{\pi}{2}\right)^2 + \frac{1}{24}\left(x - \frac{\pi}{2}\right)^4$.

10.6 软件 MATLAB 7.0 在常微分方程中的应用

掌握用软件 MATLAB 7.0 求微分方程的通解和满足初始条件特解的方法.

表 10.6.1

命令	功能
dsolve('eq1,eq2,…','cond1,cond2,…','v')	求微分方程组'eq1,eq2,…'及初始条件'cond1,cond2,…'的特解

例 10.6.1 求微分方程 $y' = 2x + y$ 的通解.

```
>>dsolve('Dy = 2 * x + y','x')
ans =
  -2 * x - 2 + exp(x) * C1
```

计算结果为 $y = -2x - 2 + C_1 e^x$.

例 10.6.2 求微分方程 $y'' = 1 + y'$ 满足初值条件 $y|_{x=0} = 1, y'|_{x=0} = 0$ 的特解.

```
>>dsolve('D2y = 1 + Dy','y(0) = 1','Dy(0) = 0')
ans =
  -t + exp(t)
```

计算结果为 $y = -t + e^t$,即 $y = -x + e^x$.

10.7 软件 MATLAB 7.0 在统计学中的应用

学会使用软件 MATLAB 7.0 有关数据统计、概率分布、统计作图和回归分析的指令.

10.7.1 数据描述

软件 MATLAB 7.0 的统计工具箱提供了许多统计计算的程序,用于数据统计描述的常用命令见表 10.7.1.

表 10.7.1

命令	含义
mean	均值
std	标准差
median	中位数
var	方差

例 10.7.1　某校 60 名学生的一次考试成绩如下,试计算均值、标准差.

93　75　83　93　91　85　84　82　77　76　77　95　94　89　91
88　86　83　96　81　79　97　78　75　67　69　68　84　83　81
75　66　85　70　94　84　83　82　80　78　74　73　76　70　86
76　90　89　71　66　86　73　80　94　79　78　77　63　53　55

```
>>data=[93,75,83,93,91,85,84,82,77,76,77,95,94,89,91,88,86,83,96,81,79,
97,78,75,67,69,68,84,83,81,75,66,85,70,94,84,83,82,80,78,74,73,76,70,86,76,90,
89,71,66,86,73,80,94,79,78,77,63,53,55];
>>mean(data)
ans =
  80.1
>>std(data)
ans =
  9.710 6
```

计算结果为平均成绩 =80.1;标准差 =9.710 6.

10.7.2　常用概率分布

软件 MATLAB 7.0 的统计工具箱中提供了 20 种概率分布,我们介绍 5 种常见分布的 MATLAB 7.0 命令,见表 10.7.2.

表 10.7.2

分布	均匀分布	指数分布	正态分布	二项分布	泊松分布
命令	unif	exp	norm	bino	poiss

对每一种分布提供 5 种运算功能,采用表 10.7.3 中的对应字符.

表 10.7.3

功能	概率函数	分布函数	逆概率分布	均值与方差	随机数生成
命令	pdf	cdf	inv	stat	rnd

当需要某一分布的某类运算功能时,将分布字符与功能字符连接起来,就得到所要的命令.

10.7.3　常用统计图

表 10.7.4

bar(X,Y)	向量 Y 相对于 X 的条形图
hist(x,k)	向量 X 中数据等分 k 组,并作频数直方图,k 的缺省值为 10
[N,X]=hist(Y,k)	不作图,N 返回各组数据频数,X 返回各组的中心位置
boxplot(x)	作向量 Y 的箱型图

例 10.7.2　已知机床加工得到的某零件的尺寸服从期望为 20 cm,均方差为 1.5 cm 的正态分布.

(1)任意抽取一个零件,求它的尺寸在[19,22]区间内的概率;

(2)若规定尺寸不小于某一标准值的零件为合格品,要使合格品的概率为 0.9,如何确定这个标准值?

(3)独立地取 25 个零件组成一个样本,求样本均值在[19,22]区间内的概率.

解　零件尺寸服从 $N(20,1.5^2)$,用 $p(x)$ 和 $F(x)$ 分别表示 $N(20,1.5^2)$ 的概率密度和分布函数.

(1)零件尺寸在[19,22]区间内的概率为

$$p=\int_{19}^{22}p(x)\,\mathrm{d}x=F(22)-F(19).$$

```
>>p = normcdf(22,20,1.5) - normcdf(19,20,1.5)
p =
  0.656 3
```

计算结果为 $p=\int_{19}^{22}p(x)\,\mathrm{d}x=0.656\ 3$.

(2)零件为合格品的标准值 x_0 应满足:

$$\int_{x_0}^{+\infty}p(x)\,\mathrm{d}x=0.9\text{ 或}\int_{-\infty}^{x_0}p(x)\,\mathrm{d}x=0.1.$$

```
>>x0 = norminv(0.1,20,1.5)
x0 =
  18.077 7
```

计算结果为 $x_0=18.077\ 7$.

(3)样本均值是相互独立的正态分布随机变量的线性组合,仍服从正态分布,其期望和方差为

$$E\bar{X}=20,\quad D\bar{X}=\frac{1.5^2}{25}.$$

设样本均值在[19,22]区间内的概率为 p_1.

```
>>p1 = normcdf(22,20,1.5/5) - normcdf(19,20,1.5/5)
p1 =
  0.999 6
```

计算结果为 $p_1=0.999\ 6$.

从 p 和 p_1 的数值可以看出,与 1 个零件相比,样本均值落在总体均值附近的概率要大得多.

例 10.7.3　下面列出了 84 个伊特拉斯坎(Etruscan)人男子的头颅的最大宽度(mm),对数据分组,并作直方图.

141　148　132　138　154　142　150　146　155　158

150　140　147　148　144　150　149　145　149　158

143　141　144　144　126　140　144　142　141　140

145　135　147　146　141　136　140　146　142　137

148　154　137　139　143　140　131　143　141　149
148　135　148　152　143　144　141　143　147　146
150　132　142　142　143　153　149　146　149　138
142　149　142　137　134　144　146　147　140　142
140　137　152　145

```
>>vdata=[141,148,132,138,154,142,150,146,155,158,150,140,147,148,144,150,149,145,149,158,143,141,144,144,126,140,144,142,141,140,145,135,147,146,141,136,140,146,142,137,148,154,137,139,143,140,131,143,141,149,148,135,148,152,143,144,141,143,147,146,150,132,142,142,143,153,149,146,149,138,142,149,142,137,134,144,146,147,140,142,140,137,152,145];
>>subplot(1,2,1);hist(vdata,6);
>>[n,x]=hist(vdata,6)
>>subplot(1,2,2);bar(x,n/84)
n =
   2     6     28     25     17     6
x =
   128.6667   134.0000   139.3333   144.6667   150.0000   153.3333
```

输出结果见图 10.7.1.

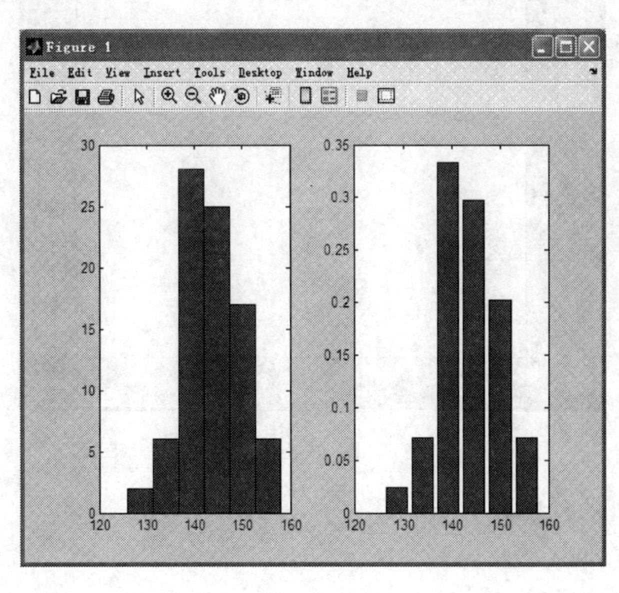

图 10.7.1

10.7.4　一元线性回归

软件 MATLAB 7.0 用于一元线性回归的命令为:b = regress(y,x).

例 10.7.4　表 10.7.5 列出了 18 名 5 ~ 8 岁儿童的体重和体积.

表 10.7.5

体重 x(kg)	17.1	10.5	13.8	15.7	11.9	10.4	15.0	16.0	17.8
体积 y(dm^3)	16.7	10.4	13.5	15.7	11.6	10.2	14.5	15.8	17.6
体重 x(kg)	15.8	15.1	12.1	18.4	17.1	16.7	16.5	15.1	15.1
体积 y(dm^3)	15.2	14.8	11.9	18.3	16.7	16.6	15.9	15.1	14.5

(1)画出散点图;(2)求 y 关于 x 的线性回归方程 $\hat{y}=\hat{a}+\hat{b}x$.

解 (1)输入数据,作散点图.

```
>>x=[17.1,10.5,13.8,15.7,11.9,10.4,15.0,16.0,17.8,15.8,15.1,12.1,18.4,17.1,16.7,16.5,15.1,15.1];
>>y=[16.7,10.4,13.5,15.7,11.6,10.2,14.5,15.8,17.6,15.2,14.8,11.9,18.3,16.7,16.6,15.9,15.1,14.5];
>>plot(x,y,'*')
```

输出结果见图 10.7.2.

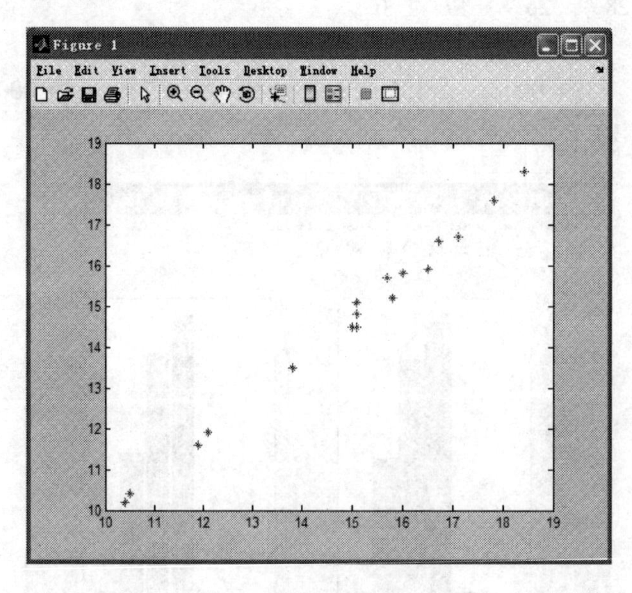

图 10.7.2

(2)求一元线性回归方程.

```
>>n=length(y);
>>X=[ones(n,1),x'];
>>b=ressgress(y',X)
b=
   -0.1040
   0.9881
```

计算结果为,一元线性回归方程是 $y=-0.1040+0.9881x$.

说明：

(1) length(y)，是查询一维数组 y 的元素个数.

(2) ones(a,b)，是生成 $a \times b$ 阶的全 1 矩阵.

(3) transpose(x)或 x'，是矩阵 x 的转置.

10.8　软件 MATLAB 7.0 在线性规划中的应用

在软件 MATLAB 7.0 中，解线性规划问题 $AX \leqslant b$ 的函数为：

x = linprog(f, A, b)　%f 为线性规划问题的最优解

例 10.8.1　某城市 110 巡警大队要求每天各个时间段都有一定数量的警员值班，随时处理突发事件，每人连续工作 8 h. 表 10.8.1 是一天 6 班次所需值班警员的人数统计. 在不考虑时间段中间有警员上班和下班的情况下，该城市 110 巡警大队至少需多少警员才能满足值班要求？

表 10.8.1

班次	时间段	人数	班次	时间段	人数
1	6:00 ~ 10:00	60	4	18:00 ~ 22:00	50
2	10:00 ~ 14:00	70	5	22:00 ~ 2:00	20
3	14:00 ~ 18:00	60	6	2:00 ~ 6:00	30

解　设 x_i 表示第 i 班次开始上班的警员和下班警员的人员数，则

$$\min z = \sum_{i=1}^{6} x_i;$$

$$s.t.\begin{cases} x_1 + x_6 \geqslant 60, \\ x_1 + x_2 \geqslant 70, \\ x_2 + x_3 \geqslant 60, \\ x_3 + x_4 \geqslant 50, \\ x_4 + x_5 \geqslant 20, \\ x_5 + x_6 \geqslant 30, \\ x_i \geqslant 0 (i = 1, 2, \cdots, 6). \end{cases}$$

```
>>c=[1,1,1,1,1,1];
>>a=[-1,0,0,0,0,-1;-1,-1,0,0,0,0;0,-1,-1,0,0,0;0,0,-1,-1,0,0;
    0,0,0,-1,-1,0;0,0,0,0,-1,-1];
>>b=[-60;-70;-60;-50;-20;-30];
>>x=linprog(c,a,b)
x=35.2411
  34.7589
  28.7311
```

```
  21.268 9
  1.127 4
  28.872 6
>>minz = c * x
min z =
  150.000 0
```

由此可得,至少需要警员人数为 36 + 35 + 29 + 22 + 2 + 29 = 153.

10.9 利用软件 MATLAB 7.0 绘制空间图形

软件 MATLAB 7.0 绘制曲面图相对比较复杂,这里只作简单的介绍,最常用的基本形式有:

(1)[X,Y] = meshgrid(x,y);

(2)Z = f(x,y);

(3)mesh(x,y,z),绘制网线图,x,y,z 分别表示数据点的横坐标、纵坐标、函数值;

(4)surf(x,y,z),绘制曲面图,x,y,z 分别表示数据点的横坐标、纵坐标、函数值;

(5)ezsurf(f(x,y),[a,b,u,v]),绘制二元函数图形,即可绘制函数在区域$[a,b]\times[u,v]$上的图形.

例 10.9.1 作出函数 $z=\frac{4}{1+x^2+y^2}$的图形.

```
>>ezsurf('4/(1+x^2+y^2)')
```

结果如图 10.9.1 所示.

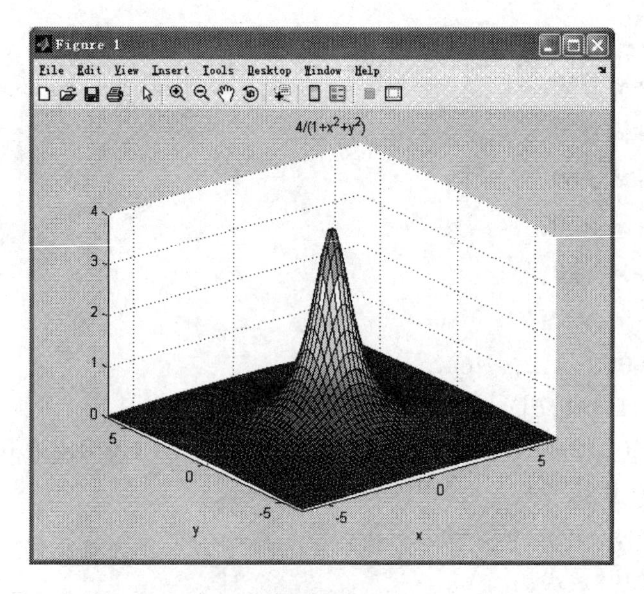

图 10.9.1

例 10.9.2　画出曲面 $z=x^2+y^2$ 的图形.

```
> >x = -2:0.1:2;
> >y = -2:0.1:2;
> >[x,y] = meshgrid(x,y);
> >z = x.^2 + y.^2;
surf(x,y,z)
```

结果如图 10.9.2 所示.

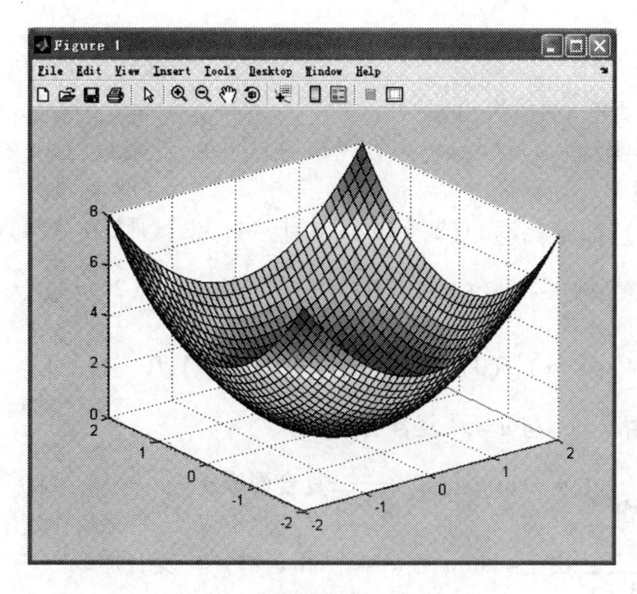

图 10.9.2

部分习题参考答案

第1章　集合与函数

习题1.1 答案

1. $A\cup B=(3,+\infty)$，$A\cap B=(4,5)$.

2. (1)$(2,6]$；(2)$[4,6]$；(3)$(-\infty,-4)$；(4)$(-\infty,-5]\cup[1,+\infty)$.

习题1.2 答案

1. (1)$(-1,1)$；(2)$(1,2)\cup(2,+\infty)$；(3)$[-4,-2]\cup[2,4]$；(4)$(1,+\infty)$.

2. 图略；(1)定义域$(-\infty,+\infty)$，$f(0)=\frac{1}{2}$，$f\left(\frac{1}{2}\right)=\frac{1}{4}$，$f(2)=4$，$f(-1)=2$；

(2)定义域$[-2,+\infty)$，$f(0)=0$，$f\left(\frac{1}{2}\right)=\frac{1}{4}$，$f(2)=1$，$f(-1)=1$.

3. (1)$y=e^{x^2}$由$y=e^u$与$u=x^2$复合而成；

(2)$y=\sin\frac{2x}{1+x^2}$由$y=\sin u$与$u=\frac{2x}{1+x^2}$复合而成；

(3)$y=\tan\frac{1}{\sqrt{1+x^2}}$由$y=\tan u$与$u=v^{-\frac{1}{2}}$和$v=1+x^2$复合而成.

4. (1)C；(2)A；(3)B.

第2章　极限与连续

习题2.1 答案

1. $3x-y-2=0$.

2. $\frac{1}{3}$.

习题2.2 答案

1. (1)0；(2)0；(3)2；(4)$-\frac{\sqrt{2}}{6}$；(5)$\frac{3}{4}$；(6)3.

2. (1)不存在；(2)不存在.

3. (1)点$x=-1$是可去间断点；(2)点$x=0$是无穷间断点，点$x=1$是可去间断点.

4. (1)$a=1$；(2)$b=0$，$a=1$；(3)$a=-1$；(4)$a=\frac{1}{4}$.

5. $f(x)=x^2-2x$.

6. 2.

7. (1)D；(2)D；(3)D；(4)A；(5)A；(6)B；(7)C；(8)D.

习题 2.3 答案

1. (1) -1;(2)1;(3)1;(4)0;(5) ~ (8)不存在.

习题 2.4 答案

1. (1)∞;(2) -2;(3)1;(4)0.

2. (1) $-\frac{1}{4}$;(2)$\frac{3}{2}$;(3) $-\infty$;(4) $+\infty$.

3. (1)B;(2)D;(3)D;(4)C;(5)C.

习题 2.5 答案

1. (1) ~ (7)结果全是0;(8)1.

2. (1)高阶;(2)等价;(3)同阶;(4)同阶.

3. (1)$a=-2$;(2)$a=2,b=-8$;(3)$a=11,b=-\frac{8}{3}$;(4)$a=2,b=\frac{1}{2}$.

4. $a=0,b=1,c=-2,d=1$.

5. (1)B;(2)C;(3)B.

习题 2.6 答案

1. (1) $-\frac{2}{3}$;(2)$\frac{1}{4}$;(3)1;(4)1;(5)2π;(6)$\frac{\sqrt{2}}{6}$;(7) -2;(8)$\frac{1}{16}$;

(9)$\frac{6}{5}$.

2. (1)1;(2) -1;(3) -1;(4)0;(5)5;(6)0.

3. (1)∞;(2)e^5;(3)e^{-2};(4)e;(5)e^{-3};(6)e^{-6};(7)e;(8)1.

4. (1)e;(2)e^2;(3)e;(4)e^{-1};(5)e;(6)e^4.

5. (1)$a=\ln 2$;(2)$a=-2$;(3)$a=-2$.

6. (1)$a=-2$;(2)$a=\frac{1}{3}$;(3)$a=-4$;(4)$a=\frac{3}{4}$.

7. (1)$a=\ln 2$;(2)$a=-2$;(3)$a=0$;(4)$a=\frac{\sqrt{2}}{2}$;(5)$a=\pm\frac{\sqrt{2}}{2}$;(6)$a=1,b=-4$.

8. (1)$x=0$是可去间断点,$x=\frac{\pi}{2}+k\pi(k\in\mathbf{Z})$是无穷间断点;

(2)$x=0$是可去间断点,$x=1$是跳跃间断点,$x=k\pi(k\in\mathbf{Z}$且$k\neq 0)$是无穷间断点;(3)$x=0$是跳跃间断点,$x=1$是无穷间断点;

(4)$x=0$是跳跃间断点,$x=2$是振荡间断点,$x=-1$是可去间断点,$x=-3,-5,-7,\cdots$是无穷间断点.

9. (1)B;(2)C;(3)D.

第3章 导数与微分

习题 3.1 答案

1. (1)不可导. $\because f'_-(0)=+\infty, f'_+(0)=-\infty$;(2)可导. $f'(0)=0$;

(3)不可导. $\because f'_-(0)=-\infty, f'_+(0)=+\infty$;(4)不可导. $\because f(x)$在点$x=0$处间断;

(5)可导.$f'(0)=0$;(6)不可导.$\because f'_+(0)=-\infty, f'_-(0)=0$.

2.4.

3.6.

4.$f'(0)$.

5.(1)1;(2)1.

6.(1)D;(2)D;(3)B;(4)B.

习题3.2答案

1.(1)$\frac{1}{2\sqrt{x}}$;(2)$\frac{x-1}{2x\sqrt{x}}$;(3)$\frac{1}{(x+1)^2}$;(4)$-\frac{1+x}{2x\sqrt{x}}$;(5)$\frac{2}{(1-x)^2}$;

(6)$e^x[2+x+\ln x+x\ln x]$.

2.$a=e^{-1}$,切点$(e^2,1)$.

习题3.3答案

1.$3x_0+2$.

2.$f(x)=\frac{x^4}{2}+C$(C为任意常数).

3.$\frac{1}{2}\left(1+\frac{1}{x^2}\right)$.

4.$\frac{dy}{d\sin^2 x}=e^{\sin^2 x}$.

5.(1)D;(2)B;(3)D;(4)C;(5)B;(6)D.

习题3.4答案

1.(1)$4^{\sin x}\cos x\ln 4$;(2)$\frac{1}{x(1+\ln^2 x)}$;(3)$32x(1+2x^2)^7$;

(4)$\frac{\ln 2}{x^2}2^{\cot\frac{1}{x}}\csc^2\frac{1}{x}$;(5)$-e^x\tan e^x$;(6)$\frac{1}{(1+x^2)\operatorname{arccot}\frac{1}{x}}$.

2.(1)$\frac{1}{5}x^{-\frac{4}{5}}-\frac{\ln 5}{x^2}5^{\frac{1}{x}}$;(2)$-2\cot^3 x$;(3)$\sin x\ln\tan x$;(4)$-\frac{16\cos 2x}{\sin^3 2x}$;

(5)$-e^{-x}\arctan e^x$;(6)$x(\arctan x)^2$;(7)$\frac{\sqrt{x^2-a^2}}{x}$;(8)$\frac{\sqrt{4-x}}{x}$.

习题3.5答案

1.(1)$y''=\frac{-2x}{(1+x^2)^2}$;(2)$y''=\frac{-x}{\sqrt[3]{(1+x^2)^2}}$;(3)$y''=-\frac{2}{x}\sin(\ln x)$;(4)$y''=-\sec^2 x$.

2.(1)$\frac{d^2y}{dx^2}=\frac{y}{(1+y)^3}$;(2)$\frac{d^2y}{dx^2}=-\frac{1}{2y^2}$.

3.$\frac{d^2x}{dy^2}=-\frac{1}{a^2e^{2x}}$.

4.$g''(3)=-2$.

习题3.6答案

1.是解,但不是通解.

2. $y''+\frac{1}{x}y'=x$.

习题 3.7 答案(C_1,C_2 为任意常数)

1. $a=-3,b=2,c=-1$,通解为 $y=C_1\mathrm{e}^x+C_2\mathrm{e}^{2x}+x\mathrm{e}^x$.

2. (1)$y^*=-(\frac{x^2}{6}+\frac{10x}{9})$;(2)$y^*=\frac{1}{5}\mathrm{e}^{2x}$;(3)$y^*=\frac{x^2}{2}\mathrm{e}^x$;(4)$y^*=(\frac{x^3}{6}+\frac{x^2}{2})\mathrm{e}^{3x}$;(5)$y^*=\left(\frac{x^2}{4}-\frac{7}{8}\right)\mathrm{e}^{-x}$;(6)$y^*=\left(\frac{x^3}{3}-x^2+2x\right)\mathrm{e}^x$.

3. $f(x)=(1-2x)\mathrm{e}^x$.

4. (1)B;(2)D.

第4章　定积分与不定积分

习题 4.1 答案

(1)A;(2)B;(3)C;(4)D.

习题 4.2 答案

2. $\cos x$.

3. $\arcsin\sqrt{x}+C$.

4. $-\sin 2x$.

5. $\frac{1}{x^2}$.

6. $-4\sin 2x$.

7. $(-4x^2\cos x^2-2\sin x^2)\mathrm{d}x$.

8. e^x+1.

9. $5x$.

10. $F(x)=\begin{cases}\frac{1}{2}x^2-x+\frac{3}{2}, & x>1\\ 1 & x=1.\\ x-\frac{1}{2}x^2+\frac{1}{2}, & x<1\end{cases}$

11. $F(x)=\begin{cases}\frac{1}{3}x^3+\frac{1}{3}, & x<-1\\ x+1 & -1\leqslant x\leqslant 1.\\ \frac{1}{3}x^3+\frac{5}{3}, & x>1\end{cases}$

12. (1)C;(2)D;(3)D;(4)C.

习题 4.3 答案(C_1,C_2 为任意常数)

1. (1)$4\frac{5}{6}$;(2)$\frac{4}{7}x^{\frac{7}{4}}+4x^{-\frac{1}{4}}+C$;(3)$x+4\sqrt{x}+\ln|x|+C$;

(4)$x-\frac{2}{3}x^{\frac{3}{2}}+C$;(5)$\arcsin x+C$;(6)$\frac{1}{3}x^3+\arctan x+C$;

(7) $4x-\arctan x-\frac{1}{x}+C$; (8) $1-\frac{\sqrt{3}}{3}-\frac{\pi}{12}$.

2. (1) $\frac{(3e)^x}{\ln 3e}+C$; (2) e^x-x+C; (3) $\frac{4^x}{\ln 4}-\frac{2\cdot 6^x}{\ln 6}+\frac{9^x}{\ln 9}+C$; (4) $2x-\frac{5}{\ln\frac{2}{3}}\cdot\left(\frac{2}{3}\right)^x+C$.

3. (1) $3\frac{5}{6}$; (2) $6\frac{3}{4}$; (3) 3; (4) $\frac{4(2+\sqrt{2})}{15}$; (5) $2\frac{1}{2}$; (6) 13.

4. $-\frac{x^2}{2}+C$.

5. e^x+C.

6. $-\sin x+C_1x+C_2$.

习题 4.4 答案(C 为任意常数)

1. (1) $-\frac{1}{2}\ln|1-4x|+C$; (2) $\sqrt[3]{4}-1$; (3) 12; (4) $\frac{8}{3}$;

(5) $\frac{2}{5}x^{\frac{5}{2}}+\frac{2}{3}x^{\frac{3}{2}}-\frac{2}{5}(x+1)^{\frac{5}{2}}+\frac{2}{3}(x+1)^{\frac{3}{2}}+C$; (6) $\ln\left|\frac{x}{1-x}\right|+C$;

(7) $\frac{1}{x+1}+\ln|x+1|+C$; (8) $\ln\left|\frac{x}{x-1}\right|-\frac{1}{x-1}+C$; (9) $\ln\left|\frac{1+x}{x}\right|-\frac{1}{x}+C$;

(10) $\frac{\pi}{2}$; (11) $\arcsin\frac{x+1}{2}+C$; (12) $\ln\left|\frac{x-1}{x+1}\right|+\frac{1}{2}\arctan x+C$.

2. (1) $-\frac{1}{75}(1-25x^2)^{\frac{3}{2}}+C$; (2) $-\frac{1}{2(1+x^2)}+C$; (3) $\ln\left|\frac{1+x^2}{1-x^2}\right|+C$; (4) $\frac{1}{4}e^{2x^2}+C$;

(5) $\frac{1}{3}(1+x^2)^{\frac{3}{2}}-\sqrt{1+x^2}+C$; (6) $\frac{1}{2}\ln|x^2-1|-\ln|x|+C$;

(7) $\frac{1}{2}\left[\ln|1+x|-\frac{1}{2}\ln(1+x^2)+\arctan x\right]+C$; (8) $\arcsin x+\sqrt{1-x^2}+C$;

(9) $\frac{1}{3}[x^3+(x^2-1)^{\frac{3}{2}}]+C$; (10) 2; (11) $2\arcsin\sqrt{x}+C$; (12) $-4\sin(1+\frac{1}{x})+C$.

3. (1) $e^{\arctan x}+C$; (2) $\frac{2}{3}(\arcsin x)^{\frac{3}{2}}+C$; (3) $\frac{1}{2}\ln|1+2\ln x|+C$; (4) $\frac{1}{\sqrt{2}}\arctan\frac{\ln x}{\sqrt{2}}+C$;

(5) $-\frac{1}{4}\cos(2\ln x)+C$; (6) $\frac{1}{3}(3+2e^x)^{\frac{3}{2}}+C$; (7) $e^{e^x}+C$; (8) $\frac{1}{1+e^x}+x-\ln(1+e^x)+$
C; (9) $\arctan e^x+C$; (10) $x-\frac{1}{e^x}-\ln|1-e^x|+C$;

(11) $\frac{1}{2}\ln\left|\frac{1+e^x}{1-e^x}\right|-\frac{1}{e^x}+C$; (12) $\frac{2}{3}(1+e^x)^{\frac{3}{2}}-2\sqrt{1+e^x}+C$.

4. (1) $2\ln\frac{3}{2}$; (2) $\frac{11}{15}$; (3); $\frac{1}{6}$ (4) $2\sqrt{x-1}-2\arctan\sqrt{x-1}+C$;

(5) $\frac{3}{2}\sqrt[3]{(x+1)^2}-3\sqrt[3]{x+1}+3\ln|1+\sqrt[3]{x+1}|+C$; (6) $2\sqrt{x}-4\sqrt[4]{x}+4\ln(1+\sqrt[4]{x})+C$;

(7) $6\ln\left|\frac{2+\sqrt[6]{x}}{2-\sqrt[6]{x}}\right|-6\sqrt[6]{x}+C$; (8) $\frac{40}{3}-32\ln\frac{4}{3}$.

5. 0.

6. $\frac{1}{x^2}+C$.

7. $-\frac{1}{3}(1-x^2)^{\frac{3}{2}}+C$.

8. $-\frac{1}{2}(1-\ln x)^2+C$.

9. $x+2\ln|x-1|+C$.

习题4.5答案(C为任意常数)

1. (1) $-\frac{1}{2}\cot x+C$;(2) $\tan x-\cot x+C$;(3) $\tan x-\frac{x}{2}+C$;(4) $-\tan x-\cot x+C$;

(5) $\sin x+\cos x+C$;(6) $x+\cos x+C$;(7) $-\sin x-\cos x+C$;(8) $2\sec x-\tan x+x+C$;

(9) $\frac{1}{2}[\cot(1-x^2)+1-x^2]+C$;(10) $\tan(\ln x)-\ln x+C$.

2. (1) $\frac{2}{3}\ln 2$;(2) $-\frac{2}{\sqrt{\cos x}}+C$;(3) $\sin x-\arctan(\sin x)+C$;(4) $\tan x-\frac{1}{\cos x}+C$;

(5) $-2\cos x+2\ln|1+\cos x|+C$;(6) $\frac{1}{\sqrt{2}}\arcsin\frac{\sin x}{\sqrt{2}}+C$;(7) $\frac{4}{5}$;(8) $4(\sqrt{2}-1)$;

(9) $\cos x+\frac{1}{\cos x}+C$;(10) $\frac{1}{7}\sec^7 x-\frac{2}{5}\sec^5 x+\frac{1}{3}\sec^3 x+C$;

(11) $\frac{1}{2}\cos^2 x-2\cos x+3\ln|2+\cos x|+C$;(12) $\tan x-\frac{1}{\cos x}+C$.

3. (1) $\frac{1}{5}\tan^5 x+C$;(2) $-\left(\cot x+\frac{1}{3}\cot^3 x\right)+C$;(3) $\frac{1}{7}\tan^7 x+\frac{1}{5}\tan^5 x+C$;

(4) $\cot x-\frac{1}{3}\cot^3 x+C$;(5) $\frac{1}{\sqrt{2}}\arctan\frac{\tan x}{\sqrt{2}}+C$;(6) $-\frac{1}{a(b+a\tan x)}+C$;

(7) $\frac{1}{2}(\tan x+\ln|\tan x|)+C$;(8) $\frac{1}{2}(1-\ln 2)$;(9) $-\frac{1}{2}\cot^2 x-\ln|\cot x|+C$;

(10) $\frac{1}{3}\tan^3 x+2\tan x-\cot x+C$.

4. (1) $1-\frac{\pi}{4}$;(2) $\frac{x^3}{3\sqrt{(1-x^2)^3}}+\frac{x}{\sqrt{1-x^2}}+C$;(3) $\frac{x}{\sqrt{1-x^2}}-\frac{3}{2}\arcsin x+\frac{x}{2}\sqrt{1-x^2}+C$;

(4) $\frac{16}{3}-3\sqrt{3}$;(5) $\frac{x}{\sqrt{1+x^2}}+C$;(6) $\ln\left|\frac{\sqrt{1+x^2}-1}{x}\right|+C$;

(7) $\frac{1}{3}\sqrt{(4+x^2)^3}-4\sqrt{4+x^2}+C$;(8) $\frac{1}{5}\sqrt{(1+x^2)^5}-\frac{1}{3}\sqrt{(1+x^2)^3}+C$;

(9) $\arccos\frac{1}{x}+C$;(10) $-\frac{x}{\sqrt{x^2-1}}+C$;(11) $\frac{\sqrt{3}}{8}$;(12) $\ln|x+\sqrt{x^2-9}|-\frac{\sqrt{x^2-9}}{x}+C$.

5. $\tan x-\cos x+C$.

6. $\frac{1}{3}x^3+2x+C$.

7. $\frac{1}{2}x^2+x+1$.

8. $-(\ln|1-x|+x^2)+C$.

习题 4.6 答案(C 为任意常数)

1. (1) $\left(\frac{x}{2}-\frac{1}{4}\right)e^{2x}+C$; (2) $\left(x-\frac{1}{\ln 6}\right)\frac{6^x}{\ln 6}+C$; (3) $\frac{1}{8}\sin 2x-\frac{x}{4}\cos 2x+C$; (4) $\frac{\pi^2}{4}$;

(5) $2e^2$; (6) $2\sin\sqrt{x}-2\sqrt{x}\cos\sqrt{x}+C$; (7) $-x\cot x+\ln|\sin x|+C$;

(8) $\frac{x}{2}\tan 2x+\frac{1}{4}\ln|\cos 2x|-\frac{x^2}{2}+C$; (9) $x\sec x-\ln|\sec x+\tan x|+C$;

(10) $x\tan^3 x-\frac{1}{2}\tan^2 x-\ln|\cos x|+C$.

2. (1) $\frac{x}{2}(\ln x-1)+C$; (2) $x\ln\left(1-\frac{1}{x}\right)-\ln|x-1|+C$;

(3) $\frac{x^2}{2}\ln(1+x^2)-\frac{x^2}{2}+\frac{1}{2}\ln(1+x^2)+C$; (4) $\frac{x^2-1}{2}\ln\frac{1+x}{1-x}+x+C$;

(5) $\sqrt{3}\ln(\sqrt{3}+2)-1$; (6) $x\ln(\sqrt{1+x}+\sqrt{1-x})+\frac{1}{2}\arcsin x-\frac{x}{2}+C$;

(7) $2\sqrt{x}\ln(1+x)-4\sqrt{x}+4\arctan\sqrt{x}+C$; (8) $2-\frac{5}{e}$.

3. (1) $x\arctan\frac{1}{x}+\frac{1}{2}\ln(1+x^2)+C$; (2) $x\arctan x-\frac{1}{2}\ln(1+x^2)-\frac{1}{2}(\arctan x)^2+C$;

(3) $(x+1)\arctan\sqrt{x}-\sqrt{x}+C$; (4) $\sqrt{1+x^2}\arctan x-\ln(x+\sqrt{1+x^2})+C$;

(5) $\frac{1+x^2}{2}(\arctan x)^2-x\arctan x+\frac{1}{2}\ln(1+x^2)+C$;

(6) $-2\sqrt{1-x}\arcsin x+4\sqrt{1+x}+C$; (7) $x\arcsin x+\sqrt{1-x^2}+C$; (8) $1-\frac{\sqrt{3}\pi}{6}$.

4. (1) $-\cot x\ln(\sin x)-\cot x-x+C$; (2) $x-(1+e^{-x})\ln(1+e^x)+C$;

(3) $x-\frac{1}{2}\ln(1+e^{2x})-e^{-x}\arctan e^x+C$; (4) $-\frac{1}{2}(e^{-2x}\arctan e^x+\arctan e^x+e^{-x})+C$.

5. (1) $x\tan\frac{x}{2}+C$; (2) $\frac{\sin x}{x}+C$; (3) $e^x\ln x+C$;

(4) $xe^{x^2}+C$; (5) $e^{2x}\tan x+C$; (6) $2e^{\frac{x}{2}}\sqrt{\cos x}+C$.

6. $\ln|x+\sqrt{1+x^2}|+C$.

7. $\frac{1}{4}\left(\cos 2x-2\frac{\sin 2x}{x}\right)+C$.

8. $x^2\cos x-4x\sin x-6\cos x+C$.

9. 2.

10. $x+2$.

11. $4\ln 2-\dfrac{3}{2}$.

12. $2\sqrt{x}-2\sqrt{1-x}\arcsin\sqrt{x}+C$.

13. $\dfrac{1}{2}(1+x)e^{x}+x+C$.

14. $(x-1)e^{x}+\dfrac{x^2}{2}+C$.

15. $\dfrac{\pi}{8}-\dfrac{\ln 2}{4}$.

习题 4.7 答案(C_1,C_2,C 均为任意常数)

1. (1)$(1+x^2)(1+y^2)=C$;(2)$y^4=\dfrac{x}{Cx-4}$;(3)$y^2e^{2y}=Cx$;

(4)$y^2-1=C(x-1)^2$;(5)$x-y+\ln(x-1)(y+1)=C$;(6)$\arctan y=x-\dfrac{x^2}{2}+C$.

2. (1)$\arcsin\dfrac{y}{x}=\ln x+C(x>0)$;(2)$y^2=x^2+Cx^4$;(3)$xy^2-x^2y-x^3=C$;(4)$y=xe^{1+Cx}$;

(5)$Cy=1+\ln\dfrac{y}{x}$;(6)$y=C(x^2+y^2)$.

3. (1)$y=C(x+1)^2+\dfrac{2}{3}(x+1)^{\frac{7}{2}}$;(2)$y=\dfrac{1}{x}\left(C-\dfrac{1}{2}e^{-x^2}\right)$;(3)$y=\dfrac{1}{2}\left(\ln x+\dfrac{1}{\ln x}\right)$;

(4)$x=Cy-ye^{y}$;(5)$x=\dfrac{y}{1+y}(2+\ln y)$;(6)$x=Ce^{\frac{y^2}{2}}-y^2-2$.

4. (1)$y=x^3+3x+1$;(2)$y=(1+x)\ln(1+x)-2(x-1)$;

(3)$y=\dfrac{5}{12}(1-x)^{\frac{6}{5}}-\dfrac{5}{8}(1-x)^{\frac{4}{5}}+\dfrac{5}{24}$;(4)$y=\dfrac{C_1}{4}(x+C_2)^2-\dfrac{1}{C_1}$;(5)$y=\dfrac{1}{1-x}$.

第5章 一元微积分的应用

习题 5.2 答案

6. 方程 $f'(x)=0$ 有3个实根,它们所在区间分别是(0,1),(1,2),(2,3).

习题 5.3 答案

1. (1)$\dfrac{n}{m}$;(2)$\dfrac{2m}{n}a^{m-n}$;(3)$\dfrac{\alpha}{m}+\dfrac{\beta}{n}$;(4)$\dfrac{n(1+n)}{2}$;(5)$\dfrac{mn(n-m)}{2}$;(6)$\dfrac{\sqrt{2}}{4}$;(7)1;

(8)$-\dfrac{1}{2}$;(9)$\dfrac{2}{3}$;(10)-24;(11)$-\dfrac{1}{8}$;(12)$\dfrac{-4}{\pi^2}$.

2. (1)1;(2)1;(3)$\sec^2 2$;(4)$\dfrac{2}{3}$;(5)-1;(6)1;

(7)-1;(8)$\dfrac{3}{2}$;(9)2;(10)$-\dfrac{1}{2}$;(11)1;(12)1.

3. (1)0;(2)$-\dfrac{2}{3}$;(3)$\dfrac{4}{3}$;(4)$\dfrac{\pi}{8}$;(5)∞;(6)$\dfrac{1}{2}$;

(7)$\frac{1}{2}$;(8)-1;(9)$-\frac{1}{\pi}$;(10)0;(11)$\frac{1}{6}$;(12)$\frac{1}{6}$.

4. (1)1;(2)$e^{\frac{2}{\pi}}$;(3)$e^{-\frac{1}{3}}$;(4)$e^{\frac{1}{6}}$;(5)$e^{\frac{1}{3}}$;(6)1;

(7)1;(8)e^{-1};(9)1;(10)e^{-1};(11)1;(12)1.

5. $p=1,q=-1$.

6. $a=-1$ 时,$f(x)$在点 $x=0$ 处连续;$a=-2$ 时,点 $x=0$ 是$f(x)$的可去间断点.

习题 5.4 答案

1. 极大值$f(-2)=21$;极小值$f(1)=-6$;

单调增区间$(-\infty,-2),(1,+\infty)$;单调减区间$(-2,1)$.

2. 极大值$f(0)=1$;极小值$f(-1)=f(1)=0$.

3. 极大值$f(3)=108$;极小值$f(5)=0$.

4. 极大值$f(1)=\frac{27}{2}$;极小值$f(2)=13$.

5. (1)最大值$f(0)=f(3)=7$;最小值$f(-1)=f(2)=3$.

(2)最大值$f(1)=\frac{1}{2}$;最小值$f(0)=0$.

6. $\frac{3}{4}\sqrt{3}R^2$.

7. 20 km/h.

8. (1)极大值$f\left(\frac{\pi}{4}\right)=\sqrt{2}$;极小值$f\left(\frac{5\pi}{4}\right)=-\sqrt{2}$.

(2)极大值$f(1)=\frac{\pi}{4}-\frac{\ln 2}{2}$.

9. $a=1,b=0,c=-3,d=3$.

10. (1)B;(2)C;(3)D;(4)A;(5)B;(6)D;(7)B;

(8)C;(9)C;(10)D;(11)C;(12)D;(13)B;(14)C.

习题 5.5 答案

1. (1)在$(0,+\infty)$内为下凹的. (2)在$(-\infty,+\infty)$内为上凹的.

(3)$(-\infty,0)$内为下凹的,$(0,+\infty)$内为上凹的.

(4)在$(-\infty,+\infty)$内为上凹的.

2. (1)在$(-\infty,0),(1,+\infty)$为上凹的,在$(0,1)$为下凹的,拐点为$(0,0),(1,-1)$.

(2)在$(2,+\infty)$为上凹的,在$(-\infty,2)$为下凹的,拐点为$(2,-1)$.

(3)在$(1,+\infty)$为上凹的,在$(-\infty,1)$为下凹的,无拐点.

(4)在$(1,+\infty)$为上凹的,在$(0,1)$为下凹的,拐点为$(1,-7)$.

3. $a=-\frac{3}{2},b=\frac{9}{2}$.

4. $a=-3$,拐点为$(1,-7)$,在$(1,+\infty)$为上凹的,在$(-\infty,1)$为下凹的.

5. (1)B;(2)D;(3)D;(4)B;(5)A;(6)C.

习题 5.6 答案

(1)$\frac{3}{2}-\ln 2$;(2)$\frac{9}{4}$;(3)$\frac{\pi}{2}+\frac{1}{3}$;(4)$\frac{1}{12}$;(5)$e-\frac{3}{2}$;(6)$\frac{16}{3}\sqrt{3}$;(7)$4\sqrt{2}$.

习题 5.7 答案

1. (1) $0 \leqslant \int_0^{\frac{\pi}{4}} \tan x \mathrm{d}x \leqslant \frac{\pi}{4}$; (2) $\frac{2}{\mathrm{e}} \leqslant \int_{-1}^{1} \mathrm{e}^{-x} \mathrm{d}x \leqslant 2\mathrm{e}$; (3) $3 \leqslant \int_1^4 (x^2 - 4x + 5) \mathrm{d}x \leqslant 15$.

2. $\bar{y} = \frac{\pi}{2}$.

3. (1) $\int_0^1 x \mathrm{d}x \geqslant \int_0^1 x^2 \mathrm{d}x$; (2) $\int_{-2}^{0} \left(\frac{1}{2}\right)^x \mathrm{d}x \leqslant \int_{-2}^{0} \left(\frac{1}{3}\right)^x \mathrm{d}x$; (3) $\int_0^{\frac{\pi}{4}} \sin x \mathrm{d}x \leqslant \int_0^{\frac{\pi}{4}} \tan x \mathrm{d}x$.

习题 5.8 答案

1. (1) $-x\mathrm{e}^{-x}$; (2) $\frac{2x}{\sqrt{1+x^4}}$ (3) $2t\mathrm{e}^{-t^4}\mathrm{e}^{-t^2}$.

2. (1) 1; (2) $\frac{1}{3}$; (3) $-\frac{1}{2}$.

3. (1) 1; (2) $\frac{\pi^2}{8}$; (3) 发散; (4) 1; (5) $1 - \ln 2$; (6) $\frac{\pi}{4} + \frac{1}{2}\ln 2$.

4. $y = (x-1)^2$.

习题 5.9 的答案

1. (1) $\frac{3}{10}\pi, \frac{3}{10}\pi$; (2) $2\pi, \frac{16\sqrt{2}}{5}\pi$.

2. $\frac{\pi^2}{4}$.

3. $\frac{13}{6}\pi$.

4. $\frac{32}{3}\pi$.

5. $\frac{\pi}{2}(1-\mathrm{e}^{-4})$.

6. $160\pi^2$.

7. $a = -\frac{5}{4}, b = \frac{3}{2}, c = 0$.

8. $2\sqrt{3} - \frac{4}{3}$.

9. $\ln 3 - \frac{1}{2}$.

第 6 章　级数

习题 6.1 答案

1. (1) 1; (2) 0; (3) 不存在; (4) 不存在

2. (1) 3; (2) 2; (3) 1; (4) 0.

3. (1) B; (2) D; (3) C; (4) D.

习题 6.2 答案

1. (1)发散;(2)收敛;(3)收敛;(4)收敛.
2. (1)发散;(2)收敛;(3)发散;(4)收敛.
3. (1)收敛;(2)发散;(3)收敛;(4)收敛.
4. 当 $a>1$ 时级数收敛;当 $a\leqslant 1$ 时级数发散.
5. (1)绝对收敛;(2)发散;(3)绝对收敛;(4)条件收敛.
6. 绝对收敛.
7. (1)B;(2)C;(3)B;(4)C;(5)B;(6)A;(7)C;(8)D.

习题 6.3 答案

1. (1) $(-1.1]$;(2) $(-4,4)$;(3) $[-1,1]$;(4) $(-\infty,+\infty)$;(5) $x=0$;(6) $[-4,4)$.
2. (1) $(-2,0]$;(2) $(-\sqrt{3},\sqrt{3})$.
3. $\arctan x, x\in[-1,1]$.
4. $\frac{1}{4}\sum_{n=1}^{\infty} n\left(-\frac{3}{2}\right)^{n-1}x^{n-1}, x\in\left(-\frac{2}{3},\frac{2}{3}\right)$.
5. $\sum_{n=0}^{\infty}\frac{(-1)^n-2^{n+1}}{n+1}x^{n+1}, x\in\left[-\frac{1}{2},\frac{1}{2}\right)$.
6. (1)A;(2)C;(3)C;(4)D.

习题 6.4 答案

1. $f(x)=\frac{\pi}{4}+\sum_{k=1}^{\infty}\left[\frac{2}{(2k-1)^2\pi}\cos(2k-1)x+\frac{1}{2k-1}\sin(2k-1)x+\frac{1}{2k}\sin 2kx\right]$;

傅里叶级数在点 $x=0$ 处收敛于 $\frac{\pi}{2}$.

2. $f(x)=\frac{\pi}{2}-\frac{4}{\pi}\left(\cos x+\frac{1}{3^2}\cos 3x+\frac{1}{5^2}\cos 5x+\cdots\right)(-\pi\leqslant x\leqslant\pi)$

3. $f(x)=\frac{1-\pi}{2}+\sum_{n=1}^{\infty}\left\{\frac{2}{n^2\pi}[1-(-1)^n]\cos nx+\left[\frac{1}{n\pi}+(-1)^{n+1}\left(\frac{2}{n}+\frac{1}{n\pi}\right)\right]\sin nx\right\}(x\neq k\pi, k\in\mathbf{Z})$;

当 $x=2k\pi$ 时, $f(x)$ 的傅里叶级数收敛于 $\frac{1}{2}$;

当 $x=(2k+1)\pi$ 时, $f(x)$ 的傅里叶级数收敛于 $\frac{1}{2}-\pi$.

4. $f(x)=\frac{2}{\pi}\sum_{n=1}^{\infty}\left(\frac{2}{\pi n^2}\sin\frac{n\pi}{2}+\frac{(-1)^{n-1}}{n}\right)\sin\frac{n\pi}{2}x\,(0\leqslant x<2)$;

当 $x=2$ 时, $f(x)$ 的傅里叶级数的和为 $\frac{1-1}{2}=0$;

$$f(x)=\frac{3}{4}+\frac{4}{\pi^2}\sum_{n=1}^{\infty}\frac{1}{n^2}\left(\cos\frac{n\pi}{2}-1\right)\cos\frac{n\pi}{2}x\,(0\leqslant x\leqslant 2).$$

5. $x+1=\frac{2}{\pi}\left[(\pi+2)\sin x-\frac{\pi}{2}\sin 2x+\frac{1}{3}(\pi+2)\sin 3x-\cdots\right](0<x<\pi)$;

$$x+1=\frac{\pi}{2}+1-\frac{4}{\pi}\left(\cos x+\frac{1}{3^2}\cos 3x+\frac{1}{5^2}\cos 5x+\cdots\right)(0\leqslant x\leqslant\pi).$$

第7章 多元函数微积分

习题7.1 答案

1. (1)球心坐标(1, -1,2);半径 $R=2$;(2)球心坐标(0,2, -1);半径 $R=5$.

2. (1)球面;(2)椭球面;(3)单叶双曲面;(4)柱面;(5)旋转抛物面.

3. (1)$y=2(x^2+z^2)$;(2)$\frac{x^2}{4}+\frac{y^2+z^2}{9}=1$.

4. C.

习题7.2 答案

1. (1)$D=\{(x,y)\mid x^2+y^2\neq0$;(2)$D=\{(x,y)\mid y>-x,y<x\}$;
(3)$D=\{(x,y)\mid x>0,-1\leqslant y\leqslant1\}$;(4)$D=\{(x,y)\mid 0<x^2+y^2<1,y^2\leqslant4x\}$.

2. (1)$\ln 2$;(2)0;(3)$\frac{1}{6}$;(4)$2\sqrt{2}$.

3. (1)$D=\{(x,y)\mid y=2x^2\}$;(2)$D=\{(x,y)\mid y+x=0\}$;(3)$D=\{(x,y)\mid x^2+y^2=1\}$

4. (1)D;(2)A;(3)C;(4)B.

习题7.3 答案

1. (1)$\frac{\partial z}{\partial x}=\frac{1}{y}-\frac{y}{x^2}$;$\frac{\partial z}{\partial y}=-\frac{x}{y^2}+\frac{1}{x}$;(2)$\frac{\partial z}{\partial x}=ye^{xy}$;$\frac{\partial z}{\partial y}=xe^{xy}$;

(3)$\frac{\partial z}{\partial x}=\frac{2y}{(x+y)^2}$;$\frac{\partial z}{\partial y}=-\frac{2x}{(x+y)^2}(4)\frac{\partial z}{\partial x}=\frac{x}{\sqrt{x^2+y^2}}$;$\frac{\partial z}{\partial y}=\frac{y}{\sqrt{x^2+y^2}}$;

(5)$\frac{\partial z}{\partial x}=\frac{2}{y}\csc\frac{2x}{y}$;$\frac{\partial z}{\partial y}=-\frac{2x}{y^2}\csc\frac{2x}{y}$;

(6)$\frac{\partial z}{\partial x}=\frac{y}{2\sqrt{x(1-xy^2)}}$;$\frac{\partial z}{\partial y}=\sqrt{\frac{x}{1-xy^2}}$.

2. (1)$\frac{2}{5}$;(2)$\frac{1}{2}$;(3)$-\frac{1}{2}$;$\frac{1}{2}$;(4)1.

3. (1)$\frac{\partial^2 z}{\partial x^2}=6x+6y$;$\frac{\partial^2 z}{\partial y^2}=12y^2$;$\frac{\partial^2 z}{\partial x\partial y}=\frac{\partial^2 z}{\partial y\partial x}=6x$.

(2)$\frac{\partial^2 z}{\partial x^2}=e^x\cos y$;$\frac{\partial^2 z}{\partial y^2}=-e^x\cos y$;$\frac{\partial^2 z}{\partial x\partial y}=\frac{\partial^2 z}{\partial y\partial x}=-e^x\sin y$.

(3)$\frac{\partial^2 z}{\partial x^2}=-\frac{3xy^2}{(x^2+y^2)^{\frac{5}{2}}}$;$\frac{\partial^2 z}{\partial y^2}=-\frac{x(2y^2-x^2)}{(x^2+y^2)^{\frac{5}{2}}}$;$\frac{\partial^2 z}{\partial x\partial y}=\frac{\partial^2 z}{\partial y\partial x}=\frac{y(2x^2-y^2)}{(x^2+y^2)^{\frac{5}{2}}}$.

5. (1)2;(2) -1.

6. (1)B;(2)D.

习题7.4 答案

1. (1)$dz=\frac{\sqrt{xy}}{2xy^2}(ydx-xdy)$;(2)$dz=\frac{1}{3x-2y}(3dx-2dy)$;

(3)$dz=\frac{-y}{x^2+y^2}dx+\frac{x}{x^2+y^2}dy$;

(4) $dz = e^{x+y}[\cos(x-y) - \sin(x-y)]dx + e^{x+y}[\cos(x-y) + \sin(x-y)]dy$.

2. $dz\Big|_{\substack{x=1\\y=2}} = \frac{1}{6}dx + \frac{1}{3}dy$

3. $dz = 22.4$; $\Delta z = 22.75$.

4. (1) A; (2) C; (3) B.

习题 7.5 答案

1. $\frac{\partial z}{\partial x} = \frac{2x}{y^2}\ln(3x-2y) + \frac{3x^2}{y^2(3x-2y)}$; $\frac{\partial z}{\partial y} = -\frac{2x^2}{y^3}\ln(3x-2y) - \frac{2x^2}{y^2(3x-2y)}$.

2. $\frac{\partial z}{\partial x} = \frac{ye^{xy}+2x}{e^{xy}+x^2-y^2}$; $\frac{\partial z}{\partial y} = \frac{xe^{xy}-2y}{e^{xy}+x^2-y^2}$.

4. $\frac{dz}{dt} = e^{\frac{1}{2}\sin 2t}\cos 2t$.

5. $\frac{\partial z}{\partial x} = 2xf_u + ye^{xy}f_v$; $\frac{\partial z}{\partial y} = -2yf_u + xe^{xy}f_v$.

6. $\frac{\partial^2 z}{\partial x \partial y} = f_{uu} + (x+y)f_{uv} + xyf_{vv} + f_v$.

习题 7.6 答案

1. (1) 极小值 $f(-1,1) = 0$; (2) 极大值 $f(3,2) = 36$;

(3) 极大值 $f(1,1) = 1$; (4) 极小值 $f\left(\frac{1}{2}, -1\right) = -\frac{e}{2}$.

3. 极小值 $z\left(\frac{4}{5}, \frac{2}{5}\right) = \frac{4}{5}$

4. 长 2 m, 宽 2 m, 高 3 m 时, 水槽容积最大.

习题 7.4 答案

1. $I = \frac{7}{6}$;

2. $I = 8$;

3. $I = \frac{26}{105}$;

4. $I = \frac{11}{4}$;

5. $I = \sin 1 + \frac{1}{2}\cos 1 - 1$;

6. $I = \frac{16}{315}$;

7. $I = \frac{1}{2}\left(1 - \frac{1}{e}\right)$;

8. (1) $I = \int_0^4 dx \int_{\frac{x}{2}}^{\sqrt{x}} f(x,y)dy$; (2) $I = \int_{-1}^0 dy \int_{-2\sqrt{y+1}}^{2\sqrt{y+1}} f(x,y)dx + \int_0^8 dy \int_{-2\sqrt{y+1}}^{2-y} f(x,y)dx$;

(3) $I = \int_1^2 dx \int_x^{2x} f(x,y)dy$; (4) $I = \int_0^1 dy \int_y^{2-y} f(x,y)dx$.

9. (1) B; (2) A; (3) D; (4) D; (5) C; (6) A; (7) C.

第 8 章　概率与统计初步

习题 8.1 答案

1. $\frac{12}{25}$.

2. (1)0;(2)$\frac{1}{9}$;(3)$\frac{1}{36}$;(4)$\frac{1}{12}$;(5)$\frac{35}{36}$.

3. (1)$\frac{7}{15}$;(2)$\frac{1}{15}$.

4. 60%.

5. 0.15.

6. 0.4.

7. (1)0.56;(2)0.94;(3)0.38.

8. 0.612.

9. (1)C;(2)D;(3)B;(4)B.

习题 8.2 答案

1. (1)$\frac{1}{5}$;(2)$\frac{1}{15}$;(3)$\frac{2}{5}$.

2. (1)$k=3$,(2)$1-e^{-12}$;(3)e^{-3}.

3. 0.25;

4. (1)0.990 6;(2)0.107 5;(3)0.876 4.

5. 0.954 4.

6. (1)0.682 6;(2)0.001 3.

7. 184 cm.

8. (1)C;(2)A.

习题 8.3 答案

1. $\frac{1}{3}$,$\frac{2}{3}$,$\frac{35}{24}$,$\frac{97}{72}$.

2. 5.48.

3. 4.

4. (1)4.8,4.8;(2)项目 B.

5. $\frac{1}{3}$,$\frac{1}{6}$,$\frac{1}{18}$.

6. $\frac{2}{3}$,$\frac{1}{2}$,$\frac{1}{18}$.

7. $\frac{1}{6}$.

8. (1)A;(2)C;(3)B;(4)C.

习题 8.4 答案

1. $\bar{X}_{甲}=500$,$\bar{X}_{乙}=500$;$s_{甲}^2=2.5$,$s_{乙}^2=24$. 即 $\bar{X}_{甲}=\bar{X}_{乙}$,$s_{甲}^2<s_{乙}^2$,说明甲品牌袋装食用盐比

乙品牌袋装食用盐重量的离散程度小，甲品牌袋装食用盐比乙品牌袋装食用盐重量的质量稳定.

2. (1) $\bar{x}=76, s^2\approx 4.44$; (2) $\hat{\mu}=76, \hat{\sigma}^2\approx 4.44, \hat{\sigma}\approx 2.11$.

3. $\hat{\mu}=\bar{X}=174; \hat{\sigma}^2=s^2=29.2$.

5. (1)略.

(2)大部分学生成绩处于79.5～89.5分数段.

6. $y=-305.25+125.89x$.

7. (1)B; (2)D.

第9章 线性规划模型

习题9.1答案

1. $a=3, b=-2$.

2. $x=-7, y=7, z=3$.

习题9.2答案

1. $A+B=\begin{bmatrix}3&5&5\\5&0&-2\end{bmatrix}, A-B=\begin{bmatrix}-5&-1&1\\-5&6&-2\end{bmatrix}$.

2. $2A-3B=\begin{bmatrix}-7&-5&4\\16&-3&-6\\-7&8&21\end{bmatrix}$.

3. $X=\begin{bmatrix}0&1&2\\1&3&-1\end{bmatrix}$.

4. $AB=\begin{bmatrix}-16&-32\\8&16\end{bmatrix}, BA=\begin{bmatrix}0&0\\0&0\end{bmatrix}, AC=\begin{bmatrix}-16&-32\\8&16\end{bmatrix}$.

习题9.3答案

1. 方程组的矩阵形式为

$$Ax=b,$$

其中

$$A=\begin{bmatrix}3&2&6\\3&5&9\\6&4&15\end{bmatrix}, x=\begin{bmatrix}x_1\\x_2\\x_3\end{bmatrix}, b=\begin{bmatrix}6\\9\\6\end{bmatrix}.$$

2. $$\begin{cases}x_1-x_2+x_3-2x_4=2\\2x_1-x_3+4x_4=4\\3x_1+2x_2+x_3=-1\\-x_1+2x_2-x_3+2x_4=-4\end{cases}$$

习题9.4答案

1. 设 x_1 与 x_2 分别表示甲、乙两种产品的计划产量，则有

$$\max S=7x_1+12x_2,$$

$$s.t.\begin{cases}9x_1+4x_2\leqslant 360,\\4x_1+5x_2\leqslant 200,\\3x_1+10x_2\leqslant 300,\\x_1\geqslant 0,x_2\geqslant 0.\end{cases}$$

2. 设购买 M、N 饲料分别为 x_1,x_2,则有

$$\min z=10x_1+4x_2,$$

$$s.t.\begin{cases}0.1x_1+0x_2\geqslant 0.4,\\0x_1+0.1x_2\geqslant 0.6,\\0.1x_1+0.2x_2\geqslant 2.0,\\0.2x_1+0.1x_2\geqslant 1.7,\\x_1,x_2\geqslant 0.\end{cases}$$

3. 设 $x_j=\begin{cases}1, & \text{携带第}j\text{件物品}\\0, & \text{不携带第}j\text{件物品}\end{cases}$

则有 $\max z=7x_1+5x_2+9x_3+6x_4+3x_5,$

$$s.t.\begin{cases}54x_1+35x_2+57x_3+46x_4+19x_5\leqslant 115\\x_j=0\text{ 或 }1(j=1,2,3,4,5)\end{cases}.$$

4. 设 x_{ij} 表示由第 i 产地运往第 j 销地的产品数量,则有

$$\min z=4x_{11}+12x_{12}+4x_{13}+11x_{14}+2x_{21}+10x_{22}+3x_{23}+9x_{24}+8x_{31}+5x_{32}+11x_{33}+6x_{34},$$

$$s.t.\begin{cases}x_{11}+x_{12}+x_{13}+x_{14}=16,\\x_{21}+x_{22}+x_{23}+x_{24}=10,\\x_{31}+x_{32}+x_{33}+x_{34}=22,\\x_{11}+x_{21}+x_{31}=8,\\x_{12}+x_{22}+x_{32}=14,\\x_{13}+x_{23}+x_{33}=12,\\x_{14}+x_{24}+x_{34}=14,\\x_{ij}\geqslant 0(i=1,2,3;j=1,2,3,4).\end{cases}$$

5. 设 $x_i=\begin{cases}1, & \text{选择 }A_i,\\0, & \text{不选 }A_i,\end{cases}$ 则有

$$\max z=\sum_{i=1}^{10}C_ix_i,$$

$$
s.t.\begin{cases}x_1+x_5+x_6=1,\\ x_2+x_4=1,\\ x_3+x_4=1,\\ x_7+x_8+x_9+x_{10}\leqslant 2,\\ \sum\limits_{i=1}^{10}x_i=5,\\ x_i=0\text{ 或 }1(j=1,2,\cdots,10).\end{cases}
$$

附录　标准正态分布函数 $N(0,1)$ 数值表

X	0.00	0.01	0.02	0.03	0.04	0.05	0.06	0.07	0.08	0.09
0.0	0.500 0	0.504 0	0.508 0	0.512 0	0.516 0	0.519 9	0.523 9	0.527 9	0.531 9	0.535 9
0.1	0.539 8	0.543 8	0.547 8	0.551 7	0.555 7	0.559 6	0.563 6	0.567 5	0.571 4	0.575 3
0.2	0.579 3	0.593 2	0.587 1	0.591 0	0.594 8	0.598 7	0.602 6	0.606 4	0.613 0	0.614 1
0.3	0.617 9	0.621 7	0.625 5	0.629 3	0.633 1	0.636 8	0.640 4	0.644 3	0.648 0	0.651 7
0.4	0.655 4	0.659 1	0.662 8	0.666 4	0.670 0	0.673 6	0.677 2	0.680 8	0.684 4	0.687 9
0.5	0.691 5	0.695 0	0.698 5	0.701 9	0.705 4	0.708 8	0.712 3	0.715 7	0.719 0	0.722 4
0.6	0.725 7	0.729 1	0.732 4	0.735 7	0.738 9	0.742 2	0.745 4	0.748 6	0.751 7	0.754 9
0.7	0.758 0	0.761 1	0.764 2	0.767 3	0.770 3	0.773 4	0.776 4	0.779 4	0.782 3	0.785 2
0.8	0.788 1	0.791 0	0.793 9	0.796 7	0.799 5	0.802 3	0.805 1	0.807 8	0.810 6	0.813 3
0.9	0.815 9	0.818 6	0.821 2	0.823 8	0.826 4	0.828 9	0.831 5	0.834 0	0.836 5	0.838 9
1.0	0.841 3	0.843 8	0.846 1	0.848 5	0.850 8	0.853 1	0.855 4	0.857 7	0.859 9	0.862 1
1.1	0.864 3	0.866 5	0.868 6	0.870 8	0.872 9	0.874 9	0.877 0	0.879 0	0.881 0	0.883 0
1.2	0.884 9	0.886 9	0.888 8	0.890 7	0.892 5	0.894 4	0.896 2	0.898 0	0.899 7	0.901 5
1.3	0.903 2	0.904 9	0.906 6	0.908 2	0.909 9	0.911 5	0.913 1	0.914 7	0.916 2	0.917 7
1.4	0.919 2	0.920 7	0.922 2	0.923 6	0.925 1	0.926 5	0.927 9	0.929 2	0.930 6	0.931 9
1.5	0.933 2	0.934 5	0.935 7	0.937 0	0.938 2	0.939 4	0.940 6	0.941 8	0.943 0	0.944 1
1.6	0.945 2	0.946 3	0.947 4	0.948 4	0.949 5	0.950 5	0.951 5	0.952 5	0.953 5	0.953 5
1.7	0.955 4	0.956 4	0.957 3	0.958 2	0.959 1	0.959 9	0.960 8	0.961 6	0.962 5	0.963 3
1.8	0.964 1	0.964 8	0.965 6	0.966 4	0.967 2	0.967 8	0.968 6	0.969 3	0.970 0	0.970 6
1.9	0.971 3	0.971 9	0.972 6	0.973 2	0.973 8	0.974 4	0.975 0	0.975 6	0.976 2	0.976 7
2.0	0.977 2	0.977 8	0.978 3	0.978 8	0.979 3	0.979 8	0.980 3	0.980 8	0.981 2	0.981 7
2.1	0.982 1	0.982 6	0.983 0	0.983 4	0.983 8	0.984 2	0.984 6	0.985 0	0.985 4	0.985 7
2.2	0.986 1	0.986 4	0.986 8	0.987 1	0.987 4	0.987 8	0.988 1	0.988 4	0.988 7	0.989 0
2.3	0.989 3	0.989 6	0.989 8	0.990 1	0.990 4	0.990 6	0.990 9	0.991 1	0.991 3	0.991 6
2.4	0.991 8	0.992 0	0.992 2	0.992 5	0.992 7	0.992 9	0.993 1	0.993 2	0.993 4	0.993 6
2.5	0.993 8	0.994 0	0.994 1	0.994 3	0.994 5	0.994 6	0.994 8	0.994 9	0.995 1	0.995 2
2.6	0.995 3	0.995 5	0.995 6	0.995 7	0.995 9	0.996 0	0.996 1	0.996 2	0.996 3	0.996 4
2.7	0.996 5	0.996 6	0.996 7	0.996 8	0.996 9	0.997 0	0.997 1	0.997 2	0.997 3	0.997 4
2.8	0.997 4	0.997 5	0.997 6	0.997 7	0.997 7	0.997 8	0.997 9	0.997 9	0.998 0	0.998 1
2.9	0.998 1	0.998 2	0.998 2	0.998 3	0.998 4	0.998 4	0.998 5	0.998 5	0.998 6	0.998 6
X	0.0	0.1	0.2	0.3	0.4	0.5	0.6	0.7	0.8	0.9
3	0.998 7	0.999 0	0.999 3	0.999 5	0.999 7	0.999 8	0.999 8	0.999 9	0.999 9	1.000 0